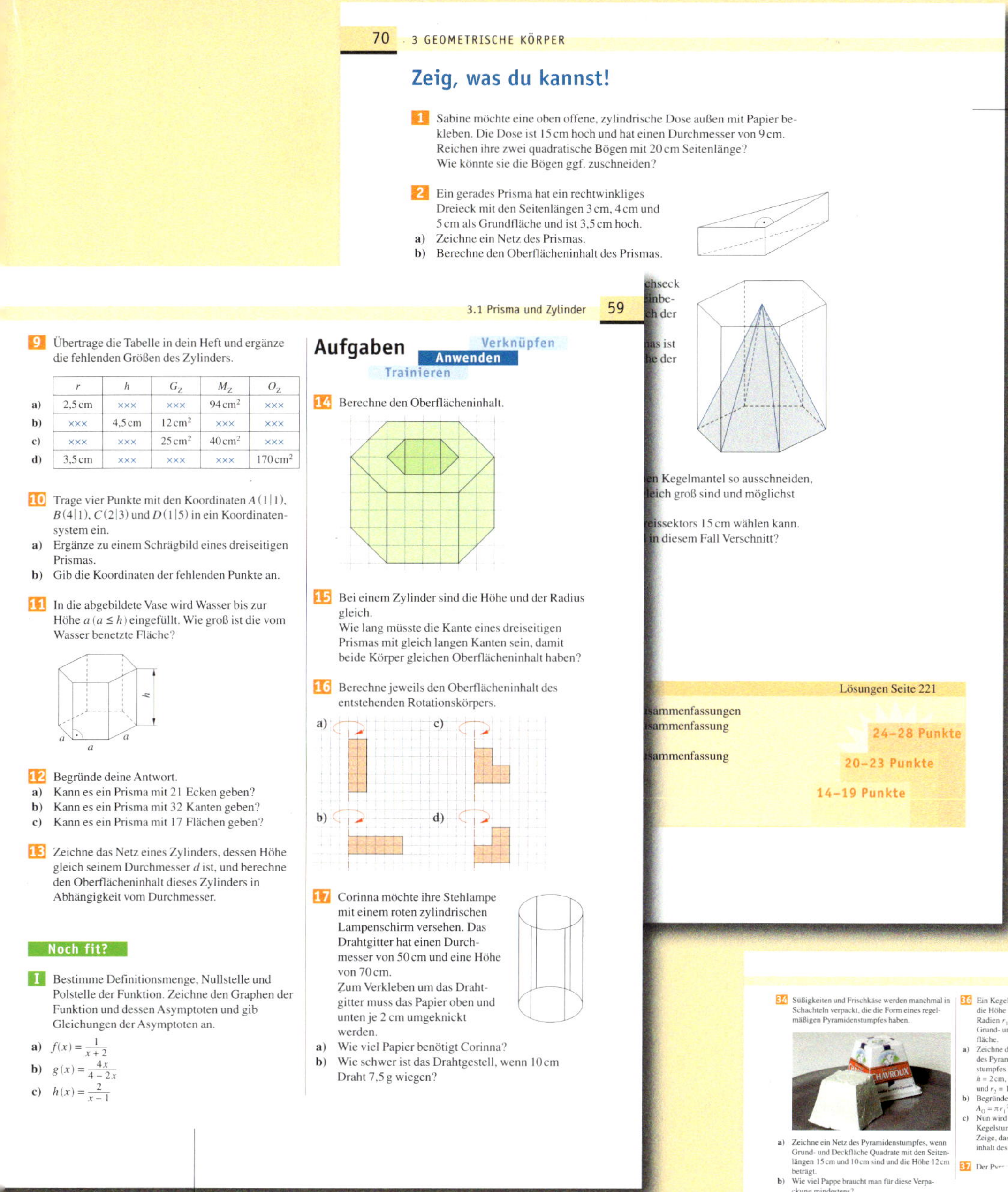
70 3 GEOMETRISCHE KÖRPER

Zeig, was du kannst!

1 Sabine möchte eine oben offene, zylindrische Dose außen mit Papier bekleben. Die Dose ist 15 cm hoch und hat einen Durchmesser von 9 cm. Reichen ihre zwei quadratische Bögen mit 20 cm Seitenlänge? Wie könnte sie die Bögen ggf. zuschneiden?

2 Ein gerades Prisma hat ein rechtwinkliges Dreieck mit den Seitenlängen 3 cm, 4 cm und 5 cm als Grundfläche und ist 3,5 cm hoch.
a) Zeichne ein Netz des Prismas.
b) Berechne den Oberflächeninhalt des Prismas.

Lösungen Seite 221

24–28 Punkte
20–23 Punkte
14–19 Punkte

3.1 Prisma und Zylinder 59

9 Übertrage die Tabelle in dein Heft und ergänze die fehlenden Größen des Zylinders.

	r	h	G_Z	M_Z	O_Z
a)	2,5 cm	×××	×××	94 cm²	×××
b)	×××	4,5 cm	12 cm²	×××	×××
c)	×××	×××	25 cm²	40 cm²	×××
d)	3,5 cm	×××	×××	×××	170 cm²

10 Trage vier Punkte mit den Koordinaten $A(1|1)$, $B(4|1)$, $C(2|3)$ und $D(1|5)$ in ein Koordinatensystem ein.
a) Ergänze zu einem Schrägbild eines dreiseitigen Prismas.
b) Gib die Koordinaten der fehlenden Punkte an.

11 In die abgebildete Vase wird Wasser bis zur Höhe a ($a \le h$) eingefüllt. Wie groß ist die vom Wasser benetzte Fläche?

12 Begründe deine Antwort.
a) Kann es ein Prisma mit 21 Ecken geben?
b) Kann es ein Prisma mit 32 Kanten geben?
c) Kann es ein Prisma mit 17 Flächen geben?

13 Zeichne das Netz eines Zylinders, dessen Höhe gleich seinem Durchmesser d ist, und berechne den Oberflächeninhalt dieses Zylinders in Abhängigkeit vom Durchmesser.

Noch fit?

I Bestimme Definitionsmenge, Nullstelle und Polstelle der Funktion. Zeichne den Graphen der Funktion und dessen Asymptoten und gib Gleichungen der Asymptoten an.
a) $f(x) = \frac{1}{x+2}$
b) $g(x) = \frac{4x}{4-2x}$
c) $h(x) = \frac{2}{x-1}$

Aufgaben Verknüpfen Anwenden Trainieren

14 Berechne den Oberflächeninhalt.

15 Bei einem Zylinder sind die Höhe und der Radius gleich. Wie lang müsste die Kante eines dreiseitigen Prismas mit gleich langen Kanten sein, damit beide Körper gleichen Oberflächeninhalt haben?

16 Berechne jeweils den Oberflächeninhalt des entstehenden Rotationskörpers.

17 Corinna möchte ihre Stehlampe mit einem roten zylindrischen Lampenschirm versehen. Das Drahtgitter hat einen Durchmesser von 50 cm und eine Höhe von 70 cm. Zum Verkleben um das Drahtgitter muss das Papier oben und unten je 2 cm umgeknickt werden.
a) Wie viel Papier benötigt Corinna?
b) Wie schwer ist das Drahtgestell, wenn 10 cm Draht 7,5 g wiegen?

Am Ende jedes Kapitels findest du unter **Zeig, was du kannst**, einen Test. Im Anhang des Buches sind die Lösungen mit der Punktverteilung angegeben, damit du selbst feststellen kannst, ob deine Lösungen richtig sind und du das Wichtigste gut verstanden hast. Für eine Eins in der Schulaufgabe musst du aber noch mehr können, das macht jeder Lehrer etwas anders.

Die **Aufgabe der Woche** gibt dir Gelegenheit, dich mit einem Problem etwas länger zu beschäftigen und eigene Lösungswege zu finden.

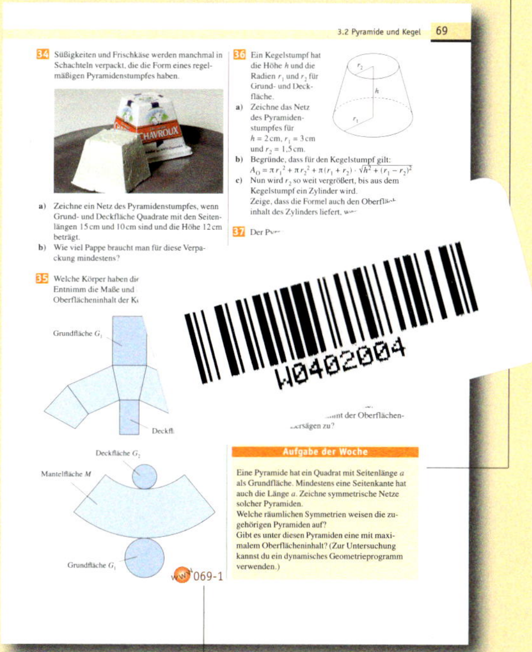
3.2 Pyramide und Kegel 69

34 Süßigkeiten und Frischkäse werden manchmal in Schachteln verpackt, die die Form eines regelmäßigen Pyramidenstumpfes haben.
a) Zeichne ein Netz des Pyramidenstumpfes, wenn Grund- und Deckfläche Quadrate mit den Seitenlängen 15 cm und 10 cm sind und die Höhe 12 cm beträgt.
b) Wie viel Pappe braucht man für diese Verpackung mindestens?

36 Ein Kegelstumpf hat die Höhe h und die Radien r_1 und r_2 für Grund- und Deckfläche.
a) Zeichne das Netz des Pyramidenstumpfes für $h = 2$ cm, $r_1 = 3$ cm und $r_2 = 1{,}5$ cm.
b) Begründe, dass für den Kegelstumpf gilt: $A_O = \pi r_1^2 + \pi r_2^2 + \pi(r_1 + r_2) \cdot \sqrt{h^2 + (r_1 - r_2)^2}$
c) Nun wird r_2 so weit vergrößert, bis aus dem Kegelstumpf ein Zylinder wird. Zeige, dass die Formel auch den Oberflächeninhalt des Zylinders liefert.

Aufgabe der Woche

Eine Pyramide hat ein Quadrat mit Seitenlänge a als Grundfläche. Mindestens eine Seitenkante hat auch die Länge a. Zeichne symmetrische Netze solcher Pyramiden.
Welche räumlichen Symmetrien weisen die zugehörigen Pyramiden auf?
Gibt es unter diesen Pyramiden eine mit maximalem Oberflächeninhalt? (Zur Untersuchung kannst du ein dynamisches Geometrieprogramm verwenden.)

069-1

In jedem Abschnitt gibt es natürlich viele **Aufgaben**, damit du dein neues Wissen einüben kannst und erfährst, wo es dir überall nützt. Es gibt einfache Aufgaben zum Einüben der Zeichen- oder Rechentechniken (**Trainieren**), Anwendungsaufgaben, in denen du Fragen begegnest, die du nun gut beantworten kannst (**Anwenden**), und neue Situationen, in denen du das Erlernte brauchst, und dazu manches, was du schon länger weißt (**Verknüpfen**).
Manchmal findest du Aufgaben mit Lösungswörtern: Jede Lösung ergibt einen Buchstaben, zusammen entsteht in dieser Reihenfolge ein Wort.

Die **Noch fit?**-Aufgaben können dir helfen zu erkennen, was du unbedingt wiederholen und üben solltest.

Multimediales Zusatzangebot über Webcode im Internet:
1. Webseite **www.cornelsen.de/fokus-mathematik** aufrufen
2. Buchkennung eingeben: MFK54019
3. Mediencode eingeben: z. B. 069-1

Inhalt

1 Rationale und irrationale Zahlen

Die Pythagoreer, ein politisch einflussreicher Geheimbund in Süditalien des 5. Jahrhunderts v. Chr., waren der festen Überzeugung, dass sich alles Geschehen in der Welt – wie man heute sagen würde – mithilfe rationaler Zahlen ausdrücken lässt. Aber schon einer von ihnen, Hippasos von Metapont, erkannte um 450 v. Chr. (und wurde deshalb vermutlich ertränkt), dass es Längen gibt, die keine rationale Maßzahl haben.
Um 300 v. Chr. bewies dann Euklid, dass die heute mit $\sqrt{2}$ bezeichnete Zahl keine rationale, sondern eine irrationale Zahl ist. Aber erst 1761 konnte der Mathematiker Johann Heinrich Lambert nachweisen, dass auch die Kreiszahl π eine irrationale Zahl ist.

Der Ausschnitt des Gemäldes „Die Schule von Athen" von Raffael (1483–1520) zeigt den griechischen Mathematiker Euklid (um 300 v. Chr.).

Die rationalen Zahlen und ihre Eigenschaften

Teste deine Kenntnisse über Zahlenmengen.

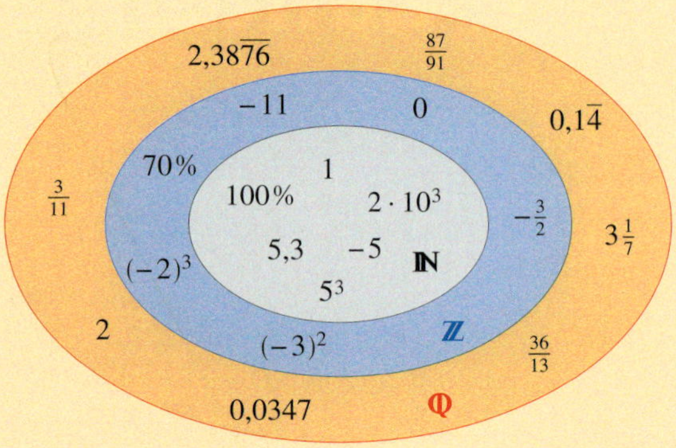

Sind in der grafischen Darstellung alle Zahlen richtig eingetragen? Begründe.

Erinnere dich!

ℕ = {1; 2; 3; 4; 5; …} ist die Menge der **natürlichen Zahlen**. Diese werden im Alltag auch zum Zählen verwendet.

ℤ = {…; −3; −2; −1; 0; 1; 2; 3, …} ist die Menge der **ganzen Zahlen**. Im Gegensatz zu ℕ ist in ℤ auch die uneingeschränkte Subtraktion möglich.

ℚ ist die Menge der **rationalen Zahlen**. Sie umfasst alle positiven und negativen Brüche einschließlich 0. ℚ enthält ℤ, in ℚ ist aber zusätzlich die uneingeschränkte Division durch Zahlen ungleich 0 möglich.

Brüche und Dezimalzahlen ineinander umwandeln

Bruch in Dezimalbruch umwandeln

Du weißt sicher noch, dass du jeden Bruch (und damit auch jede gemischte Zahl) in einen Dezimalbruch umwandeln kannst, indem du den Zähler durch den Nenner dividierst.

Beispiel: $\frac{36}{13} = 36 : 13 = 2{,}\overline{769\,230}$

Frage: Die Division von Zähler durch Nenner führt stets auf eine endliche oder auf eine unendliche, periodische Dezimalzahl. Kann man umgekehrt auch jede endliche bzw. jede periodische Dezimalzahl als gewöhnlichen Bruch schreiben?

endliche Dezimalzahl in Bruch umwandeln

Für endliche Dezimalzahlen ist die Antwort einfach. Man erhält stets Brüche mit einer Zehnerpotenz im Nenner.

Beispiele: $5{,}3 = \frac{53}{10}$ oder $0{,}0347 = \frac{347}{10\,000}$

periodische Dezimalzahl in Bruch umwandeln

Auch alle periodischen Dezimalbrüche lassen sich in einen Bruch umwandeln. Wie am Beispiel $2{,}38\overline{76}$ gezeigt wird, hilft ein Trick, die Periode loszuwerden.

Beispiel: Setze $a = 2{,}38\overline{76}$ und multipliziere die Gleichung mit 100.
Multiplizierst du $2{,}38\overline{76}$ mit 100, so wird das Komma um genau eine Periodenlänge nach rechts verschoben und du erhältst $100a = 238{,}\overline{76}$.
Du kannst auch schreiben: $100a = 238{,}76\overline{76}$.
Subtrahierst du dann a von $100a$, so fällt die Periode weg:

$$\left.\begin{aligned} 100a &= 238{,}76\overline{76} \\ a &= 2{,}38\overline{76} \end{aligned}\right\} \Rightarrow \; 99a = 236{,}38 \;\Rightarrow\; a = \frac{236{,}38}{99} = \frac{23\,638}{9900}$$

Aufgabe: Probiere dieses Verfahren anhand weiterer periodischer Dezimalzahlen aus. Was ist z. B. bei $2{,}1\overline{5}$ oder $0{,}3\overline{125}$ anders als im Beispiel?

Fazit: **Die Menge ℚ der rationalen Zahlen lässt sich auch als Menge aller endlichen und unendlichen, periodischen Dezimalzahlen beschreiben.**

1.1 Quadratwurzeln

Bungee-Springen

Auftrag 1

In Südafrika gibt es am Rand des Tsitsikamma-Nationalparks eine Brücke, von der der weltweit höchste Bungee-Sprung von ca. 200 m möglich ist. Natürlich fällt man nicht die ganze Strecke im freien Fall, weil das Gummiseil den Springer (hoffentlich) lange vorher abbremst. Aber immerhin mehr als 100 m wird ein Bungee-Springer im freien Fall zurücklegen.
Wie lange dauert der freie Fall, wenn man (seit Galileo Galilei) weiß, dass zwischen der Fallhöhe h (in Metern) und der Fallzeit t (in Sekunden) näherungsweise der folgende Zusammenhang gilt: $h \approx 5t^2$.
Ergänze die folgende Tabelle in deinem Heft.

Fallhöhe in m	5	20	45	60	80	100	125
Fallzeit in s							

200 dpi

Auftrag 2

Die Auflösung eines Computerbildschirms bzw. die Druckqualität eines Druckers wird in dpi (Abkürzung für „dots per inch") angegeben. Eine Auflösung von 200 dpi, in der dieses Buch gedruckt wurde, bedeutet demnach, dass auf einer Strecke von einem inch (das sind etwa 25,4 mm) 200 Pixel (Bildpunkte) zu finden sind.

Wie viele Pixel benötigt man bei dieser Auflösung, um ein Quadrat von 5 cm (etwa 2 inch) Kantenlänge zu drucken, wenn man horizontal und vertikal dieselbe Auflösung voraussetzt?

Umgekehrt: Wie groß ist ein Quadrat, das man mit 102 400 (7225) Bildpunkten drucken kann?

Ist es möglich, die Anzahl der Bildpunkte in einem Quadrat beliebig vorzugeben?

Ein verformbares Dreieck

Auftrag 3

Bei einem Dreieck ABC mit der Grundlinie $c = 10$ cm und der zugehörigen Höhe 5 cm wird die Grundlinie über die Eckpunkte A und B jeweils um eine Länge x verlängert (verkürzt), die Höhe gleichzeitig um die gleiche Länge verkürzt (verlängert).

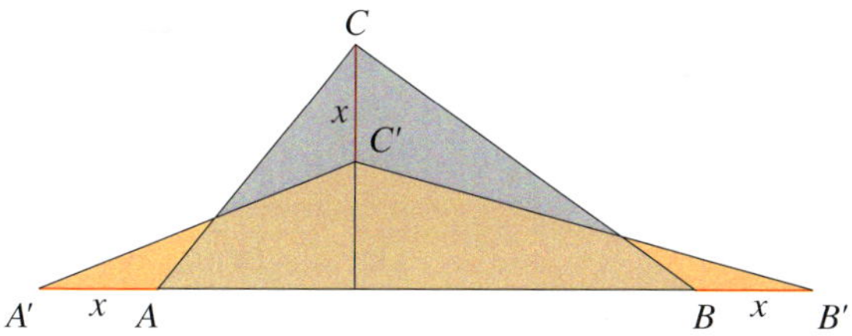

Begründe, dass der Flächeninhalt des Dreiecks dabei stets abnimmt.

Gib einen Term an, der den Flächeninhalt des entstehenden Dreiecks $A'B'C'$ in Abhängigkeit von x beschreibt.

Für welchen Wert von x ist der Flächeninhalt 21 cm² (16 cm², 9 cm²)?
Welche Werte kann der Flächeninhalt annehmen? Versuche nach Möglichkeit jeweils die passenden Werte für x anzugeben.

Bearbeitung

Auftrag 3 **Ein verformbares Dreieck**

Für den Flächeninhalt F des Dreiecks $A'B'C'$ erhält man
$F = \frac{1}{2}(10\,\text{cm} + 2x) \cdot (5\,\text{cm} - x) = 25\,\text{cm}^2 - x^2$ (wenn man die Grundlinie $[AB]$ um x verlängert),
$F = \frac{1}{2}(10\,\text{cm} - 2x) \cdot (5\,\text{cm} + x) = 25\,\text{cm}^2 - x^2$ (wenn man die Grundlinie $[AB]$ um x verkürzt).
Beide Fälle lassen sich zu $F = 25\,\text{cm}^2 - x^2$ zusammenfassen, wenn man bei der Verlängerung der Grundlinie x positiv und bei der Verkürzung x negativ annimmt.
Wegen $x^2 > 0$ ist der Flächeninhalt des Ausgangsdreiecks mit $25\,\text{cm}^2$ maximal, die weiteren Dreiecke haben einen kleineren Flächeninhalt.

Der Flächeninhalt des veränderten Dreiecks $A'B'C'$ ist $21\,\text{cm}^2$, wenn gilt:

$$F = 21\,\text{cm}^2 = 25\,\text{cm}^2 - x^2 \;\Leftrightarrow\; x^2 = 25\,\text{cm}^2 - 21\,\text{cm}^2 \;\Leftrightarrow\; x^2 = 4\,\text{cm}^2.$$

Es gibt **zwei Lösungen** der Gleichung $x^2 = 4$, nämlich $\boldsymbol{x = 2}$ bzw. $\boldsymbol{x = -2}$.
Man erhält also den Flächeninhalt $21\,\text{cm}^2$, wenn man die Grundlinie an beiden Enden entweder um 2 cm verlängert oder um 2 cm verkürzt und die Höhe entsprechend verkürzt bzw. verlängert.
Für $F = 16$ bzw. $F = 9$ erhält man (ohne Einheiten) die Gleichungen $x^2 = 9$ mit den Lösungen $x = 3$ und $x = -3$ bzw. $x^2 = 16$ mit den Lösungen $x = 4$ und $x = -4$.

Der Flächeninhalt aller möglichen Dreiecke $A'B'C'$ liegt offensichtlich zwischen $0\,\text{cm}^2$ und $25\,\text{cm}^2$. Anschaulich ist klar, dass es für jeden vorgegebenen Flächeninhalt F zwischen $0\,\text{cm}^2$ und $25\,\text{cm}^2$ zwei passende Werte für x gibt, sodass das Dreieck den vorgegebenen Flächeninhalt hat.
Stets muss die Gleichung $x^2 = 25 - F$ gelöst werden.

Für manche Werte des Flächeninhalts F des Dreiecks $A'B'C'$ lassen sich die zugehörigen Werte von x leicht angeben, insbesondere dann, wenn $25 - F$ eine Quadratzahl ist, aber auch in anderen Fällen. Für $F = 4{,}75$ erhält man die Gleichung $x^2 = 25 - 4{,}75 = 20{,}25$, also $x = 4{,}5$ oder $x = -4{,}5$.
Die positive Lösung der Gleichung $x^2 = 20{,}25$ heißt **Quadratwurzel aus 20,25** oder kurz **Wurzel aus 20,25**.
Entsprechend ist 4 die Quadratwurzel aus 16 und 3 die Quadratwurzel aus 9.

Man schreibt: $4{,}5 = \sqrt{20{,}25}$ $\quad 4 = \sqrt{16}$ $\quad 3 = \sqrt{9}$

Der Ausdruck unter dem Wurzelzeichen heißt **Radikand**[1] der Wurzel.

Info

Allgemein definiert man (siehe auch Zusammenfassung): Die nichtnegative Lösung der Gleichung $x^2 = r$ heißt **Quadratwurzel aus *r*.**
Anders ausgedrückt: Die Quadratwurzel aus r ist diejenige nichtnegative Zahl, deren Quadrat r ergibt.

Wählt man $F = 20$, so ergibt sich die Gleichung $x^2 = 5$. Die Lösung dieser Gleichung gelingt nicht ohne weiteres, obwohl anschaulich klar ist, dass es eine Länge x geben muss, sodass das Dreiecks $A'B'C'$ den Flächeninhalt 20 hat. Man müsste eine Zahl $\sqrt{5}$ finden, deren Quadrat 5 ergibt.
Der Taschenrechner hat zwar eine Wurzel-Taste [√] und gibt damit für $\sqrt{5}$ die Dezimalzahl 2,236 067 978 aus. Das Quadrat dieser Zahl kann aber nicht 5 ergeben, denn bei $2{,}236\,067\,978^2$ steht an der 18. Stelle nach dem Komma eine 4 $(8 \cdot 8 = 64)$ und keine 0.
Du wirst leicht weitere Werte für F finden, für die es dir nicht gelingt, die Gleichung $x^2 = 25 - F$ zu lösen.

[1] radix (lat.) die Wurzel; Radikand: die Zahl, aus der die Wurzel zu ziehen ist

Wie kann man einer rationalen Zahl r ansehen, ob es eine rationale Wurzel aus r gibt, ob es also eine rationale Zahl x gibt mit $x^2 = r$? Oder anders formuliert, wie sieht das Quadrat einer rationalen Zahl x aus?
Ist x eine nichtnegative rationale Zahl, so kann sie als vollständig gekürzter Bruch dargestellt werden. Denkt man sich Zähler und Nenner jeweils in Primfaktoren zerlegt, so ist x von der Form $x = \frac{p_1 \cdot p_2 \cdot p_3 \cdot \ldots}{q_1 \cdot q_2 \cdot q_3 \cdot \ldots}$. Dabei enthalten Zähler und Nenner keinen gemeinsamen Primfaktor, da man sonst noch kürzen könnte. Im Falle einer natürlichen Zahl ergibt sich ein unechter Bruch mit dem Nenner 1.
Quadriert man nun die rationale Zahl x, so erhält man $x^2 = \frac{{p_1}^2 \cdot {p_2}^2 \cdot {p_3}^2 \cdot \ldots}{{q_1}^2 \cdot {q_2}^2 \cdot {q_3}^2 \cdot \ldots}$.
Auch Zähler und Nenner von x^2 haben keinen gemeinsamen Primfaktor und gleichzeitig kommen alle Primfaktoren in gerader Potenz vor.
Eine rationale Zahl ist genau dann Quadrat einer anderen rationalen Zahl, besitzt also genau dann eine rationale Quadratwurzel, wenn nach vollständigem Kürzen im Zähler und im Nenner alle Primfaktoren mit geradem Exponenten vorkommen.
Damit sind die Gleichungen $x^2 = 2$, $x^2 = 3$, $x^2 = 5$, $x^2 = 6$, $x^2 = 7$, $x^2 = 8$, $x^2 = 10, \ldots$ nicht lösbar in der Menge der rationalen Zahlen.

Beispiel

Primzerlegung eines echten, vollständig gekürzten Bruchs:
$\frac{585}{1078} = \frac{3 \cdot 3 \cdot 5 \cdot 13}{2 \cdot 7 \cdot 7 \cdot 11}$
Quadrat dieses Bruchs:
$\frac{585^2}{1078^2} = \frac{3^2 \cdot 3^2 \cdot 5^2 \cdot 13^2}{2^2 \cdot 7^2 \cdot 7^2 \cdot 11^2}$

Einen Schritt weitergedacht: Da das Quadrat einer Zahl nicht negativ sein kann, besitzt z. B. die Gleichung $x^2 = -25$ keine Lösung. Es kann also für -25 und allgemein für jede negative Zahl keine Quadratwurzel geben.
Der Radikand einer Quadratwurzel darf nie negativ sein!
Dagegen darf der Radikand sehr wohl gleich 0 sein: $\sqrt{0} = 0$, denn $0^2 = 0$.
Nach der Definition ist auch die Quadratwurzel aus einer Zahl selbst nie negativ, also ist $\sqrt{16} = 4$ und nicht -4, obwohl auch $(-4)^2 = 16$ ist.
Es ist $\sqrt{(-4)^2} = 4$ oder allgemein $\sqrt{x^2} = |x|$.

Beachte

Du musst zwischen $\sqrt{16} = 4$ und der Lösungsmenge $\{-4; 4\}$ der Gleichung $x^2 = 16$ genau unterscheiden.

Zusammenfassung

Quadratwurzel

D Die **Quadratwurzel** aus einer rationalen Zahl $r \geq 0$ (geschrieben $\sqrt{r}$) ist diejenige nichtnegative Zahl, deren Quadrat r ergibt.

$\sqrt{25} = 5$, denn $5^2 = 5$ und $5 > 0$

$\sqrt{0} = 0$, denn $0^2 = 0$ und $0 \geq 0$

Äquivalent dazu:

D Die **Quadratwurzel** aus einer rationalen Zahl $r \geq 0$ ist die nichtnegative Lösung der Gleichung $x^2 = r$.

$\sqrt{3{,}24} = 1{,}8$, denn $1{,}8^2 = 3{,}24$ und $1{,}8 > 0$

r heißt **Radikand** der Wurzel.
Der Radikand einer Wurzel darf nicht negativ sein.
Es ist $\sqrt{x^2} = |x|$.

$\sqrt{(-7)^2} = |-7| = 7$

Wenn die Gleichung $x^2 = r$ mit $r > 0$ in $\mathbb{Q}$ lösbar ist, dann hat sie die beiden Lösungen $\sqrt{r}$ und $-\sqrt{r}$.

$x^2 = 2{,}56 \Leftrightarrow x = \sqrt{2{,}56}$ oder $x = -\sqrt{2{,}56}$, also $x = 1{,}6$ oder $x = -1{,}6$

Eine rationale Zahl besitzt genau dann eine rationale Quadratwurzel, wenn in der vollständig gekürzten Form im Nenner und im Zähler alle Primfaktoren mit geraden Exponenten vorkommen.

$\sqrt{\frac{175}{252}} = \sqrt{\frac{7 \cdot 5^2}{7 \cdot 2^2 \cdot 3^2}} = \sqrt{\frac{5^2}{2^2 \cdot 3^2}} = \frac{5}{2 \cdot 3} = \frac{5}{6}$

Für $\frac{275}{252} = \frac{11 \cdot 5^2}{7 \cdot 2^2 \cdot 3^2}$ gibt es keine rat. Quadratwurzel.

Aufgaben

Verknüpfen
Anwenden
Trainieren

Löse die folgenden Aufgaben ohne Taschenrechner.

1 Gib die natürlichen Zahlen im Intervall $[1; 300]$ an, die natürliche Quadratwurzeln haben.

2 Berechne.

a) $\sqrt{0{,}04}$
b) $\sqrt{0{,}36}$
c) $\sqrt{\frac{16}{81}}$
d) $\sqrt{\frac{9}{144}}$
e) $\sqrt{\frac{225}{289}}$
f) $\sqrt{1{,}21}$
g) $\sqrt{10{,}24}$
h) $\sqrt{0{,}0625}$
i) $\sqrt{(-5)^2}$
j) $\sqrt{6\frac{19}{25}}$
k) $\sqrt{4\frac{25}{36}}$
l) $\sqrt{(-2)^2}$
m) $\sqrt{4\frac{49}{144}}$
n) $\sqrt{3^4}$
o) $\sqrt{2^6}$
p) $\sqrt{0{,}\overline{4}}$
q) $\sqrt{0{,}00\overline{1}}$
r) $\sqrt{16 \cdot 10^6}$

Lösungswort: $\frac{1}{4}$ (i); 4000 (d); 2 (a); 0,2 (r); $\frac{4}{9}$ (t); 9 (i); 3,2 (a); 0,25 (l); 1,1 (n); 5 (e); $\frac{13}{6}$ (r); $\frac{25}{12}$ (d); 8 (k); $\frac{2}{3}$ (a); 0,6 (a); $0{,}0\overline{3}$ (n); $\frac{15}{17}$ (o); $\frac{13}{5}$ (r)

3 Ziehe die Quadratwurzel – soweit möglich. Begründe jeweils, wenn du dies nicht für möglich hältst.

a) -11^2
b) $\left(-\frac{1}{11}\right)^2$
c) $-2 \cdot (-2)^3$
d) $5 - 5^2$
e) $(5-5)^2$
f) $(5-3)^2$
g) $(3-5)^2$
h) $5^2 - 3^2$
i) -3^4
j) $(-3)^4$

4 Gib jeweils die Lösungsmenge der Gleichung an.

a) $x^2 = 81$
b) $x^2 = (-5)^2$
c) $x - \sqrt{36} = 0$
d) $(x+1)^2 = 4$
e) $x^2 + 100 = 0$
f) $x^2 + 25 = 169$
g) $\left(x - \frac{3}{2}\right)^2 = \frac{1}{4}$
h) $x - 0{,}5 = \sqrt{0{,}25}$

5 Schreibe – wenn möglich – die folgenden Zahlen als Quadratwurzeln.
Beispiel: $1 - 0{,}6 = 0{,}4 = \sqrt{0{,}16}$

a) $\frac{1}{3}$
b) -16
c) $0{,}01$
d) $(-3)^2$
e) $1{,}\overline{2}$
f) $2\frac{1}{3}$
g) $3 - \frac{1}{2}$
h) $\frac{1}{3} - \frac{1}{2}$

6 Gib jeweils zwei benachbarte natürliche Zahlen an, deren Quadrate die vorgegebenen Zahlen einschließen.

a) 137
b) 1200
c) $\frac{63}{4}$
d) 700
e) $8{,}\overline{8}$
f) 9999

7 Zu welchen der folgenden rationalen Zahlen gibt es eine rationale Quadratwurzel?

a) $\frac{484}{2500}$
b) $\frac{27}{192}$
c) $\frac{56}{126}$
d) $\frac{961}{1225}$
e) 29
f) $\frac{19602}{8281}$

8 Berechne.

a) $\sqrt{9} + \sqrt{16} - \sqrt{25}$
b) $\sqrt{0{,}0004} \cdot \sqrt{100}$
c) $\frac{\sqrt{0{,}2^2}}{0{,}2} - \sqrt{\frac{0{,}2}{0{,}2^3}}$
d) $\sqrt{5^2} - \left(\sqrt{5}\right)^2$
e) $\sqrt{(-11)^2} + \sqrt{(-4)^4}$
f) $\sqrt{\frac{1}{16}} + \sqrt{\frac{3}{75}}$

Lösungswort: 0,45 (d); -4 (k); 2 (e); 0 (l); 27 (i); 0,2 (u)

9 Ergänze richtig.

a) $x^2 = \ldots;$ $\quad L = \{-0{,}1; \ldots\}$
b) $z^2 = 0{,}49$ $\quad L = \ldots$
c) $y^2 = \ldots$ $\quad L = \left\{\ldots; \frac{3}{5}\right\}$
d) $a^2 = -0{,}0009$ $\quad L = \ldots$
e) $b^2 = \ldots$ $\quad L = \{0\}$

10 Schreibe – wenn möglich – ohne Wurzel. Siehe dazu „einen Schritt weitergedacht“ auf Seite 9. Alle Variablen stehen für rationale Zahlen.

a) $\sqrt{b^2}$
b) $\sqrt{(b-1)^2}$
c) $\sqrt{(-b)^2}$
d) $\sqrt{49a^4b^2}$
e) $\sqrt{(x+y)^2}$
f) $\sqrt{s^2 + t^2}$
g) $\sqrt{(s-t)^2}$
h) $\sqrt{\frac{b^6}{36a^2}}$
i) $\sqrt{\frac{(b-1)^2}{r^2}}$
j) $\sqrt{\frac{1}{(-b)^2}}$

11 Manchmal kann man auch mehrfach die Quadratwurzel ziehen. Berechne a) bis f).
Finde anschließend weitere Aufgaben mit mehrfachen Quadratwurzeln.

a) $\sqrt{\sqrt{16}}$
b) $\sqrt{\sqrt{0{,}04^2}}$
c) $\sqrt{\sqrt{\sqrt{\frac{1}{10^8}}}}$
d) $\sqrt{2\sqrt{64}}$
e) $\sqrt{3\sqrt{9\sqrt{256}}}$
f) $\sqrt{12\sqrt{(-3)^2}}$

Noch fit?

I Konstruiere ein rechtwinkliges Dreieck, dessen Hypotenuse 6,5 cm lang ist und dessen Flächeninhalt 6,5 cm² beträgt.
Lässt sich die Aufgabe bei gleicher Hypotenusenlänge auch bei einem vorgegebenen Flächeninhalt von 11 cm² lösen?
Welches ist der größtmögliche Flächeninhalt eines rechtwinkligen Dreiecks mit der Hypotenusenlänge c?

II Zeichne einen Kreis mit dem Radius 3 cm. Wähle einen beliebigen Punkt P außerhalb dieses Kreises und konstruiere die Tangenten von P an den Kreis.

III Konstruiere ein Viereck $PQRS$ aus den folgenden Angaben:
Die beiden Diagonalen stehen senkrecht aufeinander;
$\overline{PQ} = 4\,\text{cm}$;
$\overline{SP} = 6\,\text{cm}$;
$\overline{PR} = 7\,\text{cm}$;
$\sphericalangle QPS = 75°$.

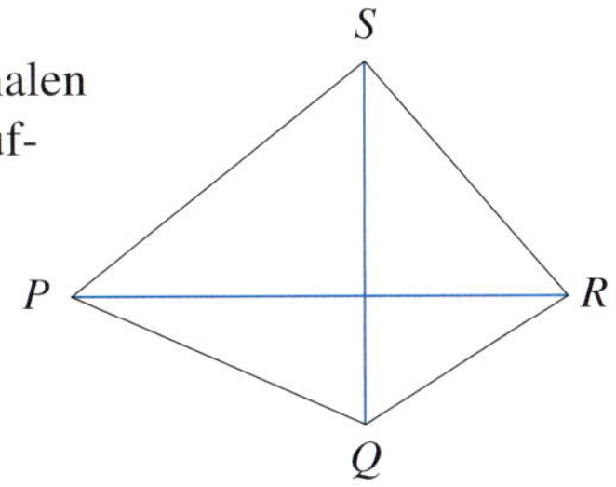

IV Zeichne einen beliebigen Kreis und in diesem Kreis zwei beliebige Durchmesser.
Begründe, dass die Schnittpunkte der Durchmesser mit der Kreislinie stets ein Rechteck bilden.

Aufgaben

Verknüpfen
Anwenden
Trainieren

12 Vor ca. 200 Jahren wurden Grundstücksflächen in verschiedenen deutschen Ländern in „Morgen" oder „Tagwerk" gemessen. Dabei waren die Maße je nach Gegend unterschiedlich. Ein bayerischer Morgen maß ca. 36 a, ein Morgen in Hessen-Nassau ca. 25 a und ein preußischer Morgen etwa 31,5 a.
Gib – ggf. näherungsweise – die Seitenlängen von Quadraten an, die diese Flächeninhalte besitzen.

13 Von einem Würfel ist der Oberflächeninhalt O gegeben. Berechne die Kantenlänge und das Volumen.
a) $O = 384\,\text{cm}^2$
b) $O = 0{,}0024\,\text{m}^2$
c) $O = \frac{3}{2}\,\text{m}^2$

14 Bei vielen natürlichen Zahlen kannst du schon aufgrund der Endziffer vorhersagen, ob sie eine rationale Quadratwurzel haben.
Entscheide dies für 1 682 452 bzw. 44 444 448 bzw. 378 607.

15 Peter und Sarah üben gemeinsam das Berechnen von Quadratwurzeln. Peter fasst zusammen: „Also heben sich Quadrieren und Wurzelziehen immer gegenseitig auf!"
Susanne ist davon nicht überzeugt.

16 Judith reasons: „If I can calculate the square root of a rational number, the result must be less than the radicand."
Is that right? Explain.

17 Wenn du in deinen Taschenrechner $\sqrt{3}$ eingibst, so zeigt er z. B. 1,732 050 808 an. Drückst du unmittelbar darauf wieder die Quadrattaste $\boxed{x^2}$, so erscheint im Display deines Taschenrechners die Zahl 3.
a) Begründe, dass 1,732 050 808 nicht die Quadratwurzel aus 3 sein kann.
b) Wenn du in deinen Taschenrechner die Zahl 1,732 050 808 eingibst und diese Zahl quadrierst, zeigt der Taschenrechner 3,000 000 001 und nicht die Zahl 3.
Kannst du das erklären?

18 Um aus einem quadratischen Stück Karton mit der Seitenlänge 30 cm einen oben offenen Karton zu falten, werden an den Ecken jeweils Quadrate mit der Seitenlänge x herausgeschnitten.
a) Gib einen Term an, der das Volumen bzw. den Oberflächeninhalt der entstehenden Schachtel beschreibt. Welche Werte für x sind dabei sinnvoll?
b) Gibt es ganzzahlige Werte für x (in cm), sodass die Maßzahl des Oberflächeninhalts der Schachtel (in cm²) eine Quadratzahl ist?
c) Begründe, dass es einen Wert für x geben muss, für den das Volumen der Schachtel maximal wird.

Aufgaben

Verknüpfen
Anwenden
Trainieren

19 Für welche Werte der Variablen sind die folgenden Gleichungen richtig?

a) $\sqrt{x^2} = -x$ **d)** $\sqrt{x} = x$ **g)** $\sqrt{x^4} = x^2$

b) $\sqrt{(x+1)^2} = x+1$ **e)** $\sqrt{x} = -x$ **h)** $\sqrt{x} = x^2$

c) $\sqrt{x^2-4x+4} = x-2$ **f)** $\sqrt{x^4} = -x^2$ **i)** $\sqrt{x^2} = x^2$

20 Entscheide, ob die folgenden Ausdrücke für $t = -81$ definiert sind. Wenn ja, gib das Ergebnis an, wenn nein, begründe deine Entscheidung.

a) $\sqrt{-t}$ **c)** $\sqrt{|t|}$ **e)** $-\sqrt{(-t)^2}$

b) $-\sqrt{-t^2}$ **d)** $\sqrt{\sqrt{-t}}$ **f)** $-\sqrt{t}$

21 Bestimme zu $a = 3$ zwei rationale Zahlen r und s mit $r < a < s$, die sich von a jeweils um höchstens 0,01 unterscheiden, aber eine rationale Quadratwurzel besitzen. Löse die gleiche Aufgabe für $a = 11$ und $a = 4{,}5$.

22 Jan, Sabine und Ulrike diskutieren: Jan meint, $3{,}\overline{9}$ sei kleiner als 4, da sich beide Zahlen in der Einerstelle unterscheiden und $3 < 4$ ist. Sabine wendet ein, dass sie aber keine rationale Zahl a finden könne mit $3{,}\overline{9} < a < 4$. Also müssten beide Zahlen gleich sein. Ulrike schlägt vor, $3{,}\overline{9}$ als Bruch zu schreiben und dann zu entscheiden.

23 Welche Werte kann man für die Variable p einsetzen, sodass der entsprechende Wert des Terms $T(p)$ eine rationale Quadratwurzel besitzt? Gib jeweils wenigstens drei passende Werte an.

a) $T(p) = \frac{60p}{63}$ **b)** $T(p) = \frac{105}{2p}$ **c)** $T(p) = p + \frac{3}{2}$

Versuche, ob es dir gelingt, für p jeweils einen Term $p = T(r)$ so anzugeben, dass sich für jedes rationale r ein passendes p ergibt.

Erinnere dich

Eine Zahlenmenge heißt **abzählbar**, wenn man ihre Elemente mithilfe der natürlichen Zahlen durchnummerieren kann.

24 Abzählbare Zahlenmengen (siehe „Erinnere dich")

a) Zeige, dass die Menge der Quadratzahlen in $\mathbb{N}$ ebenso abzählbar ist wie die Menge der Nichtquadratzahlen, beide Zahlenmengen also gleichmächtig sind.

b) Begründe damit, dass man die natürlichen Zahlen so anordnen kann, dass einer Quadratzahl immer eine Nichtquadratzahl folgt und umgekehrt.

25 The difference between the squares of two consecutive natural numbers increases while the numbers increase. Find a natural number n such that the difference between n^2 and $(n+1)^2$ exceeds 1000 (1 000 000).

Aufgabe der Woche

Zeige, dass es keine rationale Zahl gibt, deren 3. Potenz gleich 10 ist.
Finde ein allgemeines Kriterium dafür, dass es für eine rationale Zahl a eine rationale Zahl gibt, deren 3. Potenz a ergibt.

1.2 Irrationale Zahlen und die Menge der reellen Zahlen

Quadrate

Auftrag 1

Welchen Flächeninhalt haben die drei gefärbten Quadrate? Wie lang ist demnach ihre Seite?

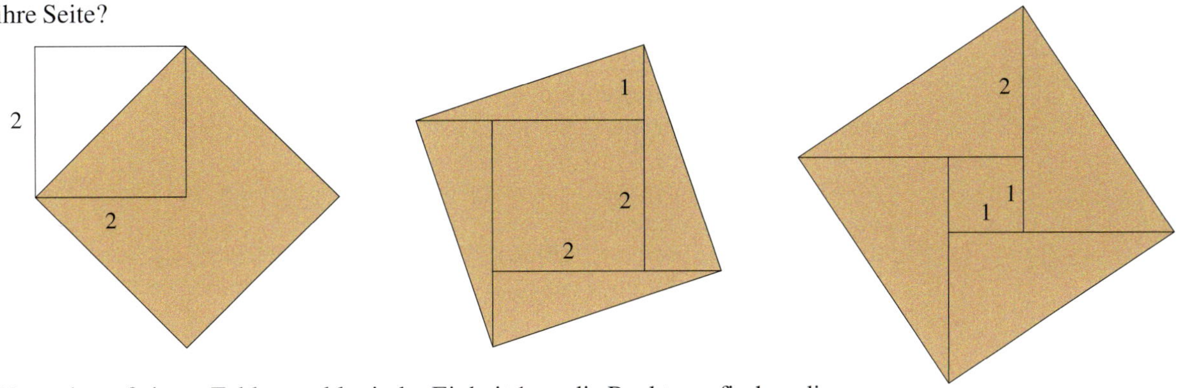

Versuche auf einem Zahlenstrahl mit der Einheit 1 cm die Punkte zu finden, die diesen Seitenlängen entsprechen.
Zeichne nach diesem Muster weitere Quadrate (z. B. mit dem Flächeninhalt 5 oder 17) und versuche deren Seitenlänge zu bestimmen.

Rechtecke unter einem Hyperbelast

Auftrag 2

In der 8. Klasse hast du einfache gebrochen-rationale Funktionen kennen gelernt. In den folgenden Koordinatensystemen sind die Graphen von drei solchen Funktionen für $x \geq 0$ und Rechtecke unter diesen Graphen gezeichnet.

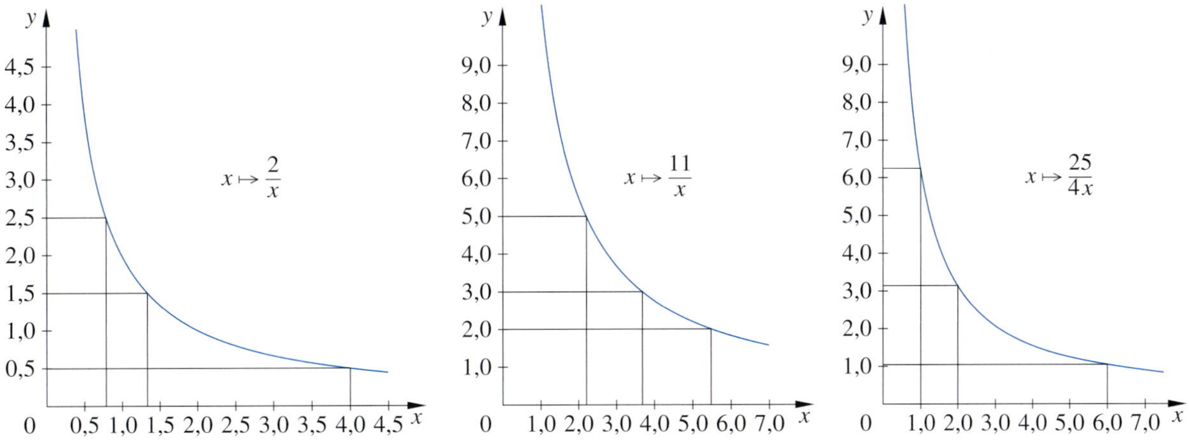

Berechne die Flächeninhalte der unter den Graphen eingezeichneten Rechtecke. Was stellst du fest?
Begründe, dass es unter allen Rechtecken, die man so unter den Graphen einzeichnen kann, genau ein Quadrat gibt.
Lies die Seitenlänge des Quadrats jeweils aus der Zeichnung ab und versuche, die Seitenlänge auch zu berechnen.

Auftrag 3 Zahlengerade unter dem Mikroskop

Erinnere dich

Der Vorsatz **Nano (n)** vor Maßeinheiten entspricht dem Faktor 10^{-9}.
Für Nanometer (nm) gilt demnach:
$1\,\text{nm} = 10^{-9}\,\text{m}$
$= 10^{-6}\,\text{mm}$

Mit modernen Mikroskopen erreicht man eine Auflösung im Bereich von 1 nm, d. h. man kann noch Objekte unterscheiden, die nur 1 nm voneinander entfernt sind. Könnte man eine Zahlengerade mit der Einheit 1 cm unter einem solchen Mikroskop betrachten, so würde man die Punkte zu zwei Dezimalzahlen noch getrennt sehen, die sich erst in der 7. Stelle nach dem Komma unterscheiden. Umgekehrt könnte man jeder Dezimalzahl auf dem Zahlenstrahl ihren Platz auf 1 nm genau zuweisen.
Die Mathematik benützt „Mikroskope mit unendlicher Auflösung", d. h. Dezimalzahlen werden auf dem Zahlenstrahl verschiedene Plätze zugewiesen unabhängig von der Position der ersten Stelle, an der sie sich unterscheiden.

Mache dir klar, dass man jeder der folgenden Dezimalzahlen genau einen Platz auf einer Zahlengeraden zuweisen kann:
1,5555… 1,5555500… 1,505005000500005… 1,567891011121314…
Vergleiche die vier Dezimalzahlen. Was fällt dir auf, wenn du sie jeweils sinngemäß fortsetzt?
Bilde weitere Dezimalzahlen nach einem Schema, das du dir selbst ausdenkst.

Bei der Betrachtung unter verschieden starken Mikroskopen sieht man von einem Punkt auf dem Zahlenstrahl folgende Bilder:

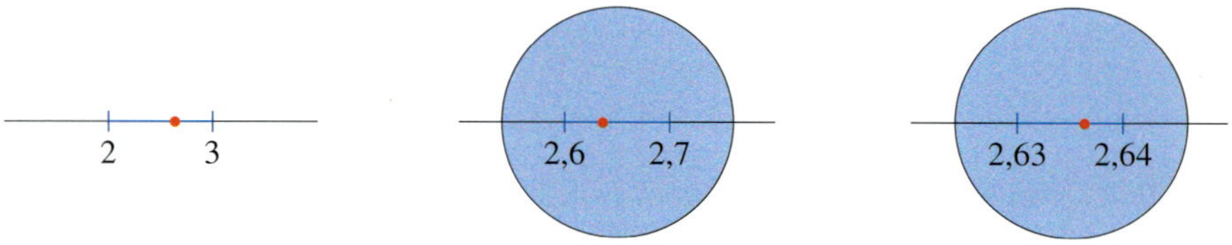

Gib verschiedene Dezimalzahlen an, die zu dem Punkt gehören könnten.

Bearbeitung

Auftrag 2 Rechtecke unter einem Hyperbelast

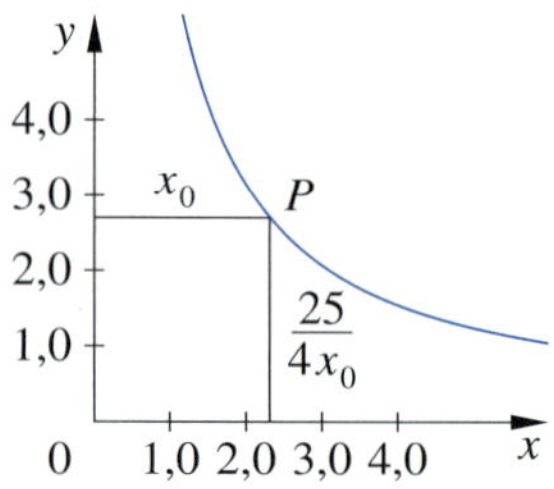

Ist P der Eckpunkt eines Rechtecks auf dem Graphen von $f_3\colon x \mapsto \frac{25}{4x}$, so hat er die Koordinaten $P\left(x_0 \middle| \frac{25}{4x_0}\right)$. Die Rechteckseiten haben die Längen x_0 und $\frac{25}{4x_0}$, der Flächeninhalt des Rechtecks ist $A = x_0 \cdot \frac{25}{4x_0} = \frac{25}{4}$, unabhängig von der speziellen Wahl des Punktes P auf dem Graphen.
Entsprechend haben alle Rechtecke unter dem Graphen von $f_1\colon x \mapsto \frac{2}{x}$ den Flächeninhalt 2, die Rechtecke unter dem Graphen von $f_2\colon x \mapsto \frac{11}{x}$ den Flächeninhalt 11.

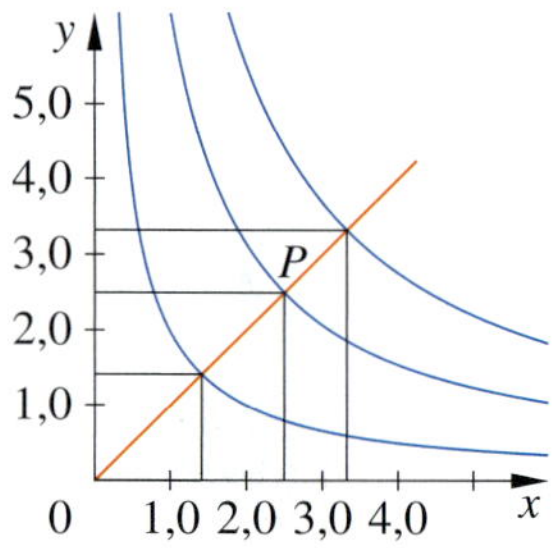

Im Falle eines Quadrats müssen die beiden Koordinaten des Punktes P gleich sein. P muss demnach auf der Winkelhalbierenden des 1. und 3. Quadranten liegen.
Da die Winkelhalbierende jeden Graphen genau einmal schneidet, findet man für jeden Graphen unter allen Rechtecken jeweils genau ein Quadrat.

Die Seitenlängen der Quadrate ergeben sich aus den Gleichungen $x = \frac{2}{x}$ bzw. $x = \frac{11}{x}$ bzw. $x = \frac{25}{4x}$, also $x^2 = 2$ bzw. $x^2 = 11$ bzw. $x^2 = \frac{25}{4}$.
Die letzte Gleichung hat in Übereinstimmung mit der Zeichnung die positive Lösung $x = \sqrt{\frac{25}{4}} = \frac{5}{2} = 2{,}5$.

Die positiven Lösungen der beiden anderen Gleichungen (die es nach der Zeichnung offensichtlich geben muss) müssten mit $\sqrt{2}$ bzw. $\sqrt{11}$ bezeichnet werden. Andererseits weißt du bereits, dass 2 und 11 keine rationalen Quadratwurzeln besitzen.
Um z. B. die Länge der Seite a des Quadrats mit dem Flächeninhalt 11 genauer zu beschreiben, kann man mit einem Taschenrechner systematisch probieren: Man sucht rationale Seitenlängen, deren Quadrate sich möglichst wenig von 11 unterscheiden.

Annäherung durch Dezimalzahlen …	Ungleichung für den Flächeninhalt 11	Ungleichung für die Länge a der Quadratseite	Näherungswert für $\sqrt{11}$
ohne Nachkommastellen	$3^2 < 11 < 4^2$	$3 < a < 4$	$\sqrt{11} \approx$ **3**
mit einer Nachkommastelle	$3{,}3^2 < 11 < 3{,}4^2$	$3{,}3 < a < 3{,}4$	$\sqrt{11} \approx$ **3,3**
mit zwei Nachkommastellen	$3{,}31^2 < 11 < 3{,}32^2$	$3{,}31 < a < 3{,}32$	$\sqrt{11} \approx$ **3,31**
mit drei Nachkommastellen	$3{,}316^2 < 11 < 3{,}317^2$	$3{,}316 < a < 3{,}317$	$\sqrt{11} \approx$ **3,316**

Anschaulich lässt sich dieses Näherungsverfahren so interpretieren, dass man die x-Achse mit immer stärkeren Mikroskopen betrachtet und den Eckpunkt des Quadrats auf der x-Achse sucht. Auf diese Weise kann „$\sqrt{11}$" beliebig genau angenähert werden.

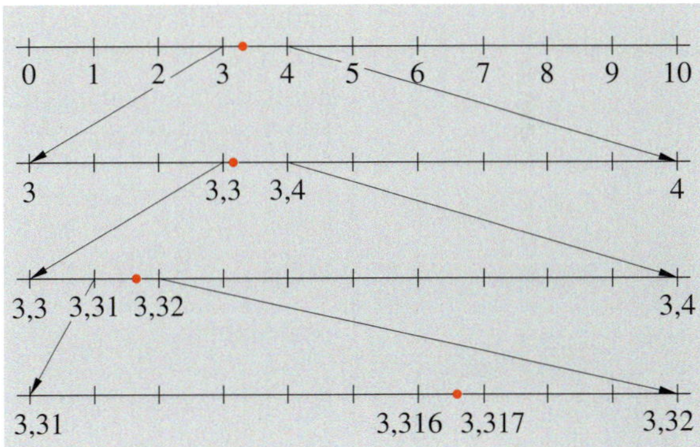

Dieses Vorgehen der Annäherung an „$\sqrt{11}$" führt auf genau einen Punkt auf der x-Achse. Begründung: Zwei verschiedene Punkte haben einen positiven Abstand. Auch wenn dieser noch so klein ist, wird „$\sqrt{11}$" nach genügend vielen Rechenschritten durch ein Intervall eingegrenzt, dessen Länge kleiner ist als dieser Abstand.

Im Prinzip kann man beliebig viele Schritte dieses Näherungsverfahrens durchführen und erhält für „$\sqrt{11}$" eine Dezimalzahl, die weder abbricht noch periodisch sein kann, da es ja keine rationale Zahl gibt, deren Quadrat 11 ist. „$\sqrt{11}$" wird also durch eine **unendliche, nichtperiodische Dezimalzahl** beschrieben.

In gleicher Weise kann man die Seitenlängen von Quadraten mit beliebig vorgegebenem rationalem Flächeninhalt A annähern. Ist A nicht Quadrat einer rationalen Zahl, so erhält man für die Seitenlänge „$\sqrt{A}$" eine unendliche, nichtperiodische Dezimalzahl.
Umgekehrt kann man jedem Punkt auf der Zahlengeraden mit diesem Verfahren eine Dezimalzahl zuordnen (auch Punkten auf der negativen Zahlengeraden), denn jeder Punkt lässt sich durch eine Folge von Ungleichungen wie in der Tabelle „einfangen".

Das ist schon erstaunlich:
Einerseits liegen die rationalen Zahlen auf der Zahlengeraden dicht, d. h. zwischen zwei verschiedenen rationalen Zahlen liegen unendlich viele weitere rationale Zahlen. Andererseits gibt es auf der Zahlengeraden noch unendlich viele Punkte, die nicht zu einer rationalen Zahl gehören, sondern durch unendliche, nichtperiodische Dezimalzahlen beschrieben werden.

Anregung

Weitere erstaunliche Dinge in diesem Zusammenhang kannst du auf den Seiten 20 und 21 nachlesen.

Info

Die irrationalen Zahlen heißen nicht deshalb so, weil sie etwa „unvernünftig" wären. Vielmehr ist das lateinische Wort „ratio" die Übersetzung des griechischen Worts „logos", das auch Verhältnis oder Proportion bedeutet. Irrationale Zahlen sind Zahlen, die sich nicht als Verhältnis von ganzen Zahlen (also als Bruch) darstellen lassen.

Um allen Punkten auf der Zahlengeraden Zahlen zuordnen zu können, muss man die Menge der rationalen Zahlen erweitern:
Die **Menge $\mathbb{R}$ der reellen Zahlen** ist die Menge **aller** Dezimalzahlen; sie besteht aus der Menge der rationalen Zahlen und der Menge aller unendlichen, nichtperiodischen Dezimalzahlen.
Unendliche, nichtperiodische Dezimalzahlen nennt man **irrationale Zahlen**.

Einen Schritt weitergedacht: Es würde langes, mühsames Probieren erfordern, z. B. den von einem Schultaschenrechner angezeigten Näherungswert **3,31662479** für $\sqrt{11}$ mithilfe von Doppelungleichungen zu ermitteln. Es geht aber auch viel schneller. Betrachte dazu nochmal den Auftrag für f_2: $x \mapsto \frac{11}{x}$.

Wählt man $x_0 = 3$ als Näherungswert für $\sqrt{11}$, so erhält man unter dem Graphen von f_2 kein Quadrat, sondern ein Rechteck (blau gezeichnet), dessen eine Seite mit der Länge **3** zu kurz, die andere dafür mit $\frac{11}{3}$ zu lang ist. Folglich muss das arithmetische Mittel x_1 der beiden Seitenlängen, ein besserer Näherungswert für $\sqrt{11}$ sein.

$$x_1 = \left(x_0 + \frac{11}{x_0}\right) : 2 = \left(3 + \frac{11}{3}\right) : 2 = \frac{10}{3}$$

Wegen $x_1^2 = \frac{100}{9} > 11$ ist x_1 zu groß und deshalb $\frac{11}{x_1} = \frac{33}{10} = 3{,}3$ zu klein.

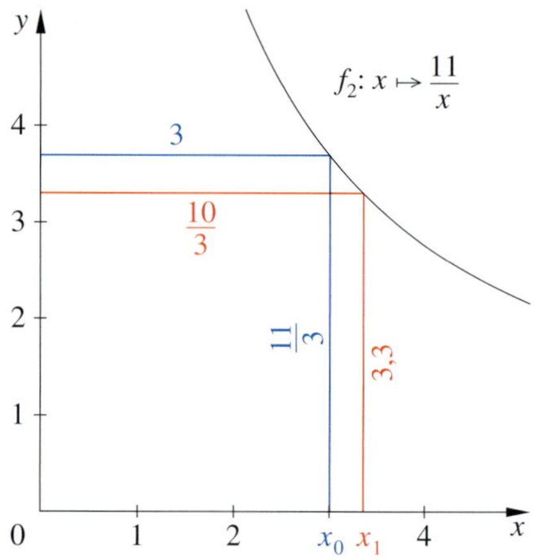

Wiederum muss deshalb das arithmetische Mittel x_2 dieser beiden Werte eine bessere Näherung sein. $x_2 = \left(\frac{10}{3} + \frac{33}{10}\right) : 2 = \frac{199}{60} \approx$ **3,31667**

Dieser Wert lässt sich nicht mehr im Bild einzeichnen, da er sich bei der gewählten Linienstärke nicht von x_1 unterscheidet. Er stimmt bereits bis zur 4. Nachkommastelle mit der Dezimalzahl für $\sqrt{11}$ überein.
Berechnet man nun wieder das arithmetische Mittel von x_2 und $\frac{11}{x_2}$, so erhält man mit $x_3 \approx$ **3,31662479** bereits den Taschenrechnerwert für $\sqrt{11}$.

Dieses Verfahren, das in der Mathematik als **Heron-Verfahren** bekannt ist, liefert also nach nur wenigen Schritten recht genaue Näherungswerte für Quadratwurzeln. Das Heron-Verfahren ist ein sogenanntes **Iterationsverfahren**, d. h. dieselben Rechenoperationen wiederholen sich bei jedem Schritt:
Soll ein Näherungswert für $\sqrt{a}$ $(a > 0)$ berechnet werden, so wählt man irgendeinen **Startwert** $x_0 > 0$. Dann rechnet man immer wieder nach demselben Schema:

$$x_1 = \left(x_0 + \frac{a}{x_0}\right) : 2 \qquad x_2 = \left(x_1 + \frac{a}{x_1}\right) : 2 \qquad \dots \qquad x_n = \left(x_{n-1} + \frac{a}{x_{n-1}}\right) : 2$$

Man hört auf, wenn sich x_n und $\frac{a}{x_n}$ um weniger als die gewünschte Genauigkeit unterscheiden.

Die Ausführung der immer gleichen Rechenoperationen kann leicht an einen Computer delegiert werden (s. Zusammenfassung). Rechnest du aber ohne Computer-Hilfe, darfst du dich auch mal verrechnen – sogar mehrmals! Auch dann kommst du (vielleicht etwas später) zum gewünschten Näherungswert für $\sqrt{a}$.

Info

Heron von Alexandria (1. Jh. n. Chr.) war Mathematiker und Ingenieur, entwickelte Messinstrumente und erfand eine Vielzahl von Maschinen. Das „Heron-Verfahren" ist in seinem Buch „Metrika" erwähnt, war tatsächlich aber schon 2000 Jahre früher den Babyloniern bekannt.

Zusammenfassung

Irrationale Zahlen und die Menge der reellen Zahlen

Die **Menge ℝ der reellen Zahlen** besteht aus der Menge der rationalen Zahlen und der **Menge der irrationalen Zahlen**.
Die rationalen Zahlen sind die endlichen und unendlichen, periodischen Dezimalzahlen, die irrationalen Zahlen sind die **unendlichen, nichtperiodischen Dezimalzahlen**.
Die Menge der reellen Zahlen ℝ ist also die Menge **aller** Dezimalzahlen.

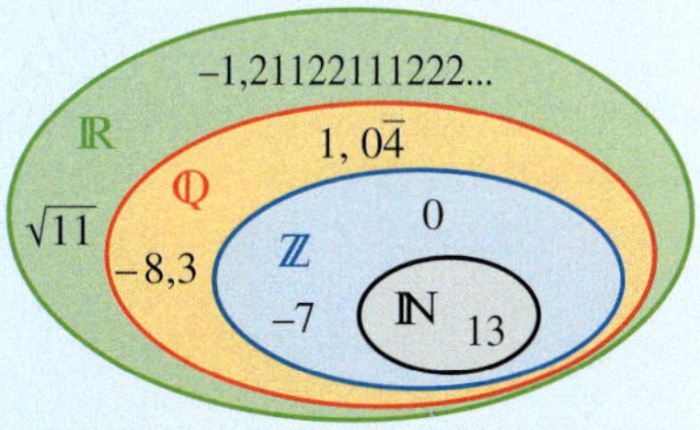

Ist eine natürliche Zahl keine Quadratzahl, so ist ihre Quadratwurzel irrational.
Irrationale Zahlen lassen sich durch endliche Dezimalzahlen beliebig genau annähern.

Das **Heron-Verfahren** liefert mit einem **Startwert** $x_0 > 0$ mittels der Formel

$$x_n = \left(x_{n-1} + \frac{a}{x_{n-1}}\right) : 2$$

schnell sehr gute Näherungswerte x_n für $\sqrt{a}$.
In nebenstehender Tabellenkalkulation braucht man nur noch die Werte für a und x_0 (gelbe Felder) einzugeben.

B6 | f_x =(B5+(B2/B5))/2

	A	B	C	D
1	Ermitteln von Wurzel aus *a*			
2	*a* =	11		
3				
4	*n*	*xn*	*a/xn*	*xn - a/xn*
5	0	5,00000000000000	2,20000000000000	2,80000000000000
6	1	3,60000000000000	3,05555555555556	0,54444444444445
7	2	3,32777777777778	3,30550918196995	0,02226859580783
8	3	3,31664347987386	3,31660610094225	0,00003737893161
9	4	3,31662479040806	3,31662479030274	0,00000000010532
10	5	3,31662479035540	3,31662479035540	0,00000000000000

Aufgaben

Verknüpfen
Anwenden
Trainieren

1 Berechne durch systematisches Probieren für die folgenden reellen Zahlen jeweils Näherungswerte, die von den exakten Werten um weniger als 0,001 abweichen.

a) $\sqrt{13}$ **c)** $\sqrt{153}$
b) $\sqrt{\frac{19}{17}}$ **d)** $\sqrt{3\frac{4}{9}}$

2 Löse ohne Taschenrechner: Welche der folgenden Quadratwurzeln sind rational, welche irrational? Begründe deine Antwort.

a) $\sqrt{729}$ **f)** $\sqrt{\frac{13}{22}}$
b) $\sqrt{(5^3)^{-2}}$ **g)** $\sqrt{0{,}69\overline{4}}$
c) $\sqrt{\frac{162}{288}}$ **h)** $\sqrt{5\frac{4}{9}}$
d) $\sqrt{\frac{72}{48}}$ **i)** $\sqrt{(-4)^{-4}}$
e) $-(\sqrt{6})^2$ **j)** $\sqrt{10^{-3}}$

3 Denke dir die folgenden Dezimalzahlen entsprechend dem erkennbaren Schema fortgesetzt. Gehört zu der so entstehenden unendlichen Dezimalzahl eine rationale oder irrationale Zahl?

a) 3,414 144 444… **d)** 3,414 114 111 411 11…
b) 3,41424344454… **e)** 3,411 414 141 41…
c) 3,145 145 145… **f)** 3,481 216 202 4…
g) Denke dir selbst weitere derartige Beispiele aus und lasse deinen Nachbarn entscheiden.

4 Gib jeweils zwei rationale und zwei irrationale Zahlen an, die zwischen den gegebenen reellen Zahlen liegen.

a) 7,634 567 und $7{,}\overline{634\,567}$
b) 4,115 111 511 115… und 4,115 125 135 145…

5 Wähle zwei beliebige Ziffern.

a) Schreibe nur mit diesen Ziffern fünf Zahlen auf, sodass die Quadratwurzel rational ist, und fünf Zahlen, sodass die Quadratwurzel irrational ist.
b) Schreibe nur mit diesen Ziffern fünf irrationale Zahlen auf, ohne das Wurzelzeichen zu verwenden.

6 Die Abbildung zeigt einen Punkt auf einem Ausschnitt der Zahlengeraden, der schrittweise jeweils mit dem Faktor 10 vergrößert wird.

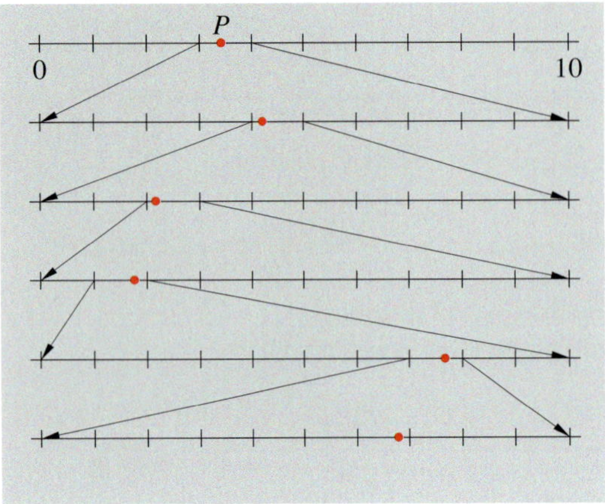

a) Lies die zu P gehörige Zahl möglichst genau ab.
b) Begründe, dass man nicht entscheiden kann, ob zu P eine rationale Zahl oder eine irrationale Zahl gehört. Gib verschiedene rationale und irrationale Zahlen an, die zu P gehören könnten.

7 Approximate the positive solution of the equation $x^2 = 29$ up to the 4th decimal point using Heron's iteration but not a computer program.

8 Entwickle ein Programm oder ein Arbeitsblatt für eine Tabellenkalkulation zum Heron-Verfahren.
a) Überzeuge dich davon, dass dein Programm bzw. dein Arbeitsblatt richtig Näherungswerte für Quadratwurzeln berechnet. Vergleiche dazu deine Ergebnisse mit den entsprechenden Taschenrechnerwerten.
Wie kannst du noch kontrollieren, ob das Programm bzw. Arbeitsblatt richtig Näherungswerte von Quadratwurzeln berechnet?
b) Berechne $\sqrt{15}$. Wähle als Startwert x_0 zunächst die Zahl 4, dann die Zahl 10. Um wie viel weicht der Näherungswert nach dem 3. Schritt jeweils höchstens noch von $\sqrt{15}$ ab?
c) Nach wie vielen Schritten hast du für $\sqrt{15}$ bei dem Startwert 100 die gleiche Genauigkeit erreicht wie bei dem Startwert 4 nach dem 3. Schritt?

9 Für praktische Anwendungen genügt es im Allgemeinen, Quadratwurzeln auf die 3. Stelle nach dem Komma zu runden. Gib die entsprechend gerundeten Werte an für: $\sqrt{17}$; $\sqrt{7}$; $\sqrt{137}$.

10

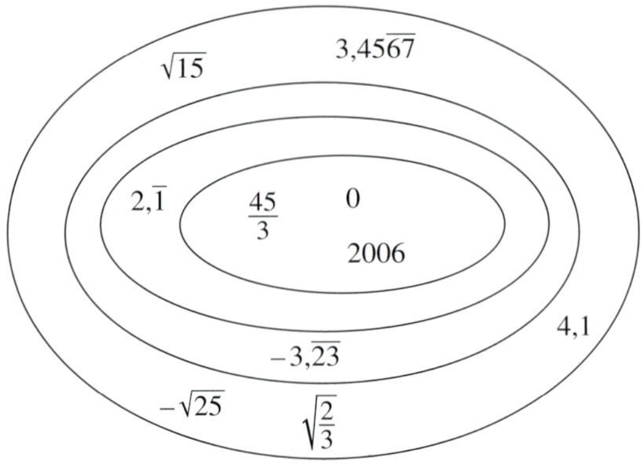

a) Überlege, wie das Diagramm aufgebaut sein könnte, und überprüfe, ob alle Zahlen korrekt eingetragen sind.
b) Übertrage dann das korrigierte Diagramm in dein Heft und ergänze die folgenden reellen Zahlen.
$\sqrt{\frac{507}{243}}$; π; -9^{-2}; $(-9)^{-2}$; $\frac{-7}{99}$; $\sqrt{28}$; $4{,}1234567891011\ldots$

11 Bestimme, wenn möglich, mehrere Werte für x, sodass der Wert der folgenden Terme eine natürliche Zahl ist.

a) $\sqrt{\frac{x}{x-1}}$ **b)** $\sqrt{\frac{x^2}{x^2+1}}$ **c)** $\sqrt{\frac{x^2+5}{x^2}}$

Noch fit?

I Trage in ein rechtwinkliges Koordinatensystem die Punkte $A(1{,}5|3)$, $B(7{,}5|-1)$, $C(7{,}5|6)$ und $D(1{,}5|7)$ ein.
a) Berechne den Flächeninhalt des Vierecks $ABCD$, indem du
– das Viereck geeignet zerlegst;
– das Viereck zunächst geeignet ergänzt.
b) Der Punkt C bewegt sich auf der Geraden mit der Gleichung $y = -\frac{4}{3}x + 16$. Wie verändert sich dabei der Flächeninhalt des Vierecks $ABCD$?

II Der Flächeninhalt F eines Trapezes $ABCD$ ist $13{,}5\,\text{cm}^2$.

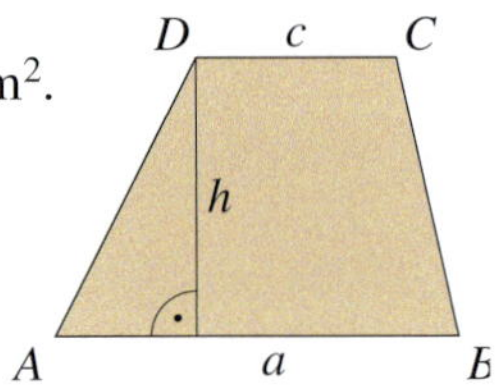

a) Berechne die Länge der Seite c für $a = 7\,\text{cm}$ und $h = 2{,}7\,\text{cm}$.
b) Begründe, dass die gegebenen Größen so gewählt werden müssen, dass gilt: $2F \geq a\,h$.

Aufgaben

Verknüpfen
Anwenden
Trainieren

12 Right or wrong? Give reasons.

a) Each point on the number line corresponds to a rational number.

b) Each natural number is also a real number.

c) Each real number has a successive greater number than it.

d) Between two different irrational numbers there is always a rational number.

e) Between two different rational numbers there is always an irrational number.

f) There is a smallest positive real number.

g) The square root of a nonnegative rational number is always a real number.

h) There is a square root of each rational number.

i) Since it is an infinite nonperiodic decimal number π must be irrational.

13 Bestimme durch systematisches Probieren die Lösung der Gleichung $x^3 = 5$ auf fünf Dezimalen genau.

14 Beim Berechnen von $\sqrt{41}$ mithilfe des Heron-Verfahrens mit dem Startwert $x_0 = 6$ erhält man nach 2 Schritten $x_2 \approx 6{,}403\,14$.
Versuche – ohne einen mit dem Taschenrechner ermittelten Näherungswert für $\sqrt{41}$ zu verwenden –, eine Abschätzung für die Abweichung des Wertes x_2 von $\sqrt{41}$ anzugeben.

15 Einige Fragen zum Heron-Verfahren:

a) Was passiert, wenn man bei der näherungsweisen Berechnung einer Lösung der Gleichung $x^2 = 29$ mit einem negativen Startwert (z. B. -5) beginnt?

b) Beim Berechnen von $\sqrt{29}$ beginnt ein Schüler mit dem Startwert 0 („Der Lehrer hat gesagt, man kann den Startwert beliebig wählen."). Was passiert?

c) Kann man auch $\sqrt{0}$ nach dem Heron-Verfahren mit einem beliebigen Startwert $a \neq 0$ berechnen? Welche Werte ergeben sich?

16 Wie lang ist die Diagonale in einem Quadrat der Seitenlänge 1 (bzw. 2; 3; 4)?
Wie lang ist demnach allgemein die Diagonalenlänge d in einem Quadrat mit der Seitenlänge a?

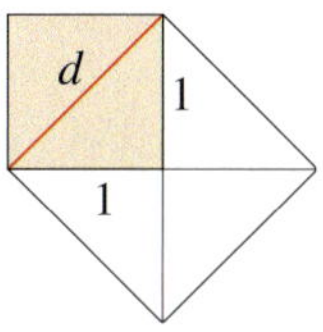

17 Bei einem Quadrat werden zwei gegenüberliegende Seiten um 2 LE verkleinert, dafür die beiden anderen Seiten um 2 LE vergrößert.

a) Wie lang waren die Quadratseiten, wenn dadurch ein Rechteck mit halbem Flächeninhalt entsteht?

b) Wie verändert sich der Umfang?

c) Welche allgemeine Folgerung kannst du aus diesen Ergebnissen ziehen?

18 Eine unendliche Dezimalzahl heißt **Zahlenuniversum**, wenn in ihr die Ziffernfolge einer jeden beliebigen natürlichen Zahl irgendwann vorkommt. (Von der Kreiszahl π vermutet man, dass sie ein Zahlenuniversum ist.)

a) Begründe, dass ein Zahlenuniversum nicht periodisch sein kann.

b) Zeige, dass die Dezimalzahl
$0{,}123\,456\,789\,101\,112\,131\,415\,161\,7\ldots$
ein Zahlenuniversum ist.

Aufgaben

Verknüpfen
Anwenden
Trainieren

19 Die Standardgrößen für Schreib- und Zeichenpapiere sind durch die DIN-Formate normiert. Ein rechteckiges Papier der Größe DIN A0 hat den Flächeninhalt 1 m^2. Das Format DIN A1 entsteht aus dem Format DIN A0 (ebenso dann DIN A2 aus DIN A1 usw.) durch Halbieren der längeren Rechteckseite. Außerdem ist das Seitenverhältnis bei allen DIN-Formaten gleich.

a) Zeige, dass bei allen DIN-Formaten das Längenverhältnis der Rechteckseiten $1 : \sqrt{2}$ ist.

b) Überprüfe dieses Ergebnis an einem DIN-A4-Blatt (z. B. an einer Seite deines Heftes).

20 Die Babylonier benutzten vor 4000 Jahren für $\sqrt{2}$ den erstaunlich genauen Näherungswert $\frac{30\,547}{21\,600}$.

a) Berechne die absolute und die relative Abweichung dieses Wertes von $\sqrt{2}$ (TR-Wert).

b) Man erhält diesen Näherungswert als x_3 im 3. Schritt des Heron-Verfahrens mit dem Startwert 1, wenn man im Zahlsystem der Babylonier rechnet und dort rundet.
Zeige, dass der gerundete Wert $\frac{30\,547}{21\,600}$ der Babylonier sogar ein besserer Näherungswert für $\sqrt{2}$ ist als der Wert x_3, wie du ihn heute per Computer beim Heron-Verfahren berechnest.

Allerhand Erstaunliches über die Menge der reellen Zahlen

Die Menge der rationalen Zahlen liegt dicht auf der Zahlengeraden, d. h. zwischen zwei verschiedenen rationalen Zahlen liegen noch beliebig viele weitere rationale Zahlen. Da ist es kaum vorstellbar, dass es noch Lücken auf der Zahlengeraden gibt, und doch hast du in diesem Kapitel mit den irrationalen Zahlen neue Zahlen gefunden, die alle noch auf der Zahlengeraden Platz haben.

Wie viele irrationale Zahlen gibt es?

Da die nichtnegativen rationalen Zahlen abzählbar sind, lassen sie sich durchnummerieren und du kannst sie dir entsprechend ihrer Nummer der Reihe nach hingeschrieben denken. Unter jede rationale Zahl wird ihre Quadratwurzel geschrieben.

$$\begin{array}{ccccccccccccc} r_1 & & r_2 & & r_3 & & r_4 & & r_5 & & r_6 & & \dots \\ \downarrow & \nearrow & \downarrow & \nearrow & \downarrow & \nearrow & \downarrow & \nearrow & \downarrow & \nearrow & \downarrow & \nearrow & \\ \sqrt{r_1} & & \sqrt{r_2} & & \sqrt{r_3} & & \sqrt{r_4} & & \sqrt{r_5} & & \sqrt{r_6} & & \dots \end{array}$$

Nun lassen sich die nichtnegativen rationalen Zahlen und ihre Quadratwurzeln neu durchnummerieren. Wenn eine Quadratwurzel rational sein sollte, also bereits in der oberen Reihe enthalten ist, dann wird sie beim Nummerieren einfach übersprungen. Die Menge der rationalen Zahlen und ihrer Quadratwurzeln ist also ebenfalls abzählbar. Mit den Quadratwurzeln sind nur abzählbar viele neue Zahlen hinzugekommen.

Georg Cantor (1845–1918)

Damit ist das Reservoir an reellen Zahlen aber bei weitem nicht ausgeschöpft! Der deutsche Mathematiker Georg Cantor (1845–1918) hat nachgewiesen, dass schon die Menge der reellen Zahlen im Intervall [0; 1] nicht mehr abzählbar ist, dass es also „viel mehr“ irrationale Zahlen gibt als rationale Zahlen und deren Quadratwurzeln. Und das geht so:

Nimm an, jemand legt dir irgendeine durchnummerierte Folge $x_1, x_2, x_3, x_4, \dots$ von reellen Zahlen zwischen 0 und 1 vor. Dann bildest du eine neue Dezimalzahl $\mathbf{0{,}b_1 b_2 b_3 b_4 b_5 \dots}$ nach dem folgenden Muster.
$\boldsymbol{b_1}$ wählst du verschieden von der ersten Nachkommastelle von x_1;
$\boldsymbol{b_2}$ wählst du verschieden von der zweiten Nachkommastelle von x_2;
$\boldsymbol{b_3}$ wählst du verschieden von der dritten Nachkommastelle von x_3
usw.
Gleichzeitig achtest du darauf, dass keine deiner Dezimalstellen $\boldsymbol{b_1}, \boldsymbol{b_2}, \boldsymbol{b_3}, \dots$ gleich 9 ist. Damit kann deine Dezimalzahl in der vorgelegten Folge von reellen Zahlen nicht vorkommen, da sie sich von jeder der dort enthaltenen Zahlen an mindestens einer Stelle unterscheidet.
Es ist unmöglich, alle reellen Zahlen im Intervall [0; 1] durchzunummerieren und erst recht nicht alle reellen Zahlen.

Auf der rationalen Zahlengeraden war also noch erstaunlich viel Platz, ja eigentlich war sie geradezu leer!
Um das zu zeigen, lässt du die rationalen Zahlen auf der Zahlengeraden in Gedanken einfach etwas zusammenrücken (Platz genug scheint ja zu sein):
Denke dir die nichtnegativen rationalen Zahlen wieder durchnummeriert und in der Reihenfolge ihrer Nummern hingeschrieben.

$r_1 \quad r_2 \quad r_3 \quad r_4 \quad r_5 \quad r_6 \quad \ldots$

Um die Zahl r_1 als Mittelpunkt zeichnest du auf dem Zahlenstrahl einen Kreis mit dem Durchmesser 0,1 cm, um r_2 einen Kreis mit dem Durchmesser 0,01 cm und so fort. Die Zahl r_{10} wird dann durch eine Kreisscheibe mit dem Durchmesser 0,000 000 000 1 cm abgedeckt. Damit hast du alle rationalen Zahlen durch (sich evtl. überschneidende) Kreisscheiben überdeckt.

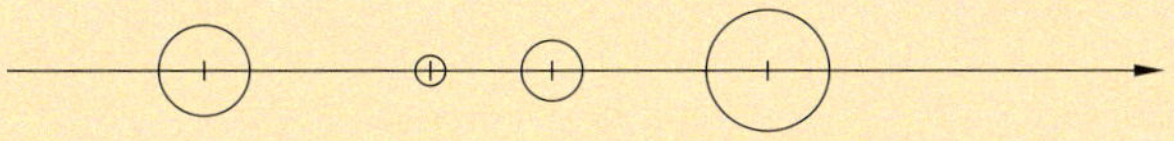

Jetzt verschiebst du alle Kreisscheiben so, dass sie der Reihe nach aneinander anschließen.

Addierst du nun die Durchmesser all dieser Kreisscheiben, so erhältst du
$0{,}1\,\text{cm} + 0{,}01\,\text{cm} + 0{,}001\,\text{cm} + 0{,}0001\,\text{cm} + \ldots = 0{,}\overline{1}\,\text{cm} = \frac{1}{9}\text{cm}$.
Also kannst du alle nichtnegativen rationalen Zahlen auf einem Intervall der Länge $\frac{1}{9}$ cm auf der positiven Zahlengeraden unterbringen. Der ganze Rest der positiven Zahlengeraden ist für die irrationalen Zahlen reserviert.
Oder anschaulich formuliert:
Wenn du die Zahlengerade mit einer Schere auseinanderschneidest, tust du mit ziemlicher Sicherheit keiner rationalen Zahl weh.

Rational oder irrational?

Die Irrationalität von Quadratwurzeln nichtnegativer rationaler Zahlen ist bereits seit etwa 300 v. Chr. bekannt. Von anderen reellen Zahlen wusste man lange nicht, ob sie rational oder irrational sind. Das gilt z. B. auch für die Kreiszahl π, die das Verhältnis des Umfangs eines Kreises zu seinem Durchmesser angibt.
Durch die Jahrhunderte hindurch hat man immer wieder versucht, möglichst genaue Werte für π zu finden. Einen Überblick über die zum Teil erstaunlich genauen Näherungswerte gibt die folgende Übersicht.

Babylonier (ca. 2000 v. Chr.)	$\pi \approx 3\frac{1}{8} = 3{,}125$
Ägypter (ca. 2000 v. Chr.)	$\pi \approx 4 \cdot \left(\frac{8}{9}\right)^2 \approx 3{,}160\,496$
Archimedes (Syrakus, ca. 250 v. Chr.)	$3\frac{10}{71} < \pi < 3\frac{1}{7}$
Tsu Ch'ung (China, ca. 480 n. Chr.)	$\pi \approx 3{,}141\,592\,6$
Fibonacci (Italien, ca. 1200 n. Chr.)	$\pi \approx 3{,}141\,818$
L. van Ceulen (Holland, ca. 1600)	π auf 35 Stellen genau

Im Jahr 1761 hat der deutsche Mathematiker Johann Heinrich Lambert nachgewiesen, dass π eine irrationale Zahl ist.
Heute kennt man etwa 260 Milliarden Stellen von π. Man kann sogar einzelne Stellen berechnen, ohne alle vorhergehenden Stellen zu kennen.

Johann Heinrich Lambert (1728–1777)

So viel man bereits über reelle Zahlen weiß, bleiben dennoch viele Fragen offen (siehe z. B. Aufgabe 17).
Von einigen Zahlen weiß man bis heute nicht, ob sie rational oder irrational sind. Das trifft z. B. auf die Potenzen π^{π} und $\pi^{\sqrt{2}}$ zu.

21 Begründe, dass man in der Menge der reellen Zahlen die Quadratwurzel aus einer beliebigen nichtnegativen reellen Zahl ziehen kann.

Berechne $\sqrt{\sqrt{20}}$ und $\sqrt{\pi}$ auf vier Dezimalen genau.

22 Beweise, dass für jede nichtnegative rationale Zahl x gilt: $1 \leq \sqrt{1+x} \leq 1 + \frac{1}{2}x$.
Zeichne die Graphen der beiden Funktionen $f\colon x \mapsto \sqrt{1+x}$ und $g\colon x \mapsto 1 + \frac{1}{2}x$ für $x \geq 0$ in ein gemeinsames Koordinatensystem und überprüfe die Ungleichung anhand deiner Zeichnung.

23 Berechne mit deinem Taschenrechner die Quadratwurzel aus einer beliebigen natürlichen Zahl n. Ziehe dann wieder die Quadratwurzel aus dieser Quadratwurzel usw.

a) Was fällt dir auf, wenn du mit verschiedenen Startzahlen beginnst. Formuliere eine allgemeine Vermutung. Überprüfe, ob diese Vermutung auch für beliebige nichtnegative rationale Zahlen, insbesondere auch für rationale Zahlen zwischen 0 und 1 zutrifft.

b) Benütze die Ungleichung aus Aufgabe 22, um deine Vermutung für rationale Zahlen $r \geq 1$ zu beweisen.

24 Berechne mit dem Taschenrechner der Reihe nach die folgenden Quadratwurzeln:

$$x_0 = \sqrt{2}$$
$$x_1 = \sqrt{2 + \sqrt{2}}$$
$$x_2 = \sqrt{2 + \sqrt{2 + \sqrt{2}}} \qquad \text{usw.}$$
$$x_{n+1} = \sqrt{2 + x_n}$$

a) Was beobachtest du bei diesem Iterationsverfahren? Formuliere eine Vermutung.

b) Ersetze in der obigen Folge die Zahl 2 durch 6 (oder auch 12 oder 20) und überlege, was sich dann ergibt.

c) Verwende ein Tabellenkalkulationsprogramm, um diese Folge zu erzeugen, und experimentiere.

25 Zeichne die Graphen der Quadratwurzelfunktion **sqrt**[1]: $x \mapsto \sqrt{x}$, $x \geq 0$ und der Funktion $x \mapsto \frac{1}{\sqrt{x}}$, $x > 0$ in ein gemeinsames Koordinatensystem.

[1] **sqrt** wird in Mathematikprogrammen häufig als Abkürzung für Quadratwurzel (engl.: square root) verwandt.

26 Der persische Mathematiker, Astronom und Geograph Abu Abdallah Muhammad ibn Musa al Chwarizmi gibt in seinem Buch über Algebra die folgende Näherungsformel für Quadratwurzeln an:

$$\sqrt{a^2 + b} \approx a + \frac{b}{2a}$$
$(a > 0)$

Al Chwarizmi (ca. 780–850)

a) Erläutere, wie man mit dieser Formel näherungsweise die Quadratwurzel aus einer beliebigen nichtnegativen rationalen (insbesondere aus einer natürlichen) Zahl ziehen kann.

b) Verwende diese Näherungsformel, um Näherungswerte für $\sqrt{200}$ bzw. $\sqrt{2000}$ zu berechnen, und schätze die Güte dieser Näherungswerte ab.

c) Zeige, dass man diese Näherungsformel durch geeignete Anwendung des Heron-Verfahrens erhält.

Aufgabe der Woche

Für eine reelle Zahl r werden Näherungswerte nach folgender Vorschrift berechnet:

- $1 < r < 2$, d. h. r liegt im Intervall $I_0 =]1; 2[$;
- das Intervall I_0 wird in drei gleich lange Intervalle unterteilt, r liegt im mittleren der drei Intervalle, also im Intervall $I_1 =]\frac{4}{3}; \frac{5}{3}[$;
- I_1 wird nun ebenfalls in drei gleich lange Intervalle unterteilt, r liegt wiederum im mittleren Intervall I_2;

...

Welche Kette von Doppelungleichungen ergibt sich für r? Gib die ersten vier dieser Ungleichungen an.

Begründe, dass durch diese Konstruktion genau eine reelle Zahl bestimmt wird. Gib diese Zahl an.

Wähle ein anderes Ausgangsintervall I_0, d. h. eine andere Ausgangsungleichung. Was beobachtest du? Variiere nicht nur das Ausgangsintervall, sondern auch die Konstruktionsvorschrift. Was verändert sich?

1.3 Umgang mit Wurzeltermen

Kann der Taschenrechner auch mit irrationalen Zahlen rechnen? — Auftrag 1

Die irrationalen Zahlen, deren Existenz schon zur Zeit des Pythagoras bekannt war, sind bis in die Neuzeit von vielen Mathematikern nicht tatsächlich als Zahlen anerkannt worden. Mehr als 1000 Jahre nach Pythagoras schrieb z. B. der deutsche Mathematiker Michael Stifel (1487–1567) in seinem Buch „Arithmetica integra“:

So wie eine unendliche Zahl keine Zahl ist, so ist eine irrationale Zahl keine wahre Zahl, weil sie sozusagen unter einem Nebel der Unendlichkeit verborgen ist.

Ein wesentliches Kennzeichen von Zahlen ist die Tatsache, dass man mit ihnen rechnen kann.
Welche Werte liefert dein Taschenrechner, wenn du versuchst, mit seiner Hilfe die nebenstehenden (und weitere selbst gewählte) Produkte, Quotienten und Summen von Quadratwurzeln zu berechnen?
Interpretiere deine Ergebnisse.
Welche allgemeinen Regeln kannst du aus den Ergebnissen folgern? Versuche, diese zu beweisen.

$\sqrt{2} + \sqrt{3}$

$\sqrt{5} + \sqrt{4}$

$\sqrt{3} \cdot \sqrt{12}$

$\sqrt{5} \cdot \sqrt{3}$

$\sqrt{7} \cdot \sqrt{63}$

$4 \cdot \sqrt{3} + 6 \cdot \sqrt{3}$

$\sqrt{125} : \sqrt{5}$

$\sqrt{72} : \sqrt{24}$

$\sqrt{9} + \sqrt{16}$

Rechnen auf der reellen Zahlengeraden — Auftrag 2

Da man alle reellen Zahlen als Punkte auf einer Zahlengeraden wiederfindet, ist es offensichtlich, dass es zu zwei reellen Zahlen eine Summe gibt. Man braucht nur den entsprechenden Punkt auf der Zahlengeraden zu konstruieren. Führe dies für die reellen Zahlen $\sqrt{2}$ und $\sqrt{8}$ sowie für 3 und $\sqrt{2}$ durch. Versuche für die Summe jeweils Näherungswerte anzugeben.

Mithilfe einer Konstruktion lässt sich zeigen, dass man beliebige reelle Zahlen auch multiplizieren kann. Die Idee dazu geht auf Descartes, einen französischen Mathematiker und Philosophen, zurück. Er schreibt in seinem Buch „La Géométrie“:

Descartes (1596–1650)

Es sei z. B. $\overline{AB}$ die Einheit und es sei $\overline{BD}$ mit $\overline{BC}$ zu multiplizieren, so habe ich nur die Punkte A und C zu verbinden, dann DE parallel mit CA zu ziehen und $\overline{BE}$ ist das Produkt dieser Multiplikation.

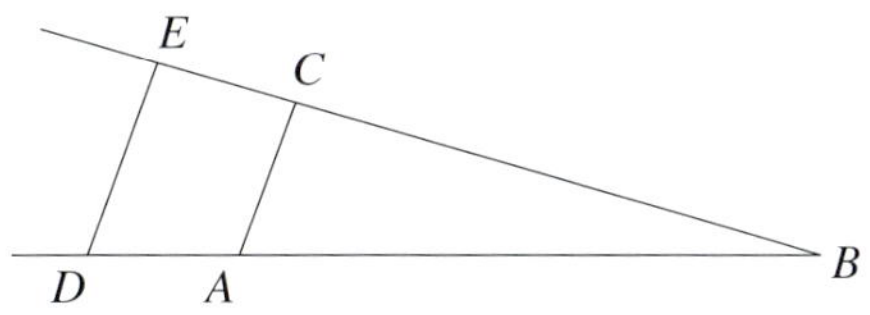

Begründe diese Konstruktion und konstruiere entsprechend dieser Anleitung die Punkte auf der Zahlengeraden, die zu $\sqrt{2} \cdot \sqrt{5}$ bzw. zu $\sqrt{2} \cdot \sqrt{8}$ gehören.
Welche reellen Zahlen gehören zu diesen Punkten?

Begründe, dass man mit dieser Konstruktion auch dividieren kann, und konstruiere entsprechend eine Strecke mit der Länge $\sqrt{8} : \sqrt{2}$.

Welche allgemeinen Folgerungen kannst du aus deinen Ergebnissen ziehen? Überprüfe diese mithilfe des Taschenrechners an weiteren Beispielen.

Auftrag 3 Rechtecke mit irrationalen Seitenlängen

Im Auftrag 1 auf Seite 13 hast du gesehen, wie man Strecken der Längen $\sqrt{2}$, $\sqrt{5}$ und $\sqrt{8}$ konstruieren kann. Folglich kannst du ein Rechteck mit den Seitenlängen $\sqrt{2}$ und $\sqrt{5}$ (bzw. den Seitenlängen $\sqrt{2}$ und $\sqrt{8}$) konstruieren.
Wie lassen sich Flächeninhalt und Umfang dieser Rechtecke berechnen?

Umgekehrt: Ein Rechteck mit dem Flächeninhalt 10 (bzw. 20) hat eine Seite der Länge $\sqrt{5}$. Wie lang ist die andere Seite?
Mache dir klar, dass es solche Rechtecke gibt.

Experimentiere mit dem Taschenrechner und versuche Regeln für das Rechnen mit Quadratwurzeln zu finden.

Bearbeitung

Auftrag 1 Kann der Taschenrechner auch ...?

$\sqrt{2}+\sqrt{3}$

$\sqrt{5}+\sqrt{4}$

$\sqrt{3}\cdot\sqrt{12}$

$\sqrt{5}\cdot\sqrt{3}$

$\sqrt{7}\cdot\sqrt{63}$

$4\cdot\sqrt{3}+6\cdot\sqrt{3}$

$\sqrt{125}:\sqrt{5}$

$\sqrt{72}:\sqrt{24}$

$\sqrt{9}+\sqrt{16}$

Für die angegebenen Produkte liefert der Taschenrechner die folgenden Resultate:

$\sqrt{3}\cdot\sqrt{12}=6$ $\quad\sqrt{5}\cdot\sqrt{3}=3{,}872\,983\,346$ $\quad\sqrt{7}\cdot\sqrt{63}=21$

Da $6=\sqrt{36}=\sqrt{3\cdot 12}$ und $21=\sqrt{441}=\sqrt{7\cdot 63}$ ist, liegt es nahe zu vermuten, dass $\sqrt{5}\cdot\sqrt{3}$ gleich $\sqrt{15}$ ist. Auf dem Taschenrechner liest man tatsächlich ab $\sqrt{15}\approx 3{,}872\,983\,3\ldots$
Weitere Beispiele bestätigen die Vermutung, dass für Quadratwurzeln allgemein gilt: $\sqrt{a}\cdot\sqrt{b}=\sqrt{a\cdot b}$ für $a\geq 0$ und $b\geq 0$.

Beweis: $(\sqrt{a}\cdot\sqrt{b})^2=(\sqrt{a}\cdot\sqrt{b})(\sqrt{a}\cdot\sqrt{b})=(\sqrt{a}\,\sqrt{a})\cdot(\sqrt{b}\,\sqrt{b})=a\cdot b$

Es liegt nahe, für Quotienten von Quadratwurzeln eine ähnliche Regel zu vermuten. Der Taschenrechner liefert in Beispielen tatsächlich die erwarteten Resultate:

$\sqrt{125}:\sqrt{5}=5=\sqrt{25}=\sqrt{125:5}$ $\quad\sqrt{72}:\sqrt{24}=1{,}732\,050\,808=\sqrt{3}=\sqrt{72:24}$

Für Quadratwurzeln gilt allgemein: $\frac{\sqrt{a}}{\sqrt{b}}=\sqrt{\frac{a}{b}}$ für $a\geq 0$ und $b>0$.

Beweis: $\left(\sqrt{\frac{a}{b}}\right)^2=\left(\sqrt{\frac{a}{b}}\right)\cdot\left(\sqrt{\frac{a}{b}}\right)=\frac{\sqrt{a}\,\sqrt{a}}{\sqrt{b}\,\sqrt{b}}=\frac{a}{b}$

Wer nun vermutet, dass man in gleicher Weise auch Summen und Differenzen von Quadratwurzeln vereinfachen könne, sieht sich durch Beispiele schnell eines Besseren belehrt:

$\sqrt{9}+\sqrt{16}=7$, aber $\sqrt{9+16}=\sqrt{25}=5$
$\sqrt{5}+\sqrt{4}=\sqrt{5}+2=4{,}236\,067\ldots$, aber $\sqrt{5+4}=\sqrt{9}=3$
$\sqrt{2}+\sqrt{3}=3{,}146\,264\ldots$, aber $\sqrt{2+3}=2{,}236\,067\ldots$

Beachte
Nie summandenweise radizieren!

Man darf also Quadratwurzeln nicht dadurch addieren (subtrahieren), dass man die Wurzel aus der Summe (Differenz) der Radikanden zieht.

Summen und Differenzen von Quadratwurzeln kann man in der Regel nicht vereinfachen. Will man dann Näherungswerte für eine Summe oder Differenz erhalten, so bleibt nur die Möglichkeit, die Näherungswerte der einzelnen Quadratwurzeln zu addieren oder zu subtrahieren (oder den Taschenrechner zu benützen).

Eine (allerdings wichtige) Ausnahme sind Summen bzw. Differenzen, in denen Quadratwurzeln mit gleichem Radikanden vorkommen.
In $4 \cdot \sqrt{3} + 6 \cdot \sqrt{3}$ lässt sich $\sqrt{3}$ ausklammern:

$$4 \cdot \sqrt{3} + 6 \cdot \sqrt{3} = \sqrt{3} \cdot (4 + 6) = 10 \cdot \sqrt{3}$$

In Übereinstimmung damit gibt ein Taschenrechner für $4 \cdot \sqrt{3} + 6 \cdot \sqrt{3}$ den Wert 17,320 508 08, also $10 \cdot 1{,}732\,050\,808 = 10 \cdot \sqrt{3}$, als Ergebnis an.

Tipp

Beim Addieren und Subtrahieren werden Quadratwurzeln mit verschiedenen Radikanden wie verschiedene Variable behandelt.

Einige Schritte weitergedacht:

Das mathematische Gesetz $\sqrt{a} \cdot \sqrt{b} = \sqrt{a \cdot b}$ $(a, b \geq 0)$ kann man wie jedes mathematische Gesetz in zwei Richtungen lesen. Zum einen dient es dazu, ein Produkt zu vereinfachen, in dem ein Faktor eine Quadratwurzel ist. Dabei muss der andere Faktor nicht unbedingt auch eine Quadratwurzel sein.

Beispiel: $5 \cdot \sqrt{3} = \sqrt{25} \cdot \sqrt{3} = \sqrt{75}$

Man kann also einen beliebigen nichtnegativen Faktor „unter die Wurzel bringen“. Für negative Faktoren ist das allerdings nicht möglich, denn $-5 \cdot \sqrt{3}$ ist nicht gleich $\sqrt{(-5)^2 \cdot 3}$. Es gilt nur für $a, b \geq 0$: $a \cdot \sqrt{b} = \sqrt{a^2 b}$.

Liest man diese Gleichung in der umgekehrten Richtung, so gibt sie an, dass man das im Radikanden vorkommende Quadrat einer positiven Zahl aus der Wurzel herausziehen kann.

Beispiel: $\sqrt{72} = \sqrt{36 \cdot 2} = \sqrt{36} \cdot \sqrt{2} = 6 \cdot \sqrt{2}$, aber $\sqrt{(-3)^2 \cdot 5} = \sqrt{9 \cdot 5} = 3 \cdot \sqrt{5}$

Dieses „teilweise Radizieren“ hilft manchmal, Summen und Differenzen von Quadratwurzeln oder Wurzelterme mit Variablen zu vereinfachen.

Beispiele: $\sqrt{98} + \sqrt{50} - \sqrt{27} = \sqrt{49 \cdot 2} + \sqrt{25 \cdot 2} - \sqrt{9 \cdot 3} = 7 \cdot \sqrt{2} + 5 \cdot \sqrt{2} - 3 \cdot \sqrt{3}$
$= 12 \cdot \sqrt{2} - 3 \cdot \sqrt{3}$

$$\sqrt{x^2 + x^2 y} = \sqrt{x^2 \cdot (1 + y)} = |x| \cdot \sqrt{1 + y} \quad (x \in \mathbb{R}, y \geq -1)$$

Beachte

Bei der Berechnung von $\sqrt{x^2 + x^2 y}$ sind die Betragsstriche notwendig, da $\sqrt{x^2}$ für negative x nicht gleich x ist.

Wie es nützlich ist, die Quadratzahlen der natürlichen Zahlen bis 25 auswendig zu wissen, solltest du auch Näherungswerte für einige Quadratwurzeln, die in vielen Anwendungssituationen vorkommen, parat haben. Dazu gehören insbesondere $\sqrt{2} \approx 1{,}4142$ und $\sqrt{3} \approx 1{,}7321$.
Näherungswerte für Terme wie $3 + \sqrt{2}$, $\sqrt{3} - \sqrt{2}$ oder $20 \cdot \sqrt{3}$ lassen sich dann auch ohne Taschenrechner berechnen.
Die Division durch Näherungswerte für diese Wurzeln, wie z. B. bei $\frac{2}{\sqrt{3}}$, würde allerdings einen recht hohen schriftlichen Rechenaufwand erfordern. Deshalb versucht man Nenner, in denen Quadratwurzeln vorkommen, möglichst zu vermeiden. Das ist einfach, wenn der Nenner selbst eine Quadratwurzel ist. Dann „macht man den Nenner rational“, indem man mit dem Nenner erweitert.

Beispiele: $\frac{1}{\sqrt{2}} = \frac{\sqrt{2}}{\sqrt{2}\sqrt{2}} = \frac{\sqrt{2}}{2} \approx \frac{1{,}4142}{2} = 0{,}7071$

$$\frac{2}{\sqrt{3}} = \frac{2 \cdot \sqrt{3}}{\sqrt{3} \cdot \sqrt{3}} = \frac{2 \cdot \sqrt{3}}{3} \approx \frac{2 \cdot 1{,}7321}{3} = \frac{3{,}4642}{3} \approx 1{,}1547$$

$$\frac{3}{\sqrt{11}} = \frac{3 \cdot \sqrt{11}}{\sqrt{11}\sqrt{11}} = \frac{3 \cdot \sqrt{11}}{11}$$

Zusammenfassung

Umgang mit Wurzeltermen

Summen, Produkte und Quotienten von reellen Zahlen, die nicht alle rational sind, lassen sich im Allgemeinen nur näherungsweise berechnen.

$\sqrt{2} - \sqrt{3} \approx 1{,}4142 - 1{,}7321 = -0{,}3179$
$\frac{\pi}{2} \approx 3{,}14 : 2 = 1{,}57$
oder mit TR: $\pi \cdot \sqrt{5} \approx 7{,}024814731$

Für das Produkt bzw. den Quotienten von Quadratwurzeln gilt:

$\sqrt{a} \cdot \sqrt{b} = \sqrt{a \cdot b}$ $(a, b \geq 0)$ $\sqrt{12{,}5} \cdot \sqrt{2} = \sqrt{25} = 5$

$\frac{\sqrt{a}}{\sqrt{b}} = \sqrt{\frac{a}{b}}$ $(a \geq 0, b > 0)$ $\frac{\sqrt{12{,}5}}{\sqrt{2}} = \sqrt{6{,}25} = 2{,}5$

Summen und Differenzen von Quadratwurzeln kann man nur dann zusammenfassen, wenn die Radikanden gleich sind.

$2 \cdot \sqrt{3} + 3 \cdot \sqrt{3} - 4 \cdot \sqrt{7} = 5 \cdot \sqrt{3} - 4 \cdot \sqrt{7}$

Lässt sich der Radikand so faktorisieren, dass ein Faktor eine Quadratzahl ist, dann kann die Wurzel teilweise radiziert werden. Umgekehrt lässt sich ein positiver Faktor vor einer Quadratwurzel durch Quadrieren unter die Wurzel ziehen.

$\sqrt{108} = \sqrt{36 \cdot 3} = 6 \cdot \sqrt{3}$
$\sqrt{a^2 \cdot b} = |a| \cdot \sqrt{b}$ $(b \geq 0)$
$3 \cdot \sqrt{5} = \sqrt{3^2 \cdot 5} = \sqrt{45}$

Quadratwurzeln im Nenner eines Bruchs können durch geeignetes Erweitern beseitigt werden (Rationalmachen des Nenners).

$\frac{4}{\sqrt{2}} = \frac{4 \cdot \sqrt{2}}{\sqrt{2} \cdot \sqrt{2}} = \frac{4 \cdot \sqrt{2}}{2} = 2 \cdot \sqrt{2}$

Aufgaben

Verknüpfen
Anwenden
Trainieren

Bearbeite die folgenden Aufgaben ohne Taschenrechner – soweit nichts anderes angegeben ist.

1 Vereinfache soweit wie möglich.

a) $\sqrt{3} \cdot \sqrt{27}$
b) $\sqrt{7} \cdot \sqrt{63}$
c) $\sqrt{\frac{1}{3}} \cdot \sqrt{27}$
d) $\sqrt{3} \cdot \sqrt{75}$
e) $\sqrt{0{,}3} \cdot \sqrt{\frac{10}{3}}$
f) $\sqrt{0{,}72} \cdot \sqrt{0{,}5}$
g) $\sqrt{300} : \sqrt{27}$
h) $\sqrt{3{,}\overline{1}} \cdot \sqrt{\frac{1}{7}}$
i) $\sqrt{0{,}125} \cdot \sqrt{2}$
j) $\sqrt{\frac{1}{3}} \cdot \sqrt{0{,}48}$
k) $\sqrt{\sqrt{2}} \cdot \sqrt{\sqrt{8}}$
l) $\sqrt{4{,}9} \cdot \sqrt{5} \cdot \sqrt{2}$
m) $\frac{\sqrt{12}}{\sqrt{\frac{1}{3}}}$
n) $\frac{\sqrt{\sqrt{96}} \cdot \sqrt{\sqrt{6}}}{\sqrt{1{,}5}}$

Lösungswort: 2 (h); 15 (o); 4 (n); $\frac{2}{3}$ (r); 9 (h); 3 (r); 1 (n); 0,6 (v); $\frac{10}{3}$ (e); 0,4 (a); 7 (r); 6 (e); 0,5 (f); 21 (e)

2 Die Produkte und Quotienten lassen sich jeweils zu einer der folgenden Zahlen vereinfachen: 2; $\frac{3}{2}$; $\sqrt{5}$; $\sqrt{2}$; $\sqrt{\frac{2}{3}}$; $\sqrt{6}$; $2\sqrt{2}$; $4\sqrt{2}$; 2,5; 3; $\frac{1}{18}$; $20\sqrt{5}$; $\frac{1}{2}$; 8. Ordne richtig zu.

a) $\sqrt{2} \cdot \sqrt{3}$
b) $\sqrt{8} : \sqrt{12}$
c) $\frac{\sqrt{\frac{1}{6}}}{\sqrt{\frac{1}{54}}}$
d) $\frac{\sqrt{5}}{\sqrt{\frac{4}{5}}}$
e) $\frac{\sqrt{(-2) \cdot (-12)}}{\sqrt{6}}$
f) $\sqrt{\sqrt{32}} \cdot \sqrt{\sqrt{2}}$
g) $\frac{\sqrt{\frac{45}{7}} \cdot \sqrt{0{,}2}}{\sqrt{\frac{4}{7}}}$
h) $\frac{\sqrt{2} \cdot \sqrt{24} \cdot \sqrt{25}}{\sqrt{\frac{3}{5}}}$

3 Richtig oder falsch? Korrigiere die falschen Lösungen in deinem Heft.

a) $\sqrt{48} = 3\sqrt{4}$
b) $\sqrt{4 + 36} = 8$
c) $\sqrt{80} = 4\sqrt{5}$
d) $\sqrt{300} = 10\sqrt{3}$
e) $\sqrt{\frac{8}{9}} = \frac{4}{3}\sqrt{2}$
f) $\sqrt{72} = 6\sqrt{12}$
g) $\sqrt{\frac{20}{3}} = \frac{2}{3}\sqrt{5}$
h) $\sqrt{2^3 \cdot 5^2 \cdot 7^3} = 40\sqrt{14}$
i) $\sqrt{63} \cdot \sqrt{112} = 12\sqrt{7}$
j) $\frac{\sqrt{11^3}}{\sqrt{44}} = 0{,}5$

4 Bringe den Faktor vor der Quadratwurzel unter die Wurzel.

a) $2 \cdot \sqrt{8}$
b) $0{,}03 \cdot \sqrt{50}$
c) $10 \cdot \sqrt{0{,}016}$
d) $\frac{1}{3} \cdot \sqrt{27}$
e) $8 \cdot \sqrt{2}$
f) $27 \cdot \sqrt{\frac{1}{3}}$

5 Überprüfe ohne Benutzung des Taschenrechners, ob die Gleichungen richtig sind.

a) $\sqrt{4 + 2 \cdot \sqrt{3}} = 1 + \sqrt{3}$
b) $\sqrt{6 - 2 \cdot \sqrt{5}} = \sqrt{5} - 1$
c) $\sqrt{7 - 4 \cdot \sqrt{3}} = \sqrt{3} - 2$

6 Fasse soweit wie möglich zusammen.

a) $3 \cdot \sqrt{5} - 5 \cdot \sqrt{5}$
b) $-\sqrt{8} + 11 \cdot \sqrt{8} - 5 \cdot \sqrt{8}$
c) $8 \cdot \sqrt{3} + 3 \cdot \sqrt{3} - \sqrt{3}$
d) $\frac{1}{2} \cdot \sqrt{7} + \frac{1}{3} \cdot \sqrt{7} - \frac{1}{6} \cdot \sqrt{7}$
e) $\sqrt{3} - \sqrt{2} + 4 \cdot \sqrt{2} - 2 \cdot \sqrt{3}$
f) $2\sqrt{3} - 3\sqrt{2}$
g) $0{,}2 \cdot \sqrt{5} + \frac{1}{2} \cdot \sqrt{3} - 2 \cdot \sqrt{5} + \frac{1}{4} \cdot \sqrt{3}$
h) $(3\sqrt{17} - 17\sqrt{3}) - (2\sqrt{17} - 17\sqrt{2})$

7 Stefan hat für die folgenden Terme (entgegen der Anweisung) auf dem Taschenrechner Näherungswerte ausgerechnet und gerundet. Stimmen diese? Wie lauten die exakten Ergebnisse?

a) $3 \cdot \sqrt{112} - 2 \cdot \sqrt{63} + \frac{1}{2} \cdot \sqrt{45} + 3 \cdot \sqrt{175} \approx 58{,}915$
b) $\sqrt{3} + \sqrt{27} + 2 \cdot \sqrt{243} - \sqrt{8} + 3 \cdot \sqrt{75} \approx 52{,}247$
c) $\sqrt{6} - \sqrt{24} + \sqrt{2} - 3 \cdot \sqrt{12} + \sqrt{75} \approx -2{,}767$
d) $\sqrt{\frac{8}{27}} - \sqrt{\frac{8}{75}} + \sqrt{\frac{8}{147}} \approx 0{,}086$

8 Berechne mit dem Taschenrechner und runde auf drei Dezimalen.

a) $\sqrt{5} - \sqrt{2}$
b) $\frac{\sqrt{29} - \sqrt{70}}{\sqrt{3} \cdot \sqrt{2}}$
c) $\sqrt{\frac{3 + 2 \cdot \sqrt{10}}{5}}$
d) $(3 + \sqrt{5})^2 - \frac{3 \cdot \sqrt{5}}{3 - \sqrt{5}}$

9 Vereinfache soweit wie möglich.

a) $(3\sqrt{18} - 4\sqrt{10})(\sqrt{10} + \sqrt{2})$
b) $(2\sqrt{72} - 3\sqrt{18} + 5\sqrt{8}) \cdot 3 \cdot \sqrt{10}$
c) $(1 + \sqrt{2} - \sqrt{3})(1 - \sqrt{2}) - (1 - \sqrt{2} + \sqrt{3})(1 - \sqrt{3})$
d) $(3\sqrt{5} - 5\sqrt{3})(1 - \sqrt{5}) - (2\sqrt{3} + \sqrt{5})(1 + \sqrt{5})$
e) $(2\sqrt{7} - 3)^2 - (1 - \sqrt{28})^2$

10 Vereinfache soweit wie möglich. Die Variablen stehen für positive reelle Zahlen.

a) $\sqrt{4a} - 4\sqrt{a} + \sqrt{ab^2}$
b) $\sqrt{\frac{a}{3b}} : \sqrt{\frac{b^3}{27a}}$
c) $\sqrt{b} + \sqrt{b^3} + \sqrt{b^5}$
d) $\sqrt{\frac{c}{2}} \cdot \left(\sqrt{\frac{6}{c}} + \sqrt{2}\right)$

11 Mache die Nenner rational und vereinfache dann soweit wie möglich.

a) $\frac{1}{\sqrt{2}}$
b) $\frac{\sqrt{3}}{\sqrt{2}}$
c) $\frac{\sqrt{2}}{\sqrt{3}}$
d) $\frac{5}{\sqrt{5}}$
e) $\frac{\sqrt{15}}{\sqrt{2} \cdot \sqrt{3}}$
f) $\frac{7}{2} \cdot \sqrt{\frac{12}{7}}$

12 Zeige, dass die reellen Zahlen rational sind.

a) $(1 - \sqrt{3})(1 + \sqrt{3})$
b) $(\sqrt{3} + \sqrt{108})^2$
c) $\frac{(5 - \sqrt{2}) \cdot (5 + \sqrt{2})}{(\sqrt{2} - \sqrt{18})^2}$
d) $\frac{1}{\sqrt{15}}\left[\left(\frac{\sqrt{5} + \sqrt{3}}{2}\right)^2 - \left(\frac{\sqrt{5} - \sqrt{3}}{2}\right)^2\right]$

Noch fit?

I Begründe – ohne die Konstruktion durchzuführen –, dass es bis auf Kongruenz genau ein Viereck $ABCD$ gibt mit:
$\overline{BC} = 6\,\text{cm}$; $\overline{CD} = 4{,}5\,\text{cm}$;
$\gamma = 53°$; $\delta = 128°$; $\beta = 145°$

II In einem gleichschenkligen Dreieck ABC wird die Winkelhalbierende des Basiswinkels α eingezeichnet, sie schneidet $[BC]$ im Punkt W.
Wie groß sind die Innenwinkel des gleichschenkligen Dreiecks, wenn das Dreieck ABC und das Dreieck ABW ähnlich zueinander sind?

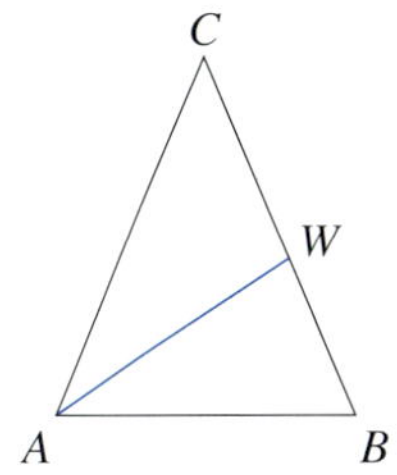

III Entscheide, ob aus den folgenden Angaben ein Dreieck ABC konstruiert werden kann, und begründe dann, ob die Konstruktion bis auf Kongruenz eindeutig möglich ist.

a) $a = 7{,}7\,\text{cm}$; $b = 4{,}6\,\text{cm}$; $c = 3{,}5\,\text{cm}$
b) $a = 6{,}8\,\text{cm}$; $c = 6{,}5\,\text{cm}$; $\gamma = 95°$
c) $a = 6{,}3\,\text{cm}$; $\alpha = 87°$; $\beta = 98°$
d) $c = 3{,}7\,\text{cm}$; $b = 3{,}7\,\text{cm}$; $\beta = 95°$

Aufgaben

Verknüpfen
Anwenden
Trainieren

13 Bei einer Berechnung im Physikunterricht müssen das Produkt $\sqrt{2 \cdot 9{,}81 \cdot 100} \cdot \sqrt{\frac{50}{4{,}8}}$ und der Quotient $\frac{\sqrt{200}}{\sqrt{0{,}03}}$ berechnet und auf drei Dezimalstellen gerundet werden.

Marc gibt als Ergebnis 142,960 bzw. 81,650 an; Stefanies Ergebnisse sehen folgendermaßen aus:
$44{,}294 \cdot 3{,}227 \approx 142{,}937$ und
$14{,}142 : 0{,}173 \approx 81{,}746$.
Wie würdest du rechnen? Begründe.

14 Bestimme jeweils die maximal mögliche Definitionsmenge.

a) $\sqrt{a+1}$ **d)** $\sqrt{x} \cdot \sqrt{x-2}$

b) $\sqrt{5-2x}$ **e)** $\sqrt{y-1} + \sqrt{1-y}$

c) $\frac{4}{\sqrt{c^2-1}}$ **f)** $\frac{2\sqrt{x}}{\sqrt{3x-1}}$

15 Schreibe ohne Wurzelzeichen ($r \in \mathbb{R}$).

a) $\sqrt{r^2}$ **d)** $\sqrt{100\,r^2 - (6\,r)^2}$

b) $\sqrt{(1-r)^2}$ **e)** $\sqrt{r^4 \cdot (r+1)^2}$

c) $\sqrt{81 \cdot |r|^2}$ **f)** $\sqrt{(-r)^2}$

16 Für welche reellen Zahlen sind die folgenden Gleichungen richtig?

a) $\sqrt{x} \cdot \sqrt{x} = \sqrt{x^2}$ **f)** $(\sqrt{x})^2 = \sqrt{x^2}$

b) $\sqrt{x^2} = x$ **g)** $\sqrt{a^4 c^6} = a^2 c^3$

c) $\frac{b}{\sqrt{b}} = \sqrt{b}$ **h)** $\sqrt{\sqrt{x^4}} = x$

d) $\sqrt{x^2 - 1} = x - 1$ **i)** $\sqrt{x^2} = -x$

e) $\sqrt{(x-1)^2} = x - 1$ **j)** $\sqrt{x} = \sqrt{-x}$

17 Are the following statements right or wrong?

a) The sum of a rational number and an irrational number is always irrational.

b) The inverse of an irrational number is always irrational.

c) The product of a rational number and an irrational number is always irrational.

d) The quotient of two non-zero irrational numbers is always irrational.

e) The square root of an irrational number is always irrational.

f) Even if a and b are irrational numbers, $a\,b^2$ might be rational.

18 Welches Volumen hat ein Würfel, dessen Seitenflächen den Inhalt $24\,\text{cm}^2$ haben?

19 Überprüfe die folgenden, zunächst verblüffenden Gleichungen.

$\sqrt{5\tfrac{5}{24}} = 5 \cdot \sqrt{\tfrac{5}{24}}$ $\sqrt{2\tfrac{2}{3}} = 2 \cdot \sqrt{\tfrac{2}{3}}$ $\sqrt{4\tfrac{4}{15}} = 4 \cdot \sqrt{\tfrac{4}{15}}$

Finde weitere solche Gleichungen und versuche, eine allgemeine „Konstruktionsvorschrift“ für solche Gleichungen zu finden.

20 Vereinfache so weit wie möglich, sodass im Nenner kein Wurzelzeichen mehr vorkommt.

a) $\frac{1}{x\sqrt{x}}$ $(x > 0)$ **c)** $\frac{\sqrt{x}}{\sqrt{y}} - \frac{x - xy}{\sqrt{xy}}$ $(x, y > 0)$

b) $\frac{\sqrt{x} + \sqrt{y}}{\sqrt{xy}}$ $(x, y > 0)$ **d)** $\sqrt{\frac{x}{x+1}} \cdot \sqrt{\frac{1}{x}} - \sqrt{x+1}$ $(x > 0)$

Aufgaben

Verknüpfen
Anwenden
Trainieren

21 Zeige, dass für nichtnegative reelle Zahlen stets gilt: $\sqrt{a} + \sqrt{b} \geq \sqrt{a+b}$
Für welche a, b gilt das Gleichheitszeichen?

22 Die Schwingungsdauer T eines Fadenpendels hängt nur von der Länge l des Aufhängefadens ab. Es gilt: $T = 2\pi \cdot \sqrt{\frac{l}{g}}$ (g: Ortsfaktor)

a) Bestimme für verschiedene Fadenlängen die Schwingungsdauer, trage diese in eine Wertetabelle ein und stelle den Zusammenhang zwischen Fadenlänge und Schwingungsdauer grafisch dar.

b) Löse die Gleichung nach l auf und bestimme nun umgekehrt die Fadenlängen zu vorgegebenem T. Stelle den Zusammenhang wiederum in einer Wertetabelle und grafisch dar.

23 Summen und Differenzen von Quadratwurzeln mit verschiedenen Radikanden lassen sich in der Regel nicht zusammenfassen. In manchen Fällen kann man eine Summe aber doch durch eine Wurzel ersetzen.

a) Zeige: $\sqrt{2} + \sqrt{18} = \sqrt{32}$ und $\sqrt{6} + \sqrt{150} = \sqrt{216}$.

b) Versuche ein allgemeines Kriterium dafür zu finden, dass sich für natürliche Zahlen n, m die Summe $\sqrt{n} + \sqrt{m}$ als Wurzel aus einer natürlichen Zahl schreiben lässt.

24 Sind a und b zwei nichtnegative reelle Zahlen, so nennt man $\frac{a+b}{2}$ das arithmetische und $\sqrt{ab}$ das geometrische Mittel von a und b.

a) Welche geometrische Bedeutung hat das geometrische Mittel, wenn a und b die Seitenlängen eines Rechtecks sind?

b) Berechne das arithmetische und das geometrische Mittel der folgenden Zahlenpaare:
(3; 5) (2; 8) (7; 13) (100; 400)
Was fällt dir auf, wenn du die beiden Mittelwerte vergleichst?

c) Zeige allgemein, dass für beliebige $a, b \geq 0$ gilt:
$\sqrt{ab} \leq \frac{a+b}{2}$ (Satz vom arithmetischen und geometrischen Mittel)
Wann gilt das Gleichheitszeichen?

25 Welche Bedeutung hat der Satz vom arithmetischen und geometrischen Mittel (Aufgabe 24 c) für die Näherungswerte, die man mithilfe des Heron-Verfahrens für Quadratwurzeln erhält? Überprüfe an einem selbst gewählten Beispiel.

26 Am 1. April 2004 kosteten 100 Liter Heizöl in der Bundesrepublik 38 €, am 1. April 2005 bereits 51 € und am 1. April 2006 lag der Preis bei 62 €.

a) Berechne, um welchen Faktor (in Prozent) sich der Preis in jedem der beiden Jahre und im 2-Jahres-Zeitraum erhöht hat.

b) Welcher durchschnittliche, in den beiden Jahren konstante Faktor hätte zur gleichen Preisentwicklung geführt?

c) Zeige, dass man das Ergebnis aus b) als geometrisches Mittel der Steigerungsfaktoren in den beiden einzelnen Jahren erhält.

27 Ein Maß für die Leistungsstärke eines Fernglases ist die Dämmerungszahl. Sie ergibt sich als geometrisches Mittel aus Vergrößerung und Objektivdurchmesser (in mm) eines Fernglases. Die Dämmerungszahl D gibt an, dass man unter schlechten Lichtbedingungen (Dämmerung) ein Objekt in $10 \cdot D$ Metern noch gut erkennen kann. (Allerdings wird die Güte eines Fernglases natürlich durch eine Reihe weiterer Faktoren bestimmt.)
Berechne für Ferngläser 7×50 (12×50 bzw. 8×30) jeweils die Dämmerungszahl. Dabei gibt die erste Zahl die Vergrößerung, die zweite den Objektivdurchmesser in mm an.

28 Die elliptischen Bahnen der Planeten um die Sonne werden durch die Keplerschen Gesetze beschrieben. Eines dieser Gesetze lautet:
„Die Quadrate der Umlaufzeiten um die Sonne verhalten sich wie die dritten Potenzen der großen Halbachsen der elliptischen Bahnen um die Sonne."

a) Berechne aus den Daten in der Tabelle die Umlaufzeiten der Planeten.

	Länge der großen Halbachse	Umlaufzeit
Erde	$1{,}50 \cdot 10^8$ km	365 Tage
Merkur	$5{,}80 \cdot 10^7$ km	?
Venus	$1{,}08 \cdot 10^8$ km	?
Saturn	$1{,}43 \cdot 10^9$ km	?

b) Überprüfe deine Ergebnisse anhand von Daten, die du im Internet findest.

29 Am 26. Dezember 2004 zerstörte ein Tsunami große Küstenstriche in Südostasien. Ein Tsunami ist eine Wasserwelle mit großem Abstand zwischen zwei Wellenbergen, die auf dem offenen Ozean kaum zu spüren ist, da dort die Wellenberge nur einige Dezimeter hoch sind, sich in Küstennähe aber zu gewaltigen Wellenbergen auftürmen kann.
Ausgelöst werden Tsunamis z. B. durch Seebeben, d. h. Erdbeben unter dem Boden des Ozeans. Die Ausbreitungsgeschwindigkeit c eines Tsunamis hängt von der Meerestiefe h ab. Es gilt:

$c = \sqrt{gh}$ (g: Ortsfaktor)

Berechne die Ausbreitungsgeschwindigkeit von Tsunamis für einige Meerestiefen (z. B. 1000 m, 3000 m, 5000 m oder für die Tiefe von 11 000 m des Marianengrabens).
Was bedeuten die Ergebnisse für die Reichweite von Tsunamis?

Aufgabe der Woche

Beweise, dass die Quadratwurzel aus der Summe der ersten n ungeraden natürlichen Zahlen gleich n ist, kurz:

$\sqrt{1 + 3 + 5 + \ldots + (2n-1)} = n$ ($n \in \mathbb{N}$)

Zeig, was du kannst!

1 Übertrage die Tabelle ins Heft und gib die Lösungsmenge der Gleichungen in den jeweiligen Definitionsmengen an. Beachte, dass du jedes der Felder ausfüllen sollst.

Gleichung	Lösungsmenge in der Menge der …		
	rationalen Zahlen	irrationalen Zahlen	reellen Zahlen
$(\sqrt{x})^2 = 9$			
$\sqrt{x^2} = 5$			
$x^2 = 5$			
$2x^2 + 50 = 0$			
$4x^2 - 12 = 0$			
$\sqrt{x^2} = -x$			

2 Fasse soweit wie möglich zusammen. Gib das exakte Ergebnis an.

$\sqrt{\frac{50}{9}} + 3\sqrt{147} - \sqrt{18} - 2\sqrt{108}$

3 Berechne mit dem Heron-Verfahren ausgehend vom Startwert $x_0 = 15$ Näherungswerte für $\sqrt{90}$.
Wie weit weicht der Näherungswert x_3 höchstens noch von $\sqrt{90}$ ab? Gib den Fehler an, ohne den Taschenrechner-Wert für $\sqrt{90}$ zu verwenden.

4 Sind die folgenden Gleichungen bzw. Ungleichungen richtig oder falsch? Hältst du eine Gleichung für falsch, dann korrigiere – wenn möglich.

a) $\frac{a}{\sqrt{a}} = \sqrt{a}$ für $a > 0$

b) $\left(\sqrt{\sqrt{a^2}}\right)^2 = a$ für $a \in \mathbb{R}$

c) $\sqrt{a} < a$ für $a \in \mathbb{R}$

d) $\sqrt{(-a)^2(-b)^2} = ab$ für $a, b \in \mathbb{R}$

e) $\sqrt{a} + \sqrt{4a} - \sqrt{2{,}25a} = 1{,}5\sqrt{a}$ für $a \geq 0$

f) $\sqrt{a^2 - b^2} = a - b$ für $0 < b < a$

g) $\sqrt{a^2 b^8 c^6} = ab^4c^3$ für $a, b, c \in \mathbb{R}^+$

Aufg.-Nr.	Punkte	Lösungshinweis
1	9 P	Beachte Seiten 9 und 17, Zusammenfassungen
2	6 P	Beachte Seite 26, Zusammenfassung
3	6 P	Vgl. Seite 16, Beschreibung des Heron-Verfahrens
4	9 P	Vgl. Seite 27 f., Aufgaben 10 und 16

Lösungen Seite 220

26–30 Punkte
21–25 Punkte
15–20 Punkte

2 Die Satzgruppe des Pythagoras

Der „Baum des Pythagoras“ besteht nur aus rechtwinkligen Dreiecken und Quadraten, die immer wieder auf dieselbe Weise zusammengefügt sind. Erkennst du das Prinzip?
Das Ganze ist nicht nur optisch, sondern auch mathematisch interessant! Du wirst mathematische Zusammenhänge kennen und anwenden lernen, die heute nach dem im 6. Jahrhundert v. Chr. lebenden griechischen Philosophen und Mathematiker Pythagoras von Samos benannt sind.

Dreiecken mit dem Computer auf der Spur

Mithilfe von dynamischer Geometriesoftware (DGS) kannst du geometrische Objekte am Bildschirm zeichnen, Konstruktionen durchführen und auch selbst interessante Entdeckungen machen.

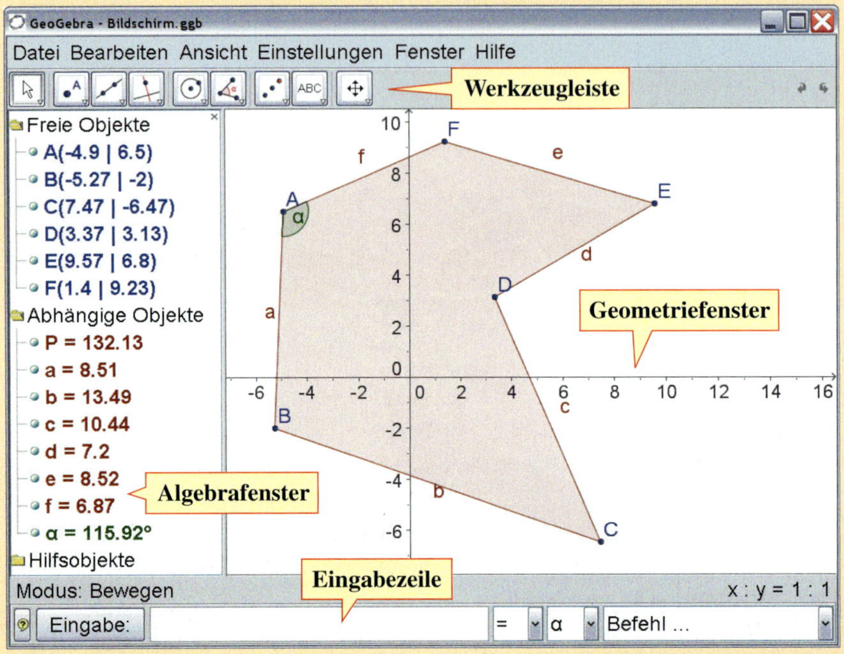

Im Bildschirmfenster einer DGS findest du über oder neben der Zeichenfläche meist eine Werkzeugleiste. Sie erleichtert dir das Konstruieren, Beschriften und Vermessen von Objekten. Wie die Zeichenfläche aussehen soll, die Schriftgröße u. v. a. kannst du mit dem Menüpunkt „Einstellungen" wählen (teilweise ist er unter „Verschiedenes" oder „Zeichenfläche" zu finden). Manche Geometriesoftware bietet sogar noch mehr. Beispielsweise gibt es beim Programm GeoGebra[1] neben dem Geometriefenster (der Zeichenfläche) auch noch ein Algebrafenster. Das Bild links zeigt, was du im Algebrafenster alles über die Figur ablesen kannst.

Um z. B. ein Dreieck zu zeichnen, kannst du auf dem Zeichenblatt mit dem Werkzeug „Neuer Punkt" drei Punkte *A*, *B* und *C* durch Mausklick festlegen und mithilfe des Werkzeugs „Vieleck" zu einem Dreieck zusammenfügen.
Bei einigen DGS kannst du die Punkte auch zeichnen lassen, indem du ihre Koordinaten eingibst. Beispielsweise wird der Punkt ***B*** **(8,4|2)** bei GeoGebra in der Eingabezeile als ***B*** **(8.4|2)** oder ***B*** **= (8.4,2)** eingegeben. Beachte: Die Dezimalstellen werden durch einen Punkt abgetrennt.
Mit dem Pfeil-Werkzeug kannst du die Ecken deines Dreiecks frei bewegen. Mit dem Pfeil-Werkzeug kannst du aber auch die Beschriftungen von Punkten, Linien oder Winkeln dorthin verschieben, wo es dir zweckmäßig erscheint.

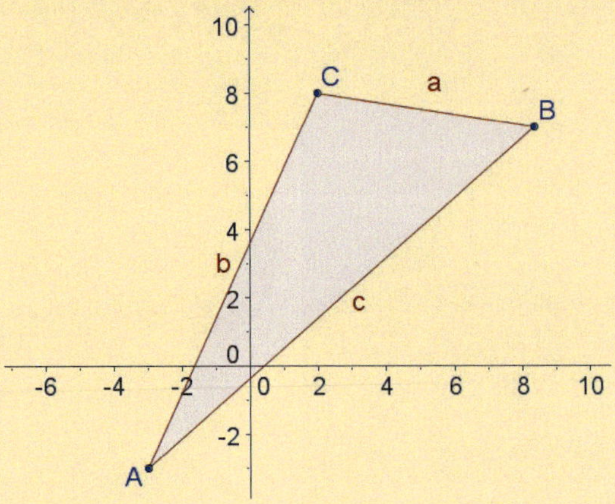

Aufgabe:
Zeichne ein beliebiges Dreieck *ABC*. Verschiebe den Punkt *C* so lange, bis das Dreieck *ABC* gleichschenklig ist mit der Basis [*AB*]. Dazu kannst du die Schenkellängen *a* und *b* messen lassen und kontrollieren.
Suche nun weitere Lagen von *C*, sodass das Dreieck *ABC* gleichschenklig mit Basis [*AB*] ist. Nutze dabei, dass der Punkt *C* auf der Mittelsenkrechten zu [*AB*] liegen muss (siehe nebenstehendes Bild).
Überzeuge dich auch davon, dass die Messwerte der Basiswinkel beide gleich groß sind (mithilfe des Werkzeugs zum Messen der Winkelgröße).
Wie das abschließende Ergebnis bei GeoGebra aussehen könnte, zeigt das folgende Bild.

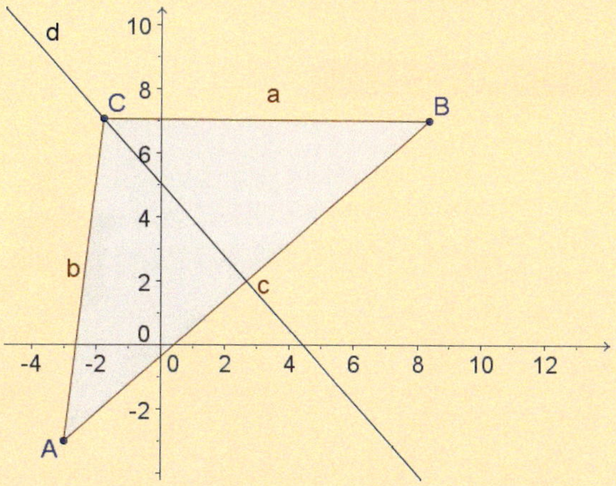

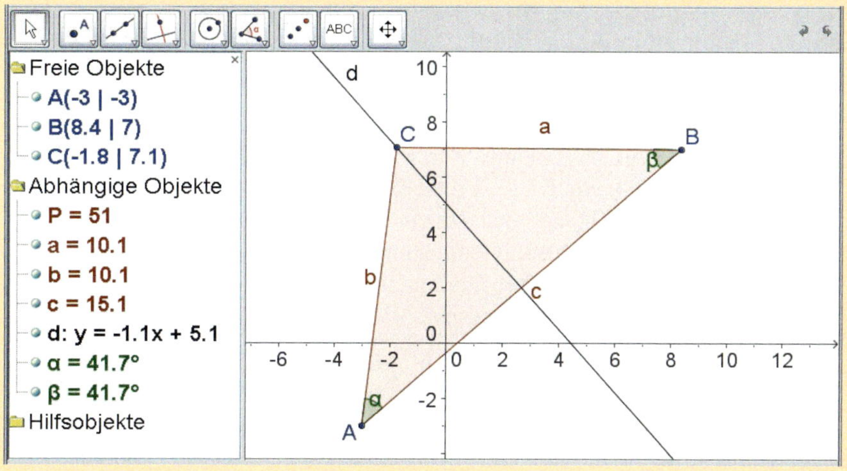

Bei GeoGebra kannst du die Seitenlängen und die Winkelgrößen im Algebrafenster ablesen.
Im Algebrafenster werden darüber hinaus auch der Flächeninhalt der Figur (hier mit *P* bezeichnet) und die Gleichung der Mittelsenkrechten zu [*AB*] (hier mit *d* bezeichnet) angezeigt.

Weitere Aufgaben:
Zeichne ein beliebiges Dreieck *ABC* und verändere es zu einem gleichseitigen Dreieck. Wie gehst du geschickt vor?
Spiegle die Punkte *A* und *B* des gleichseitigen Dreiecks jeweils an der ihnen gegenüberliegenden Dreiecksseite. Die Bildpunkte sind die Spitzen zweier neuer gleichseitiger Dreiecke, die am Dreieck *ABC* anliegen. Setzt du dieses Verfahren fort, so erhältst du ein regelmäßiges Sechseck, also ein Sechseck mit sechs gleich langen Seiten. Überprüfe dies und miss die Innenwinkel.

Zeichne mit einem *DGS* ein beliebiges Dreieck und verschiebe die Eckpunkte so, dass das Dreieck rechtwinklig wird. Überlege dir ein geometrisches Hilfsmittel, um möglichst schnell mehrere solcher rechtwinkliger Dreiecke zu erzeugen.

[1] Dieses Programm ist als Freeware kostenlos erhältlich:
033 – 1

2.1 Der Satz des Pythagoras

Auftrag 1 Messen wie die Ägypter

Ägyptische Landvermesser

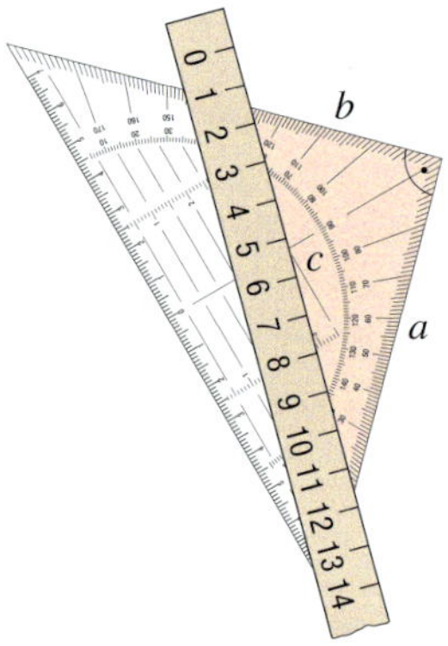

Historiker gehen davon aus, dass bereits zur Zeit des ägyptischen Königs Anenemhat I (ca. 2300 v. Chr.) bekannt war, wie man rechte Winkel zweckmäßig im Gelände konstruieren kann. Diese Aufgabe erfüllten die Seilspanner, sogenannte Harpedonapten. Sie benutzten dazu ein Seil mit 12 Knoten in gleichen Abständen, das an den Enden zusammengebunden war.
Finde anhand eines selbst gebastelten ähnlichen Seils (z. B. Paketschnur) heraus, wie die Seilspanner dabei vorgegangen sind.
In welchem Fall ist das entstandene Dreieck rechtwinklig? Quadriere die Seitenlängen. Was fällt dir auf?

Gehe nun umgekehrt vor. Nimm dein Geodreieck zur Hand, teile mithilfe eines aufgelegten Lineals rechtwinklige Dreiecke ab und bestimme deren Seitenlängen. Was stellst du fest, wenn du die Seitenlängen der entstandenen Figuren betrachtest? Erstelle hierzu eine Tabelle.

Finde eine weitere geeignete Seillänge für die Seilspanner.

Auftrag 2 Vom Beweis zum Satz

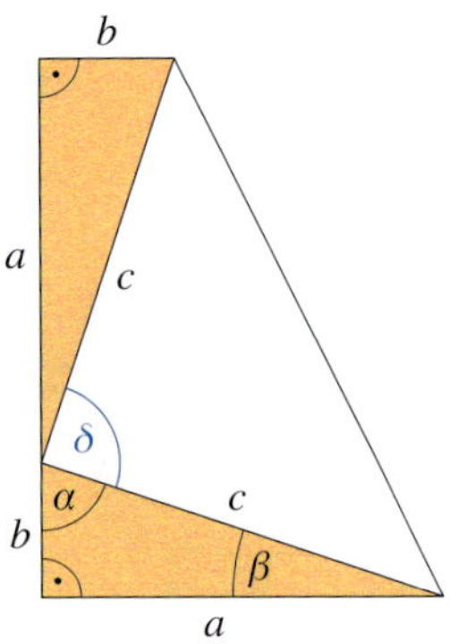

Der amerikanische Präsident James Abram Garfield (1831–1881) hat einen interessanten Beweis zu einem der bekanntesten Sätze der Geometrie gefunden. Er verwendete zwei kongruente rechtwinklige Dreiecke, die er geschickt anordnete und deren Ecken er wie in der Zeichnung verband.
Versuche mit dieser Figur ebenfalls eine wichtige Eigenschaft rechtwinkliger Dreiecke herzuleiten. Bestimme dazu die Größe des Winkels δ und anschließend den Flächeninhalt des Trapezes auf zwei Arten: einmal mit der Trapezformel und einmal durch Zerlegen in Dreiecke.
Überlege, ob dieser Zusammenhang auch helfen kann, die folgenden Dreiecke daraufhin zu prüfen, ob sie rechtwinklig sind.

Dreieck 1:	$a = 12\,\text{cm}$,	$b = 35\,\text{cm}$,	$c = 37\,\text{cm}$
Dreieck 2:	$a = 7\,\text{cm}$,	$b = 8\,\text{cm}$,	$c = 9\,\text{cm}$
Dreieck 3:	$a = 4{,}9\,\text{cm}$,	$b = 12\,\text{cm}$,	$c = 13\,\text{cm}$

Bücherregal

Auftrag 3

Lehne dein Fokusbuch an die Seite eines gerade stehenden Bücherregals und bestimme die Längen a, b, c.
Variiere nun die Lage des Buchs, indem du es steiler und auch flacher ins Regal stellst. Miss dabei jeweils die veränderten Werte und lege hierzu eine Tabelle nach dem folgendem Muster an.

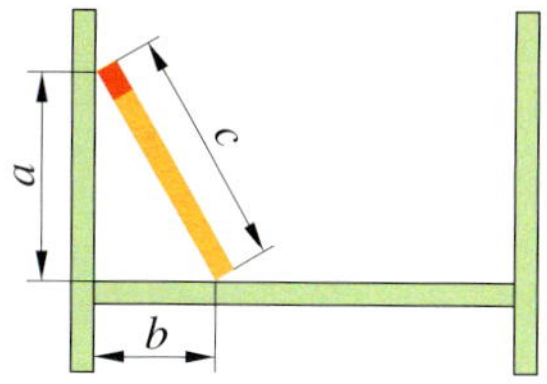

a					
b					
c					
a^2					
b^2					
c^2					
?					

Überlege, welcher Inhalt für die letzte Zeile der Tabelle sinnvoll wäre, um deine Vermutung zu überprüfen.
Führe den Versuch auch mit einem anderen Buch (z. B. Taschenbuch, Atlas, …) durch. Was fällt dir auf?
Gilt der Zusammenhang auch, wenn das Bücherregal schief steht?

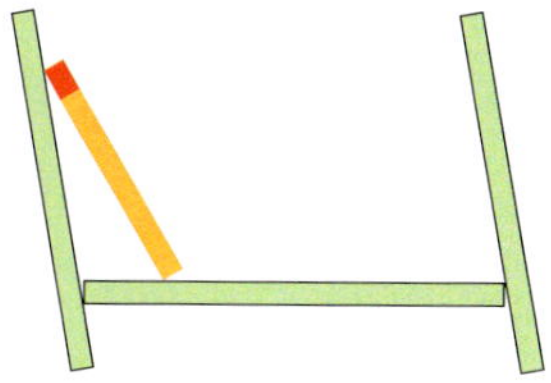

Babylonischer Beweis

Auftrag 4

Die Babylonier wussten wohl schon um 1800 v. Chr. über den Zusammenhang zwischen der Länge der Hypotenuse und den Längen der Katheten rechtwinkliger Dreiecke Bescheid und wahrscheinlich konnten sie diesen zumindest für den Spezialfall des gleichschenklig rechtwinkligen Dreiecks beweisen. Man hat nämlich eine Tontafel aus der damaligen Zeit mit folgender Beschriftung ausgegraben:

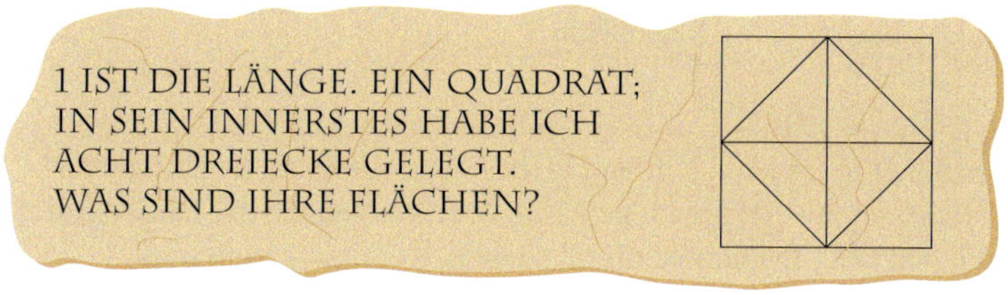

Vergleiche den Flächeninhalt des roten Quadrats mit dem des grünen Quadrats bzw. mit dem der Dreiecke und stelle eine Vermutung über den Zusammenhang zwischen den Seitenlängen eines gleichschenklig rechtwinkligen Dreiecks auf.

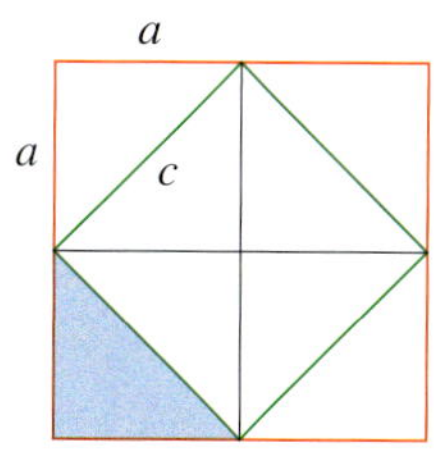

Zeichne verschiedene rechtwinklige Dreiecke, die nicht gleichschenklig sind, und miss deren Seitenlängen. Kannst du auch hierfür eine Formel aufstellen?

Untersuche nun anhand der gegebenen Seitenlängen – ohne zu konstruieren –, ob die folgenden Dreiecke ebenfalls rechtwinklig sind.
Dreieck 1: $a = 12\,\text{cm}$, $b = 35\,\text{cm}$, $c = 37\,\text{cm}$
Dreieck 2: $a = 7\,\text{cm}$, $b = 8\,\text{cm}$, $c = 9\,\text{cm}$
Dreieck 3: $a = 4{,}9\,\text{cm}$, $b = 12\,\text{cm}$, $c = 13\,\text{cm}$
Welche Folgerung ergibt sich aus deinen Untersuchungen?

Bearbeitung

Auftrag 3 **Bücherregal**

	Fokus-Buch			Taschenbuch			Atlas		
a	25,2	26,3	24,9	17,1	18,3	16,5	29,2	28,8	29,6
b	8,5	3,6	9,4	7,2	3,4	8,5	8,0	9,3	6,4
c	26,6	26,6	26,6	18,6	18,6	18,6	30,3	30,3	30,3
a^2	635,04	691,69	620,01	292,41	334,89	272,25	852,64	829,44	876,16
b^2	72,25	12,96	88,36	51,84	11,56	72,25	64	86,49	40,96
c^2	707,56	707,56	707,56	345,96	345,96	345,96	918,09	918,09	918,09
$a^2 + b^2$	707,29	704,65	708,37	344,25	346,45	344,50	916,64	915,93	917,12

Die Tabelle zeigt Messwerte für verschiedene Bücher in einem geraden Buchregal. Es fällt auf, dass zwischen den Quadraten a^2, b^2 und c^2 ein Zusammenhang besteht. Annähernd gilt $a^2 + b^2 = c^2$.
In einem schief stehenden Regal, bei dem die Seiten mit den Längen a und b keinen rechten Winkel bilden, ist dieser Zusammenhang nicht festzustellen.
Es ist deshalb zu vermuten:
Wenn ein Dreieck rechtwinklig ist, dann ist die Summe der Quadrate der Kathetenlängen gleich dem Quadrat der Hypotenusenlänge.

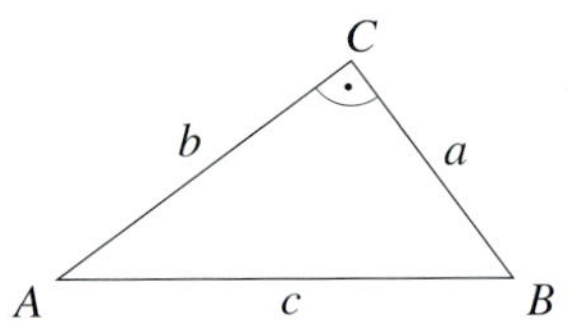

Diese Aussage ist als **Satz des Pythagoras** bekannt. Mit Bezug auf nebenstehendes Bild lautet sie kurz gefasst: $\boldsymbol{a^2 + b^2 = c^2}$.

Dass $a^2 + b^2 = c^2$ nur am geraden Regal gefunden wurde, aber nicht am schiefen Regal, lässt sich indirekt begründen.

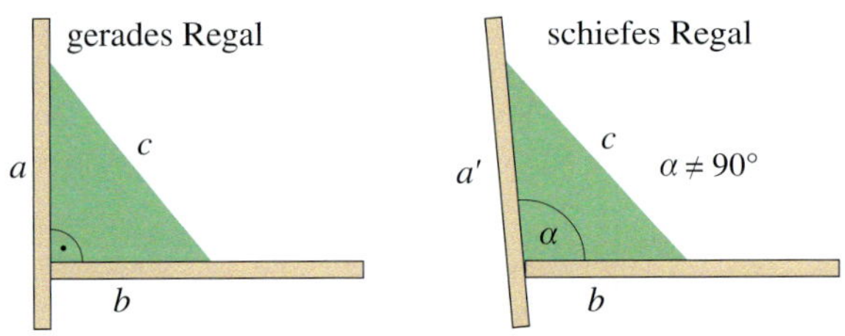

Erinnere dich

Beim **indirekten Beweis** wird zunächst von einer Annahme ausgegangen, die zu einem Widerspruch führt. Man schlussfolgert dann, dass das Gegenteil der Annahme gilt.
Nebenstehend werden zwei indirekte Beweise geführt: dass $a \neq a'$ und dass $(a')^2 + b^2 \neq c^2$ sein müssen.

Die Rückenlänge des Buches ist in beiden Fällen c. Der Abstand der Buchunterkante zur Regal-Ecke sei jeweils gleich gewählt: b. Als Abstände der Oberkante zur Ecke ergeben sich a bzw a'. Du kannst dir überlegen, dass $a \neq a'$ sein muss:
Im Falle $a = a'$ wären nämlich die beiden grün gefärbten Dreiecke nach Kongruenzsatz SSS kongruent und der Winkel α müsste dann 90° messen.

Am geraden Regal gilt $a^2 + b^2 = c^2$.
Annahme: Am schiefen Regal gilt entsprechend $(a')^2 + b^2 = c^2$.

Ein Vergleich führt dann auf $a^2 + b^2 = (a')^2 + b^2$.
Daraus folgt $a^2 = (a')^2$ und weiter, da a und a' positiv sind, $a = a'$.
Das steht im Widerspruch zu $a \neq a'$.
Folglich war die obige Annahme falsch und am schiefen Regal gilt $(a')^2 + b^2 \neq c^2$.

Das bedeutet: In einem Dreieck ABC ohne rechten Winkel γ gilt die Gleichung $a^2 + b^2 = c^2$ nicht. Wenn umgekehrt diese Gleichung erfüllt wird, so muss das Dreieck rechtwinklig sein.

Kehrsatz zum Satz des Pythagoras:
Wenn in einem Dreieck das Quadrat einer Seitenlänge gleich der Summe der Quadrate der beiden anderen Seitenlängen ist, dann ist das Dreieck rechtwinklig.

Einen Schritt weitergedacht: Der Satz des Pythagoras, der durch Messungen zunächst als Vermutung aufgestellt wurde, kann auf vielfältige Weise bewiesen werden. Es sind heutzutage mehrere hundert Beweise bekannt.
Es heißt, dass der griechische Mathematiker Pythagoras, nach dem der Satz benannt wurde, wahrscheinlich als Erster einen Beweis für den Satz gefunden hat. Leider ist sein Beweis nicht erhalten geblieben, man vermutet jedoch, dass Pythagoras die Gültigkeit des Satzes wie folgt durch Vergleich der Flächeninhalte der beiden nebenstehenden quadratischen Figuren nachgewiesen hat.

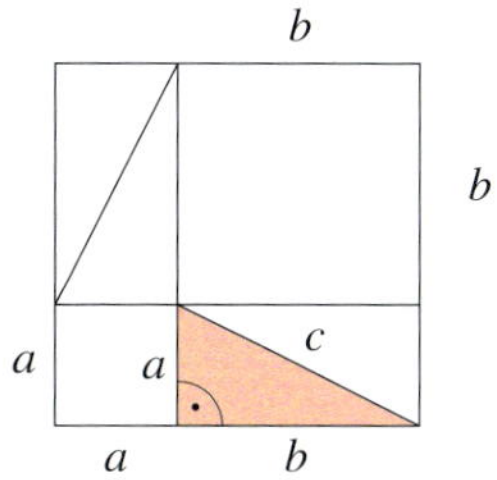

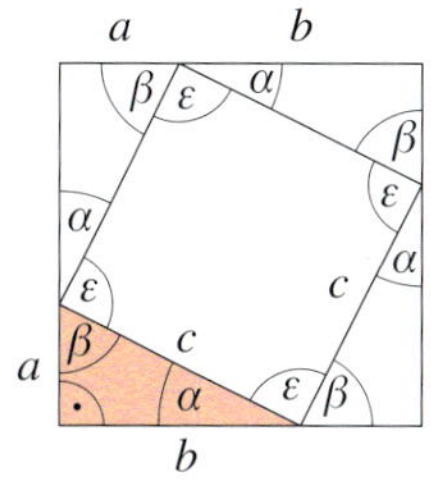

Jedes der beiden großen Quadrate enthält vier flächengleiche rechtwinklige Dreiecke mit dem Flächeninhalt $A_{\triangle} = \frac{1}{2}ab$.

Das linke große Quadrat enthält außerdem noch zwei kleinere Quadrate mit den Flächeninhalten a^2 bzw. b^2.
Das rechte große Quadrat enthält als Restfläche ebenfalls ein Quadrat. Im rechtwinkligen Dreieck ist nämlich $\alpha + \beta + 90° = 180°$ und daher $\alpha + \beta = 90°$. Damit ergibt sich $\varepsilon = 180° - \alpha - \beta = 180° - (\alpha + \beta) = 90°$.
Die quadratische Restfläche im rechten großen Quadrat hat den Flächeninhalt c^2.

Die Flächeninhalte der beiden großen Quadrate messen $A = (a + b)^2$ (siehe nebenstehende Bilder).
Der Flächeninhalt A lässt sich jeweils aus einzelnen Flächeninhalten zusammensetzen.

linken Figur: $A = a^2 + b^2 + 4 \cdot \frac{1}{2}ab = a^2 + b^2 + 2ab$

rechte Figur: $A = c^2 + 4 \cdot \frac{1}{2}ab = c^2 + 2ab$

Da beide Figuren denselben Flächeninhalt haben, gilt $a^2 + b^2 + 2ab = c^2 + 2ab$ und somit $a^2 + b^2 = c^2$.

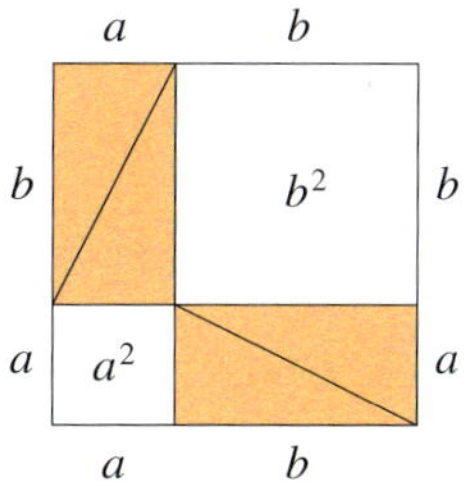

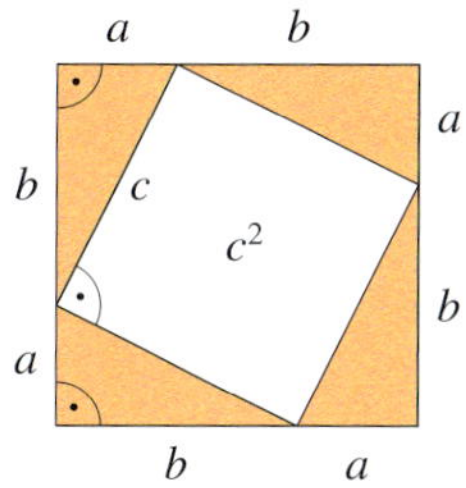

Dieser Beweis zeigt nicht nur, dass die Maßzahlen der Seitenlängen die Gleichung $a^2 + b^2 = c^2$ erfüllen, sondern verdeutlicht auch, dass die Quadratzahlen als Maßzahlen von Flächeninhalten gedeutet werden können:

Im rechtwinkligen Dreieck hat das Hypotenusenquadrat denselben Flächeninhalt (c^2) wie die Summe der Kathetenquadrate ($a^2 + b^2$).

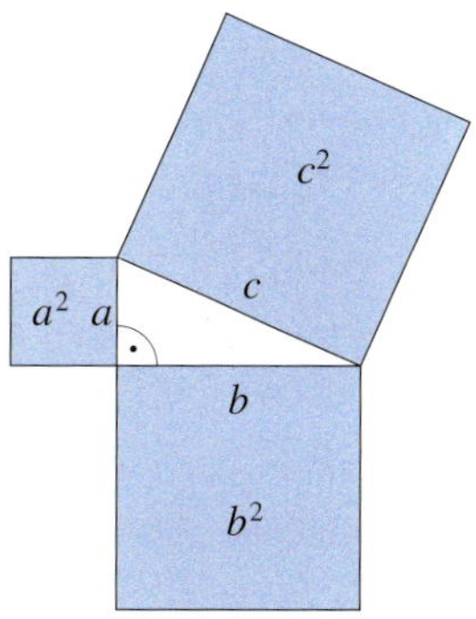

Mit dem Satz des Pythagoras und seinem Kehrsatz hast du neue Möglichkeiten:
Sind von einem rechtwinkligen Dreieck zwei Seitenlängen gegeben, konntest du die Länge der dritten Seite bisher nur mithilfe einer maßstäblichen Zeichnung ermitteln. Jetzt kannst du sie berechnen.
Sind von einem Dreieck die drei Seitenlängen gegeben, konntest du bisher nur mithilfe einer maßstäblichen Zeichnung entscheiden, ob das Dreieck rechtwinklig ist. Dabei blieb eine „Restunsicherheit" wegen der Zeichen- und Messungenauigkeiten. Jetzt kannst du mithilfe einer Rechnung genau entscheiden.

Zusammenfassung

Der Satz des Pythagoras

S **Satz des Pythagoras**

Wenn ein Dreieck rechtwinklig ist, dann ist die Summe der Quadrate der Kathetenlängen gleich dem Quadrat der Hypotenusenlänge.

Kurz: $\boldsymbol{a^2 + b^2 = c^2}$.

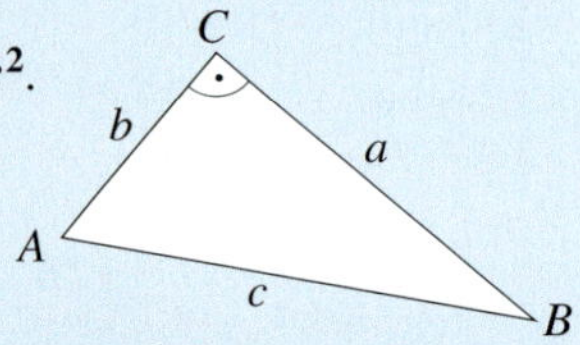

Als **Flächensatz** formuliert:
Im rechtwinkligen Dreieck hat das Hypotenusenquadrat denselben Flächeninhalt (c^2) wie die Summe der Kathetenquadrate ($a^2 + b^2$).

Von einem rechtwinkligen Dreieck sind die Kathetenlängen gegeben: $a = 5\,\text{cm}$, $b = 12\,\text{cm}$.
Für die Hypotenusenlänge c ergibt sich
$c^2 = (5\,\text{cm})^2 + (12\,\text{cm})^2 = 169\,\text{cm}^2$.
$c\ = \sqrt{169}\,\text{cm} = 13\,\text{cm}$
Die Hypotenuse c ist demnach 13 cm lang.

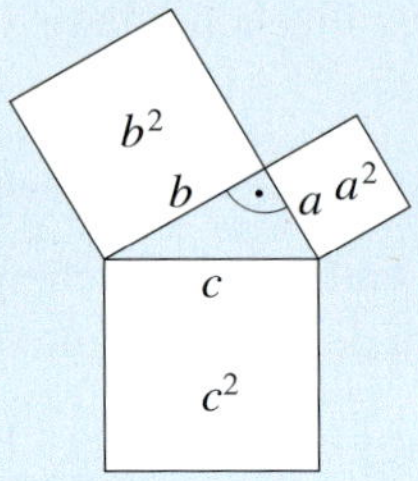

S **Kehrsatz zum Satz des Pythagoras**

Wenn in einem Dreieck das Quadrat einer Seitenlänge gleich der Summe der Quadrate der beiden anderen Seitenlängen ist, dann ist das Dreieck rechtwinklig.

Von einem Dreieck sind die Seitenlängen bekannt:
$a = 73\,\text{cm}$, $b = 48\,\text{cm}$, $c = 55\,\text{cm}$.
Die Gleichung $b^2 + c^2 = a^2$ wird erfüllt.
Das Dreieck ABC ist daher rechtwinklig mit rechtem Winkel bei A.

Aufgaben

Verknüpfen
Anwenden
Trainieren

1 Übertrage die Tabelle ins Heft und berechne die fehlenden Werte (a, b Kathetenlängen; c Hypotenusenlänge in einem rechtwinkligen Dreieck).

Seitenlänge	a)	b)	c)	d)	e)	f)	g)	h)
a	2 cm	3 m	×××	7 km	$\sqrt{8}$ dm	×××	5 dm	×××
b	12 cm	×××	22 mm	×××	$\sqrt{17}$ dm	204,5 mm	×××	$\sqrt{24}$ dm
c	×××	4 m	7 cm	25 km	×××	31,29 cm	2,3 m	500 mm

2 Welche Beziehung gilt zwischen den Seitenlängen?

a)
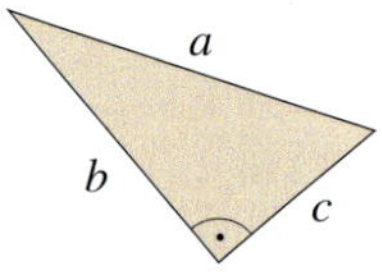

b)
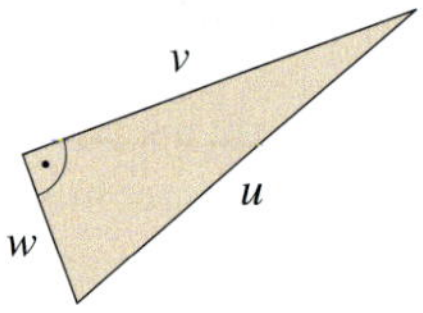

c)
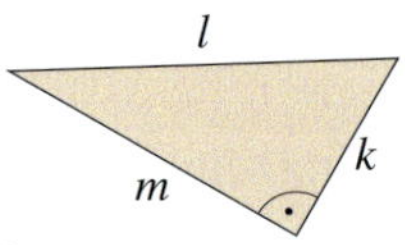

d)
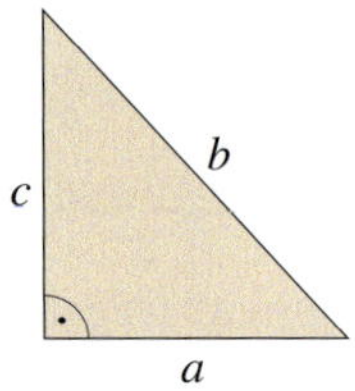

e)
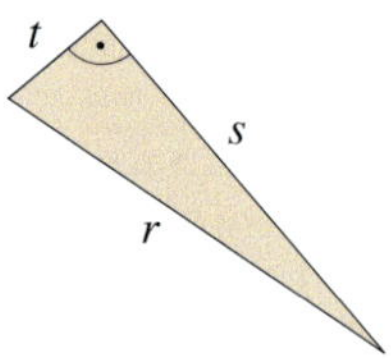

f)
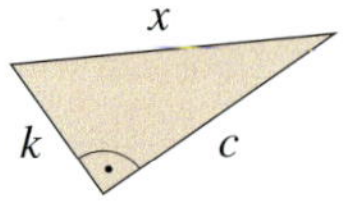

Lösungswort zu Aufgabe 1 (zum Teil Näherungswerte): $\sqrt{504}$ dm (c); 5 dm (w); 1 m (t); 24 km (d); 66,45 mm (n); 23,68 cm (i); $\sqrt{148}$ cm (s); $\sqrt{7}$ m (a); 1 dm (h)

3 Überprüfe rechnerisch, ob die folgenden Dreiecke ABC rechtwinklig sind.

a) $a = 41\,\text{cm}$, $b = 40\,\text{cm}$, $c = 9\,\text{cm}$
b) $a = 6\,\text{mm}$, $b = 12\,\text{mm}$, $c = 9\,\text{mm}$
c) $a = 0{,}84\,\text{m}$, $b = 13\,\text{cm}$, $c = 85\,\text{cm}$
d) $a = 3{,}6\,\text{cm}$, $b = 4{,}5\,\text{cm}$, $c = 2{,}7\,\text{cm}$
e) $a = 65\,\text{cm}$, $b = 56\,\text{cm}$, $c = 33\,\text{cm}$
f) $a = 1\,\text{dm}$, $b = 3{,}5\,\text{dm}$, $c = 2{,}5\,\text{dm}$
g) $a = 0{,}9\,\text{m}$, $b = 82\,\text{cm}$, $c = 1{,}2\,\text{m}$
h) $a = 0{,}7\,\text{km}$, $b = 630\,\text{m}$, $c = 940\,\text{m}$

4 Von rechtwinkligen Dreiecken ABC sind jeweils die gemessenen Längen zweier Seiten und der rechte Winkel bekannt. Berechne die Länge der dritten Seite. Runde ggf. sinnvoll.

a) $a = 17\text{ cm}$, $b = 23\text{ cm}$, $\beta = 90°$
b) $b = 12\text{ mm}$, $c = 15\text{ mm}$, $\gamma = 90°$
c) $a = 1{,}3\text{ m}$, $c = 2{,}1\text{ m}$, $\beta = 90°$
d) $a = 7{,}5\text{ km}$, $b = 4{,}8\text{ km}$, $\alpha = 90°$
e) $a = 111\text{ cm}$, $c = 0{,}83\text{ m}$, $\alpha = 90°$
f) $b = 2{,}8\text{ dm}$, $c = 99\text{ cm}$, $\alpha = 90°$
g) $a = 92{,}5\text{ m}$, $c = 2{,}07\text{ km}$, $\gamma = 90°$
h) $a = 0{,}33\text{ m}$, $b = 72\text{ mm}$, $\gamma = 90°$

Lösungswort: 5,8 km (t); 0,9 cm (a); 33,8 cm (m); 0,74 m (w); 15,5 cm (w); 6,1 km (e); 2,5 m (t); 2067,9 m (r); 10,3 dm (u)

5 Überzeuge dich davon, dass die Dreiecke rechtwinklig sind. Zwischen welchen Seiten des Dreiecks befindet sich der rechte Winkel?

a) $a = 8\,\text{cm}$, $b = 10\,\text{cm}$, $c = 6\,\text{cm}$
b) $h = 53\,\text{cm}$, $i = 4{,}5\,\text{dm}$, $k = 280\,\text{mm}$
c) $e = 26\,\text{m}$, $f = 10\,\text{m}$, $g = 24\,\text{m}$
d) $l = 9\text{ cm}$, $n = 41\text{ cm}$, $o = 4\,\text{dm}$

6 Complete the equations.

a) $a^2 = d^2 + \square$
b) $c^2 - e^2 = \square$
c) $b = \sqrt{\square - c^2}$
d) $f^2 - b^2 = \square$
e) $f = \sqrt{b^2 - \square} = \sqrt{\square}$
f) $e^2 = c^2 + b^2 - \square$

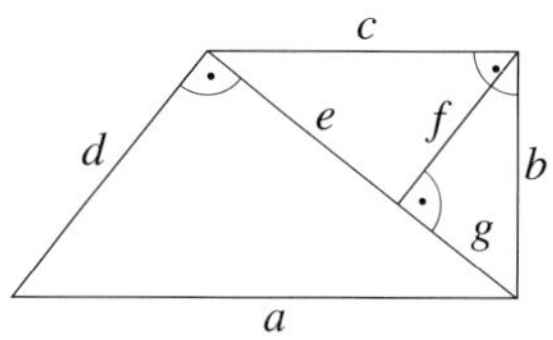

Noch fit?

I Beschreibe die Körper, zeichne ihr Netz und berechne ihren Oberflächeninhalt.

a)

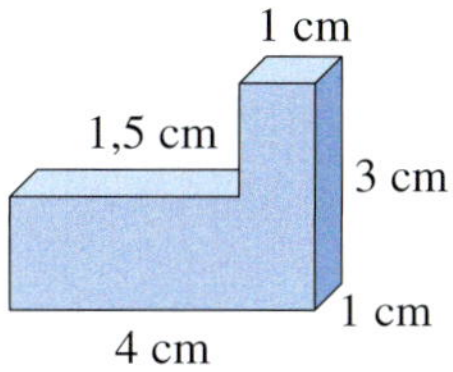

b)

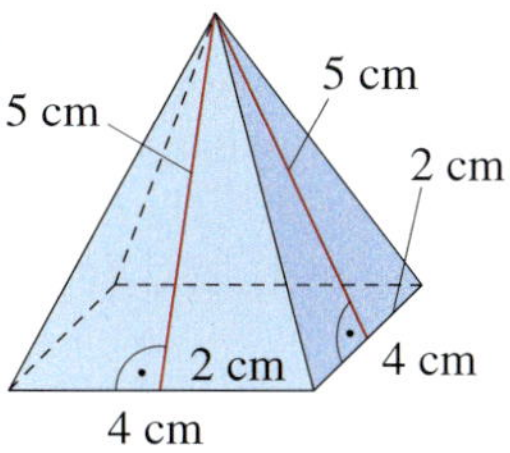

c)

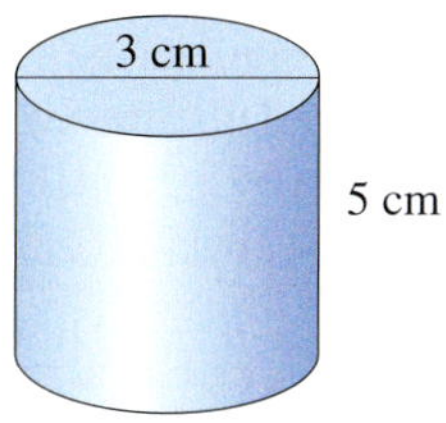

II Zeichne zu folgenden Netzen jeweils ein Schrägbild und berechne den Oberflächeninhalt (Maßangaben in cm).

a)

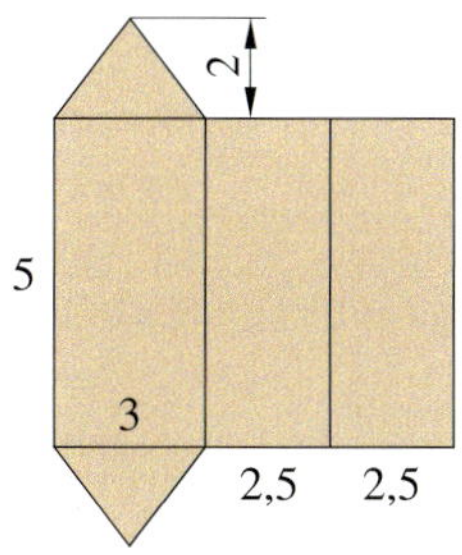

b)

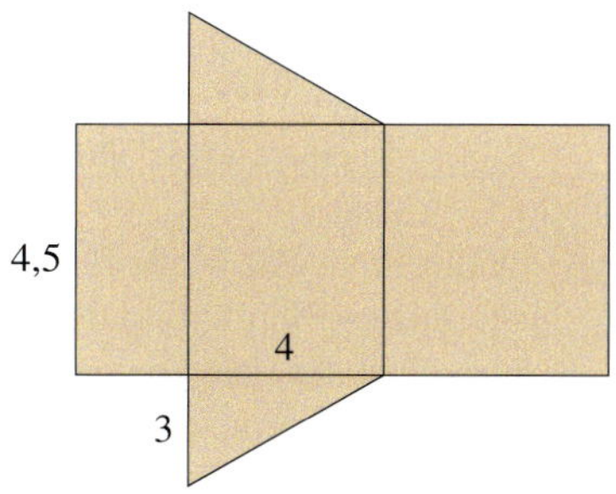

Aufgaben

Verknüpfen
Anwenden
Trainieren

7 Ein Quadrat hat die Seitenlänge 2 cm. Berechne die Länge der Diagonalen. Finde allgemein einen Zusammenhang zwischen Diagonalenlänge d und Seitenlänge a eines Quadrats und überprüfe ihn anhand von drei selbst gewählten Beispielen, die du in dein Heft zeichnest.

8 Konstruiere ein Quadrat mit einem Flächeninhalt von $20\,cm^2$.
Formuliere zwei weitere Aufgaben dieser Art und stelle sie deiner Banknachbarin bzw. deinem Banknachbarn.

9 Konstantin will seinen Freunden im Ingolstädter Freibad beweisen, dass er der beste Taucher unter ihnen ist. Das Freibad hat ein rechteckiges Becken mit den Maßen 50 m und 25 m. Konstantin wählt die längste gerade Strecke im Becken. Wie weit muss er tauchen?

10 Leite eine Formel für die Diagonalenlänge im Rechteck her.
Finde passende Seitenlängen für ein Rechteck, dessen Diagonale 5 cm bzw. 10 cm lang ist. Prüfe deine Ergebnisse durch Konstruktion.

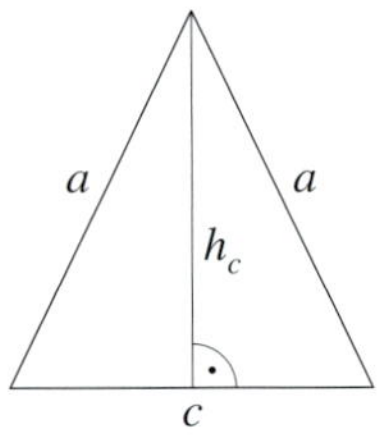

11 Konstruiere ein gleichseitiges Dreieck mit der Seitenlänge $s = 4$ cm und berechne die Länge der Höhen in diesem Dreieck. Überprüfe dein Ergebnis an der Zeichnung und bestimme den Flächeninhalt.
Leite Formeln für die Höhe und den Flächeninhalt des gleichseitigen Dreiecks in Abhängigkeit von s her.

12 Ein gleichschenkliges Dreieck hat 5 cm lange Schenkel, seine Basis misst 6 cm. Berechne die Länge der Höhe auf die Basis sowie seinen Flächeninhalt.

13 Berechne die Abstände der beiden gegebenen Punkte im Koordinatensystem und überprüfe deine Ergebnisse anhand einer Zeichnung.

a) $A(0|0),\ B(4|-2)$ **c)** $E(-2|-2),\ F(2|2)$ **e)** $I(\sqrt{3}\,|2),\ J(2\sqrt{3}|4)$
b) $C(2|3),\ D(4|5)$ **d)** $G(-4|3{,}5),\ H(2|-1{,}5)$ **f)** $K(1|1),\ L(x|x)$

14 Check by calculating if the triangle is right-angled. Describe your procedure. Then calculate the area of the triangle.

a) $A(2|0),\ B(7|0),\ C(3{,}8|2{,}4)$ **b)** $A(1|2),\ B(10|1),\ C(5|6)$

15 Schröders wollen ihren Dachboden mit Rigips-Platten ausbauen. Aber wie sollen sie diese auf den Boden bekommen – die Platten haben die Maße 1,25 m × 2,50 m, die Dachluke ist jedoch nur 1,05 m × 0,72 m groß? „Da hilft nichts“, meint Herr Schröder, „wir müssen die Platten leider vorher zersägen.“ Siehst du eine andere Möglichkeit?

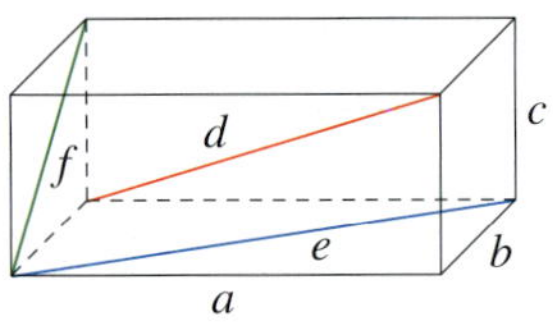

16 Wähle sinnvolle Maße für die Kantenlängen a, b und c eines Quaders und zeichne ein Schrägbild des Quaders.
Berechne die Längen der Flächendiagonalen e und f und die Länge der Raumdiagonale d deines Beispiels.
Finde eine allgemeine Formel für d in Abhängigkeit von den Kantenlängen.

17

Eine Bahnüberführung für Fußgänger ist 15 m hoch und überspannt insgesamt 110 m. Die Treppenaufgänge sind auf beiden Seiten 25 m lang.
Welche geometrische Figur entsteht durch diese Brückenkonstruktion?
Welche Breite steht für Bahngleise maximal zur Verfügung?

18 Eine gerade Pyramide mit quadratischer Grundfläche wird senkrecht halbiert. Beschreibe die Form der Schnittfläche und berechne deren Flächeninhalt.

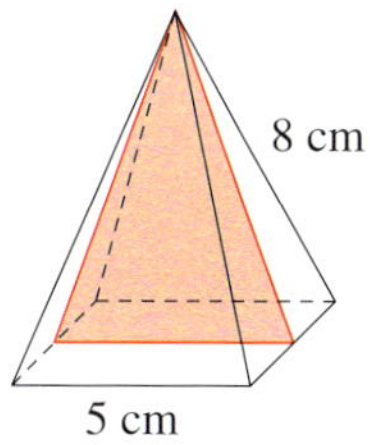

19 Martin wettet mit Carolin. Er behauptet, dass man als Schnittfläche ein rechtwinkliges Dreieck erhält, wenn man einen Holzwürfel entlang der Diagonalen dreier Seitenflächen wie abgebildet zersägt. Wer gewinnt die Wette?
Zeichne die Schnittfläche in dein Heft, wenn der Würfel eine Kantenlänge von 8 cm hat, und berechne ihre Seitenlängen sowie ihren Flächeninhalt. Überprüfe die Rechenergebnisse an deiner Zeichnung.

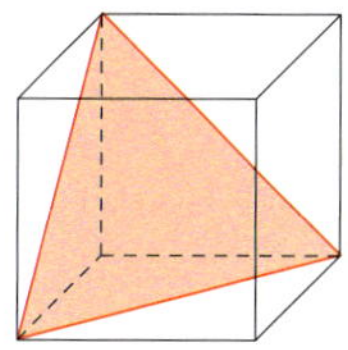

20 Finde im abgebildeten Würfel rechtwinklige Dreiecke und benenne sie nach ihren Eckpunkten. Bestimme jeweils ihren Flächeninhalt, falls die Kantenlänge a des Würfels 4 cm beträgt. Gib ihren Flächeninhalt auch allgemein in Abhängigkeit von a an.

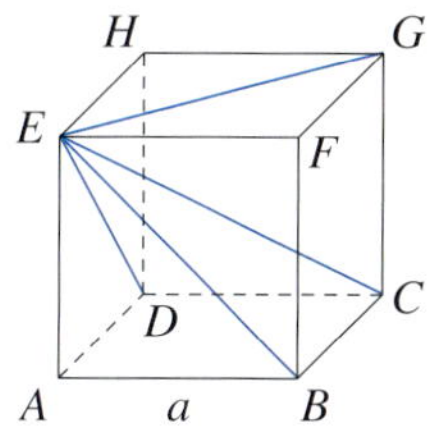

21 Schnellkurs zum Zeichnen von „Wurzellängen“

a) Berechne die Seitenlängen der Quadrate.

b) Zeichne die Längen $\sqrt{17}$, $\sqrt{29}$ und $\sqrt{32}$ auf ähnliche Weise.

c) Überlege dir drei weitere „Wurzellängen“, deren Größe du zunächst schätzt und anschließend zeichnest.

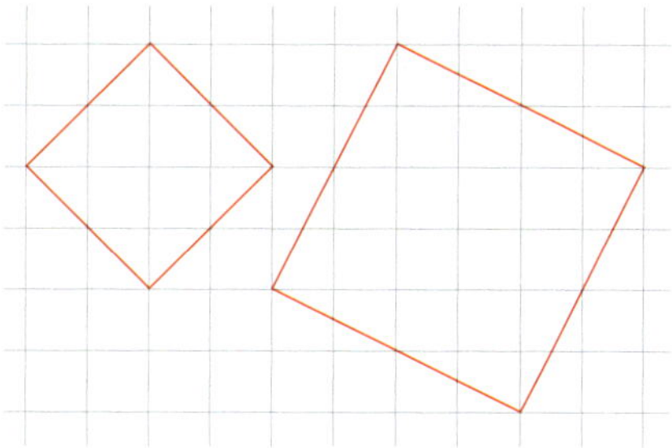

22 Ein Pralinenhersteller möchte seine drei besten Pralinensorten in einer quaderförmigen Geschenkschachtel anbieten (von jeder Sorte eine Praline). Welche Mindestmaße muss die Schachtel haben, wenn die Pralinen annähernd kugelförmig sind und einen Durchmesser von 2,6 cm haben?

23 Romeo will bei seiner angebeteten Julia fensterln.

a) Das Fenstersims von Julias Fenster befindet sich in einer Höhe von 4,20 m. Um nicht im Gartenteich zu stehen, muss Romeo mindestens 2,10 m Abstand zum Haus halten. Welche Länge muss Romeos Leiter mindestens haben?

b) Bei dem Versuch zu Julia zu klettern, verrutscht Romeos Leiter um 15 cm nach unten. Wie weit verrutscht das untere Leiterende am Boden?

Aufgaben

Verknüpfen **Anwenden** **Trainieren**

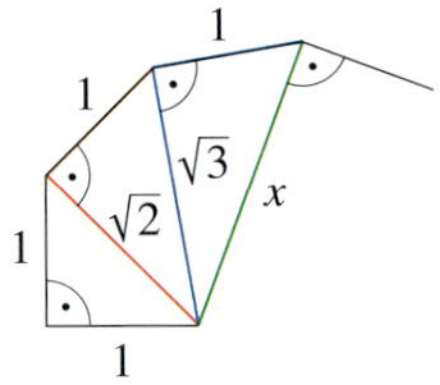

24 Hugo hat eine sogenannte **Wurzelschnecke** wie in der nebenstehenden Abbildung begonnen. Setze sie in deinem Heft fort, bis du deutlich die „Schneckenform“ erkennst. Begründe, wie du auf diese Weise eine Strecke der Länge $\sqrt{8}$ konstruieren kannst.
Wie lässt sich eine Strecke der Länge $\sqrt{65}$ ganz schnell konstruieren?

25 Eine Kugel mit Radius 14 cm rollt in einen oben 12 cm breiten Spalt. Wie tief dringt die Kugel in den Spalt ein?

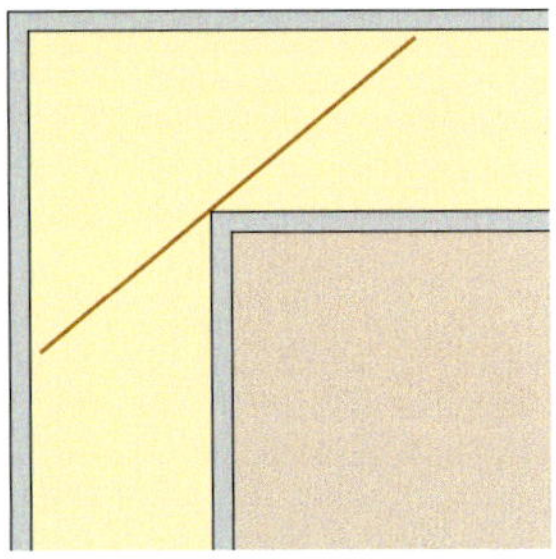

26 Luise hat im Baumarkt eine 4 m lange Gardinenstange gekauft. Um in ihre Wohnung zu kommen, muss sie durch einen Gang, der 1,20 m breit ist und nach rechts rechtwinklig abknickt. Sie probiert, die Gardinenstange waagrecht um die Ecke zu balancieren und scheitert.
Sie sägt die Stange kurzerhand ab, sodass sie gerade noch ums Eck kommt. Wie lang ist die Stange jetzt? (Die Dicke der Stange brauchst du nicht zu berücksichtigen.)
Luises Vater kann es nicht fassen, als er hört, dass sie die Stange abgesägt hat. Er behauptet, die Stange könnte noch viel länger sein und er hätte sie trotzdem in die Wohnung gebracht. Welche Lösung sieht er für das Problem und wie lang dürfte die Stange dabei sein?

Info

Ein Vieleck heißt **regelmäßig** oder **regulär**, wenn alle Seiten gleich lang und alle Innenwinkel (im Bild α) gleich groß sind.

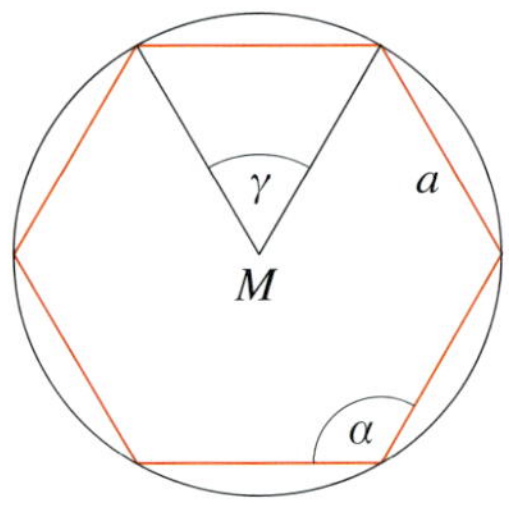

27 Jedes regelmäßige Sechseck besitzt einen Umkreis.

a) Beweise diese Aussage.
(Tipp: Betrachte die Winkel.)

b) Erinnere dich an ein Konstruktionsverfahren für regelmäßige Sechsecke und konstruiere ein Sechseck mit der Seitenlänge 5 cm.

c) Berechne den Flächeninhalt der regelmäßigen Sechsecke mit den Seitenlängen 5 cm und 10 cm.
Um wie viel Prozent nimmt der Flächeninhalt allgemein zu, wenn du die Kantenlänge verdoppelst?

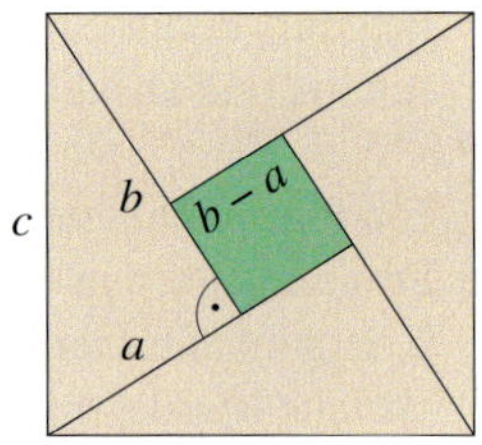

28 Bhaskara, ein indischer Mathematiker aus dem 12. Jahrhundert zerlegte ein Quadrat in fünf Teilflächen (siehe Bild) und berechnete deren Flächeninhalte, um den Satz des Pythagoras zu beweisen. Wie könnte er vorgegangen sein?

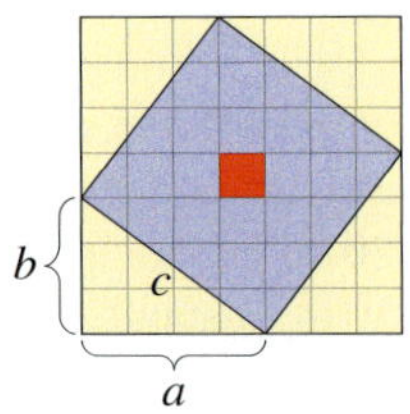

29 Im chinesischen Buch Zhou Bi Suan Jing aus dem 1. Jahrhundert v. Chr. findet sich bereits ein Beweis für den heute als Satz des Pythagoras bekannten Zusammenhang. Hier werden die Flächeninhalte von Dreiecken und Quadraten miteinander in Beziehung gesetzt. Schreibe alle nötigen Gedankengänge eines Beweises übersichtlich auf. (Es gibt mindestens zwei Möglichkeiten!)

Die Aufgaben 30, 31 und 32 gehören zusammen; löse sie in dieser Reihenfolge.

30 Jeder der Punkte A und B ist genauso weit vom Punkt P entfernt wie von der Geraden g. A und B sind deshalb Punkte einer Parabel mit dem Brennpunkt P. Übertrage die Zeichnung in dein Heft und finde möglichst viele weitere Punkte, die auch zu dieser Parabel gehören. Verbinde die Punkte. (Eine Konstruktion mithilfe eines DGS findest du unter: 043 – 1)

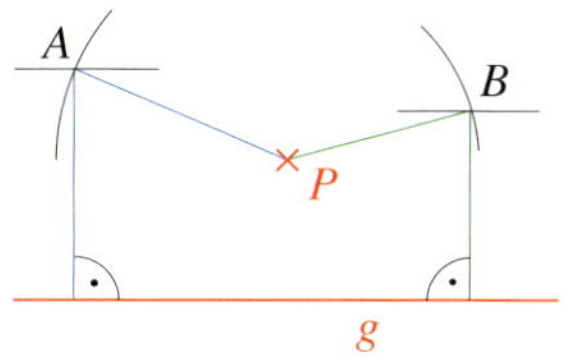

Info

Die Kurve, die entsteht, wenn man alle Punkte verbindet, die von einem festen Punkt P und einer Geraden g denselben Abstand haben, nennt man **Parabel**.
P ist der **Brennpunkt** der Parabel.

31 Alle Punkte, die von der x-Achse und dem Punkt $P(0|1)$ denselben Abstand haben, bilden eine Parabel. A ist ein Punkt der Parabel.

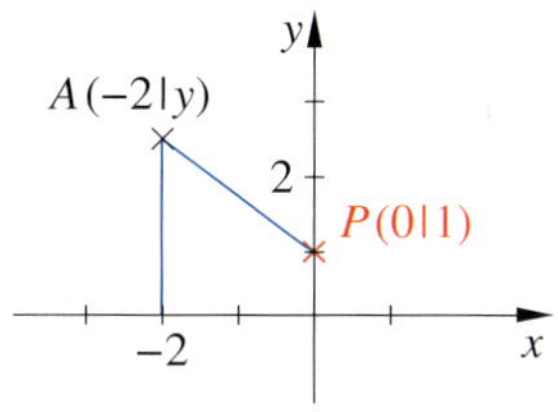

a) Berechne die y-Koordinate von A.
b) Weitere Punkte dieser Parabel sind $B(2|?)$, $C(0|?)$, $D(3|?)$, $E(?|1)$. Ermittle die fehlenden Koordinaten.
c) Begründe: Die Parabel lässt sich durch die Gleichung $y = \frac{1}{2}x^2 + \frac{1}{2}$ beschreiben. Berechne weitere Punkte und zeichne die Parabel.

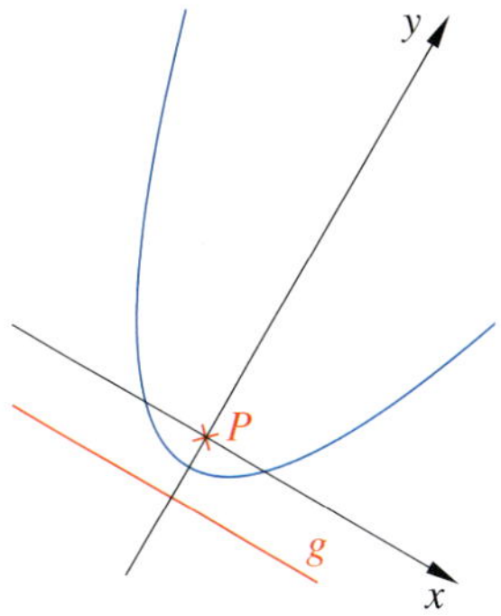

32 Konstruiere zu einer beliebigen Geraden g und einem davon 4 LE entfernten Punkt P die zugehörige Parabel. Lege über die Parabel wie in nebenstehendem Bild ein Koordinatensystem und stelle eine Gleichung der Parabel auf. Lege dann ein anderes Koordinatensystem über die Parabel und versuche wieder eine Gleichung aufzustellen. In welcher Lage gelingt dir das?

33 Der dir bekannte Satz des Pythagoras gilt nur für spezielle, nämlich rechtwinklige Dreiecke. Es gibt aber auch eine allgemeinere Fassung des Satzes, die für beliebige Dreiecke Gültigkeit besitzt.
a) Weise anhand der Skizze nach: $a^2 = b^2 + c^2 - 2 \cdot c \cdot q$.
b) Ein Dreieck ABC hat die Seitenlängen $b = 4\,\text{cm}$ und $c = 7{,}5\,\text{cm}$. Die Höhe auf c ist 3 cm lang. Berechne die dritte Seitenlänge.

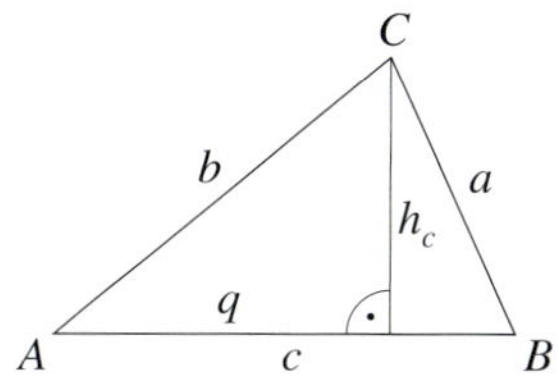

Aufgabe der Woche

Im berühmten Werk „Elemente“ des griechischen Mathematikers Euklid, einer Sammlung mathematischen Wissens um 300 v. Chr., findet sich folgende Erweiterung des Satzes von Pythagoras: *Zeichnet man über den Seiten eines rechtwinkligen Dreiecks ähnliche Figuren, dann ist die Summe der Flächeninhalte der Figuren über den Katheten gleich dem Flächeninhalt über der Hypotenuse.*
Konstruiere über den Seiten eines rechtwinkligen Dreiecks Halbkreise und zeige allgemein, dass der Flächeninhalt des Halbkreises über der Hypotenuse gleich der Summe der Flächeninhalte der Halbkreise über den Katheten ist.
Erfinde weitere Figuren, für die der obige Satz Gültigkeit hat.

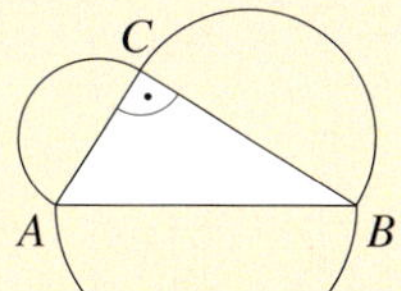

Spiegelt man den Halbkreis über der Hypotenuse an derselben, so erhält man eine bekannte Anordnung, die sogenannten **Möndchen des Hippokrates** (siehe nebenstehendes Bild). Zeige, dass die Summe der Flächeninhalte der beiden Möndchen gleich dem Flächeninhalt des Dreiecks ist.

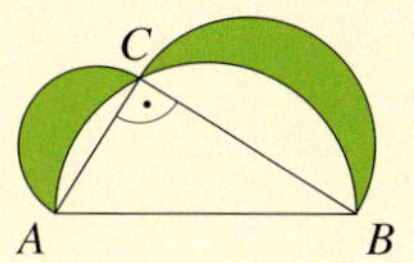

2.2 Weitere Flächensätze zum rechtwinkligen Dreieck

Auftrag 1 **Puzzeln**

Schneide aus verschiedenfarbigem Tonpapier zweimal das gleiche rechtwinklige Dreieck ABC mit selbst gewählten Seitenlängen aus. Von einem dieser Dreiecke benötigst du vorerst nur ein Teildreieck, das von der Höhe abgeteilt wird (im Bild grün gefärbt).
Nun hast du ein kleineres und ein größeres Dreieck vor dir liegen (im Bild gelb und grün). Ordne sie wie abgebildet an und zeichne um sie herum das Viereck $ADEF$. Verlängere dazu $[AC]$ und zeichne die Parallele EF zu BC ein.

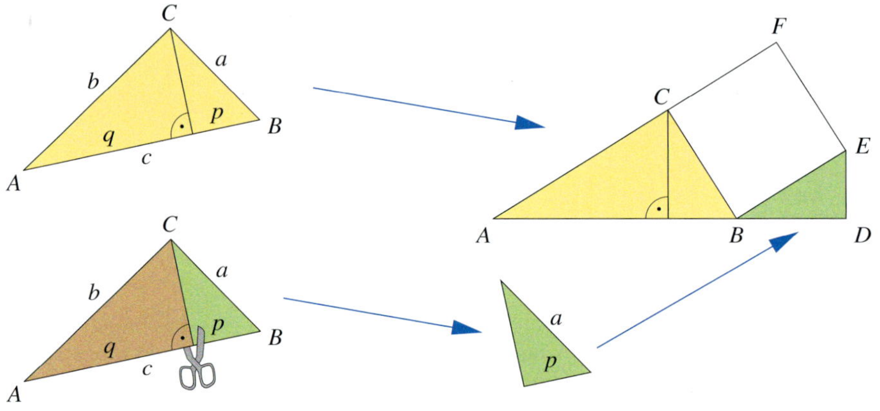

Gib den Inhalt der im Viereck $ADEF$ nicht ausgelegten „Restfläche“ (im Bild weiß) mithilfe von Größen des Dreiecks ABC an.
Versuche nun, die beiden ausgeschnittenen Dreiecke innerhalb des Vierecks $ADEF$ so umzuordnen, dass als Restfläche ein Rechteck (kein Quadrat) übrig bleibt. Vergleiche diese Rechtecksfläche mit der Restfläche der ersten Anordnung. Leite daraus eine Gleichung ab, in der die Seitenlänge a vorkommt.
Versuche auch eine entsprechende Gleichung mit der Seitenlänge b zu finden.

Auftrag 2 **Dachkonstruktion**

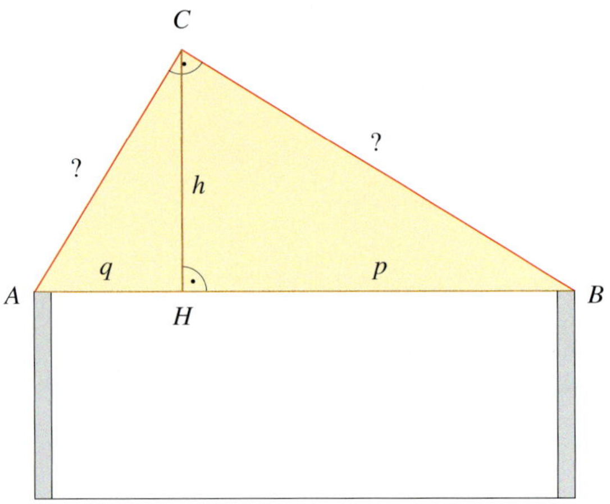

Das Dach eines Supermarktes wird durch einen Balken gestützt, der von den Dachseiten im Abstand $q = 4{,}05$ m bzw. $p = 7{,}2$ m angebracht ist. Die beiden Dachflächen schließen einen 90°-Winkel ein.

Suche in der Zeichnung nach ähnlichen Dreiecken. Überlege dir aufgrund der Seitenlängenverhältnisse in diesen Dreiecken einen Zusammenhang zwischen p, q und h. Berechne die Höhe des Stützbalkens und der Dachlängen. Überprüfe deine Ergebnisse an einer maßstabsgetreuen Zeichnung.
Bezeichnest du die Dachlängen in üblicher Weise mit a und b, dann bestehen auch zwischen a, p und q sowie zwischen b, p und q Zusammenhänge. Suche sie.
Hinweis: $p + q = c$.

Quadratur des Rechtecks

Auftrag 3

Im Mathematikheft seines Vaters entdeckt Thomas die folgende Aufgabe.

> Ein Bauer tauscht im Rahmen der Flurbereinigung ein rechteckiges Feld mit den Seitenlängen $l = 60$ m und $b = 20$ m in ein quadratisches Feld. Welche Länge sollte das neue Feld haben?

Sein Vater hat hierzu die folgende Konstruktion angefertigt:

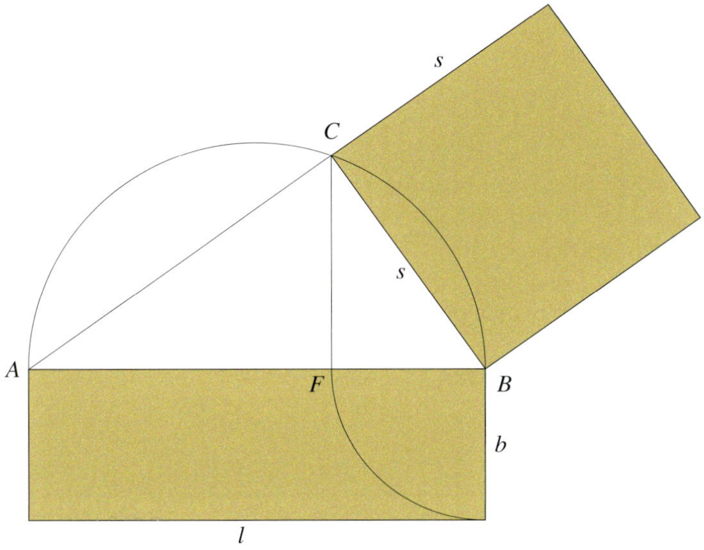

Beschreibe sein Vorgehen möglichst genau.
Begründe, weshalb dieser Konstruktionsweg richtig ist.

Tipp

Einen Zusammenhang zwischen s, l und b kannst du z. B. finden, wenn du in der Figur zueinander ähnliche Dreiecke erkennst und die entsprechenden Seitenverhältnisse vergleichst.

Für Bastler

Auftrag 4

Zeichne ein rechtwinkliges Dreieck ABC auf ein Blatt Papier und ergänze über den Seiten mit den Längen a bzw. p die Figur wie im Bild durch ein Quadrat (Blautöne) und ein Rechteck (braun).
Zerlege das Quadrat wie abgebildet in zwei Dreiecke und ein Viereck. Schneide nun die drei blau gefärbten Figuren des Quadrats aus und lege sie geschickt in das Rechteck, sodass dessen ganze Fläche bedeckt ist.
Begründe, dass die Figuren tatsächlich die Fläche genau bedecken (Vergleich entsprechender Winkel und Seitenlängen).
Welcher Zusammenhang zwischen verschiedenen Längen am Dreieck ABC ergibt sich aufgrund des Flächenvergleichs?

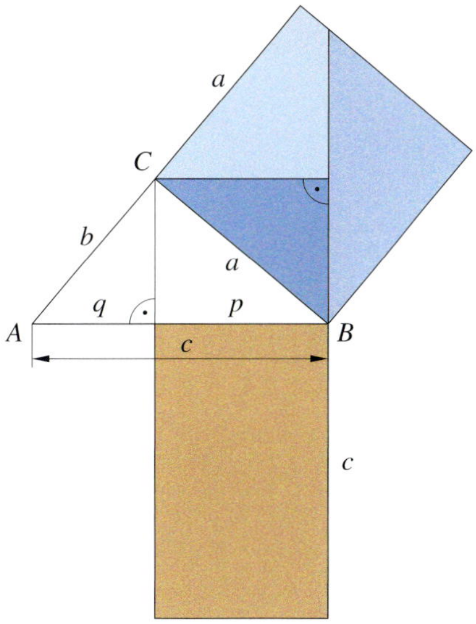

Finde mithilfe einer neuen Figur einen Zusammenhang zwischen b, c und q.

Bearbeitung

Auftrag 1 Puzzeln

Durch die verschiedenen Anordnungen der beiden Dreiecke entsteht zweimal dasselbe Viereck $ADEF$.

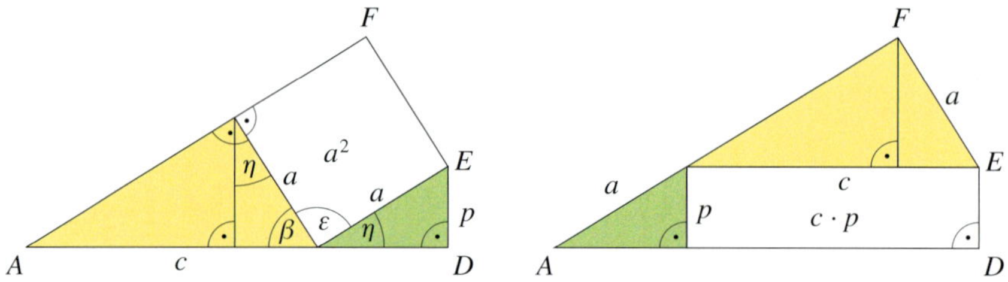

Die Restfläche (weiß) in der linken Figur ist ein Quadrat (denn $\beta + \varepsilon + \eta = 180°$ und $\beta + \eta = 90°$, somit $\varepsilon = 90°$) und besitzt den Flächeninhalt a^2. Die Restfläche (weiß) in der rechten Figur ist ein Rechteck mit dem Flächeninhalt $c \cdot p$.
Da sich das Viereck $ADEF$ jeweils aus denselben beiden Dreiecken und einer Restfläche zusammensetzt, müssen die beiden Restflächen, das Quadrat und das Rechteck, flächengleich sein: $\boldsymbol{a^2 = c \cdot p}$.

Für die Seite b des Dreiecks ABC kann man auf die gleiche Art und Weise einen Zusammenhang herleiten.

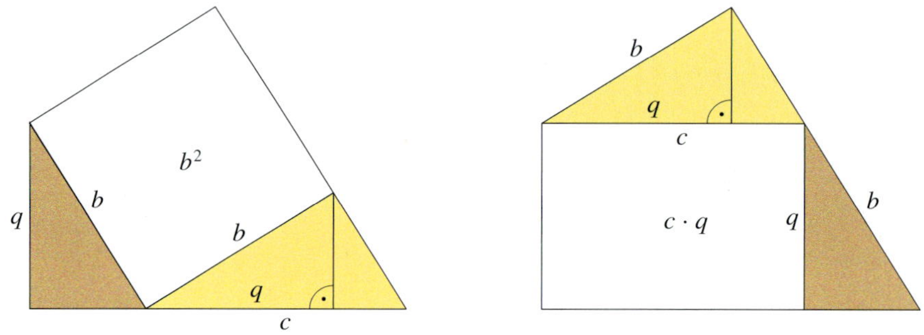

Mit denselben Begründungen wie oben sind die Restflächen, das Quadrat und das Rechteck (jeweils weiß) flächengleich. Es gilt: $\boldsymbol{b^2 = c \cdot q}$.

Die beiden gefundenen Zusammenhänge werden im **Kathetensatz** zusammengefasst:

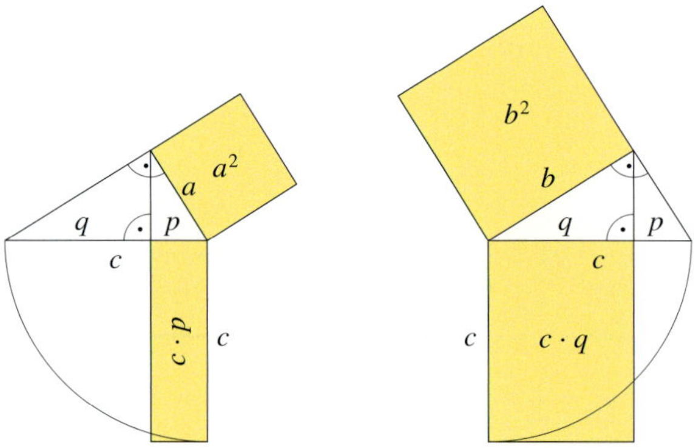

Das Quadrat einer Kathetenlänge ist gleich dem Produkt aus der Hypotenusenlänge und der Länge des anliegenden Hypotenusenabschnitts.

Oder als Flächensatz formuliert:

Im rechtwinkligen Dreieck hat das Quadrat über einer Kathete denselben Flächeninhalt wie ein Rechteck, dessen Seiten so lang wie die Hypotenuse und der an der Kathete anliegende Hypotenusenabschnitt sind.

In Kurzform:
$\boldsymbol{a^2 = c \cdot p}$ bzw. $\boldsymbol{b^2 = c \cdot q}$.

Einen Schritt weitergedacht: Auch für die Höhe eines rechtwinkligen Dreiecks lässt sich auf entsprechende Weise ein Satz herleiten. Ein rechtwinkliges Dreieck *ABC* wird wieder längs der Höhe in zwei kleinere rechtwinklige Dreiecke zerschnitten, die dann mithilfe eines Rechtecks bzw. eines Quadrats zu einem größeren rechtwinkligen Dreieck ergänzt werden. Diese Zerlegungen führen auf demselben Weg wie vorher zum **Höhensatz**, kurz: $h^2 = p \cdot q$. Auch dieser Satz lässt sich wieder für Seitenlängen und für Flächen formulieren (s. Zusammenfassung).

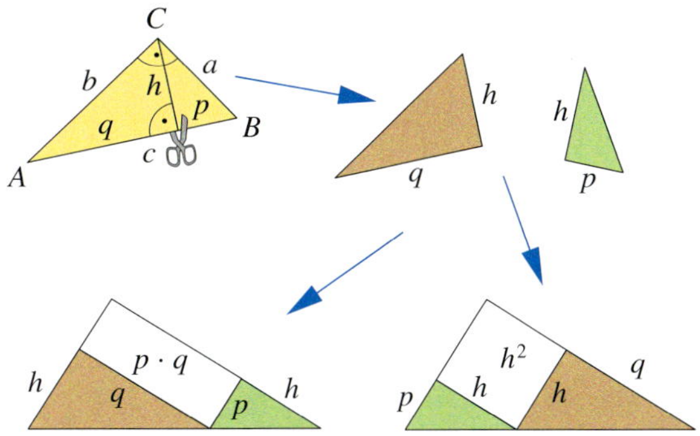

Zusammenfassung

Weitere Flächensätze zum rechtwinkligen Dreieck

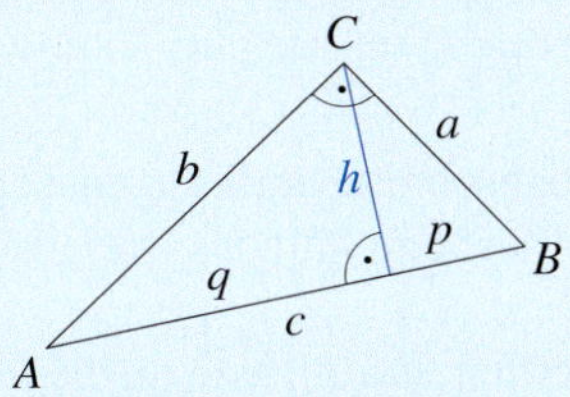

S **Kathetensatz**
Im rechtwinkligen Dreieck ist das Quadrat einer Kathetenlänge gleich dem Produkt aus der Hypotenusenlänge und der Länge des anliegenden Hypotenusenabschnitts.
Kurz: $a^2 = c \cdot p$ bzw. $b^2 = c \cdot q$

Als **Flächensatz** formuliert:
Im rechtwinkligen Dreieck hat das Quadrat über einer Kathete denselben Flächeninhalt wie ein Rechteck, dessen Seiten so lang wie die Hypotenuse und der an der Kathete anliegende Hypotenusenabschnitt sind.

S **Höhensatz**
Im rechtwinkligen Dreieck ist das Quadrat der Hypotenusenhöhe gleich dem Produkt aus den Längen der beiden Hypotenusenabschnitte.
Kurz: $h^2 = p \cdot q$

Als **Flächensatz** formuliert:
Im rechtwinkligen Dreieck hat das Quadrat über der Höhe auf der Hypotenuse denselben Flächeninhalt wie ein Rechteck, dessen Seiten so lang wie die beiden Hypotenusenabschnitte sind.

In einem rechtwinkligen Dreieck *ABC* ist die Hypotenusenlänge $c = 7\,\text{cm}$, die Hypotenusenabschnittslängen sind $p = 2\,\text{cm}$ und $q = 5\,\text{cm}$.

Kathetensatz und Höhensatz gelten:
$a^2 = 7\,\text{cm} \cdot 2\,\text{cm} = 14\,\text{cm}^2 \Rightarrow a = \sqrt{14}\,\text{cm} \approx 3{,}74\,\text{cm}$
$b^2 = 7\,\text{cm} \cdot 5\,\text{cm} = 35\,\text{cm}^2 \Rightarrow b = \sqrt{35}\,\text{cm} \approx 5{,}92\,\text{cm}$
$h^2 = 2\,\text{cm} \cdot 5\,\text{cm} = 10\,\text{cm}^2 \Rightarrow h = \sqrt{10}\,\text{cm} \approx 3{,}16\,\text{cm}$

Damit lässt sich auch der Flächeninhalt des rechtwinkligen Dreiecks *ABC* berechnen:
$\boldsymbol{A = \frac{1}{2}a \cdot b} = \frac{1}{2}\sqrt{14 \cdot 35}\,\text{cm}^2 = \frac{1}{2} \cdot 7 \cdot \sqrt{10}\,\text{cm}^2 \approx 11{,}07\,\text{cm}^2$ bzw.
$\boldsymbol{A = \frac{1}{2}c \cdot h} = \frac{1}{2} \cdot 7 \cdot \sqrt{10}\,\text{cm}^2 \approx 11{,}07\,\text{cm}^2$

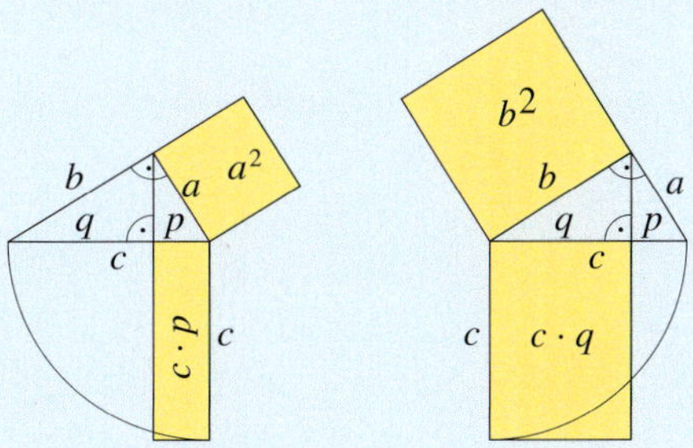

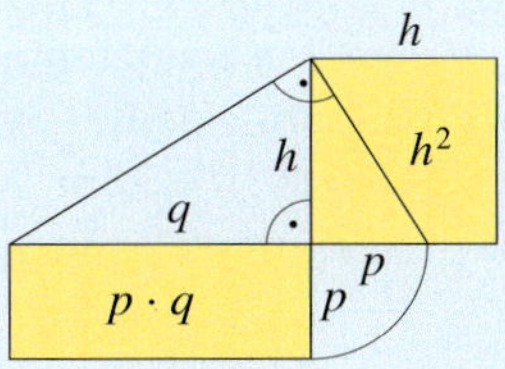

Aufgaben

Verknüpfen
Anwenden
Trainieren

1 Im Dreieck *ABC* bezeichnet *c* die Hypotenusenlänge. Berechne die fehlenden Werte und runde gegebenenfalls.

Seitenlänge	a)	b)	c)	d)	e)	f)	g)	h)
a	xxx	xxx	6 m	xxx	xxx	xxx	xxx	$\sqrt{6,5}$ cm
b	xxx	xxx	xxx	5 mm	4,2 cm	xxx	xxx	xxx
c	xxx	7,5 m	xxx	6 mm	xxx	xxx	70 mm	xxx
p	4 cm	xxx	40 dm	xxx	xxx	xxx	4 cm	0,5 cm
q	9 cm	3,8 m	xxx	xxx	25,2 mm	1,5 cm	xxx	xxx
h	xxx	xxx	xxx	xxx	xxx	30 mm	xxx	xxx
A	xxx	xxx	xxx	xxx	xxx	xxx	xxx	xxx

Lösungswort (je ein Ergebnis pro Spalte): 5 m (r); 3,36 cm (i); 2,86 cm (s); 11,25 cm² (t); 39 cm² (t); $\sqrt{28,5}$ m (e); 16,25 cm² (n); $\frac{11}{9}$ mm (m); $\sqrt{21}$ cm (e)

2 Ein rechtwinkliges Dreieck hat Hypotenusenabschnitte der Längen 3 cm und 7 cm. Berechne alle Seitenlängen sowie den Flächeninhalt des Dreiecks.

3 One leg of a right-angled triangle measures 20 cm, the altitude on the hypotenuse measures 12 cm. Calculate the other side lengths of the triangle.

4 Welche Beziehungen gelten zwischen den mit Variablen bezeichneten Streckenlängen?

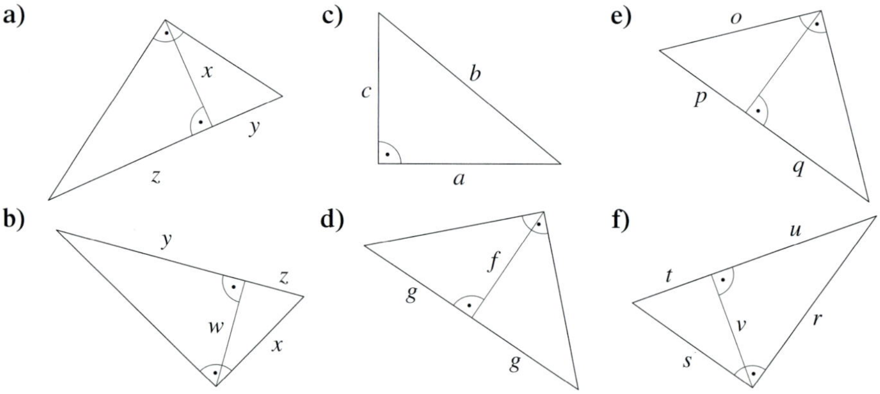

5 Verwandle mittels Konstruktion ein Rechteck mit den gegebenen Seitenlängen in ein flächengleiches Quadrat. Entscheide sinnvoll, ob du den Höhen- oder den Kathetensatz anwendest.
Überprüfe deine Lösung auch rechnerisch.

a) $l = 3$ cm, $b = 2$ cm
b) $l = 21$ mm, $b = 2$ cm
c) $l = 0,8$ dm, $b = 5$ cm
d) $l = 9,5$ cm, $b = 8$ cm
e) $l = 5,5$ cm, $b = 2,5$ cm
f) $l = 1,8$ cm, $b = 12$ mm

Noch fit?

I Bestimme zu den Geraden g, h und k im abgebildeten Koordinatensystem jeweils ihre Steigung, ihren y-Achsenabschnitt und ihre Gleichung.
Berechne anschließend die Koordinaten der Schnittpunkte der Geraden mit den Achsen und der Schnittpunkte der Geraden untereinander. Vergleiche deine Ergebnisse mit der Zeichnung.

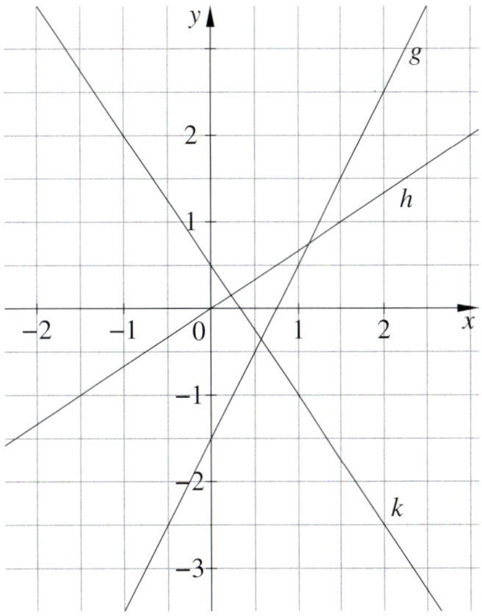

II Der Graph der linearen Funktion f verläuft durch den Punkt $P(2|4{,}55)$ und hat die Steigung 3,5.

a) Finde die zugehörige Funktionsgleichung.
b) Bestimme alle Schnittpunkte des Graphen mit den Koordinatenachsen.
c) Gib die Gleichung der zum Graphen parallelen Geraden g an, die durch den Punkt $Q(6|18{,}7)$ verläuft.

III Prüfe rechnerisch, ob die drei Punkte $A(0|4)$, $B(2{,}5|7{,}8)$ und $C(2|7)$ auf einer gemeinsamen Geraden liegen.
Finde einen Punkt D, der auf der Geraden AC liegt.

Aufgaben

Verknüpfen
Anwenden
Trainieren

6 Berechne den Flächeninhalt eines rechtwinkligen Dreiecks mithilfe seiner Hypotenusenabschnitte.

a) $p = 2\,\text{cm}$, $q = 8\,\text{cm}$ **c)** $p = 8\,\text{dm}$, $q = 1{,}8\,\text{m}$ **e)** $p = 18\,\text{mm}$, $q = 1{,}8\,\text{m}$
b) $p = 4\,\text{dm}$, $q = 3{,}5\,\text{dm}$ **d)** $p = 3{,}5\,\text{dm}$, $q = 5{,}6\,\text{cm}$ **f)** $p = 5{,}4\,\text{m}$, $q = 6\,\text{dm}$

Lösungswort: $1636{,}2\,\text{cm}^2$ (d); $18\,\text{cm}^2$ (t); $284{,}2\,\text{cm}^2$ (l); $20\,\text{cm}^2$ (f); $36{,}25\,\text{cm}^2$ (u); $540\,\text{dm}^2$ (s), $156\,\text{dm}^2$ (e); $240\,\text{cm}^2$ (r); $14{,}03\,\text{dm}^2$ (i)

7 Konstruiere ein Quadrat mit dem angegebenen Flächeninhalt, indem du den Höhensatz anwendest. Beschreibe allgemein die Vorgehensweise.

a) $6\,\text{cm}^2$ **d)** $18\,\text{cm}^2$ **g)** $\sqrt{10}\,\text{cm}^2$
b) $5\,\text{cm}^2$ **e)** $5{,}2\,\text{cm}^2$ **h)** $\sqrt{17}\,\text{cm}^2$
c) $3{,}8\,\text{cm}^2$ **f)** $20\,\text{cm}^2$ **i)** $\sqrt{13}\,\text{cm}^2$

Tipp
Zerlege bei Aufgabe 7 den Zahlenwert des Flächeninhalts in zwei geeignete Faktoren.

8 Konstruiere ein Quadrat mit dem Flächeninhalt $12\,\text{cm}^2$ auf zwei verschiedene Art und Weisen. Wende einmal den Höhensatz und das andere Mal den Kathetensatz an. Beschreibe jeweils die einzelnen Schritte deiner Konstruktion.

9 Konstruiere mithilfe des Kathetensatzes eine Strecke der angegebenen Länge.

a) $\sqrt{3}\,\text{cm}$ **d)** $\sqrt{13}\,\text{cm}$ **g)** $5\,\text{cm}$
b) $\sqrt{7}\,\text{cm}$ **e)** $2\,\text{cm}$ **h)** $\sqrt{8}\,\text{cm}$
c) $\sqrt{5}\,\text{cm}$ **f)** $3\,\text{cm}$ **i)** $4{,}5\,\text{cm}$

10 In einem rechtwinkligen Dreieck ist die Hypotenuse 4 cm lang. Ein Hypotenusenabschnitt ist so lang wie die Höhe auf die Hypotenuse. Berechne die Länge der Höhe sowie der Seiten des Dreiecks.

Erinnere dich

Um eine falsche Aussage zu widerlegen, genügt in der Regel **ein** Gegenbeispiel. Richtige Aussagen kann man dagegen auch durch sehr viele Beispiele nicht beweisen!

11 Begründe oder widerlege die folgenden Aussagen.

a) Die Summe der Quadrate zweier Dreiecksseiten ergibt das Quadrat der dritten Dreiecksseite.

b) Es gibt rechtwinklige Dreiecke, bei denen die Höhe auf der Hypotenuse gleichzeitig Kathete ist.

c) Jedes rechtwinklige Dreieck besitzt einen Umkreis.

d) Im gleichschenkligen Dreieck mit den Schenkeln a und der Basis b gilt für die Höhe h auf der Basis $h^2 = a^2 - \frac{b^2}{4}$

e) Im gleichschenklig rechtwinkligen Dreieck ABC mit den Katheten a und der Hypotenuse c gilt für die Höhe h auf der Hypotenuse $h^2 = \frac{c^2}{2}$.

f) Im rechtwinkligen Dreieck ABC mit Hypotenuse c und den üblichen Bezeichnungen gilt $c \cdot p + c \cdot q = c^2$.

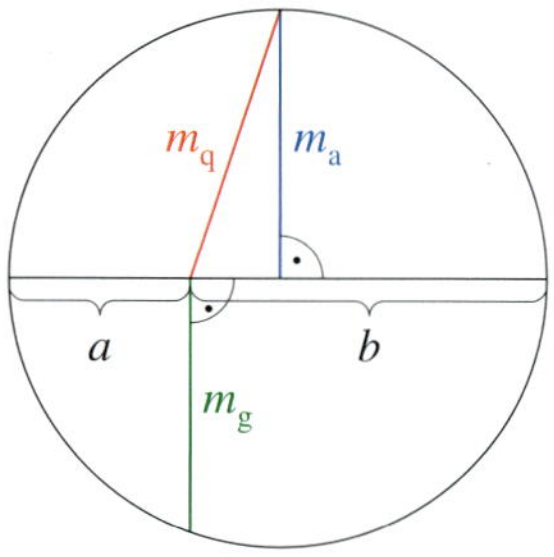

12 Das Verwenden von Mittelwerten hat nicht nur in der Mathematik eine lange Tradition.

a) Berechne zu zwei beliebigen positiven reellen Zahlen a und b die folgenden Mittelwerte. Beschreibe dann die Unterschiede.

arithmetisches Mittel: $m_a = \frac{a+b}{2}$

geometrisches Mittel: $m_g = \sqrt{a\,b}$

quadratisches Mittel: $m_q = \sqrt{\frac{a^2 + b^2}{2}}$

b) Weise nach, dass diese Mittelwerte durch die nebenstehend dargestellten Konstruktionen gewonnen werden können.

c) Konstruiere alle drei Mittelwerte zu den Zahlenpaaren $a_1 = 2$, $b_1 = 4$ und $a_2 = 3$, $b_2 = 7$.

13 Transform a square with the given side length a by using the „Kathetensatz" into a rectangle with the same area.
Compare your result with one of your classmates. What strikes you?

a) $a = 2\,\text{cm}$ **b)** $a = 5\,\text{cm}$ **c)** $a = 3{,}5\,\text{cm}$

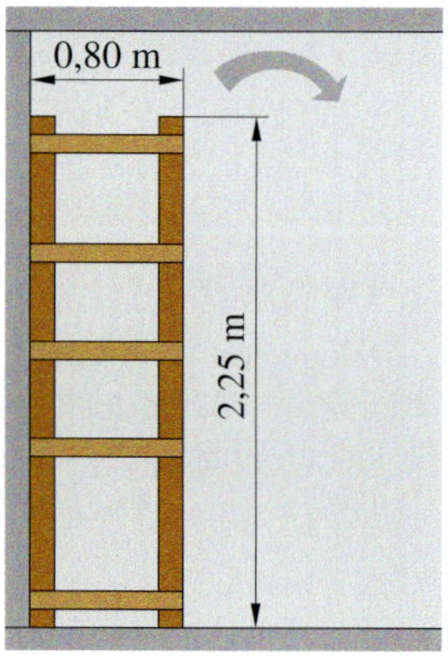

14 Solve the problems 13 a) to c) by using the „Höhensatz" too.

15 Konstruiere ein Quadrat, das den gleichen Flächeninhalt hat wie ein Dreieck mit den Seitenlängen $a = 3\,\text{cm}$, $b = 4{,}5\,\text{cm}$, $c = 4\,\text{cm}$.

16 Wolfgang plant, aus Holzlatten ein Kellerregal zu bauen. Der Kellerraum, an dessen Wand es stehen soll, ist 2,45 m hoch.
Wolfgang hat bereits einen Plan gezeichnet (siehe nebenstehendes Bild) und möchte nun wissen, ob dieses Regal umkippen kann oder ob es beim Kippen an der Decke gestoppt würde.
Wie hoch müsste es mindestens sein, damit es nicht umkippt?

17 Willi hat für seine Freundin einen 14 cm langen Füller sowie einen bunten Geschenkkarton mit den Maßen 9 cm × 7 cm × 5 cm zum Geburtstag gekauft. Er war sich sicher, dass der Stift in dem quaderförmigen Karton Platz hat. Hat er beim Einkauf oder beim Einpacken einen Fehler gemacht?

Aufgaben

Verknüpfen
Anwenden
Trainieren

18 Zeichne eine Figur wie im nebenstehenden Bild mit selbst gewählten Maßen und verwandle sie in möglichst wenigen Schritten in ein flächengleiches Quadrat.

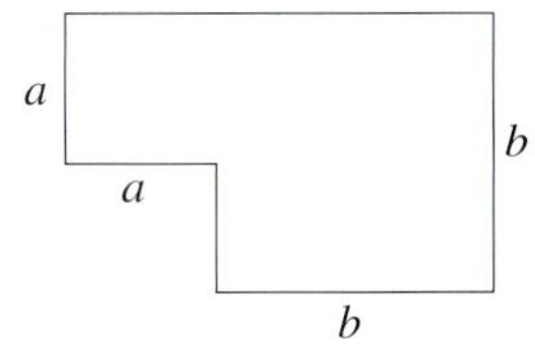

19 Benutze den Höhensatz, um zu einer Streckenlänge x eine Strecke der Länge $\frac{1}{x}$ zu konstruieren. Beschreibe und begründe dein Vorgehen.
Ist es möglich, für die Konstruktion auch den Kathetensatz zu verwenden?

20 Kilian will seine Dachwohnung verschönern und eine Wand farbig streichen. Im Baumarkt entdeckt er eine schöne rote Wandfarbe. Nun möchte er berechnen, wie viele Quadratmeter zu streichen sind.
Er hat sich zu Hause eine Skizze der Wand angefertigt, aber leider nur schnell die diagonale Länge gemessen, mit der die Dachschräge einen rechten Winkel bildet. Außerdem weiß er, dass das Zimmer 2,30 m hoch ist.

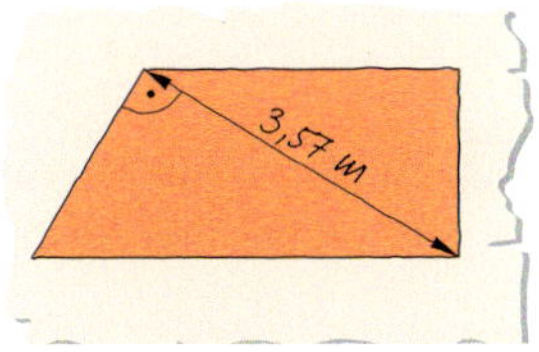

21 Auf dem Ausguck seines Schiffs hat ein Pirat eine Blickhöhe von 30 m. Wie weit kann er bei klarer Sicht auf das Meer sehen?
Welche Blickweite hat man theoretisch vom Eiffelturm aus einer Höhe von 300 m?
Wie weit kannst du vom höchsten Turm deines Schulortes aus sehen?

22 Verwandle ein Quadrat mit Flächeninhalt 9 cm² durch eine Konstruktion in ein flächengleiches Rechteck. Wähle die Rechtecksseiten so, dass der Umfang des Rechtecks 13 cm beträgt.

23 Die Raumfähre „Starcruiser" ist auf dem Rückweg zur Erde nur noch 600 km von der Erdoberfläche entfernt. Welchen Durchmesser $\overline{AB}$ hat der Umkreis, den die Astronauten im Blick haben, wenn gute Sichtverhältnisse herrschen (siehe nebenstehendes Bild)?

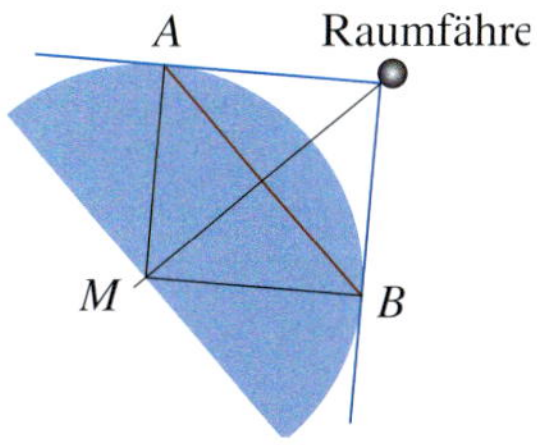

Info
Der Erdradius beträgt ungefähr 6370 km.

24 Der Mathematiklehrer Herr Leidenberger geht mit seinem Sohn Eis essen. Er behauptet, wenn die Eiskugel so in der Eiswaffel platziert ist, dass eine Mantellinie der Eiswaffel Tangente an die Eiskugel ist, dann kann er den Durchmesser der Eiskugel berechnen. Die Mantellinie der Eiswaffel misst 10 cm. Ihre Öffnung hat einen Durchmesser von 4,6 cm.

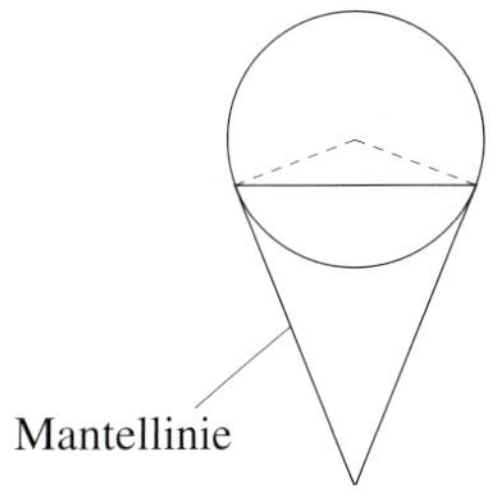

Aufgabe der Woche

Ebenso wie für den Satz des Pythagoras gibt es auch für den Höhensatz verschiedenste Beweiswege. Leite anhand der nebenstehenden Figur den Höhensatz her, indem du zunächst den Satz des Pythagoras auf das markierte Dreieck anwendest.

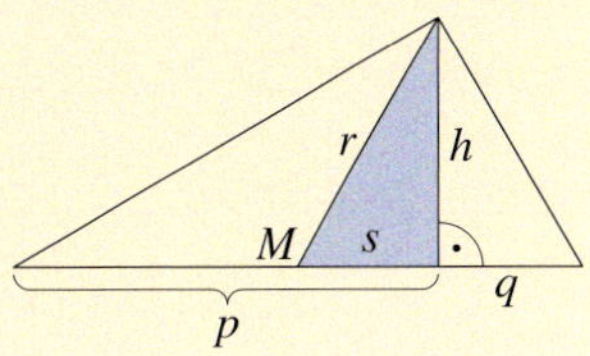

Zeig, was du kannst!

1 Das Dreieck ABC hat die Seitenlängen $a = 8{,}9\,\text{cm}$, $b = 3{,}9\,\text{cm}$ und $c = 8\,\text{cm}$. Überprüfe rechnerisch, ob das Dreieck rechtwinklig ist.

2 Im abgebildeten rechtwinkligen Dreieck sind $r = 6{,}4\,\text{cm}$ und $h = 4\,\text{cm}$. Berechne die fehlenden Seitenlängen.

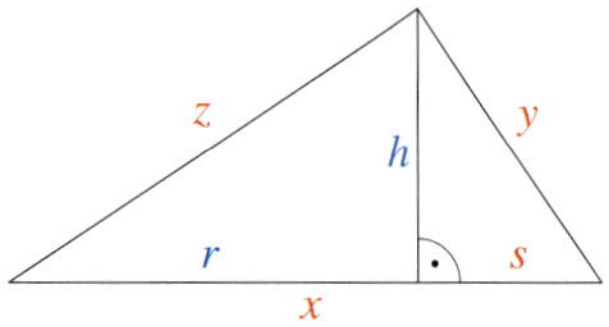

3 Ein Kreis mit 10 cm Durchmesser enthält eine 3,8 cm lange Kreissehne. Berechne den Abstand der Sehne vom Kreismittelpunkt.

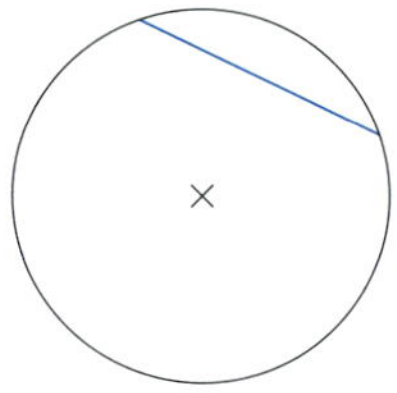

4 Konstruiere ein Quadrat, das denselben Flächeninhalt hat wie ein Rechteck mit den Seitenlängen $l = 3\,\text{cm}$ und $b = 5\,\text{cm}$.

5 Berechne für das eingefärbte Dreieck im abgebildeten geraden Prisma die Seitenlängen sowie den Flächeninhalt (Maße in cm).

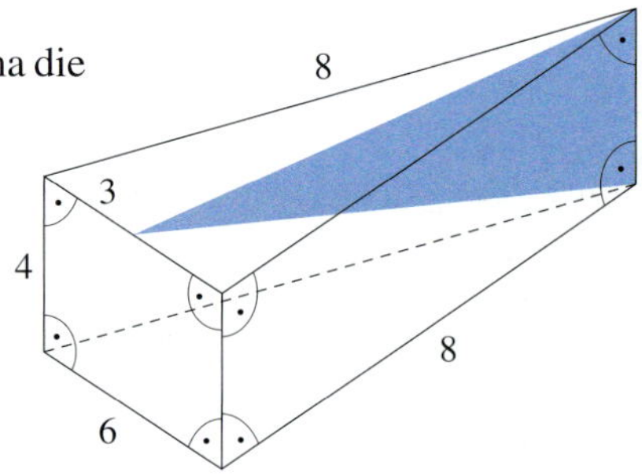

6 Von einer quaderförmigen Kiste haben Susi und Frank die folgenden Innenmaße gemessen: $0{,}98\,\text{m} \times 0{,}55\,\text{m} \times 0{,}64\,\text{m}$. Sie überlegen, wie lang ein dünner, starrer Stab maximal sein darf, wenn er in die Kiste passen soll.
Nachdem Sie gerechnet haben, meint Frank: „Ich bin mir nicht sicher, ob ein 129 cm langer Stab mit Gewissheit in die Kiste passt – auch wenn die Dicke des Stabes vernachlässigt werden kann."
Susi erwidert: „Unter Umständen passt sogar ein 130 cm langer Stab in die Kiste."
Setze dich mit den Aussagen von Susi und Frank auseinander.

Aufg.-Nr.	Punkte	Lösungshinweis	Lösungen Seite 220
1	1 P	Beachte Seite 38, Zusammenfassung	
2	8 P	Beachte Seiten 38 und 47, Zusammenfassungen	26–30 Punkte
3	3 P	kein Hinweis	
4	4 P	Vgl. Seite 45, Auftrag 3	21–25 Punkte
5	6 P	Beachte Seite 38, Zusammenfassung, und Seite 40, Aufgabe 12	
6	7 P	Vgl. Seite 40, Aufgabe 16; denke aber auch daran, dass hier gemessen wurde.	15–20 Punkte

3 Geometrische Körper

Du kennst bereits viele Gegenstände, die die Form eines Prismas, eines Zylinders, einer Pyramide und eines Kegels haben.
Jetzt erfährst du auch, wie diese Körper definiert sind, und du lernst, ihren Oberflächeninhalt zu berechnen.

Abbildung der Erdoberfläche auf Landkarten

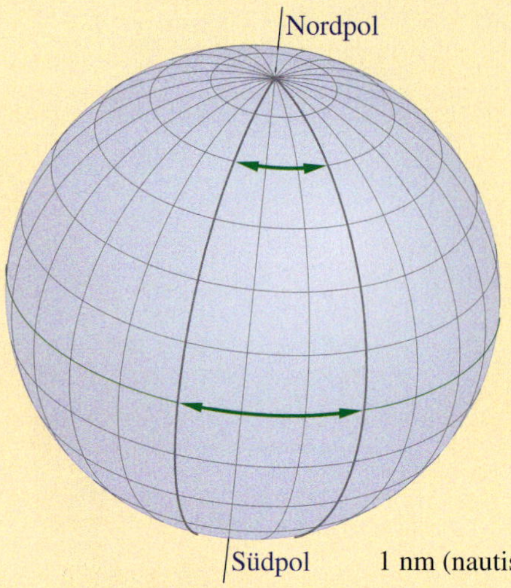

Auf der Erdkugel verringert sich der Abstand zwischen den Meridianen zu den Polen hin.

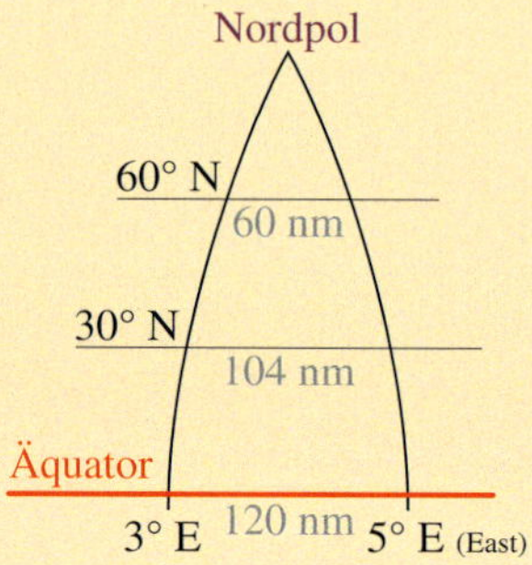

1 nm (nautische Meile, Seemeile) = 1,852 km
mittlerer Erdradius r = 6371 km

Das Problem

Die gekrümmte Oberfläche der Erdkugel lässt sich nicht ohne Verzerrung in einer ebenen Karte darstellen. Um dennoch eine möglichst genaue Karte herstellen zu können, projiziert man die Kugeloberfläche auf einen Kegel- oder Zylindermantel, da diese sich in die Ebene abwickeln lassen.
Eine so erzeugte Karte kann nicht zugleich winkel- und flächentreu sein.
Was würde es bedeuten, wenn eine Karte winkeltreu bzw. flächentreu wäre?

Projektion auf einen Kegelmantel

Am gebräuchlichsten ist die Projektion auf einen Kegelmantel, der die Erdkugel in zwei Breitenkreisen schneidet. Abhängig vom erwünschten Maßstab wählt man den Abstand er Breitenkreise. Die Spitze des Kegels liegt in der Regel über einem der beiden Pole.
Die Projektion ist weder flächen- noch winkeltreu, eignet sich jedoch gut für die Darstellung von Ländern, die zwischen den beiden Breitenkreisen liegen.

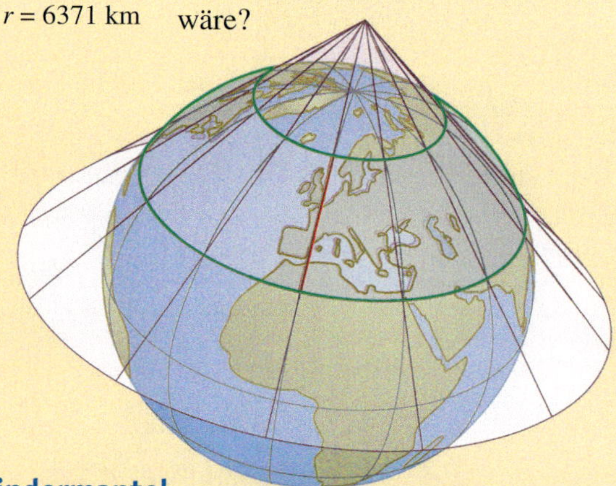

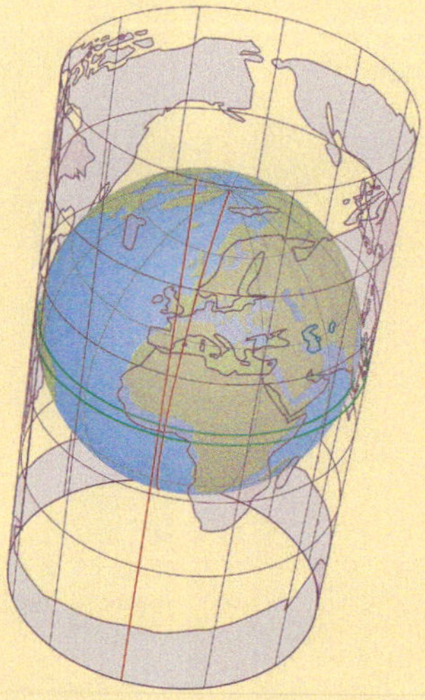

Mercatorprojektion; Mercator, belgischer Mathematiker und Kartograf (1512–1594)

Projektion auf einen Zylindermantel

Die Projektion auf einen Zylindermantel ist eine in der Navigation übliche Kartendarstellung, da sie winkeltreu ist. Da sie jedoch nicht flächentreu ist, spielt sie für die Darstellung von Ländern nur eine untergeordnete Rolle.

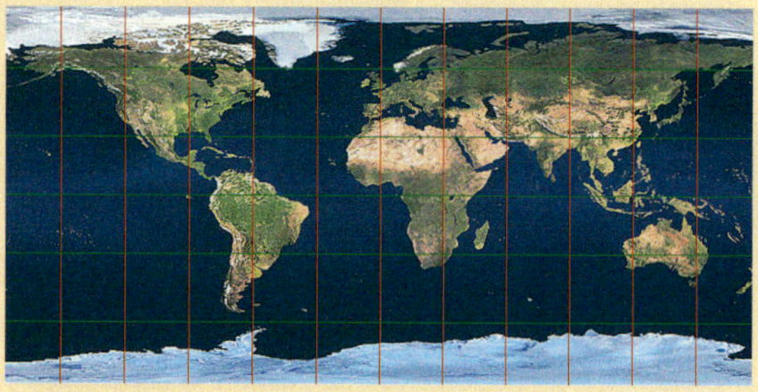

Zentrum der Projektion ist der Erdmittelpunkt.

Auftrag: Überlege dir, wie man an einer Karte erkennt, ob sie durch Projektion auf einen Kegel- oder Zylindermantel entstanden ist. Untersuche verschiedene Karten daraufhin, ob sie durch eines dieser beiden Projektionsverfahren erzeugt worden sind.

3.1 Prisma und Zylinder

Spielsteine — Auftrag 1

Petra und Lisa wollen aus Rund- und Kantholz Spielsteine herstellen und farbig lackieren.
Ein Rundholz hat einen kreisförmigen Querschnitt von 1,2 cm Durchmesser. Ein Kantholz hat als Querschnittsfläche ein regelmäßiges Sechseck, dessen Seitenlänge 6,0 mm ist.
Sie haben Lack in den Farben schwarz, gelb, blau und rot. Jedes Lackdöschen reicht für 100 cm^2.

Können sie die Spielsteine 2,0 cm hoch wählen, wenn der Lack jeweils für vier runde und für vier kantige Steine in derselben Farbe reichen soll?

Vom Prisma zum Zylinder — Auftrag 2

Einem Zylinder werden regelmäßige Prismen einbeschrieben.
Erstelle eine Tabelle für Prismen mit regelmäßigen n-Ecken als Grundfläche und den Zylinder und trage die Inhalte der Grundflächen und der Mantelflächen ein und vergleiche.
Wähle für n die Zahlen 3, 4, 6, 8 und 12.

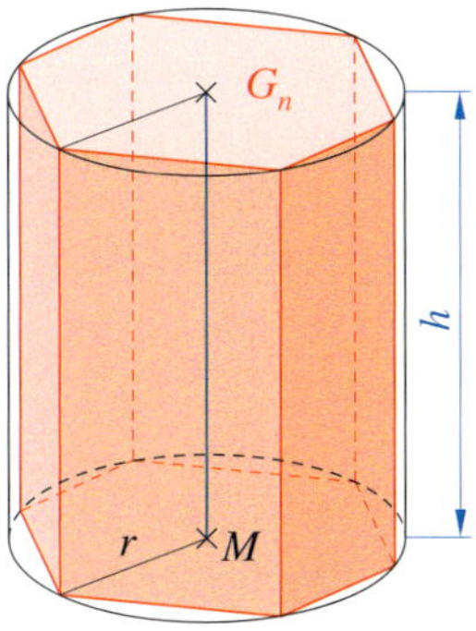

Körper im Alltag — Auftrag 3

Beschreibe die abgebildeten Körper und suche Gemeinsamkeiten.
Gib Terme zur Berechnung ihrer Oberflächeninhalte an.
Wähle selbst geeignete Maße und führe damit die Berechnung durch.

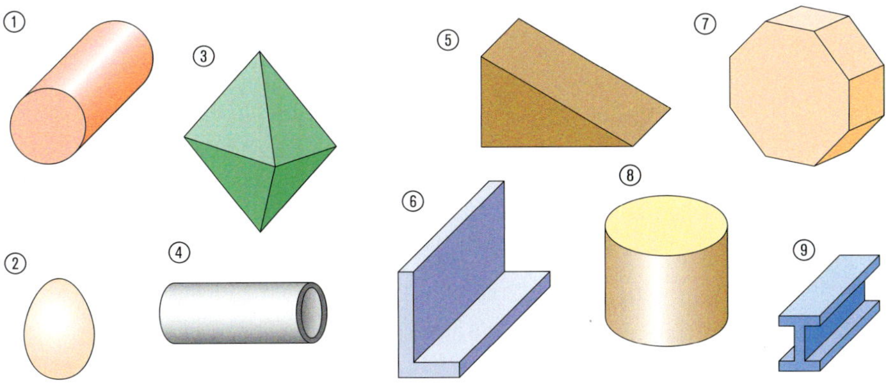

Bearbeitung

Auftrag 1 Spielsteine

Info

Es gibt auch schiefe Prismen und Zylinder.

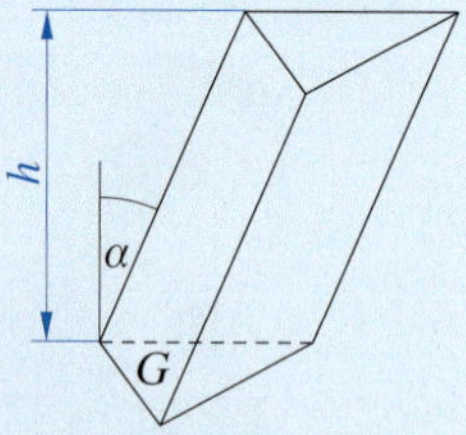

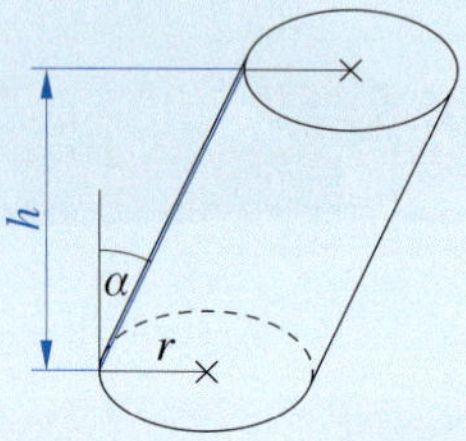

Petra und Lisa wollen insgesamt 16 runde und 16 eckige Spielsteine herstellen, je vier schwarze, gelbe, blaue und rote.
Ihre Spielsteine sind **gerade Prismen** mit regelmäßigen Sechsecken als Grund- und Deckflächen bzw. **gerade Kreiszylinder**.

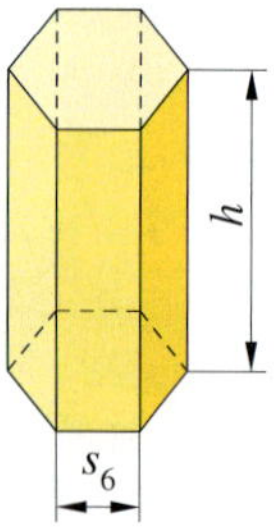

Prisma

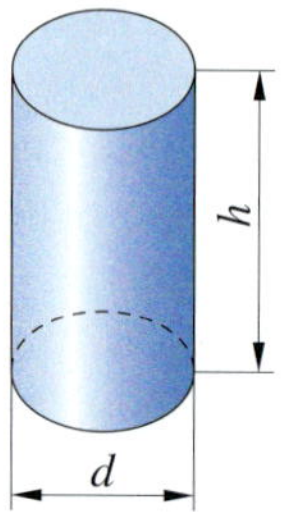

Zylinder

Da sie wissen wollen, ob je ein Lackdöschen reicht, müssen sie die zu streichende Fläche berechnen. Den Oberflächeninhalt der Körper erhalten sie aus dem Netz.

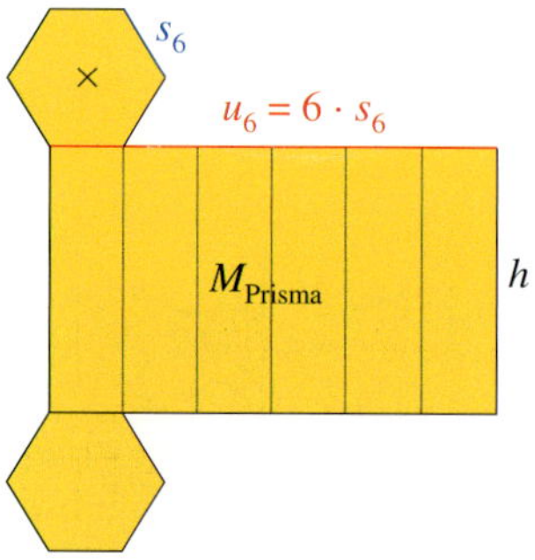

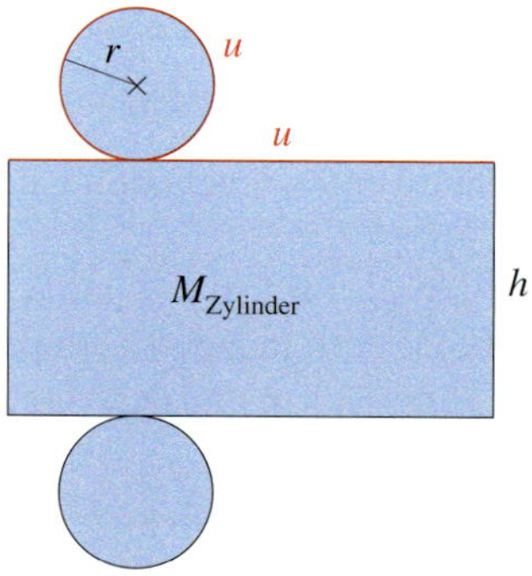

Erinnere dich

Dreieck: $A = \frac{1}{2} g \cdot h$

gleichseitiges Dreieck (siehe Seite 40, Aufgabe 11):
$A = \frac{1}{4} s^2 \cdot \sqrt{3}$

Rechteck: $A = l \cdot b$

Kreis: $A = \pi \cdot r^2$

Dieses Prisma wird von zwei kongruenten regelmäßigen Sechsecken und der **Mantelfläche** begrenzt. Ein solches gerades Prisma, das als **Grund-** und **Deckfläche regelmäßige *n*-Ecke** hat, die gleich lange Seiten und gleich große Innenwinkel haben, heißt **regelmäßiges Prisma**. Die Mantelfläche besteht hier aus sechs Rechtecken mit den Seitenlängen s_6 und h. Die sechs Rechtecke bilden in der Abwicklung zusammen ein Rechteck der Länge u_6 und der Breite h.
Für den Oberflächeninhalt des geraden sechsseitigen regelmäßigen Prismas folgt:

$$\begin{aligned} O_{Prisma} &= 2 \cdot G_{Prisma} + M_{Prisma} \\ &= 2 \cdot A_6 + u_6 \cdot h = 2 \cdot 6 \cdot \tfrac{1}{4} \cdot s_6^{\,2} \cdot \sqrt{3} + 6 \cdot s_6 \cdot h \\ &= 12 \cdot \tfrac{1}{4} \cdot (0{,}6\,\text{cm})^2 \cdot \sqrt{3} + 6 \cdot 0{,}6\,\text{cm} \cdot 2\,\text{cm} \\ &\approx 9{,}1\,\text{cm}^2 \end{aligned}$$

Der gerade Kreiszylinder wird von zwei kongruenten Kreisflächen und einer gekrümmten **Mantelfläche** begrenzt. Die Abwicklung der Mantelfläche ergibt ein Rechteck mit den Seitenlängen h und $2 \cdot \pi \cdot r$.
Für den Oberflächeninhalt des geraden Zylinders folgt:

$$\begin{aligned} O_{Zylinder} &= 2 \cdot G_{Zylinder} + M_{Zylinder} \\ &= 2 \cdot A_{Kreis} + u_{Kreis} \cdot h = 2 \cdot \pi \cdot r^2 + 2 \cdot \pi \cdot r \cdot h \\ &= 2 \cdot \pi \cdot (0{,}6\,\text{cm})^2 + 2 \cdot \pi \cdot 0{,}6\,\text{cm} \cdot 2\,\text{cm} \\ &\approx 9{,}8\,\text{cm}^2 \end{aligned}$$

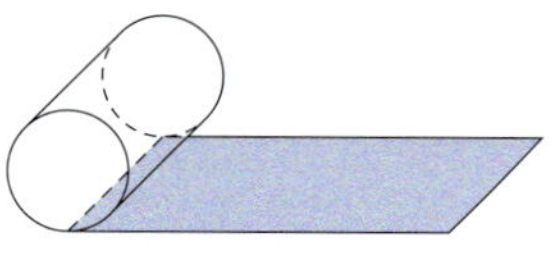

Abwicklung eines Zylinders

Um vier runde und vier eckige Steine mit derselben Farbe zu versehen, benötigen sie Lack für $4 \cdot (9{,}1\,\text{cm}^2 + 9{,}8\,\text{cm}^2) = 75{,}6\,\text{cm}^2$.
Ihnen reicht also ein Lackdöschen von jeder Farbe.

Info

Skizzierst du ein Schrägbild eines liegenden Prismas oder Zylinders (Grundfläche unverzerrt vorne), kannst du wie bisher vorgehen. Skizzierst du ein Schrägbild eines auf der Grundfläche stehenden Prismas oder Zylinders, werden Grund- und Deckfläche verzerrt gezeichnet – beim Zylinder als Ellipsen. Die Höhe bleibt erhalten.

Einen Schritt weitergedacht:
Durch die Rotation eines Rechtecks (z. B. *ABCD*) um eine Seite (z. B. [*AB*]) entsteht als **Rotationskörper** ein gerader Kreiszylinder. Die Drehachse (Gerade *AB*) heißt **Zylinderachse**. Die nicht auf der Zylinderachse liegende, zu ihr parallele Rechtecksseite ([*CD*]) überstreicht während der Rotation die Mantelfläche des Zylinders. Die beiden anderen Rechtecksseiten ([*BC*] und [*DA*]) überstreichen die **Grundfläche** bzw. die **Deckfläche** des Zylinders. Grund- und Deckfläche sind kongruente Kreisflächen, deren Radius $r = \overline{BC} = \overline{DA}$ **Zylinderradius** genannt wird.
Während der Rotation bestimmt die Rechtecksseite [*CD*] in jeder Lage eine **Mantellinie** des Zylinders, deren Länge $h = \overline{CD} = \overline{AB}$ **Zylinderhöhe** heißt.

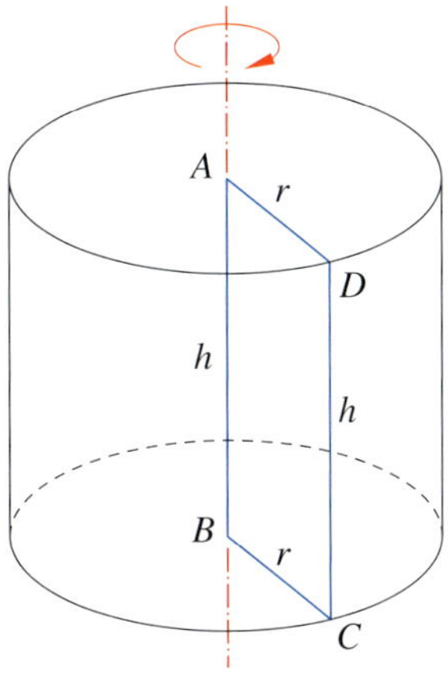

Eigenschaften des Zylinders:
Jede Lotebene *E* zur Zylinderachse *AB* zwischen der Grund- und Deckfläche schneidet den Zylinder in einem Kreis, der zum Grund- und Deckflächenkreis kongruent ist.
Alle Punkte der Mantelfläche des Zylinders haben von der Zylinderachse den gleichen Abstand *r*.
Jede Ebene durch zwei verschiedene Mantellinien des Zylinders schneidet den Zylinder in einem Rechteck.

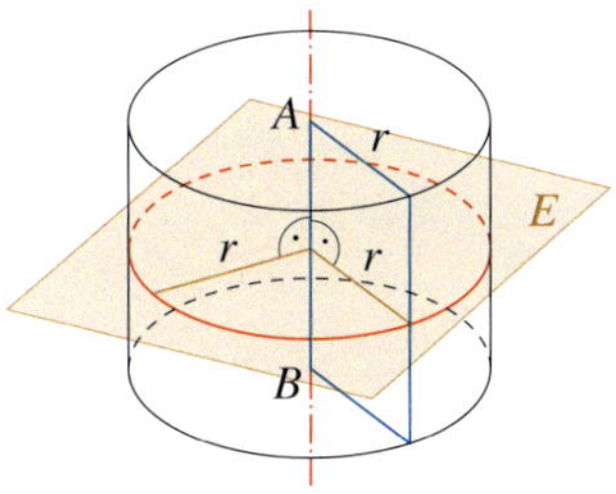

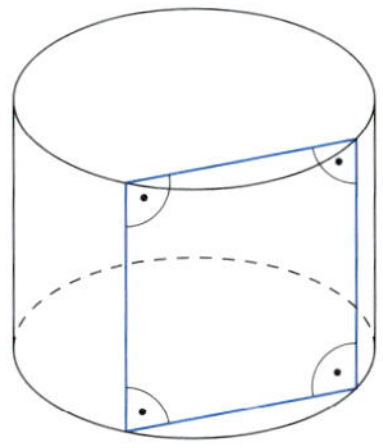

Zusammenfassung

Prisma und Zylinder

D Ein **gerades *n*-seitiges Prisma** ist ein geometrischer Körper, der von zwei in parallelen Ebenen liegenden kongruenten *n*-Ecken als **Grund-** und **Deckfläche** sowie von *n* zu Grund- und Deckfläche senkrechten Rechtecken als Seitenflächen begrenzt wird.
Die *n* Rechtecke bilden zusammen die **Mantelfläche**.
Der Abstand von Grund- und Deckfläche heißt **Höhe** des Prismas.

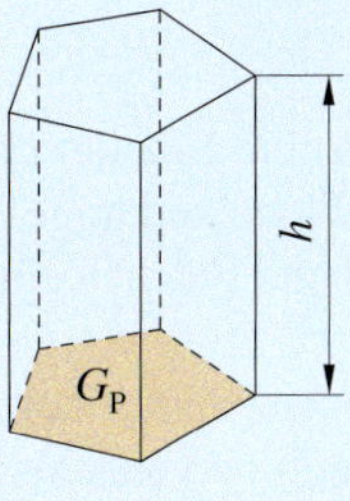

Die Abwicklung der Mantelfläche eines geraden Prismas ergibt ein Rechteck (siehe Seite 56).

Netz:

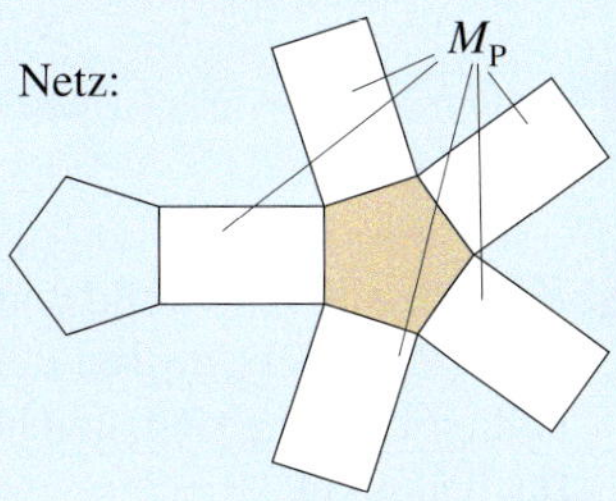

S Der Mantelflächeninhalt eines geraden Prismas ist: $\boldsymbol{M_P = u_n \cdot h}$,
wobei u_n der Umfang des *n*-Ecks ist und *h* die Höhe des Prismas.
Für den Oberflächeninhalt eines Prismas gilt:
$\boldsymbol{O_P = 2 \cdot G_P + M_P}$

D Ein **gerader Zylinder** ist ein geometrischer Körper, der durch die Rotation eines Rechtecks um eine seiner Seiten entsteht.

S Ein gerader Zylinder wird von zwei kongruenten und parallelen Kreisen als **Grund-** und **Deckfläche** und einer gekrümmten **Mantelfläche** begrenzt, die in eine Ebene abgerollt ein Rechteck ergibt.

D Der Abstand von Grund- und Deckfläche heißt **Höhe** des Zylinders. Jede Strecke innerhalb der Mantelfläche, die auf Grund- und Deckfläche senkrecht steht, heißt **Mantellinie**.

S Der Mantelflächeninhalt eines geraden Zylinders ist: $\boldsymbol{M_Z = 2\pi r \cdot h}$, wobei r der Radius des Kreises und h die Höhe des Zylinders ist.
Für den Oberflächeninhalt eines Zylinders gilt:
$\boldsymbol{O_Z = 2 \cdot G_Z + M_Z}$ bzw.
$\boldsymbol{O_Z = 2 \cdot \pi r^2 + 2\pi r \cdot h}$ bzw.
$\boldsymbol{O_Z = 2\pi r \cdot (r + h)}$

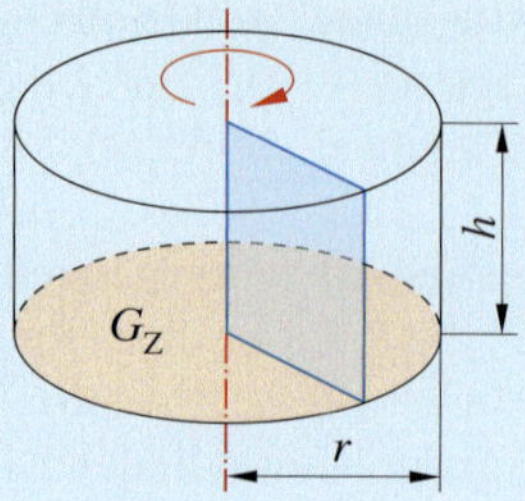

Netz:

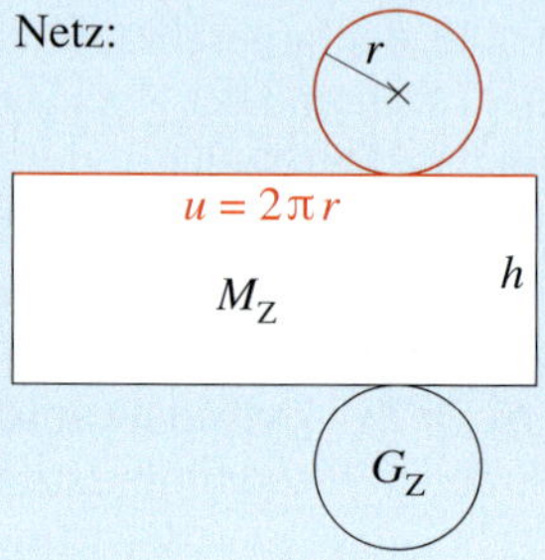

Aufgaben

Verknüpfen
Anwenden
Trainieren

1 Nenne Beispiele aus dem Alltag, wo Prismen und Zylinder auftreten. Warum haben diese Gegenstände diese Form?

2 Zeichne ein Schrägbild und ein Netz eines regelmäßigen dreiseitigen Prismas, dessen Kanten alle 3 cm lang sind, und berechne den Oberflächeninhalt.

3 Erstelle eine Tabelle für Prismen mit n-Ecken als Grundfläche und trage die Anzahl der Ecken, Kanten und Flächen ein. Wähle für n die Zahlen 3 bis 8.
Gib die Anzahl der Ecken, Kanten und Flächen in Abhängigkeit von n als Terme an.

4 How many vertices, edges and faces does a cylinder have?

5 Zeichne ein Schrägbild und ein Netz eines geraden Zylinders, dessen Radius 3 cm und dessen Höhe 5 cm lang sind, und berechne den Oberflächeninhalt.

6 Welche Körper sind gerade Prismen? Gib für jeden Körper die Begrenzungsflächen an.

7 Löse die Formeln auf.

a) $M_Z = 2\pi r \cdot h$ nach r und nach h

b) $O_Z = 2 \cdot \pi r^2 + 2\pi r \cdot h$ nach h

8 Ergänze jeweils zu einem Netz eines Prismas.

a)

b)

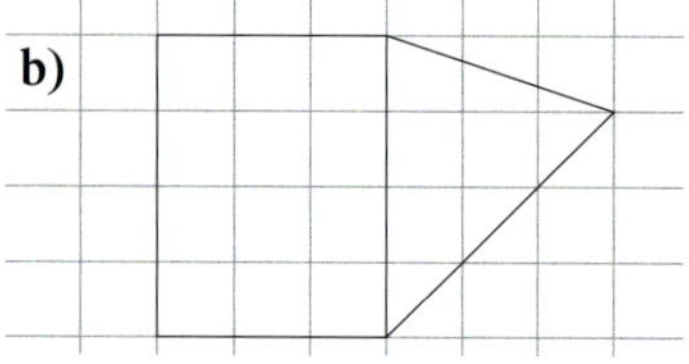

9 Übertrage die Tabelle in dein Heft und ergänze die fehlenden Größen des Zylinders.

	r	h	G_Z	M_Z	O_Z
a)	2,5 cm	xxx	xxx	$94\,cm^2$	xxx
b)	xxx	4,5 cm	$12\,cm^2$	xxx	xxx
c)	xxx	xxx	$25\,cm^2$	$40\,cm^2$	xxx
d)	3,5 cm	xxx	xxx	xxx	$170\,cm^2$

10 Trage vier Punkte mit den Koordinaten $A(1|1)$, $B(4|1)$, $C(2|3)$ und $D(1|5)$ in ein Koordinatensystem ein.

a) Ergänze zu einem Schrägbild eines dreiseitigen Prismas.

b) Gib die Koordinaten der fehlenden Punkte an.

11 In die abgebildete Vase wird Wasser bis zur Höhe a ($a \leq h$) eingefüllt. Wie groß ist die vom Wasser benetzte Fläche?

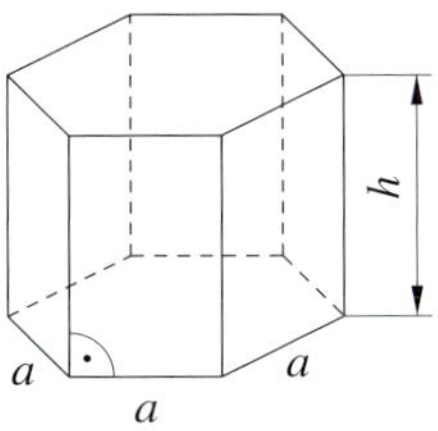

12 Begründe deine Antwort.

a) Kann es ein Prisma mit 21 Ecken geben?

b) Kann es ein Prisma mit 32 Kanten geben?

c) Kann es ein Prisma mit 17 Flächen geben?

13 Zeichne das Netz eines Zylinders, dessen Höhe gleich seinem Durchmesser d ist, und berechne den Oberflächeninhalt dieses Zylinders in Abhängigkeit vom Durchmesser.

Noch fit?

I Bestimme Definitionsmenge, Nullstelle und Polstelle der Funktion. Zeichne den Graphen der Funktion und dessen Asymptoten und gib Gleichungen der Asymptoten an.

a) $f(x) = \frac{1}{x+2}$

b) $g(x) = \frac{4x}{4-2x}$

c) $h(x) = \frac{2}{x-1}$

Aufgaben

Verknüpfen
Anwenden
Trainieren

14 Berechne den Oberflächeninhalt.

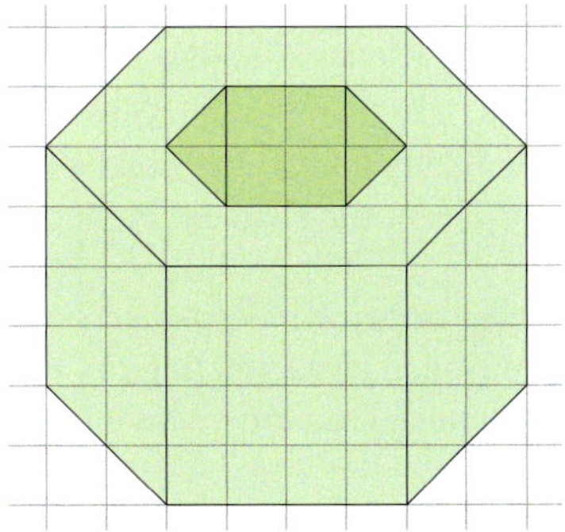

15 Bei einem Zylinder sind die Höhe und der Radius gleich.
Wie lang müsste die Kante eines dreiseitigen Prismas mit gleich langen Kanten sein, damit beide Körper gleichen Oberflächeninhalt haben?

16 Berechne jeweils den Oberflächeninhalt des entstehenden Rotationskörpers.

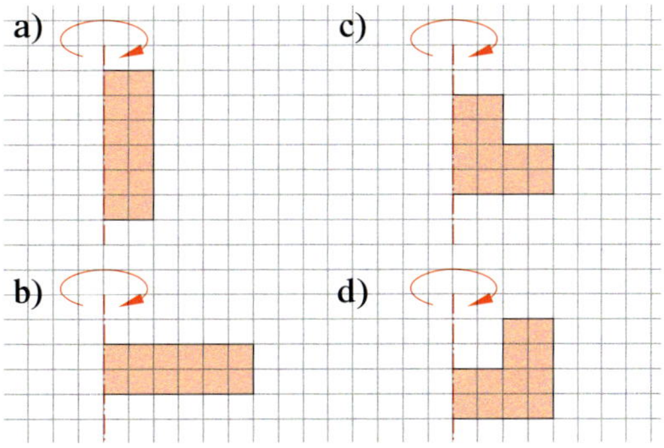

17 Corinna möchte ihre Stehlampe mit einem roten zylindrischen Lampenschirm versehen. Das Drahtgitter hat einen Durchmesser von 50 cm und eine Höhe von 70 cm.
Zum Verkleben um das Drahtgitter muss das Papier oben und unten je 2 cm umgeknickt werden.

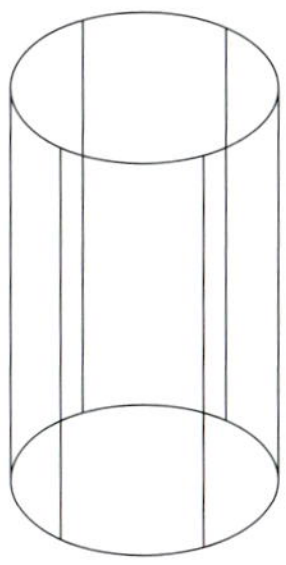

a) Wie viel Papier benötigt Corinna?

b) Wie schwer ist das Drahtgestell, wenn 10 cm Draht 7,5 g wiegen?

18 Sara möchte ihr Geburtstagsgeschenk in einer Dose verschenken, die sie außen mit Geschenkpapier bekleben will. Sie hat zwei Dosen zur Auswahl. Eine runde Dose, die einen Durchmesser von 16 cm und eine Höhe von 18 cm hat, und eine andere 18 cm hohe Dose, die ein regelmäßiges Sechseck mit der Seitenlänge 8,5 cm als Grundfläche hat. Reicht ein Bogen Geschenkpapier, der 60 cm lang und 50 cm breit ist? Für welche Dose benötigt sie mehr Papier?

19 Bei einem zylindrischen Kinderplanschbecken sind Wand und Boden aus doppellagiger Folie. Das Becken hat einen Durchmesser von 1,2 m und ist 30 cm hoch.

a) Wie viel Quadratmeter Folie wird dafür mindestens benötigt?

b) Welche Höhe hat ein baugleiches Planschbecken mit 1,5 m Durchmesser, für das doppelt so viel Folie verwendet wurde?

Aufgaben

Verknüpfen
Anwenden
Trainieren

20 Im Knoblauchland wächst der Spargel unter Plastikplanen, die über halbkreisförmige Drahtbügel gelegt werden. Das Feld von Bauer Stängel misst 3 ha und ist 200 m lang. Zwischen den 60 cm breiten Plastikbahnen verlaufen 40 cm breite Wege.

Wie viel Quadratmeter Folie und wie viele Drahtbügel braucht Bauer Stängel für dieses Feld, wenn alle 2,5 m ein Drahtbügel benötigt wird?

21 Ein Zylinder, bei dem die Höhe gleich dem Durchmesser ist, wird von einer Ebene durch die Achse in zwei gleiche Teilkörper zerlegt. Um wie viel Prozent nimmt die Oberfläche zu, wenn man die Oberflächen beider Teile berücksichtigt?

22 Benjamin will eine Lostrommel bauen, die ein Prisma mit einem regelmäßigen Achteck als Grund- und Deckfläche darstellt. Alle Kanten sollen 30 cm lang sein. Er fertigt dazu alle Begrenzungsflächen aus Plexiglas. Alle rechteckigen Seitenflächen erhalten auf der Innenseite einen Kantholzrahmen, an dem dann Grund- und Deckfläche befestigt werden.

a) Welche Probleme treten beim Zusammenbau auf?

b) Wie viel Meter Kantholz benötigt er? (Mache selbst sinnvolle Annahmen zur Berechnung.)

c) Wie viel Quadratmeter Plexiglas muss er kaufen, wenn er nur rechteckige Platten zugeschnitten bekommt?

23 Für ein Zufallsexperiment will Mark aus Pappe einen Würfel und ein Oktaeder herstellen, deren Seitenflächen alle gleichen Inhalt haben. Der Würfel ist mit den Ziffern 1 bis 6 und das Oktaeder mit den Ziffern 1 bis 8 beschriftet. Die Würfelkante soll 2 cm lang sein.

a) Wie groß ist die Oberfläche des Oktaeders?

b) Wie oft etwa wird die Augensumme bei 1000 Würfen beider Würfel größer als 10 sein?

c) Wie ändert sich das Ergebnis, wenn das Oktaeder denselben Oberflächeninhalt wie der Würfel hat?

24 Ein oben offenes Glasrohr ist 1 mm dick und hat einen Außendurchmesser von 8 mm. Es ist 4,5 cm tief in eine Flüssigkeit eingetaucht. Wie groß ist die von der Flüssigkeit benetzte Glasfläche?

25 Welche räumlichen Symmetrien findest du bei einem Zylinder?

Aufgabe der Woche

Untersuche regelmäßige Prismen auf räumliche Symmetrien

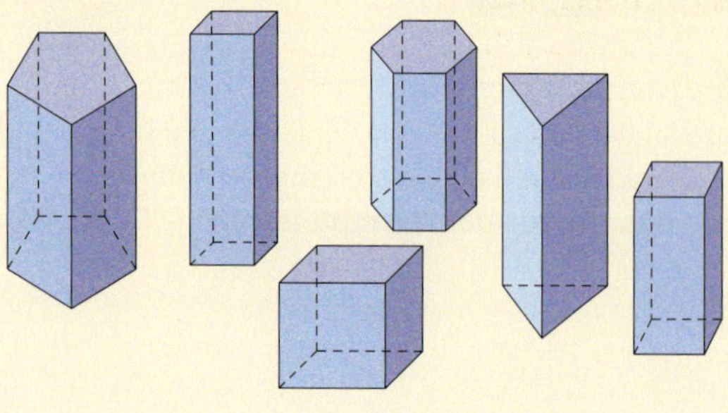

3.2 Pyramide und Kegel

Schultüte basteln — Auftrag 1

Anja will für ihre kleine Schwester zum Schulbeginn eine Schultüte basteln. Dazu kauft sie einen großen Bogen Karton der Größe 50 cm mal 70 cm, den sie zurechtschneidet und dann zur Schultüte formt. Zum Bekleben der Schultüte benötigt sie noch Buntpapier. Wie groß ist die Fläche, die sie bekleben will?

Wie kann sie eine eckige Schultüte herstellen?

Von der Pyramide zum Kegel — Auftrag 2

Zeichne auf zwei großen Blättern Papier oder Pappe zwei kongruente Kreissektoren mit dem Radius $m = 12\,\text{cm}$ und Mittelpunktswinkel $\alpha = 240°$, und schneide sie mit Falz aus.
Rolle dann den einen Kreissektor zu einem Kegelmantel und miss den Radius r der (fehlenden) Grundfläche dieses Kegels.
Beim zweiten Kreissektor unterteilst du den Mittelpunktswinkel α in vier oder acht gleich große Winkel und zeichnest damit ebensoviele gleichschenklige Dreiecke auf den Kreissektor. Schneide nun die zusammenhängenden Dreiecke mit Falz aus und bilde einen Pyramidenmantel.
Berechne die Inhalte der beiden Mantelflächen und der beiden fehlenden Grundflächen.

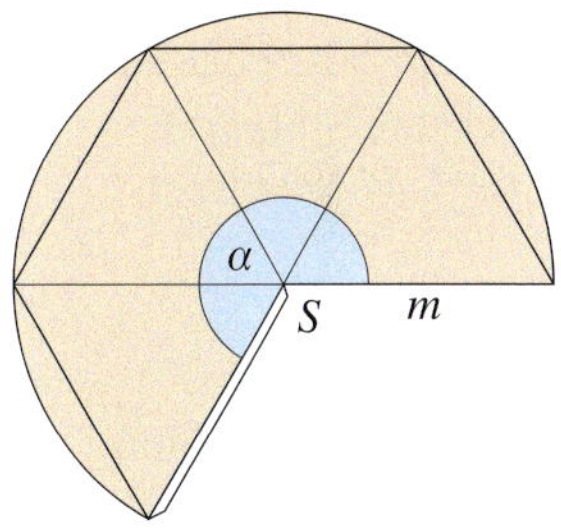

Körper sortieren — Auftrag 3

Lehrmittelfirmen stellen für Schulen Körpermodelle her. Hier siehst du 12 solche Modelle. Benenne die Körper, beschreibe sie und suche Gemeinsamkeiten.
Betrachte nun die Körper mit einer Spitze. Wie kannst du ihre Oberflächeninhalte berechnen? Wähle selbst geeignete Maße und führe damit die Berechnung durch.

Bearbeitung

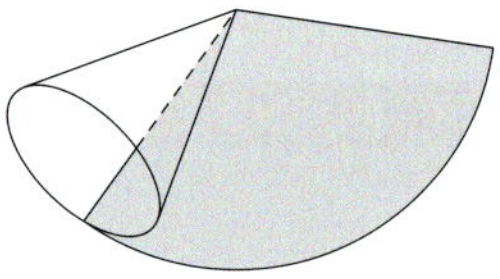

Auftrag 1 Schultüte basteln

Anja erkennt, dass sie für die Schultüte einen Teil eines Kreises, einen **Kreissektor**, aus der Pappe schneiden muss. Sie zieht mit Schnur und Bleistift eine Kreislinie mit Radius 70 cm auf dem Karton. Den Kreissektor (mit Falz) schneidet sie aus und rollt ihn zur Schultüte, die sie am Falz verklebt.

Beachte

Sieh dir auf dieser und den folgenden Seiten genau an, wie die Schrägbilder von Kegeln und Pyramiden gezeichnet sind. Achte besonders darauf, wie die Grundfläche aussieht und wie die Spitze zur Grundfläche liegt.

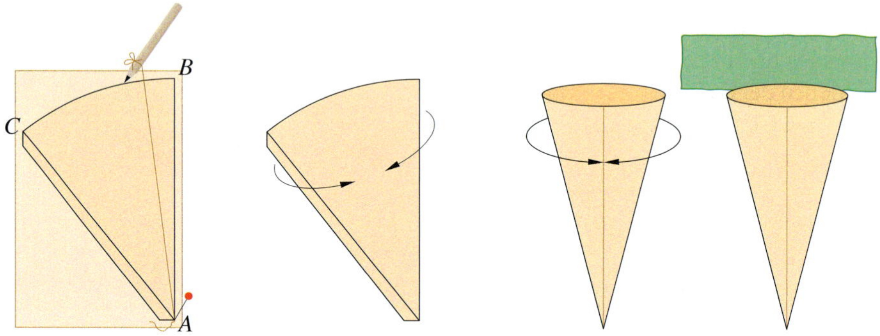

Zum Bekleben der Schultüte benötigt Anja genau soviel Papier wie zum Bekleben des Kreissektors. Zum Abschluss klebt sie zum Verschließen noch einen Streifen Krepppapier um die Tüte.

Info

Es gibt auch schiefe Kreiskegel.

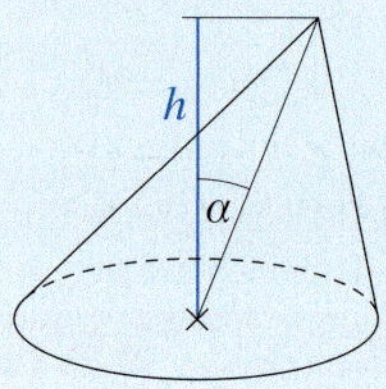

Die Schultüte als geometrischer Körper wird in der Mathematik **gerader Kreiskegel** genannt. Die Pappe bildet den **Kegelmantel**, dessen Flächeninhalt mit dem des Kreissektors übereinstimmt. Die Öffnung der Schultüte ist ein Kreis.

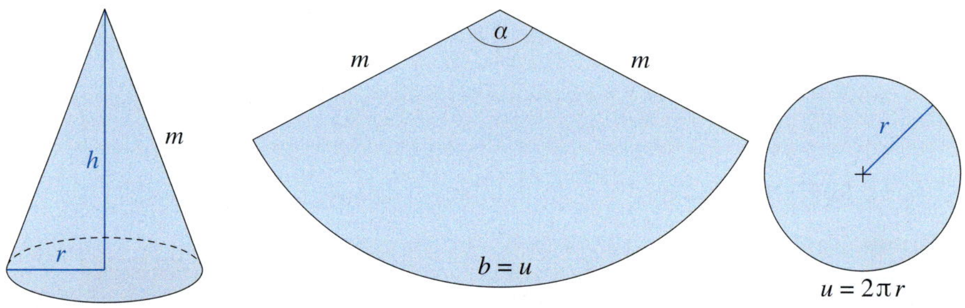

Alle **Mantellinien** von der Spitze zu einem Punkt der Kreislinie sind gleich lang. Für ihre Länge m ergibt sich aus dem rechtwinkligen Dreieck mit den Seitenlängen m, r und h, einem sogenannten **Stützdreieck**: $m^2 = r^2 + h^2$ bzw. $m = \sqrt{r^2 + h^2}$

Info

Die Länge b eines Bogens bzw. der Flächeninhalt A_α eines Kreissektors mit Mittelpunktswinkel α sind Bruchteile des Kreisumfangs u bzw. des Flächeninhalts A des Kreises. Es gilt:

$$\boldsymbol{b = \frac{\alpha}{360^\circ} \cdot u}$$

$$\boldsymbol{A_\alpha = \frac{\alpha}{360^\circ} \cdot A}$$

Der Radius des Kreissektors ist m und die Länge b des Bogens ist gleich dem Umfang u des Grundflächenkreises des Kegels: $b = u = 2 \cdot \pi \cdot r$.
Der Flächeninhalt M des Kegelmantels ist gleich dem Flächeninhalt A_α des Kreissektors mit Radius m und Bogenlänge $b = 2 \cdot \pi \cdot r$. Gemäß den Informationen in Randspalte gilt:

$$M = A_\alpha = \frac{\alpha}{360^\circ} \cdot A = \frac{b}{\underbrace{2 \cdot \pi \cdot m}_{\text{Umfang des Kreises mit dem Radius } m}} \cdot A = \frac{2 \cdot \pi \cdot r}{2 \cdot \pi \cdot m} \cdot \pi \cdot m^2 = \pi \cdot r \cdot m$$

Bei Anjas Schultüte ist $m = 70$ cm. Den Durchmesser der Schultütenöffnung misst sie zu $d = 17{,}7$ cm. Damit berechnet sie den Flächeninhalt der Mantelfläche:

$$M = \pi \cdot r \cdot m = \pi \cdot \frac{1}{2} \cdot 17{,}7\,\text{cm} \cdot 70\,\text{cm} = 19{,}5\,\text{dm}^2$$

Eine eckige Schultüte kann Anja erhalten, wenn sie in den Kreissektor z. B. sechs kongruente Dreiecke einzeichnet. Anja muss nun die sechs Dreiecke mit Falz zusammenhängend ausschneiden, den Karton längs der Kanten zur Spitze einritzen oder knicken und dann zur Schultüte zusammenkleben.

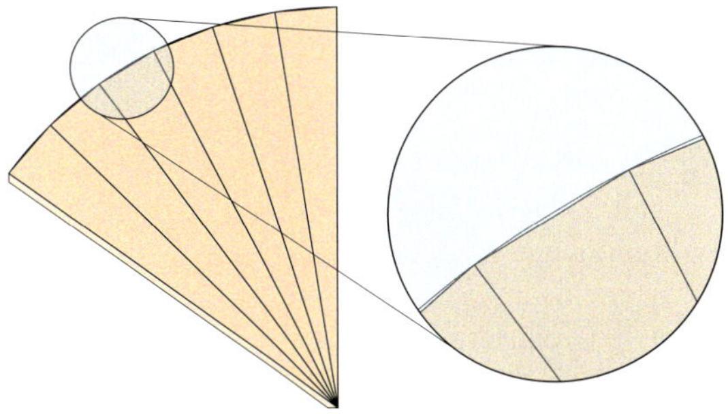

Diese Schultüte ist als geometrischer Körper eine sechsseitige **gerade Pyramide**. Die Pappe bildet den **Pyramidenmantel**, dessen Flächeninhalt mit dem der sechs Dreiecke übereinstimmt. Die Öffnung der Schultüte ist ein regelmäßiges Sechseck.

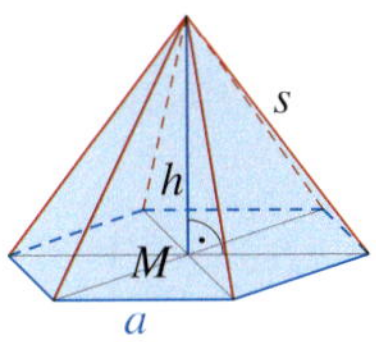

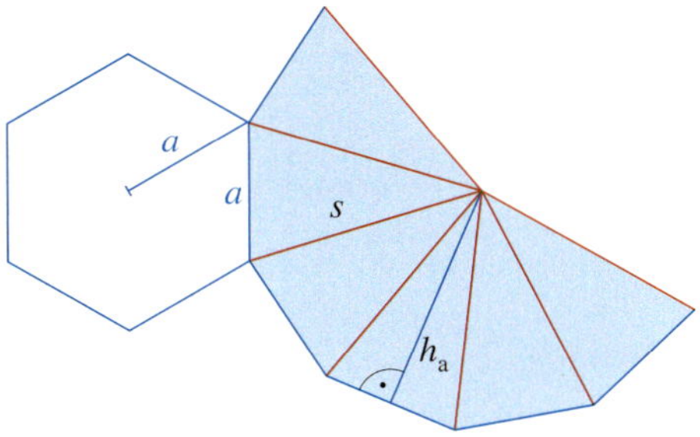

Info

Es gibt auch schiefe Pyramiden und Kegel.

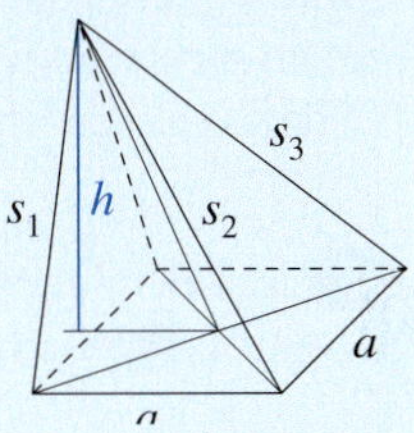

Hat die Pyramide ein regelmäßiges Sechseck mit Seitenlänge a als **Grundfläche** und die **Höhe** h, so gilt für die Länge s der **Seitenkante**: $s = \sqrt{a^2 + h^2}$.
Der Flächeninhalt des regelmäßigen Sechsecks ist das Sechsfache des Flächeninhalts des gleichseitigen Dreiecks mit Seitenlänge a.

$A_6 = 6 \cdot \frac{\sqrt{3}}{4} \cdot a^2 = \frac{3}{2}\sqrt{3} \cdot a^2$

Die Mantelfläche setzt sich aus sechs gleichschenkligen Dreiecken zusammen.

$M = 6 \cdot A_D = 6 \cdot \frac{1}{2} a \cdot h_a = 3a\sqrt{s^2 - \left(\frac{a}{2}\right)^2}$

Bei Anjas Schultüte ist $s = 70\,\text{cm}$. Die Seitenlänge a misst Anja und erhält $a \approx 9{,}3\,\text{cm}$. Damit berechnet sie die Fläche zu ungefähr $19{,}5\,\text{dm}^2$.

Beachte

Für die Höhe im gleichschenkligen Dreieck mit Basislänge a und Schenkellänge s gilt:

$h_a = \sqrt{s^2 - \left(\frac{a}{2}\right)^2}$

Einen Schritt weitergedacht:
Durch die Rotation eines rechtwinkligen Dreiecks (z. B. SMP) um eine Kathete (z. B. $[SM]$) entsteht als Rotationskörper ein gerader Kreiskegel. Die Drehachse (Gerade SM) heißt **Kegelachse**. Die Hypotenuse ($[SP]$) überstreicht während einer Rotation die Mantelfläche des Kegels. Die andere Kathete ($[MP]$) überstreicht die Grundfläche des Kegels. Die Grundfläche ist ein Kreis, dessen Radius **Kegelradius** heißt.
Die rotierende Hypotenuse $[SP]$ bildet in jeder Lage eine **Mantellinie** des Kegels. Alle Mantellinien des Kegels haben einen Punkt gemeinsam, die **Spitze** S. Die Länge $h = \overline{SM}$ heißt **Kegelhöhe**. Alle Mantellinien sind gleich lang: $m = \overline{SP}$.

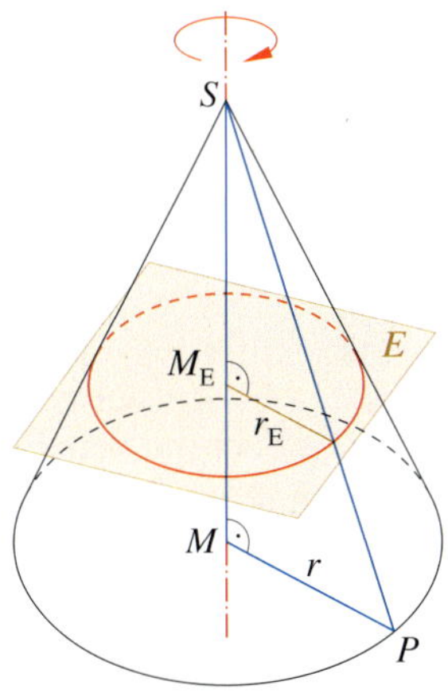

Eigenschaften des Kegels:
Jede Lotebene E zur Kegelachse SM zwischen der Spitze und der Grundfläche schneidet den Kegel in einem Kreis. Die Radien r und r_E von Grund- und Schnittflächenkreis verhalten sich wie die Abstände $\overline{SM}$ und $\overline{SM_E}$ der Spitze von den Ebenen der Kreise. $r : r_E = \overline{SM} : \overline{SM_E}$.
Jede Ebene durch zwei verschiedene Mantellinien des Kegels schneidet den Kegel in einem gleichschenkligen Dreieck.

Zusammenfassung

Pyramide und Kegel

D Eine **Pyramide** ist ein geometrischer Körper, mit einem n-Eck als Grundfläche, dessen Seitenflächen Dreiecke sind, die alle einen Punkt gemeinsam haben, die **Spitze** der Pyramide. Die Dreiecke bilden zusammen die **Mantelfläche**. Der Abstand der Spitze von der Grundfläche heißt **Höhe** der Pyramide. Bei einer **geraden Pyramide** sind die Seitenkanten gleich lang.

Mithilfe der im Schrägbild farblich hervorgehobenen rechtwinkligen **Stützdreiecke** lassen sich im Bedarfsfall benötigte Längen berechnen.

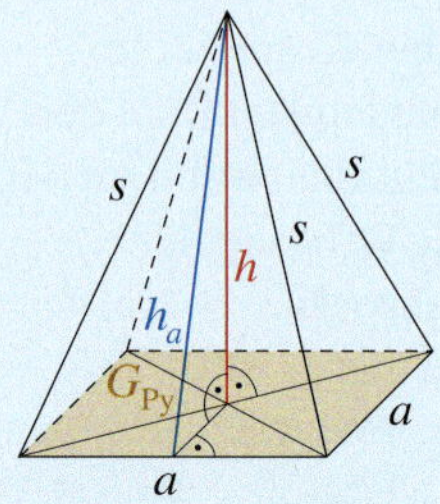

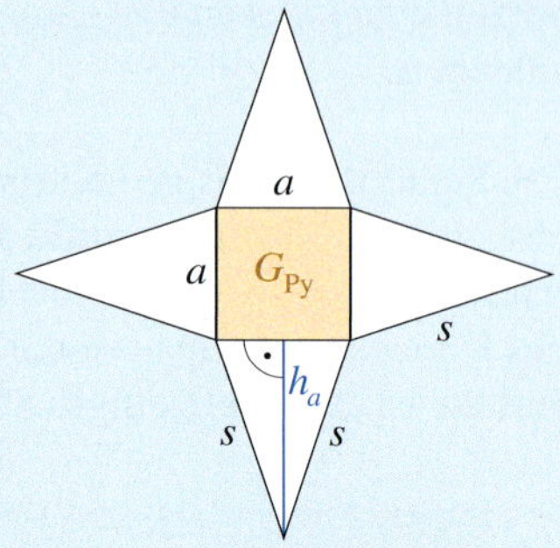

Netz (verkleinert)

Gerade Pyramide mit quadratischer Grundfläche:
$a = 2\,\text{cm}, \quad h = 3\,\text{cm}$

$$h_a = \sqrt{h^2 + \left(\frac{a}{2}\right)^2} = \sqrt{(3\,\text{cm})^2 + (1\,\text{cm})^2} \approx 3{,}2\,\text{cm}$$

$$O_{Py} = a^2 + 4 \cdot \frac{1}{2} \cdot a \cdot h_a \approx 17\,\text{cm}^2$$

S Für den Oberflächeninhalt einer Pyramide gilt: $\boldsymbol{O_{Py} = G_{Py} + M_{Py}}$.

D Ein **gerader Kreiskegel** ist ein geometrischer Körper, der durch die Rotation eines rechtwinkligen Dreiecks um eine Kathete entsteht.

S Ein gerader Kreiskegel hat einen Kreis als Grundfläche und eine gekrümmte **Mantelfläche** mit einer **Spitze**.

D Der Abstand der Spitze von der Grundfläche heißt **Höhe** des Kegels. Jede Strecke von einem Punkt der Kreislinie zur Spitze heißt ***Mantellinie***.

S Für die Länge m der Mantellinie gilt:
$\boldsymbol{m = \sqrt{r^2 + h^2}}$

S Bei einem geraden Kegel liegt die Spitze senkrecht über dem Mittelpunkt des Kreises.

S Wird ein gerader Kegel in die Ebene abgerollt, so ergibt die Mantelfläche einen Kreissektor mit dem Flächeninhalt $\boldsymbol{M_K = \pi \cdot r \cdot m}$, wobei r der Radius des Kreises und m die Länge einer Mantellinie des Kegels ist.

S Für den Oberflächeninhalt eines geraden Kegels gilt: $\boldsymbol{O_K = G_K + M_K}$ bzw.
$\boldsymbol{O_K = \pi \cdot r^2 + \pi \cdot r \cdot m = \pi r \cdot (r + m)}$

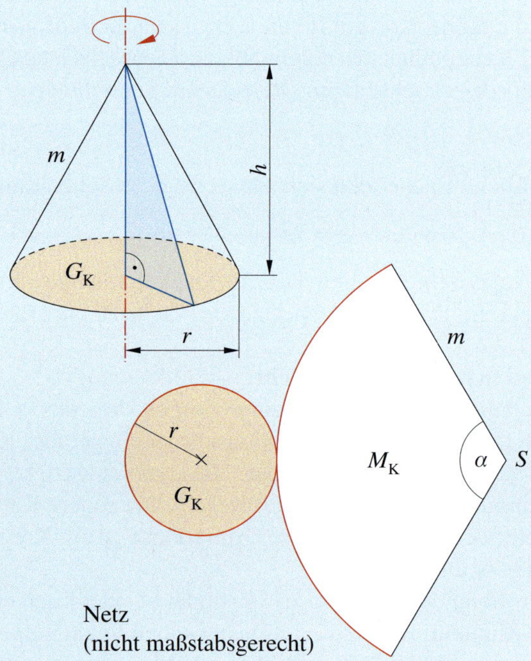

Netz
(nicht maßstabsgerecht)

Gerader Kreiskegel mit: $r = 2\,\text{cm}, \quad h = 4\,\text{cm}$

$$m = \sqrt{r^2 + h^2} = \sqrt{(2\,\text{cm})^2 + (4\,\text{cm})^2} \approx 4{,}5\,\text{cm}$$

$$M_K = \pi \cdot r \cdot m \approx \pi \cdot 2\,\text{cm} \cdot 4{,}5\,\text{cm} \approx 28\,\text{cm}^2$$

$$O_K = \pi \cdot r^2 + M_K \approx \pi \cdot (2\,\text{cm})^2 + 28\,\text{cm}^2 \approx 41\,\text{cm}^2$$

Aufgaben

Verknüpfen
Anwenden
Trainieren

1 Nenne Beispiele aus dem Alltag, wo Pyramiden und Kegel auftreten. Warum haben diese Gegenstände diese Form?

Info

Eine dreiseitige Pyramide mit gleichlangen Kanten heißt **Tetraeder**.

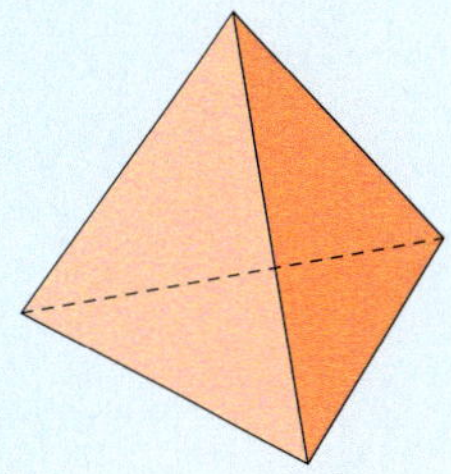

2 Zeichne ein Schrägbild und ein Netz einer geraden Pyramide, deren Grundfläche ein Quadrat mit der Seitenlänge 4 cm ist und deren Höhe 6 cm beträgt. Berechne auch den Oberflächeninhalt.

3 Zeichne ein Schrägbild und ein Netz einer regelmäßigen dreiseitigen Pyramide, deren Kanten alle 3 cm lang sind.
Berechne auch den Oberflächeninhalt.

4 Zeichne das Netz eines Kegels, dessen Höhe 4 cm und dessen Durchmesser 6 cm ist, und berechne den Oberflächeninhalt. (Berechne dazu α.)

5 Erstelle eine Tabelle für Pyramiden mit n-Ecken als Grundfläche und trage die Anzahl der Ecken, Kanten und Flächen ein. Wähle für n die Zahlen 3 bis 8. Gib die Anzahl der Ecken, Kanten und Flächen in Abhängigkeit von n an.

6 How many vertices, edges and faces does a cone have?

7 Betrachte die nebenstehend abgebildete gerade Pyramide mit quadratischer Grundfläche.

a) Finde Beziehungen zwischen den Größen a, s, h, h_a und d.

b) Welche besonderen Beziehungen bestehen, wenn die Grundflächendiagonale mit der Seitenkante einen Winkel von 30° (45°, 60°) bildet?

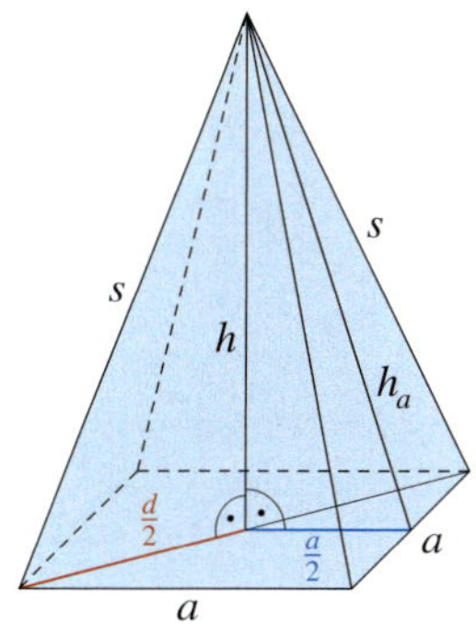

8 Übertrage die Tabelle in dein Heft und ergänze die fehlenden Größen für eine gerade Pyramide mit quadratischer Grundfläche.

	a	s	h	h_a
a)	8,0 cm	×××	×××	12 cm
b)	×××	×××	10 cm	15 cm
c)	×××	12 cm	×××	9,0 cm
d)	12 cm	15 cm	×××	×××

9 Nenne Unterschiede zwischen Pyramiden und Prismen.

10 Berechne den Oberflächeninhalt der geraden Kreiskegel.

a)
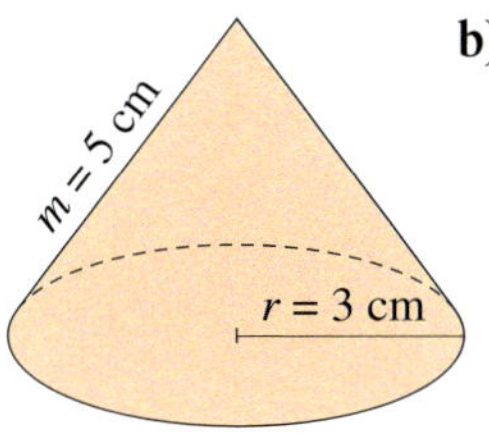

b)
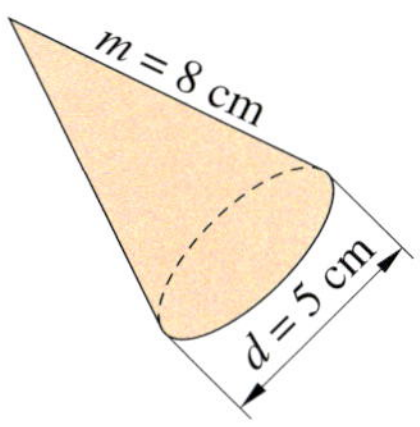

c)
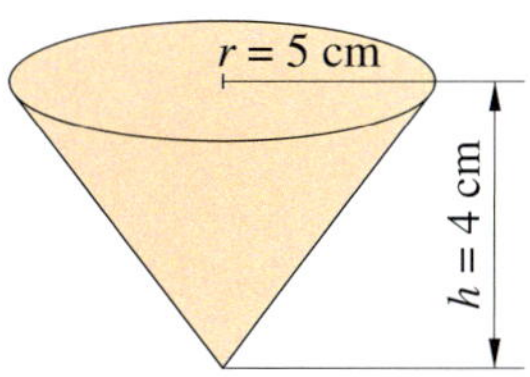

d)
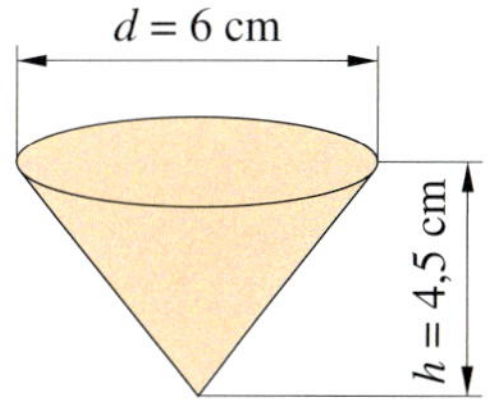

Lösungswort (Näherungswerte in cm²): 75 (r); 79 (d); 80 (k); 82 (u); 179 (n); 181 (i)

11 Übertrage die Zeichnung in dein Heft und ergänze – sofern möglich – zu einem Pyramidennetz. Berechne dann den Oberflächeninhalt der Pyramide. Entnimm die Maße der Zeichnung.

a)

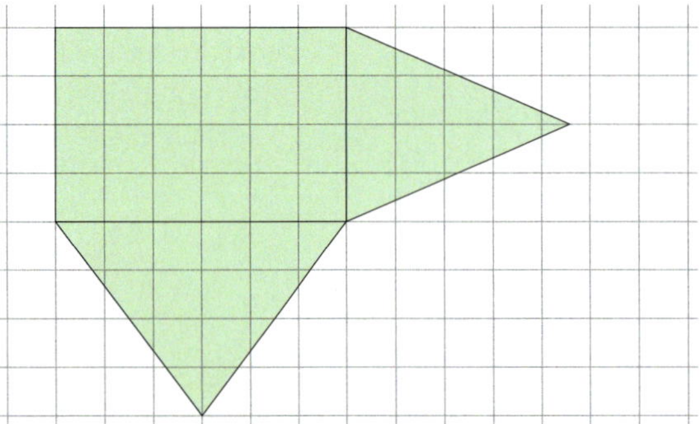

b)

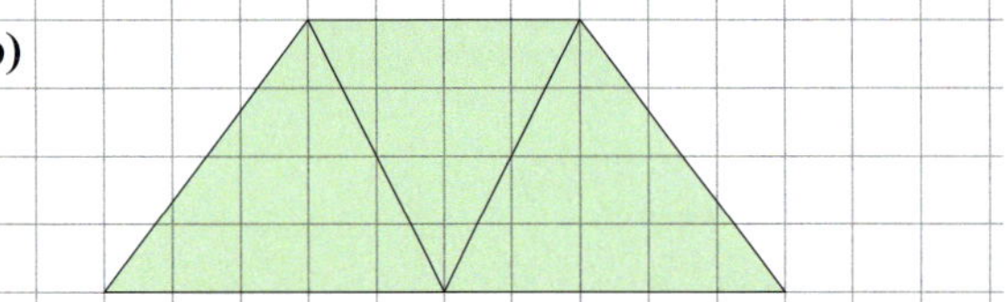

c)

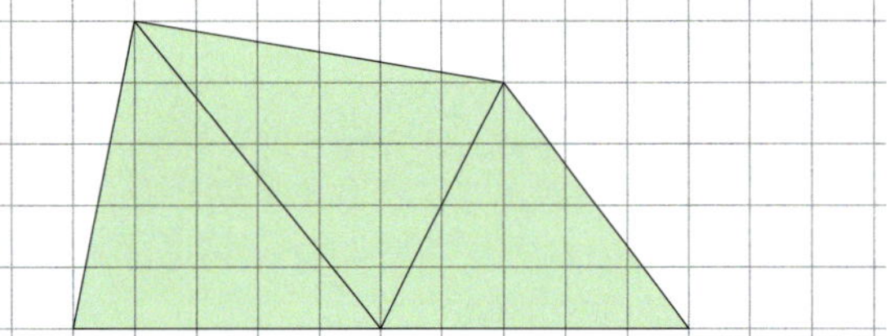

d)

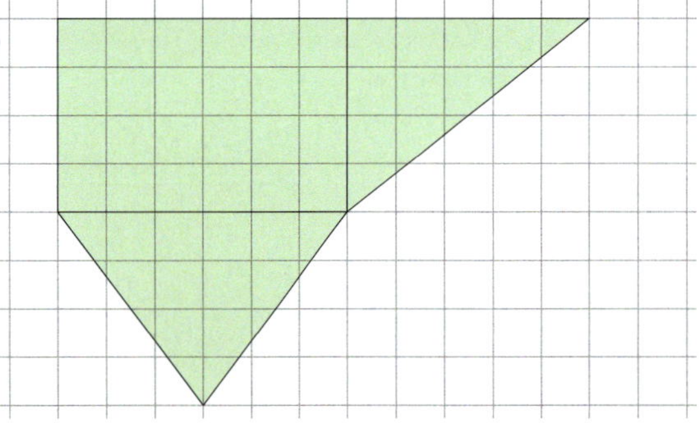

12 Eistüten sollen mit Papier umwickelt werden. Schätze den Flächeninhalt des Papiers für eine Eistüte ab.

13 Löse auf.

a) $m = \sqrt{r^2 + h^2}$ nach h

b) $M_K = \pi \cdot r \cdot m$ nach r

c) $O_K = \pi r \cdot (r + m)$ nach m

14

Die Chefrenpyramide war ursprünglich 143,5 m hoch und hatte am Boden eine Seitenlänge von 210 m. Welchen Inhalt hatte die früher glatte Mantelfläche?

15 Übertrage die Tabelle in dein Heft und ergänze die fehlenden Größen des geraden Kegels.

	r	h	m	G	M	O
a)	2,5 cm	×××	6,5 cm	×××	×××	×××
b)	5 cm	12 cm	×××	×××	×××	×××
c)	×××	×××	6 cm	20 cm²	×××	×××
d)	×××	×××	×××	25 cm²	40 cm²	×××

16 Bei einer vierseitigen Pyramide sind alle Kanten 4 cm lang.

a) Warum muss die Grundfläche ein Quadrat sein?

b) Berechne die Höhe der Pyramide.

c) Zeichne ein Netz dieser Pyramide.

17 Trage die Punkte $A(-3|-1)$, $B(1|-1)$, $C(3|1)$ und $S(0|4)$ in ein Koordinatensystem ein.

a) Ergänze zum Schrägbild der Pyramide $ABCDS$ mit quadratischer Grundfläche.

b) Gib die Koordinaten von D an.

c) Berechne den Oberflächeninhalt.

18 Klappt man jede Seitenfläche einer Pyramide um die zugehörige Seite der Grundfläche in die Grundflächenebene, so schneiden sich die verlängerten Höhen der Seitenflächendreiecke im Höhenfußpunkt der Pyramide.
Überprüfe diese Aussage an einer geraden und einer schiefen Pyramide.

19 Eine Pyramide hat ein Quadrat mit der Seitenlänge 4 cm als Grundfläche und ist 4 cm hoch. Zeichne das Netz dieser Pyramide und berechne ihren Oberflächeninhalt,

a) falls die Pyramide gerade ist,

b) falls die Spitze senkrecht über einer Ecke liegt.

Noch fit?

I Multipliziere.

a) $(-1{,}5ab^3)\cdot(0{,}4a^2b)$ **c)** $(-2)^2\cdot(0{,}5ab)^3$ **e)** $(-2s+5t)\cdot(1{,}5s-t)$

b) $\frac{1}{3}x^2y\cdot 6\frac{y}{x}$ **d)** $3m^{-3}n^2\cdot\frac{7m^4n^{-2}}{6}$ **f)** $\left(\frac{-1}{2}u+3v\right)\cdot\left(1{,}25v-\frac{3}{4}\right)$

II Multipliziere und fasse zusammen.

a) $3a[5ab-(6ba-9b^2)]-2a(-2b^2)$ **c)** $2x\left(y-1\frac{1}{2}y\right)-\left(\frac{-1}{2}x+3y\right)\left(1{,}25+\frac{3}{4}\right)$

b) $x(-2x-3)-(4+x)(x-7)$ **d)** $(0{,}5a-1)\left(-b+\frac{2}{3}a\right)-\frac{1}{3}(a-2)a$

Aufgaben

Verknüpfen
Anwenden
Trainieren

20 Die Höhe einer geraden Pyramide mit quadratischer Grundfläche ist genauso lang wie die Quadratseite.

a) Konstruiere den Winkel, unter dem die Sonne einstrahlen muss, damit der Schatten der Pyramide genauso groß ist wie die Seitenfläche.

b) Wie groß ist die Fläche des Pyramidenschattens, wenn die Sonne unter 45° einstrahlt?

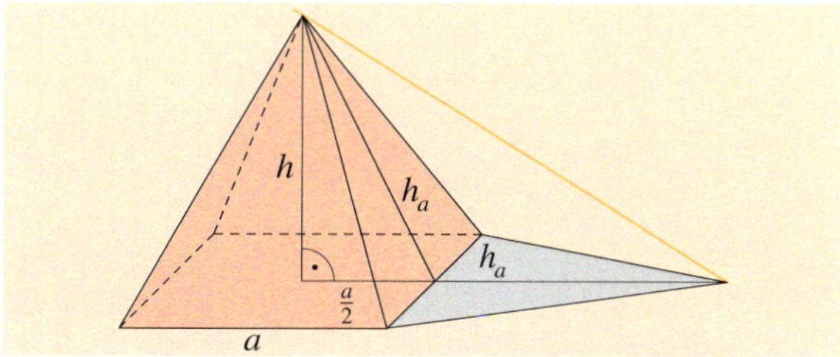

21 Die Seitenmitten der sechs Quadrate eines Würfels der Kantenlänge a sind die Ecken eines Oktaeders.

a) Berechne den Oberflächeninhalt O des Oktaeders in Abhängigkeit von a.

b) Stelle den funktionalen Zusammenhang zwischen a und O grafisch dar.

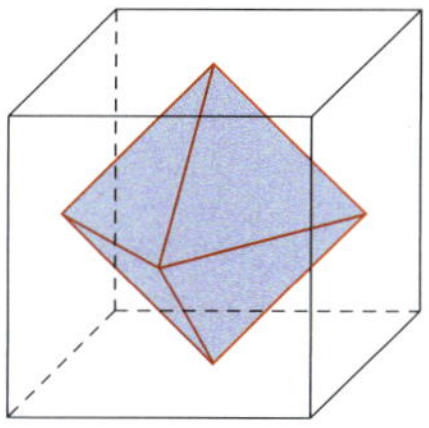

22 Schätze die Größe der Oberfläche des nebenstehend abgebildeten Eistüten-Heißluftballons sowie der Eistüte auf Seite 53 ab.
Modelliere geeignet.

23 Bei einem geraden Kegel ist die Höhe gleich dem Radius des Grundflächenkreises.

a) Gib den funktionalen Zusammenhang zwischen Radius und Oberflächeninhalt in einer Tabelle an.

b) Zeichne den zugehörigen Graphen.

c) Wie ändert sich der Oberflächeninhalt, wenn man den Radius um 10 % vergrößert?

24 Einem Würfel ist ein Tetraeder einbeschrieben, dessen Ecken mit den Würfelecken zusammenfallen. Wie groß ist der Oberflächeninhalt des Tetraeders, wenn die Würfelkante 10 cm lang ist?

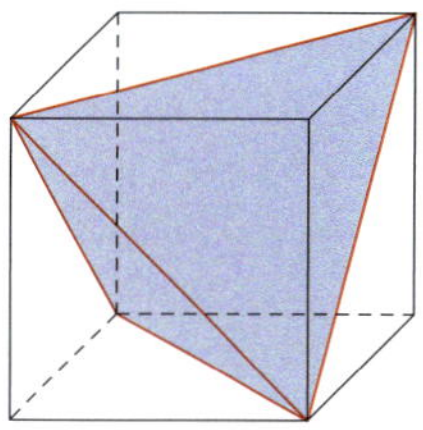

25 Eine Pyramide, deren Spitze lotrecht über einer Ecke liegt, hat ein gleichseitiges Dreieck der Seitenlänge 10 cm als Grundfläche und die Höhe 20 cm. Berechne ihren Oberflächeninhalt.

26 Diese Verpackung von Nüssen hat die Form eines Tetraeders mit einer Kantenlänge von 7 cm. Wie groß ist der Materialverbrauch für eine Verpackung?

27 In einen Würfel mit Kantenlänge 4 cm werden Pyramiden einbeschrieben. Zeichne für die folgenden Fälle ein Schrägbild des Würfels mit der Pyramide sowie ein Netz der Pyramide und berechne den Oberflächeninhalt der Pyramide.

a) Die Grundfläche der Pyramide ist die Grundfläche des Würfels und die Spitze der Pyramide ist die Mitte der Deckfläche des Würfels.

b) Die Grundfläche der Pyramide ist die Grundfläche des Würfels und die Spitze der Pyramide ist eine Ecke der Deckfläche des Würfels.

c) Eine Ecke des Würfels ist die Spitze der Pyramide und die drei Würfelkanten, die von dieser Ecke ausgehen, sind die Seitenkanten der Pyramide.

28 Berechne den Oberflächeninhalt (Maße in mm).

a)

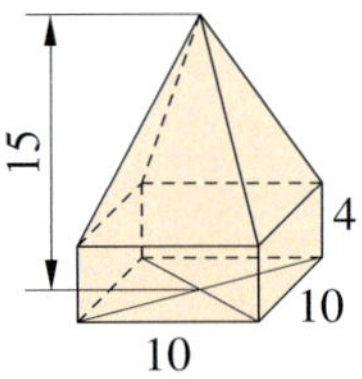

c)

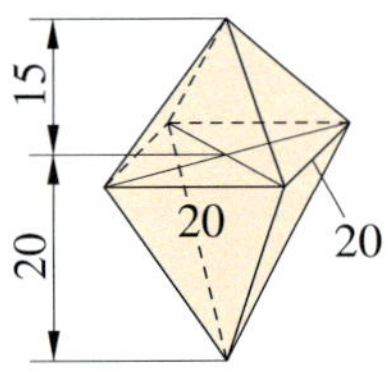

b)

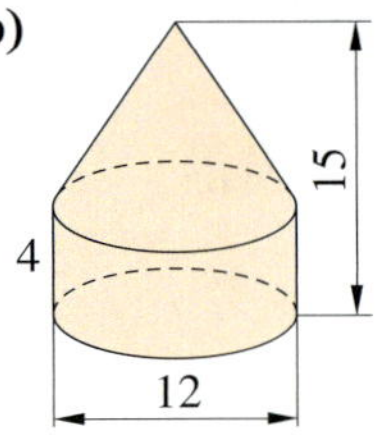

d)

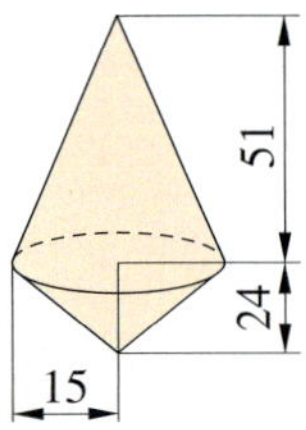

Lösungswort (Näherungswerte in mm^3): 500 (i); 502 (v); 504 (b); 1616 (e); 1818 (s); 3839 (r); 3938 (m)

29 Ein rechtwinkliges Dreieck mit den Kathetenlängen 3 cm und 4 cm rotiert um eine Seite und erzeugt einen Rotationskörper.

a) Welche Körper können entstehen?

b) Berechne deren Oberflächeninhalte.

Aufgaben

Verknüpfen
Anwenden
Trainieren

30 Einem Kegel ist ein Zylinder einbeschrieben. Radius und Höhe des Kegels sind gleich groß. Der Zylinder ist halb so hoch wie der Kegel.

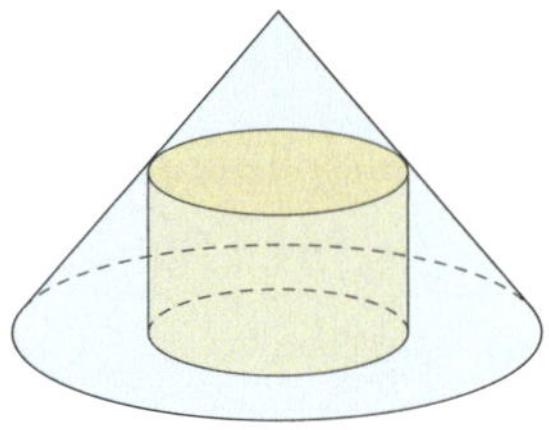

Berechne das Verhältnis der Oberflächeninhalte beider Körper.

31 Die beiden Doppelkegel erscheinen in einer Seitenansicht als Quadrate der Seitenlänge 1,30 m. Wie groß ist ihr Oberflächeninhalt?

32 Von einem geraden Kreiskegel mit Radius *r* und Höhe *h* und von einer quadratischen Pyramide mit Seitenlänge *a* und Höhe *h* wird mit einem ebenen Schnitt parallel zur Grundfläche die Spitze abgeschnitten.

a) Welche Körper entstehen jeweils?

b) Wie groß sind ihre Oberflächeninhalte, wenn der Schnitt auf halber Höhe erfolgt?

33 Lisa möchte ihre Lampe mit einem neuen Schirm bespannen. Die beiden kreisförmigen Öffnungen haben 10 cm bzw. 24 cm Durchmesser. Für die Höhe hat sie 16 cm gemessen.

Wie viel Quadratzentimeter Stoff muss sie einkaufen, wenn sie mit 10 % Verschnitt rechnet?

34 Süßigkeiten und Frischkäse werden manchmal in Schachteln verpackt, die die Form eines regelmäßigen Pyramidenstumpfes haben.

a) Zeichne ein Netz des Pyramidenstumpfes, wenn Grund- und Deckfläche Quadrate mit den Seitenlängen 15 cm und 10 cm sind und die Höhe 12 cm beträgt.
b) Wie viel Pappe braucht man für diese Verpackung mindestens?

35 Welche Körper haben diese Netze?
Entnimm die Maße und berechne Höhe und Oberflächeninhalt der Körper.

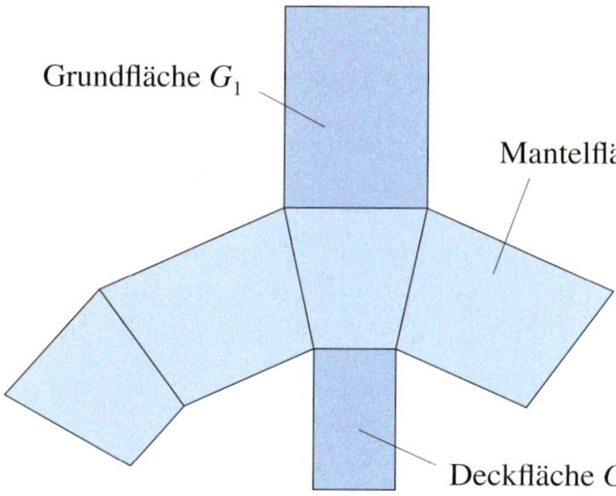

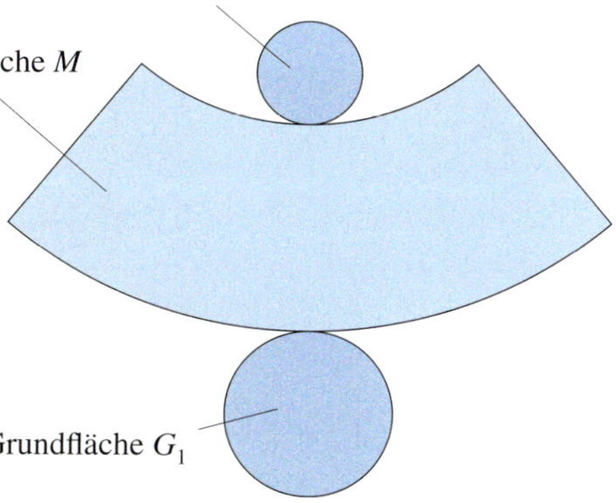

36 Ein Kegelstumpf hat die Höhe h und die Radien r_1 und r_2 für Grund- und Deckfläche.

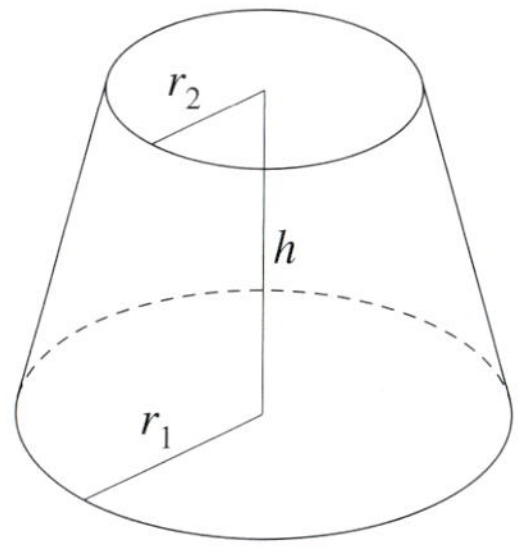

a) Zeichne das Netz des Kegelstumpfes für $h = 2$ cm, $r_1 = 3$ cm und $r_2 = 1{,}5$ cm.
b) Begründe, dass für den Kegelstumpf gilt:
$A_O = \pi r_1^2 + \pi r_2^2 + \pi(r_1 + r_2) \cdot \sqrt{h^2 + (r_1 - r_2)^2}$
c) Nun wird r_2 so weit vergrößert, bis aus dem Kegelstumpf ein Zylinder wird.
Zeige, dass die Formel auch den Oberflächeninhalt des Zylinders liefert, wenn $r_2 = r_1$ wird.

37 Der Körperstumpf wird durch ebene Schnitte so zersägt, dass in der Mitte ein Quader entsteht.

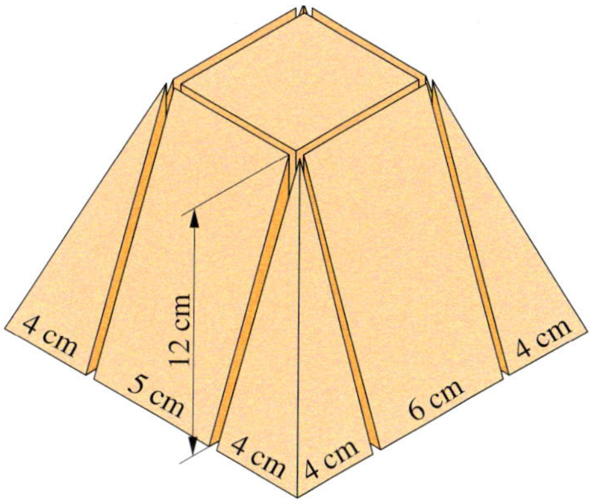

a) Welche Teilkörper entstehen?
b) Berechne deren Oberflächeninhalte.
c) Um wie viel Prozent nimmt der Oberflächeninhalt beim Zersägen zu?

Aufgabe der Woche

Eine Pyramide hat ein Quadrat mit Seitenlänge a als Grundfläche. Mindestens eine Seitenkante hat auch die Länge a. Zeichne symmetrische Netze solcher Pyramiden.
Welche räumlichen Symmetrien weisen die zugehörigen Pyramiden auf?
Gibt es unter diesen Pyramiden eine mit maximalem Oberflächeninhalt? (Zur Untersuchung kannst du ein dynamisches Geometrieprogramm verwenden.)

Zeig, was du kannst!

1 Sabine möchte eine oben offene, zylindrische Dose außen mit Papier bekleben. Die Dose ist 15 cm hoch und hat einen Durchmesser von 9 cm. Reichen ihre zwei quadratische Bögen mit 20 cm Seitenlänge? Wie könnte sie die Bögen ggf. zuschneiden?

2 Ein gerades Prisma hat ein rechtwinkliges Dreieck mit den Seitenlängen 3 cm, 4 cm und 5 cm als Grundfläche und ist 3,5 cm hoch.

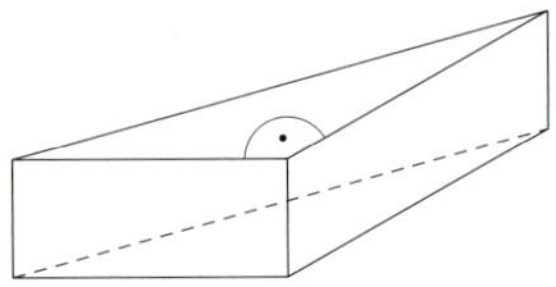

a) Zeichne ein Netz des Prismas.
b) Berechne den Oberflächeninhalt des Prismas.

3 Einem Prisma mit einem regelmäßigen Sechseck als Grundfläche ist eine gerade Pyramide einbeschrieben. Die Höhe beider Körper ist gleich der doppelten Seitenlänge der Grundfläche.
Tim behauptet: „Die Oberfläche des Prismas ist ungefähr doppelt so groß wie die Oberfläche der Pyramide.“
Stimmt diese Aussage? Begründe.

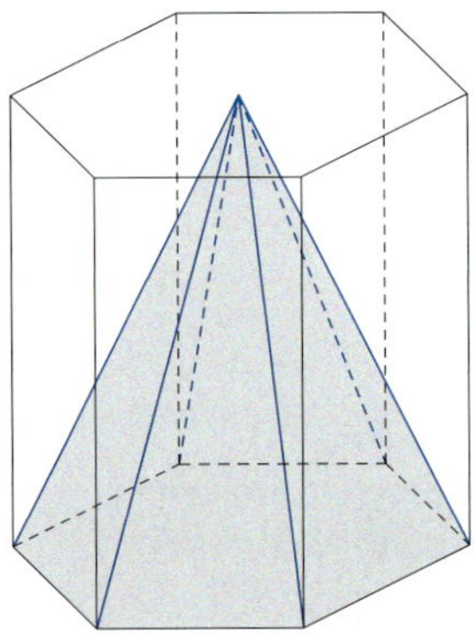

4 Basti möchte aus einem DIN-A-4-Blatt einen Kegelmantel so ausschneiden, dass beim Kegel Höhe und Durchmesser gleich groß sind und möglichst wenig Verschnitt auftritt.
a) Begründe, warum er für den Radius des Kreissektors 15 cm wählen kann.
b) Wie viel Prozent des DIN-A-4-Blattes sind in diesem Fall Verschnitt?

Aufg.-Nr.	Punkte	Lösungshinweis
1	8 P	Beachte Seite 58, Zusammenfassungen
2	5 P	Beachte Seite 57, Zusammenfassung
3	6 P	kein Hinweis
4	9 P	Beachte Seite 64, Zusammenfassung

Lösungen Seite 221

24–28 Punkte
20–23 Punkte
14–19 Punkte

4 Quadratische Funktionen

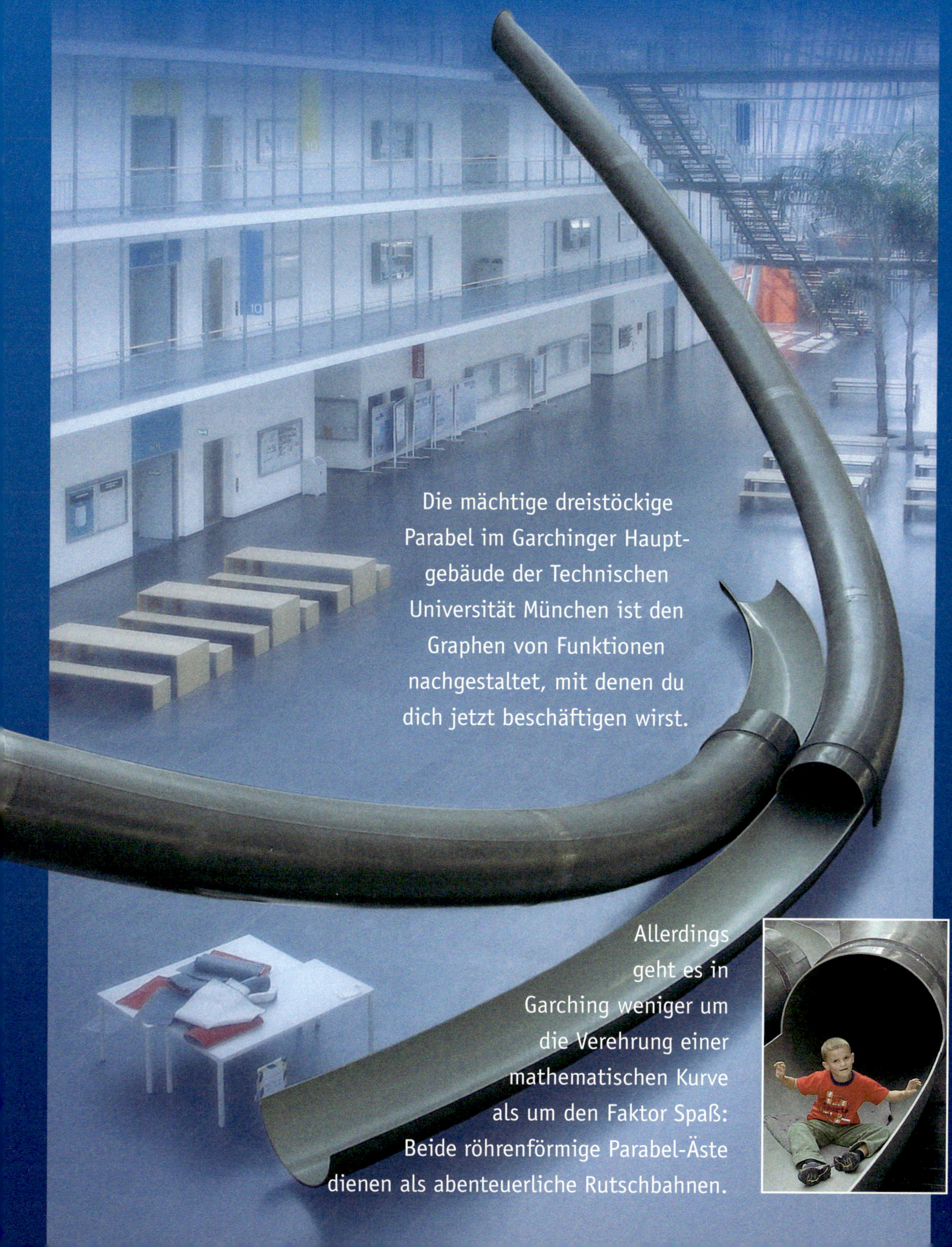

Die mächtige dreistöckige Parabel im Garchinger Hauptgebäude der Technischen Universität München ist den Graphen von Funktionen nachgestaltet, mit denen du dich jetzt beschäftigen wirst.

Allerdings geht es in Garching weniger um die Verehrung einer mathematischen Kurve als um den Faktor Spaß: Beide röhrenförmige Parabel-Äste dienen als abenteuerliche Rutschbahnen.

Falte eine Parabel

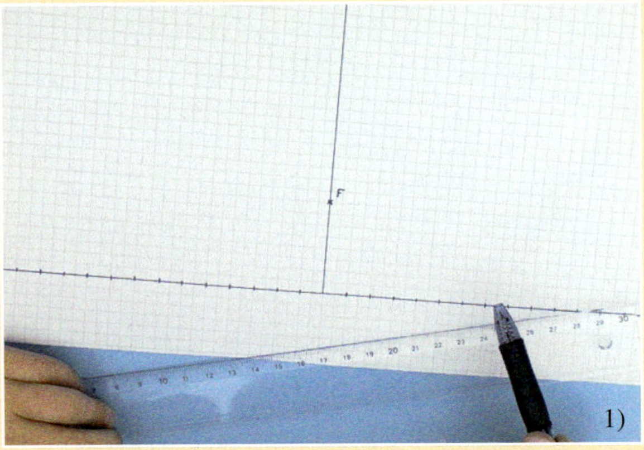

1. Zeichne auf einem querliegenden DIN-A4-Blatt ein Achsenkreuz wie im Bild 1 zu sehen ist. Unterteile die Querachse mit cm-Markierungsstrichen und setze auf der Hochachse 4 cm vom Achsenkreuz entfernt einen Punkt *F*.

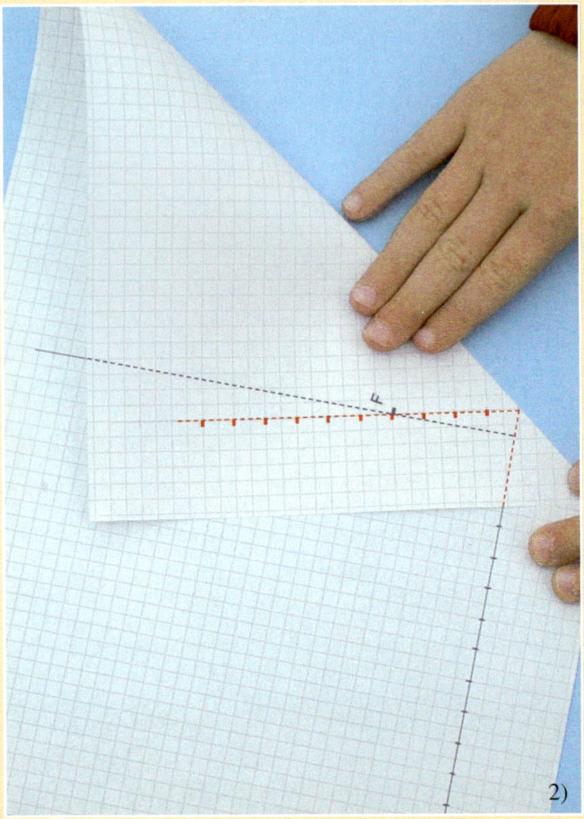

2. Falte das Blatt so, dass eine der cm-Markierungen auf *F* zu liegen kommt. (Die Quer- und die Hochachse sieht man nur durch das Blatt durchscheinen. In den Bildern 2 und 3 sind diese durchscheinenden Achsen farbig angedeutet.)

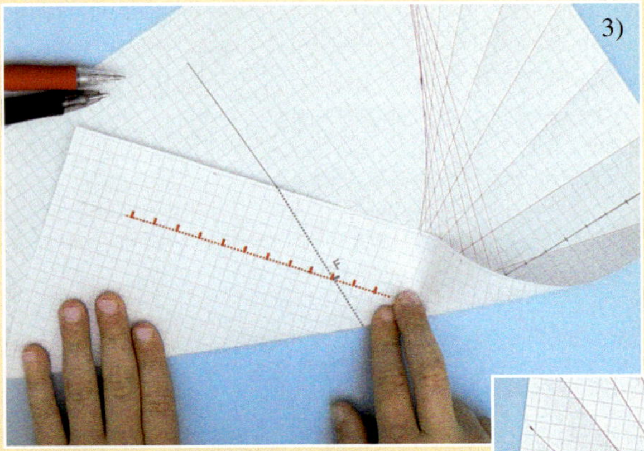

3. Falte das Blatt wieder auf und zeichne die Faltlinie zur besseren Sichtbarkeit mit einem roten Stift nach. Wiederhole diese Faltung mit allen cm-Markierungen auf der Querachse (Bild 3).

Auftrag:
Behauptung: Die so markierten Punkte liegen auf einer Parabel mit Brennpunkt *F*. Begründe dies, indem du Definition der Parabel aus der Info von Seite 43 verwendest. Dem Punkt *P* entspricht jetzt der Punkt *F* und der Geraden *g* die Querachse.

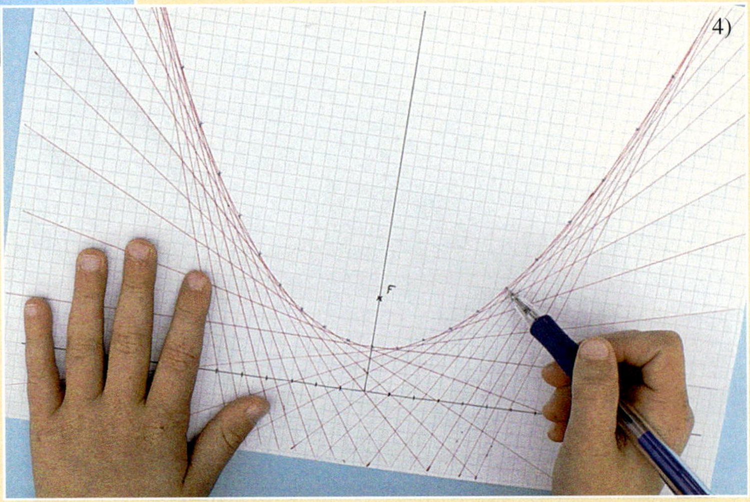

4. Markiere die Punkte auf den Faltlinien, die über den cm-Markierungen liegen (Bild 4).

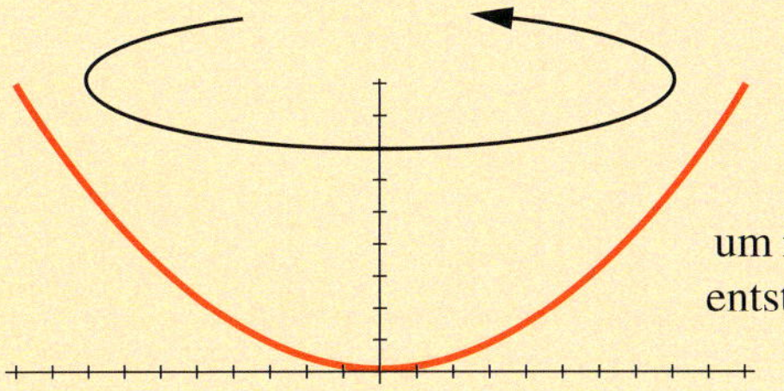

Lässt man eine Parabel um ihre Symmetrieachse rotieren, entsteht ein **Rotationsparaboloid**.

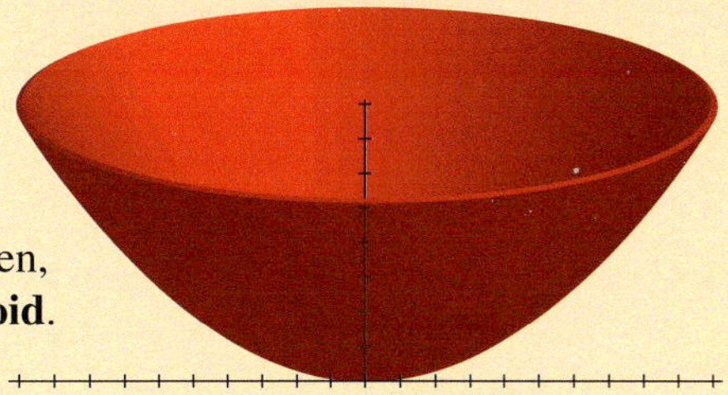

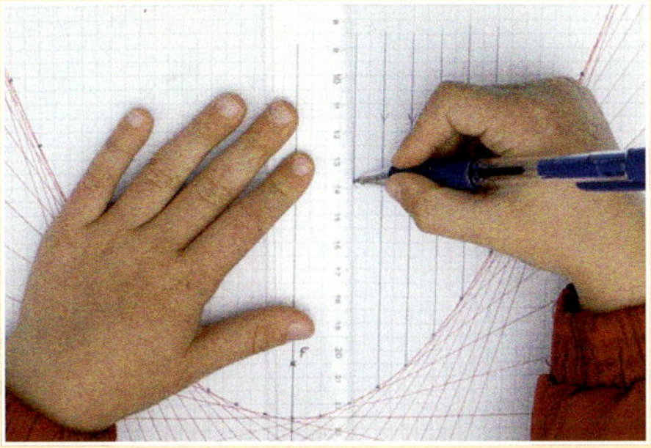

Scheinwerferreflektor

Richtmikrophon

Solarkocher

Zahlreiche optische und akustische Geräte wie z. B. Radioteleskope, Scheinwerferreflektoren, Solarkocher und Richtmikrophone haben die Form von Rotationsparaboloiden.

Bei diesen Geräten wird die sogenannte Brennpunkteigenschaft von Paraboloiden genutzt. Diese Eigenschaft kannst du dir anhand deiner Faltparabel veranschaulichen:

Zeichne einige parallel zur Hochachse verlaufende „Strahlen" ein, die auf die Parabel in den markierten Punkten auftreffen.

Überlege dir, wie diese „Strahlen" an der Parabel reflektiert werden, und zeichne den weiteren Strahlenverlauf ein.

Auftrag:

Informiere dich, wie die Brennpunkteigenschaft der Parabel bzw. des Paraboloids bei den oben genannten Geräten Verwendung findet.

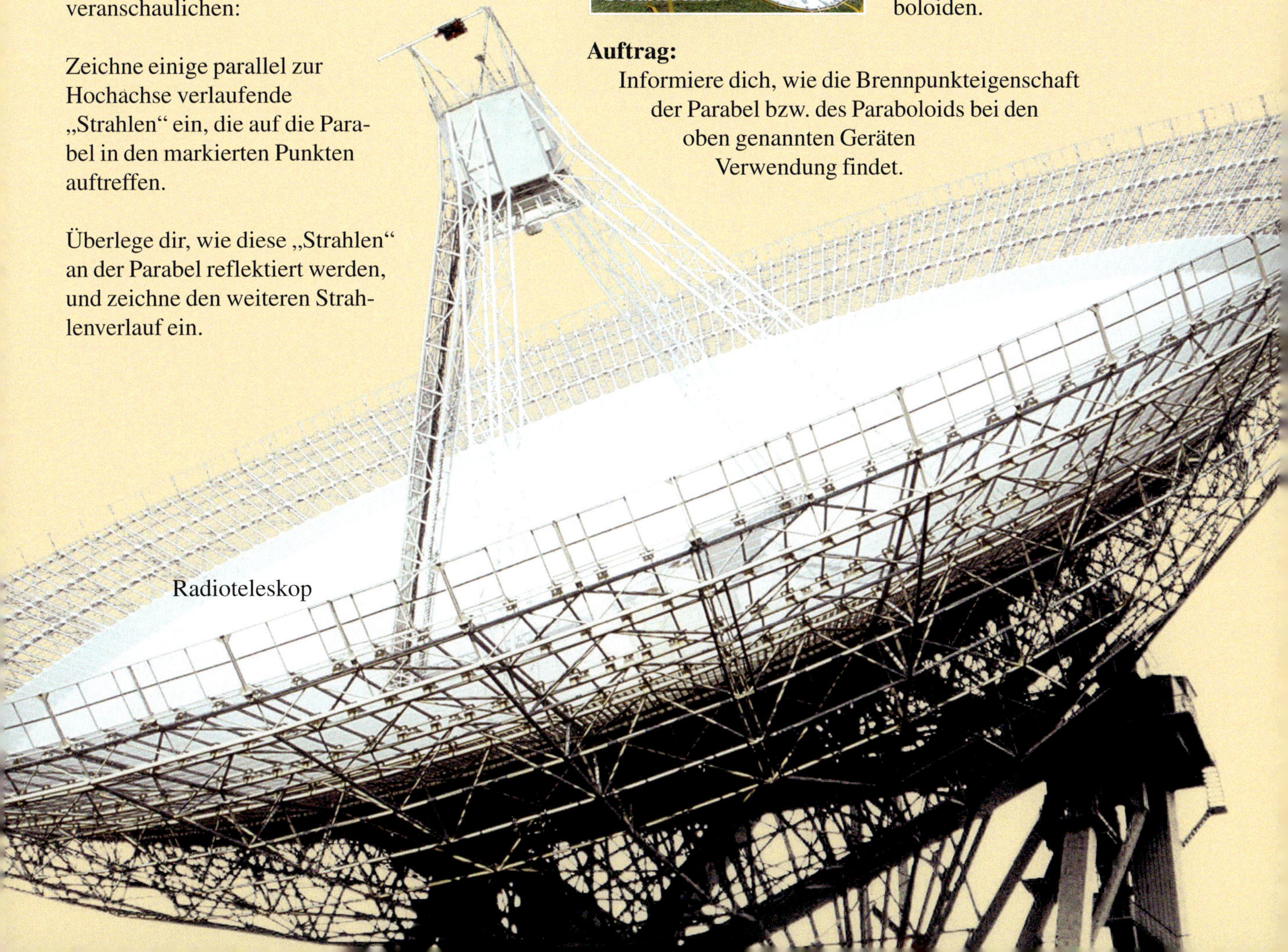

Radioteleskop

4.1 Parabeln als Funktionsgraphen

Auftrag 1 Graphen zuordnen

Mit einem Funktionsplotter werden die Graphen von Funktionen gezeichnet, deren Terme in der Liste rechts aufgeführt sind. Die rot gezeichneten Graphen *A* und *G* sind Normalparabeln (siehe Info). Auch die anderen Graphen sind Parabeln. Ordne ihnen jeweils den passenden Funktionsterm zu.

Info

Der Graph der Funktion $x \mapsto x^2$ heißt **Normalparabel**. Er ist symmetrisch zur *y*-Achse. Der Schnittpunkt $S(0|0)$ der Parabel mit der Symmetrieachse heißt **Scheitel** der Parabel.

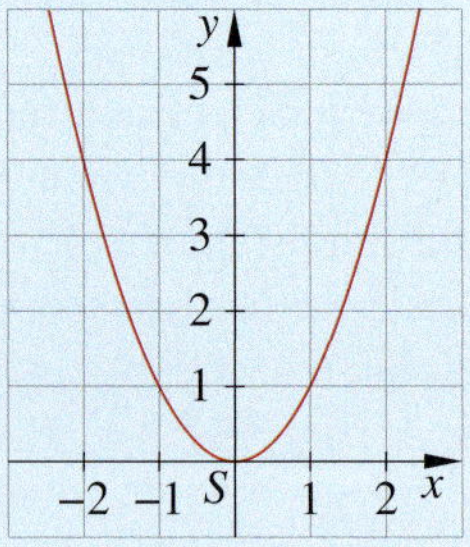

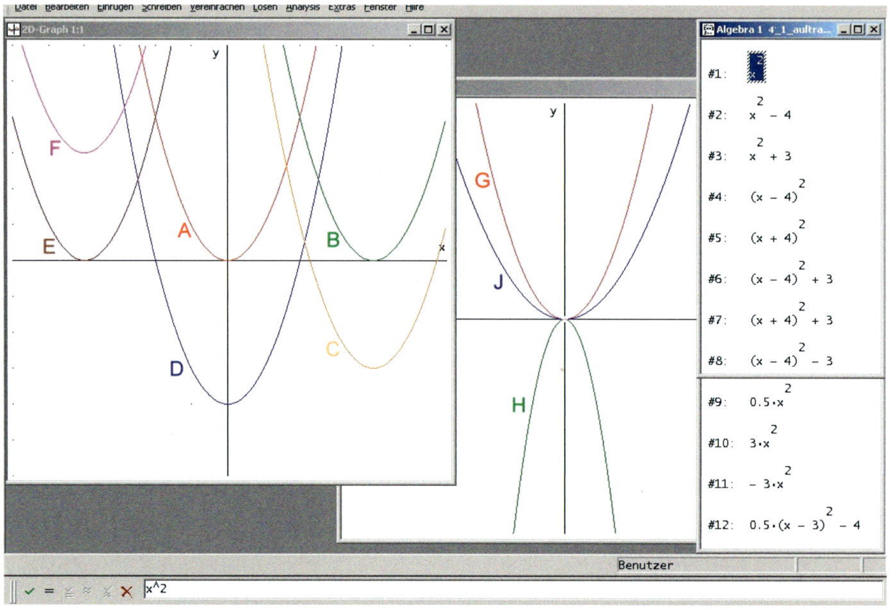

Bestimme für die Graphen *A* bis *F* die Koordinaten des zugehörigen Scheitels.

Finde allgemeine Regeln, wie die Koeffizienten *a*, *d* und *e* die Lage und Form der Graphen der Funktionen mit den Termen
$f(x) = ax^2$ bzw. $g(x) = (x - d)^2 + e$
im Vergleich zur Normalparabel bestimmen.

Von vier Funktionen aus der Liste sind noch keine Graphen gezeichnet. Beschreibe deren Lage und Form und zeichne sie zusammen mit der Normalparabel in ein Koordinatensystem.

Auftrag 2 Schieberegler

Der auf Seite 75 oben dargestellte Funktionsgraph ist eine Normalparabel (siehe Info). Wie ändern sich Lage und Form der Parabel, wenn der Funktionsterm x^2 durch Terme der Art $x^2 + 3$ oder $(x - 2)^2$ oder $0{,}5x^2$ ersetzt wird?
Untersuche dazu, wie sich der Graph der Funktion mit dem allgemeinen Funktionsterm $f(x) = a(x - d)^2 + e$ bei Variation der Parameter *a*, *d* und *e* verändert. Dies lässt sich leicht mithilfe eines Tabellenkalkulationsprogramms realisieren, indem die Werte für *a*, *d* und *e* durch Schieberegler eingestellt werden können.

www 074 – 1

Untersuche, inwiefern die Parameter a, d und e Einfluss auf die Lage und Form des Graphen haben, und formuliere dazu allgemeine Regeln. Gehe dabei zunächst von der Normalparabel, also $a = 1$, $d = e = 0$, aus und variiere die Parameter einzeln.
(Hinweis: Dazu benötigst du nicht notwendig ein Computerprogramm.)

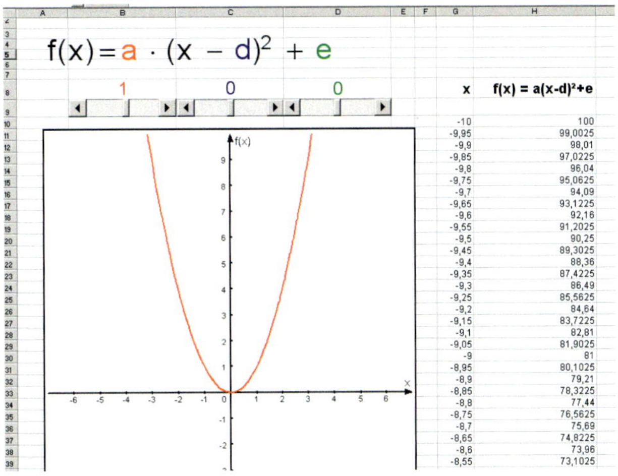

x	f(x) = a(x-d)²+e
-10	100
-9,95	99,0025
-9,9	98,01
-9,85	97,0225
-9,8	96,04
-9,75	95,0625
-9,7	94,09
-9,65	93,1225
-9,6	92,16
-9,55	91,2025
-9,5	90,25
-9,45	89,3025
-9,4	88,36
-9,35	87,4225
-9,3	86,49
-9,25	85,5625
-9,2	84,64
-9,15	83,7225
-9,1	82,81
-9,05	81,9025
-9	81
-8,95	80,1025
-8,9	79,21
-8,85	78,3225
-8,8	77,44
-8,75	76,5625
-8,7	75,69
-8,65	74,8225
-8,6	73,96
-8,55	73,1025

Zeichne in ein Koordinatensystem die Graphen der Funktionen zu den Gleichungen $y = x^2$, $y = x^2 + 2$, $y = (x - 3)^2$, $y = (x - 3)^2 + 2$ sowie in ein anderes Koordinatensystem die Graphen der Funktionen zu $y = x^2$, $y = 0{,}5x^2$, $y = 2x^2$, $y = -0{,}5x^2$ und $y = 0{,}5(x - 3)^2 + 2$.

Gruppenpuzzle — Auftrag 3

Führt in der Klasse gemäß der beiden abgebildeten Arbeitsblätter ein Gruppenpuzzle zum Thema „Die Graphen quadratischer Funktionen“ durch. Die Arbeitsblätter findest du auch im Internet unter: www 075 – 1

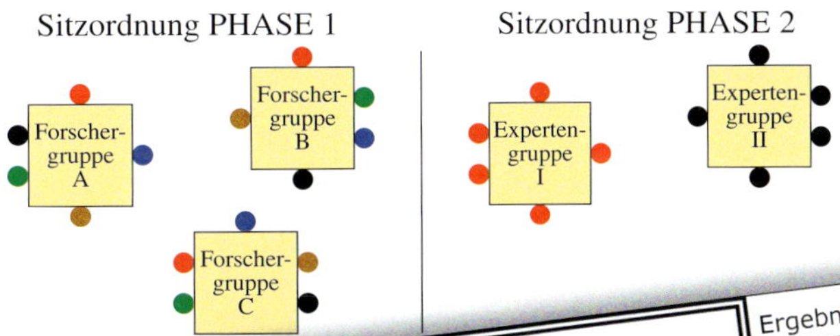

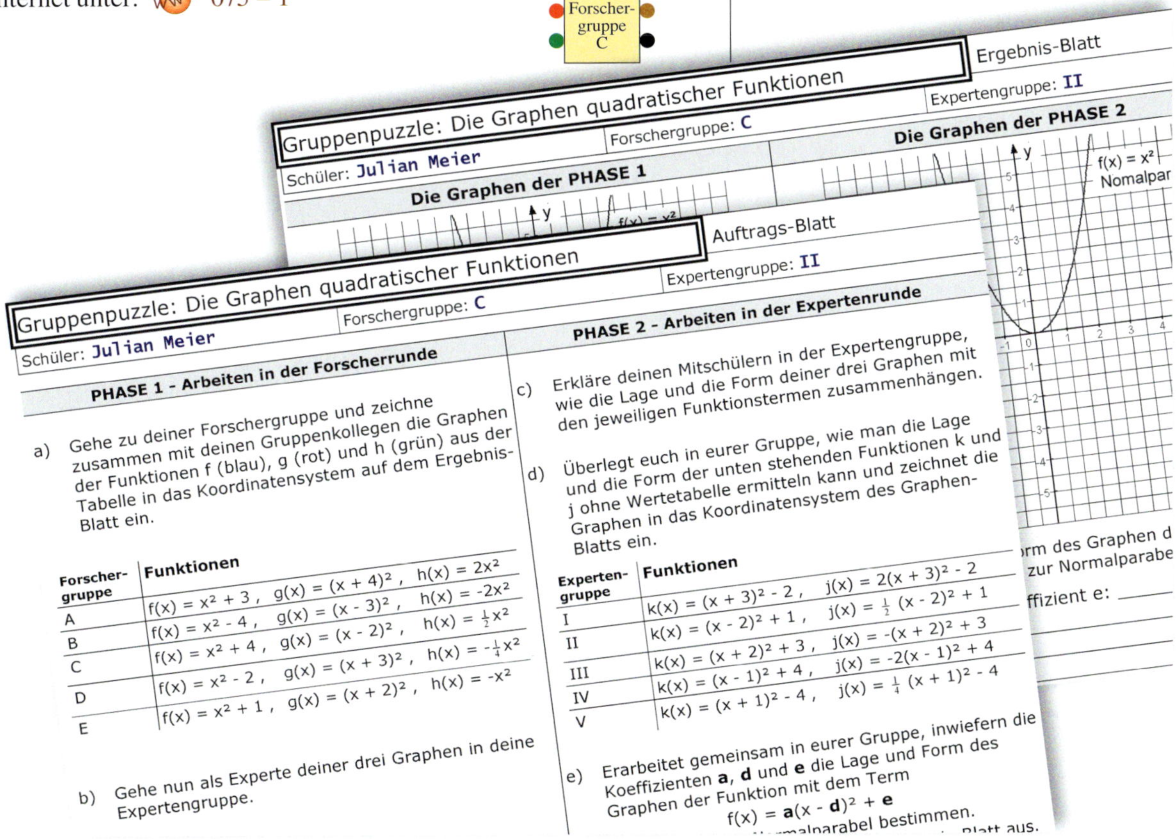

Gruppenpuzzle: Die Graphen quadratischer Funktionen — Ergebnis-Blatt

Schüler: Julian Meier | Forschergruppe: C | Expertengruppe: II

Die Graphen der PHASE 1 — Die Graphen der PHASE 2

f(x) = x² Nomalpar…

…rm des Graphen d… zur Normalparabe… …ffizient e:

Gruppenpuzzle: Die Graphen quadratischer Funktionen — Auftrags-Blatt

Schüler: Julian Meier | Forschergruppe: C | Expertengruppe: II

PHASE 1 - Arbeiten in der Forscherrunde

a) Gehe zu deiner Forschergruppe und zeichne zusammen mit deinen Gruppenkollegen die Graphen der Funktionen f (blau), g (rot) und h (grün) aus der Tabelle in das Koordinatensystem auf dem Ergebnis-Blatt ein.

Forscher-gruppe	Funktionen
A	$f(x) = x^2 + 3$, $g(x) = (x + 4)^2$, $h(x) = 2x^2$
B	$f(x) = x^2 - 4$, $g(x) = (x - 3)^2$, $h(x) = -2x^2$
C	$f(x) = x^2 + 4$, $g(x) = (x - 2)^2$, $h(x) = \frac{1}{2}x^2$
D	$f(x) = x^2 - 2$, $g(x) = (x + 3)^2$, $h(x) = -\frac{1}{4}x^2$
E	$f(x) = x^2 + 1$, $g(x) = (x + 2)^2$, $h(x) = -x^2$

b) Gehe nun als Experte deiner drei Graphen in deine Expertengruppe.

PHASE 2 - Arbeiten in der Expertenrunde

c) Erkläre deinen Mitschülern in der Expertengruppe, wie die Lage und die Form deiner drei Graphen mit den jeweiligen Funktionstermen zusammenhängen.

d) Überlegt euch in eurer Gruppe, wie man die Lage und die Form der unten stehenden Funktionen k und j ohne Wertetabelle ermitteln kann und zeichnet die Graphen in das Koordinatensystem des Graphen-Blatts ein.

Experten-gruppe	Funktionen
I	$k(x) = (x + 3)^2 - 2$, $j(x) = 2(x + 3)^2 - 2$
II	$k(x) = (x - 2)^2 + 1$, $j(x) = \frac{1}{2}(x - 2)^2 + 1$
III	$k(x) = (x + 2)^2 + 3$, $j(x) = -(x + 2)^2 + 3$
IV	$k(x) = (x - 1)^2 + 4$, $j(x) = -2(x - 1)^2 + 4$
V	$k(x) = (x + 1)^2 - 4$, $j(x) = \frac{1}{4}(x + 1)^2 - 4$

e) Erarbeitet gemeinsam in eurer Gruppe, inwiefern die Koeffizienten **a**, **d** und **e** die Lage und Form des Graphen der Funktion mit dem Term
$f(x) = \mathbf{a}(x - \mathbf{d})^2 + \mathbf{e}$
… Normalparabel bestimmen. … Blatt aus.

Auftrag 4 Parabelschablone

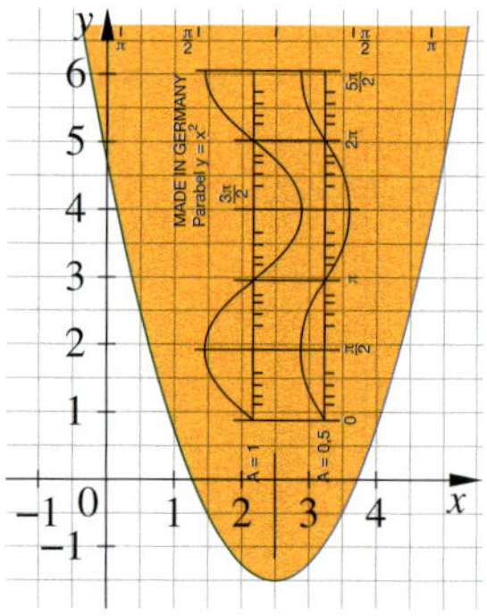

Katrin möchte mithilfe einer Parabelschablone die Graphen der Funktionen mit den folgenden Termen zeichnen.

$f_1(x) = x^2$ $\quad f_2(x) = (x + 2{,}5)^2$ $\quad f_3(x) = -x^2 + 3$ $\quad f_4(x) = 0{,}5\,x^2$

$f_5(x) = (x + 3)^2 - 2{,}5$ $\quad f_6(x) = (x - 2{,}5)^2 - 1{,}5$ $\quad f_7(x) = -2x^2 + 3$

Welchen dieser Funktionsgraphen zeichnet sie momentan mit der Schablone (siehe Abbildung)?
Welche davon kann sie grundsätzlich mit der Schablone zeichnen, welche nicht, wenn als Längeneinheit auf beiden Achsen 1 cm gewählt wird? Begründe jeweils deine Antworten.
Zeichne die Graphen unter Zuhilfenahme einer Parabelschablone.

Bearbeitung

Auftrag 2 Schieberegler

In die Koordinatensysteme wurde die **Normalparabel** schwarz gezeichnet (siehe Info auf Seite 74).
Auch der Graph der Funktion mit dem Term $f(x) = a(x - d)^2 + e$ ($D = \mathbb{R}$) ist eine Parabel, deren Lage und Form im Vergleich zur Normalparabel durch die Koeffizienten a, d und e festgelegt ist.
Was bewirkt die Bewegung des Schiebereglers für den Koeffizienten e bzw. d?

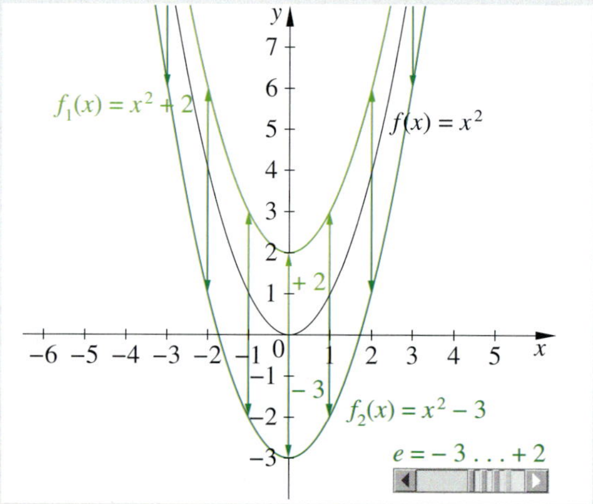

x	−4	−3	−2	−1	0	1	2	3	4
$x^2 + 2$	18	11	6	3	2	3	6	11	18
x^2	16	9	4	1	0	1	4	9	16
$x^2 - 3$	13	6	1	−2	−3	−2	1	6	13

- Die Parabeln werden in y-Richtung verschoben – nach oben, falls $e > 0$, nach unten, falls $e < 0$.
- Scheitel der Parabel: $S(0|e)$
- Symmetrieachse der Parabel: $x = 0$ (y-Achse)
- Wertemenge der Funktion: $[e; \infty[$

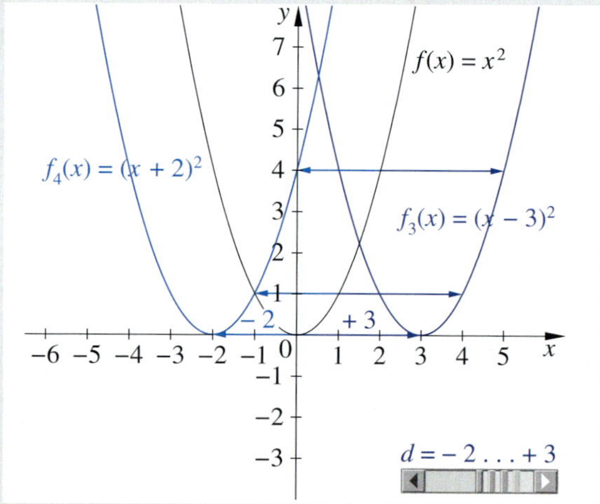

x	−5	−4	−3	−2	−1	0	1	2	3	4	5
$(x - 3)^2$	64	49	36	25	16	9	4	1	0	1	4
x^2	25	16	9	4	1	0	1	4	9	16	25
$(x + 2)^2$	9	4	1	0	1	4	9	16	25	36	49

- Die Parabeln werden in x-Richtung verschoben – nach rechts, falls $d > 0$, nach links, falls $d < 0$.
- Scheitel der Parabel: $S(d|0)$
- Symmetrieachse der Parabel: $x = d$
- Wertemenge der Funktion: $[0; \infty[$

Was bewirkt die Bewegung des Schiebereglers für den Koeffizienten *a*?

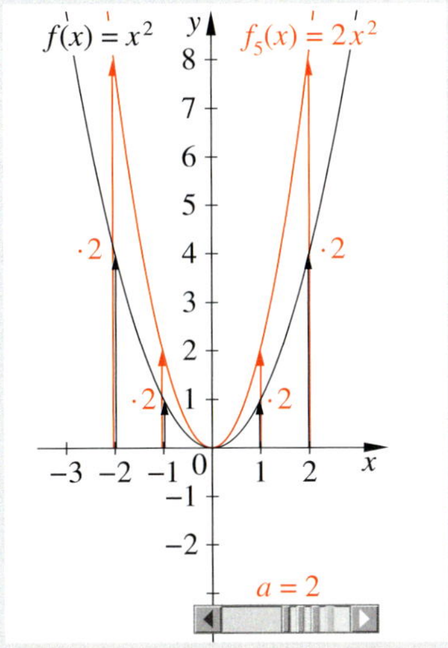

x	−2	−1	0	1	2
x^2	4	1	0	**1**	4
$2x^2$	8	2	0	**2**	8

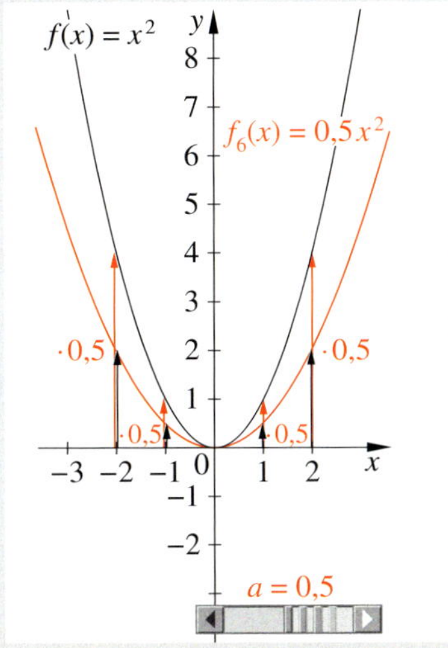

x	−2	−1	0	1	2
x^2	4	1	0	**1**	4
$0,5x^2$	2	0,5	0	**0,5**	2

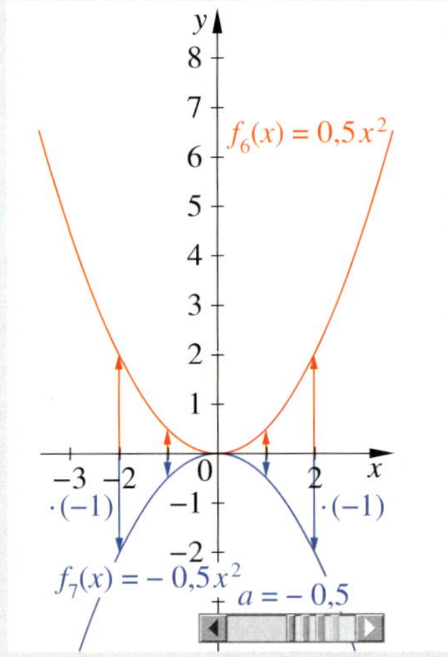

x	−2	−1	0	1	2
$0,5x^2$	2	0,5	0	**0,5**	2
$-0,5x^2$	−2	−0,5	0	**−0,5**	−2

Durch Bewegen des Schiebereglers für den Koeffizienten *a* wird im Gegensatz zu den Parametern *d* und *e* die Form der Parabel verändert.

Für $a > 1$ gilt:

- Die Parabel ist enger als die Normalparabel.
- Scheitel der Parabel: $S(0|0)$ (Er ist der tiefste Punkt der Parabel.)
- Symmetrieachse der Parabel: $x = 0$ (*y*-Achse)
- Wertemenge der Funktion: $[0; \infty[$

Im Beispiel oben ist $a = 2$. Die *y*-Werte aller Punkte der Normalparabel werden mit 2 multipliziert, also verdoppelt.

Für $0 < a < 1$ gilt:

- Die Parabel ist weiter als die Normalparabel.
- Scheitel der Parabel: $S(0|0)$ (Er ist der tiefste Punkt der Parabel.)
- Symmetrieachse der Parabel: $x = 0$ (*y*-Achse)
- Wertemenge der Funktion: $[0; \infty[$

Im Beispiel oben ist $a = 0,5$. Die *y*-Werte aller Punkte der Normalparabel werden mit 0,5 multipliziert, also halbiert.

Für $a < 0$ gilt:

- Die Parabel ist nach unten geöffnet.
- Scheitel der Parabel: $S(0|0)$ (Er ist der höchste Punkt der Parabel.)
- Symmetrieachse der Parabel: $x = 0$ (*y*-Achse)
- Wertemenge der Funktion: $]-\infty; 0]$

Im Beispiel oben ist $a = -0,5$. Die *y*-Werte aller Punkte der Parabel mit der Gleichung $y = 0,5x^2$ werden mit −1 multipliziert. Die Parabel wird somit an der *x*-Achse gespiegelt.

Der Koeffizient a bestimmt, wie weit und in welche Richtung die Parabel geöffnet ist. Deshalb wird der Koeffizient *a* auch **Öffnungsfaktor** genannt.

Nur für $a \neq 0$ ist der Graph der Funktion mit $f(x) = a(x - d)^2 + e$ eine Parabel.
Für $a = 0$ ist der Graph eine zur *x*-Achse parallele Gerade mit der Gleichung $y = e$.

Was bewirkt schließlich die gleichzeitige Bewegung der Schieberegler der Koeffizienten *d* und *e*?

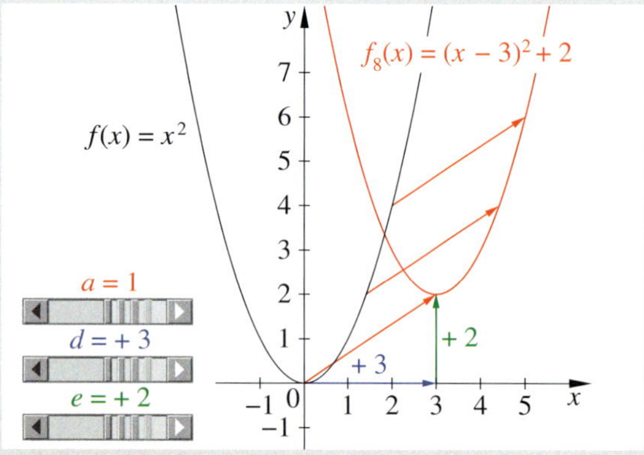

x	−3	−2	−1	0	1	2	3	4	5
x^2	9	4	1	**0**	1	4	9	16	25
$(x-3)^2$	36	25	16	9	4	1	**0**	1	4
$(x-3)^2+2$	38	27	18	11	6	3	**2**	3	6

Falls $a = 1$, gilt:

- Die Normalparabel wird in x-Richtung um d und in y-Richtung um e verschoben.
- Scheitel der Parabel: $S(d|e)$
- Symmetrieachse der Parabel: $x = d$
- Wertemenge der Funktion: $[e; \infty[$

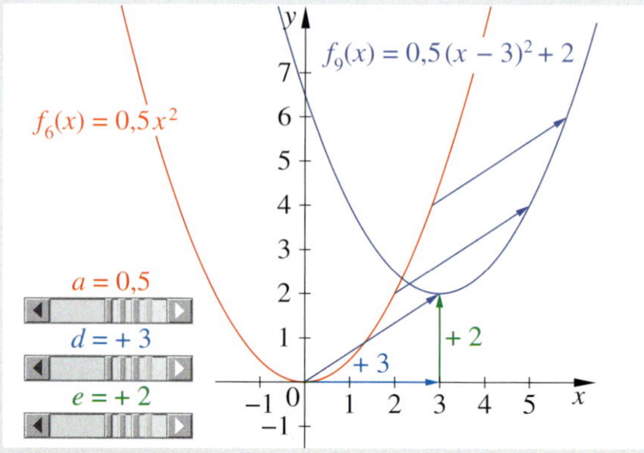

x	−2	−1	0	1	2	3	4	5
$0{,}5\,x^2$	2	0,5	**0**	0,5	2	4,5	8	12,5
$0{,}5\,(x-3)^2$	12,5	8	4,5	2	0,5	**0**	0,5	2
$0{,}5\,(x-3)^2+2$	14,5	10,5	6,5	4	2,5	**2**	2,5	4

Falls $a \neq 1$, gilt:

- Die Parabel zu $y = ax^2$ wird in x-Richtung um d und in y-Richtung um e verschoben.
- Scheitel der Parabel: $S(d|e)$
- Symmetrieachse der Parabel: $x = d$
- Wertemenge der Funktion: $[e; \infty[$, falls $a > 0$ bzw. $]-\infty; e]$, falls $a < 0$

Einen Schritt weitergedacht: Die Koeffizienten a und e in der Parabelgleichung $y = a(x-d)^2 + e$ bestimmen auch die Anzahl der Schnittpunkte der Parabel mit der x-Achse sowie die Wertemenge der zugehörigen Funktion.

Zum Beispiel hat die Parabel mit der Gleichung $y = 0{,}5\,(x-3)^2 + 2$ (Graph der Funktion f_9) keinen Schnittpunkt mit der x-Achse, da sich der Scheitel über der x-Achse befindet ($e = 2 > 0$) und die Parabel nach oben geöffnet ist ($a = 0{,}5 > 0$). Die Wertemenge der Funktion f_9 ist demnach $W_{f_9} = [2; \infty[$.

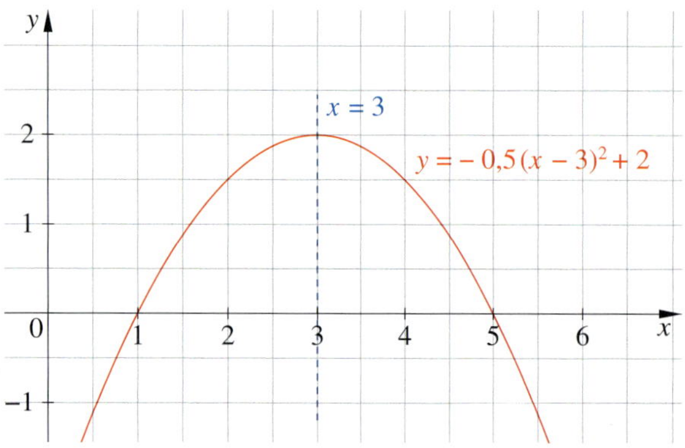

Die Parabel einer Funktion g mit $y = -0{,}5\,(x-3)^2 + 2$ besitzt dagegen zwei Schnittpunkte mit der x-Achse. Diese lassen sich exakt durch Rechnung oder näherungsweise aus der Zeichnung ermitteln.

$$-0{,}5\,(x-3)^2 + 2 = 0$$
$$0{,}5\,(x-3)^2 = 2$$
$$(x-3)^2 = 4$$
$$x - 3 = 2 \quad \text{oder} \quad x - 3 = -2$$
$$x = 5 \quad \text{oder} \quad x = 1$$

Die Schnittpunkte liegen symmetrisch zur Achse $x = 3$, der Symmetrieachse der Parabel.
Die Wertemenge der Funktion ist $W_g =]-\infty; 2]$.

Zusammenfassung

Parabeln als Funktionsgraphen

Der Graph der Funktion f mit $f(x) = x^2$ heißt **Normalparabel**. Sie ist symmetrisch zur y-Achse. Der Schnittpunkt $S(0|0)$ der Parabel mit der Symmetrieachse, der **Scheitel** der Parabel, ist ihr tiefster Punkt.
$\boldsymbol{y = x^2}$ ist die **Gleichung der** (Normal-)**Parabel**.

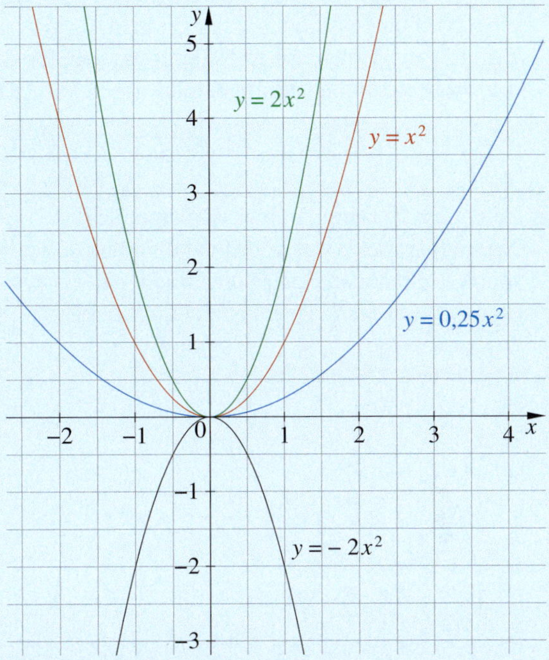

$\boldsymbol{y = ax^2}$ ($a \in \mathbb{R}$; $a \neq 0$) ist die Gleichung einer Parabel mit Scheitel $\boldsymbol{S(0|0)}$, die wie folgt aus der Normalparabel entsteht:

$\boldsymbol{a > 1}$**:** Die Parabel ist enger als die Normalparabel. Die y-Werte aller Punkte der Normalparabel werden mit dem Faktor a multipliziert, also vergrößert.

$\boldsymbol{0 < a < 1}$**:** Die Parabel ist weiter als die Normalparabel. Die y-Werte aller Punkte der Normalparabel werden mit dem Faktor a multipliziert, also verkleinert.

Ist $\boldsymbol{a}$ **negativ**, so wird die Form der Parabel gemäß dem (positiven!) Öffnungsfaktor $|a|$ verändert (siehe oben) und anschließend an der x-Achse gespiegelt.
Sie ist also nach unten geöffnet. Ihr Scheitel ist der höchste Punkt der Parabel.

Der Koeffizient a bestimmt somit die Öffnung der Parabel und wird **Öffnungsfaktor** genannt.

Die Parabel zu $y = 0{,}25(x - 2{,}5)^2 - 4{,}5$ entsteht aus der Parabel zu $y = 0{,}25x^2$ durch Verschiebung um 2,5 nach rechts und um 4,5 nach unten.

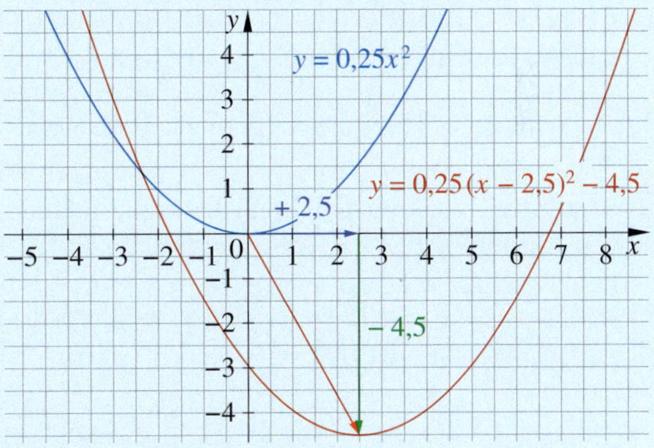

Die Gleichung $\boldsymbol{y = a(x - d)^2 + e}$ ($a, d, e \in \mathbb{R}$; $a \neq 0$) beschreibt eine Parabel, die aus der Parabel $y = ax^2$ durch Verschiebung um d in x-Richtung und um e in y-Richtung entsteht. Sie besitzt die Symmetrieachse $\boldsymbol{x = d}$ und den Scheitel $\boldsymbol{S(d|e)}$.

Alle Parabeln mit $\boldsymbol{a = 1}$ oder $\boldsymbol{a = -1}$ sind zur Normalparabel kongruent und lassen sich (bei Wahl der Längeneinheit 1 cm auf beiden Achsen) mithilfe einer Parabelschablone zeichnen.

Die Gleichung $y = a(x - d)^2 + e$ heißt die **Scheitelpunktform der Parabelgleichung**.

Aus den Koeffizienten a und e lassen sich sowohl die Anzahl der Schnittpunkte der Parabel mit der x-Achse als auch die Wertemenge der zugehörigen quadratischen Funktion ablesen.

Bereits aus der Gleichung $y = 0{,}25(x - 2{,}5)^2 - 4{,}5$ ist ersichtlich, dass die Parabel zwei Schnittpunkte mit der x-Achse besitzt:
Wegen $e = -4{,}5 < 0$ liegt nämlich der Scheitel unter der x-Achse und wegen $a = 0{,}25 > 0$ ist die Parabel nach oben geöffnet.
Die Wertemenge kann ebenfalls aus der Scheitelpunktform der zugehörigen Parabel abgelesen werden: $W = [-4{,}5; \infty[$

Aufgaben

Verknüpfen
Anwenden
Trainieren

1 Zeichne die Normalparabel für $-0{,}6 \le x \le 0{,}6$ in ein Koordinatensystem mit der Einheit 10 cm. Ermittle aus dem Graphen Näherungswerte für die Quadrate und Quadratwurzeln.

a) $0{,}35^2$ $(-0{,}45)^2$ $\sqrt{0{,}1}$ $\sqrt{0{,}3}$

b) $0{,}225^2$ $(-0{,}375)^2$ $\sqrt{0{,}15}$ $\sqrt{0{,}05}$

2 Zeichne z. B. mithilfe einer Wertetabelle die Normalparabel in ein Koordinatensystem sowie mit verschiedenen Farben die Graphen der durch die Funktionsterme gegebenen Funktionen.

a) $f_1(x) = x^2 - 3$
$f_2(x) = x^2 + 2{,}5$
$f_3(x) = x^2 - 4{,}5$

b) $g_1(x) = (x-3)^2$
$g_2(x) = (x+2{,}5)^2$
$g_3(x) = (x-4{,}5)^2$

c) $h_1(x) = (x-2)^2 - 3$
$h_2(x) = (x+3)^2 - 2$
$h_3(x) = (x-1{,}5)^2 + 2$
$h_4(x) = (x+2)^2 + 1$

3 Bestimme e so, dass der Graph der Funktion mit dem Term $f(x) = x^2 + e$ den vorgegebenen Punkt P enthält.

a) $P(0|2)$ **c)** $P(1|4)$ **e)** $P(\sqrt{7}|5)$

b) $P(0|-1)$ **d)** $P(-2|11)$ **f)** $P(1+\sqrt{2}|3)$

Lösungswort: $-2\sqrt{2}$ (x); -1 (a); $-2{,}4$ (z); 3 (t); -7 (n); 7 (r); 2 (m); -2 (i)

4 Bestimme d so, dass der Graph der Funktion mit dem Term $f(x) = (x-d)^2$ den vorgegebenen Punkt B enthält:

a) $B(0|4)$ **c)** $B(0|2)$ **e)** $B(6|-7)$

b) $B(0|1{,}44)$ **d)** $B(5|9)$ **f)** $B(\sqrt{3}|0)$

Lösungswort: 2; 8 (t); n.l. (a); -2; 2 (h); $-1{,}2$; 1,2 (e); $\sqrt{3}$ (r); $-\sqrt{2}$; $\sqrt{2}$ (k)

5 Bestimme alle Funktionen mit Termen vom Typ $f(x) = x^2 + e$ ($e \in \mathbb{R}$) mit den folgenden Eigenschaften.

a) Die Wertemenge ist $W = [5; \infty[$.

b) Der kleinste Funktionswert ist 3,7.

c) Der Graph schneidet die x-Achse bei 3.

d) Die y-Achse ist Symmetrieachse.

e) Der größte Funktionswert ist 17.

f) Der Graph enthält den Punkt $P(\sqrt{3}|3+\sqrt{2})$.

6 Bestimme alle Funktionen mit Termen vom Typ $f(x) = (x-d)^2$ ($d \in \mathbb{R}$) mit den folgenden Eigenschaften.

a) Der Graph berührt die x-Achse an der Stelle $x = -4$.

b) Der Graph schneidet die y-Achse im Punkt $P(0|3)$.

c) Die Wertemenge ist $\mathbb{R}_0^+$.

d) $x = 3{,}5$ ist die Gleichung der Symmetrieachse.

e) Der kleinste Funktionswert ist $-3{,}5$.

f) Der Graph enthält den Punkt $P(-2|6)$.

7 Was kannst du allein aus dem Term über den Graphen der Funktion aussagen? (Lage, Anzahl der Schnittpunkte mit der x-Achse, Symmetrie, …)

a) $f(x) = x^2 - 17$ **e)** $f(x) = (x+27)^2 + 14{,}2$

b) $f(x) = x^2 + 35$ **f)** $f(x) = -18 + (x+33)^2$

c) $f(x) = (x+43)^2$ **g)** $f(x) = (-17{,}8 + x)^2 - 104$

d) $f(x) = (x-117)^2$ **h)** $f(x) = (x-8)^2 + 8^2$

8 Bestimme eine Gleichung der entstehenden Parabel, wenn die Normalparabel wie angegeben verschoben wird.

a) um 4 Einheiten nach unten

b) um 3 Einheiten nach rechts und 4 Einheiten nach oben

c) um 3 Einheiten nach links und 4 Einheiten nach unten

d) Die Parabeln in a), b) und c) werden an der y-Achse gespiegelt. Gib für jede der drei Parabeln eine Gleichung an.

9 Write down the terms of the functions, whose graphs are drawn.

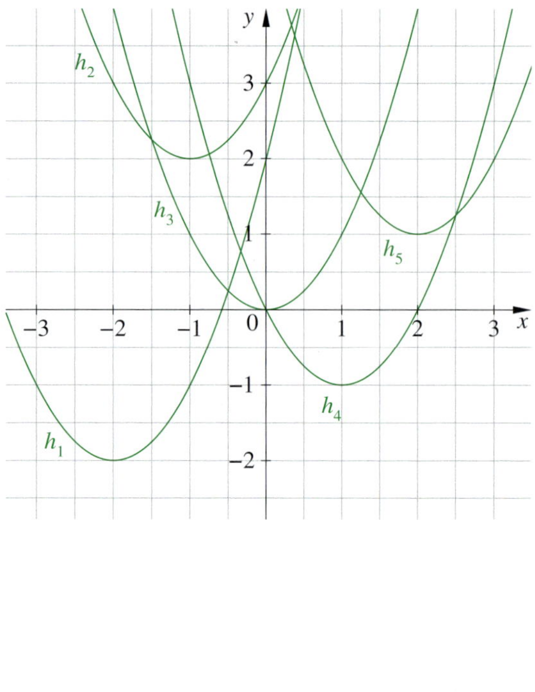

10 Zeichne z. B. mithilfe einer Wertetabelle die Normalparabel sowie die Graphen zu den Funktionstermen in ein Koordinatensystem.

a) $f_1(x) = 2x^2$ $f_2(x) = 0{,}5x^2$ $f_3(x) = 2x$
b) $g_1(x) = 0{,}2x^2$ $g_2(x) = 1{,}5x^2$ $g_3(x) = 0{,}2x$
c) $h_1(x) = -0{,}2x^2$ $h_2(x) = -2x^2$ $h_3(x) = -0{,}2x$

11 Gib eine Gleichung der entstehenden Parabel an.

a) Die y-Werte aller Punkte der Normalparabel werden mit 3 multipliziert.
b) Die Normalparabel wird an der x-Achse gespiegelt; anschließend werden die y-Werte aller Parabelpunkte mit 0,5 multipliziert.
c) Die Normalparabel wird um 4 Einheiten nach links verschoben; anschließend werden die y-Werte aller Parabelpunkte mit 1,2 multipliziert.
d) Die y-Werte aller Punkte der Normalparabel werden mit 0,8 multipliziert. Die Parabel wird anschließend um 3 Einheiten nach rechts und um 4 Einheiten nach unten verschoben.

12 Eine Parabel ist durch eine Wertetabelle gegeben. Welche Eigenschaften der Parabel (Scheitel, Symmetrie, Öffnung, …) lassen sich ablesen? Gib jeweils auch eine Parabelgleichung an.

	x	−3	−2	−1	0	1	2	3
a)	y	26	17	10	5	2	1	2
b)	y	1	−2	1	10	25	46	73
c)	y	−27	−13	−3	3	5	3	−3
d)	y	−4,2	−4,8	−5	−4,8	−4,2	−3,2	−1,8

13 Bestimme den Koeffizienten a so, dass der Punkt P auf dem Graphen der Funktion mit dem Term $f(x) = ax^2$ liegt.

a) $P(1|2)$ **c)** $P(4|8)$ **e)** $P\left(\sqrt{0{,}008}\,\middle|\,\frac{1}{5}\right)$
b) $P(1|-1)$ **d)** $P(-5|5)$ **f)** $P\left(\frac{1}{5}\,\middle|\,\sqrt{0{,}008}\right)$

14 Bestimme jeweils eine Gleichung der Parabel.

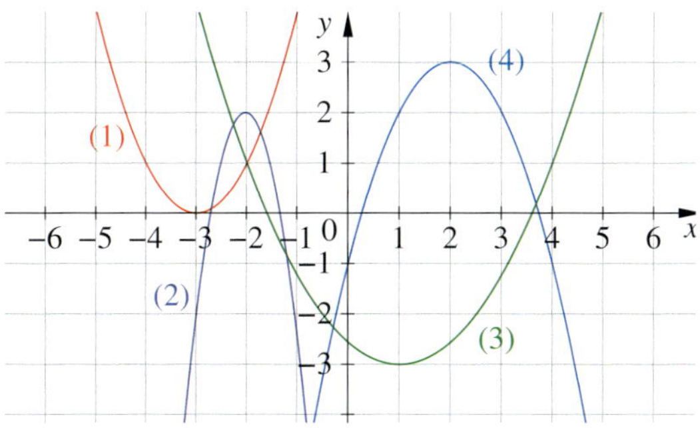

15 Beschreibe, wie die Parabel durch Veränderung der Normalparabel entsteht (vgl. Aufgaben 8 und 11).

a) $y = (x-5)^2$ **e)** $y = 0{,}3(x+2)^2 + 4$
b) $y = x^2 - 5$ **f)** $y = -1{,}4(x-1{,}5)^2 + 3$
c) $y = (x-3)^2 + 4$ **g)** $y = \frac{2}{5}[4 + (x-2{,}5)^2]$
d) $y = -(x+2)^2 - 3$ **h)** $y = -2[3{,}1 + (4+x)^2]$

16 Beantworte, ohne die Funktionsterme zu bestimmen: Welche einfache Beziehung besteht jeweils zwischen dem Term $f(x)$ und den Termen $g_1(x)$, $g_2(x)$, $g_3(x)$ bzw. $g_4(x)$ der Funktionen, deren Graphen dargestellt sind?

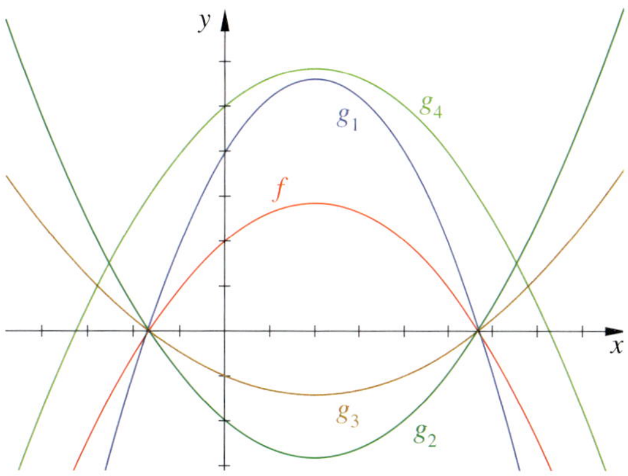

17 Zeichne den Graphen der Funktion f mit $f(x) = (x-1)^2 - 2$ in ein Koordinatensystem. Überlege, wie die Graphen der Funktionen g, h, k und l mit dem Graphen von f in Beziehung stehen, und skizziere sie in das Koordinatensystem, ohne weitere Funktionswerte zu berechnen.

$g(x) = f(x) - 3$ $k(x) = -3 \cdot f(x)$
$h(x) = 2 \cdot f(x)$ $l(x) = -0{,}5 \cdot f(x)$

18 Beschreibe, wie die Graphen der vier Funktionen ausgehend vom ersten Graph der Reihe nach entstehen.

a) $f_1(x) = 0{,}3x^2 - 7{,}2$ $f_2(x) = 0{,}3(x-2)^2 - 7{,}2$
$f_3(x) = 0{,}3(x-2)^2 + 13{,}6$
$f_4(x) = -0{,}3(x-2)^2 + 13{,}6$
b) $g_1(x) = (x-2{,}7)^2$ $g_2(x) = 1{,}2(x-2{,}7)^2$
$g_3(x) = 1{,}2(x-2{,}7)^2 + 5{,}7$
$g_4(x) = -1{,}2(x-2{,}7)^2 - 5{,}7$

19 The down opening parabola p with vertex $S(2|-4)$ is congruent to the parabola with the equation $y = 0{,}2x^2$. Does the point $P(-92|-1771)$ lie on parabola p? Give reasons for your answer.

20 Wie viele Schnittpunkte mit der x-Achse hat die Parabel? Argumentiere mit der Lage der Parabel. Bestimme die Koordinaten der Schnittpunkte.

a) $y = x^2 - 4$
b) $y = -5 + x^2$
c) $y = x^2 + 1$
d) $y = 3x^2 - 48$
e) $y = 21{,}7x^2$
f) $y = -4x^2 - 16$
g) $y = (x-2)^2$
h) $y = -(x+4{,}5)^2$
i) $y = 2{,}1x^2 - \frac{14}{15}$
j) $y = (1-x)^2 - 4$

21 Gegeben ist die Funktion f mit dem Term $f(x) = 1{,}7(x+2{,}1)^2 - 4{,}4$.

a) Überprüfe, ob die vier Punkte auf, über oder unter dem Graphen von f liegen.
$P(2|24)$; $Q(4{,}5|70)$; $R(-8|55)$; $S(-2{,}1|-4{,}4)$

b) Ermittle eine Gleichung einer Parabel, sodass die Punkte $T(2|2)$ und $U(3|4)$ unter, der Punkt $V(2|4)$ aber über der Parabel liegen.

Noch fit?

I Schreibe die Größe mit der in der Klammer angegebenen Einheit, und zwar als Dezimalzahl und in Gleitkommadarstellung.
Beispiele: Durchmesser …
der Sonne: 1 390 000 000 m = $1{,}39 \cdot 10^9$ m
eines Atoms: 0,000 000 000 43 m = $4{,}3 \cdot 10^{-10}$ m

a) 43 t (mg)
b) 303 km (cm)
c) 90 km² (a)
d) 72 l (cm³)
e) 17 g (t)
f) 201 mm (km)
g) 70 m² (ha)
h) 4 mm³ (l)
i) 5,6 kg (mg)
j) 20,1 cm (km)
k) 10,02 m² (mm²)
l) 0,04 cm³ (hl)

II Fasse, falls möglich, zu einer einzigen Potenz zusammen ($a, b \in \mathbb{R}\setminus\{0\}$; $m, n \in \mathbb{Z}$).

a) $a^m \cdot a^n$
b) $a^n \cdot b^n$
c) $(a^n)^m$
d) $a^n - b^n$
e) $a^n : a^m$
f) $a^n : b^n$

III Fasse zusammen.

a) $x^4 \cdot x^5$
b) $y^4 \cdot y^{-7} \cdot y^5$
c) $\frac{1}{2}s^3 \cdot \frac{2}{3}s^5$
d) $z^2 : z^8$
e) $t^{-7} : (4t^5)^2$
f) $1{,}2p^2q^3 \cdot \frac{1}{3}q^4$

IV Schreibe ohne Bruchstrich.

a) $\frac{x^3}{y^5z^4}$
b) $\frac{a^{-3}b^6}{c^9a^{-5}}$
c) $\frac{2k^2}{5m^4n^5} \cdot 2{,}5k^{-2}m^{-3}n^4$
d) $\frac{r^{-3}s}{t^4} : \frac{r^4}{s^3t^{-5}}$

Aufgaben

Verknüpfen
Anwenden
Trainieren

22 Bestimme aus den Daten der Abbildung eine Gleichung der Garchinger Rutschparabel. Maße und Koordinatensystem sind im Bild zu sehen.

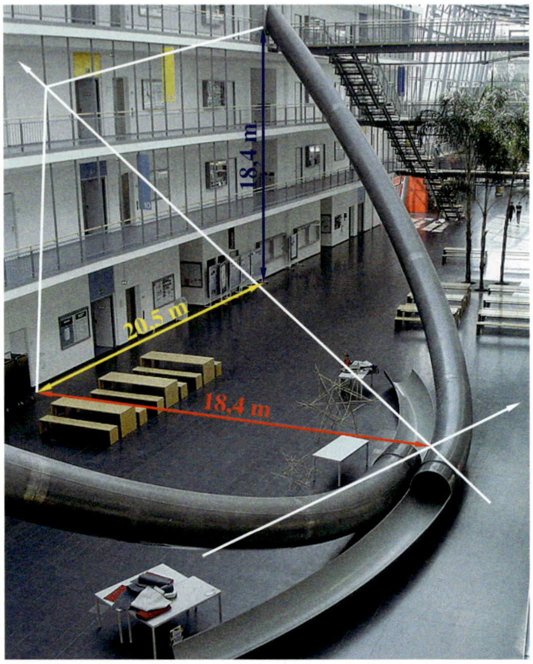

23 Ein parabelförmiges Tor ist 4 m breit und 5 m hoch.

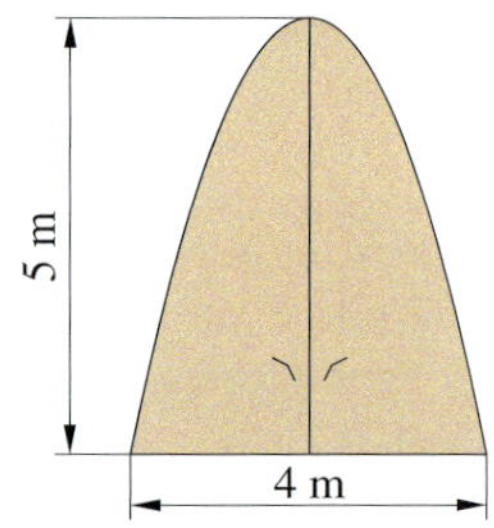

a) Kann ein Lkw der Breite 2,5 m und der Höhe 2,7 m das Tor passieren?

b) Wie hoch darf ein Lkw der Breite 2,6 m höchstens sein, um das Tor gerade noch passieren zu können?

24 Der Brückenbogen einer Eisenbahnbrücke ist parabelförmig. Berechne aus den Daten der Skizze die Länge aller Pfeiler.

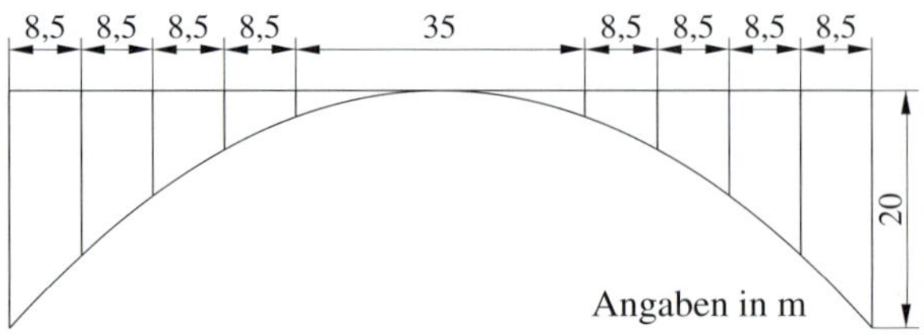

25 Der Term $F_L(v) = 0{,}023\,v^2$ gibt näherungsweise die Luftwiderstandskraft (in Newton) eines Mittelklassewagens in Abhängigkeit von seiner Geschwindigkeit $v\left(\text{in } \frac{\text{km}}{\text{h}}\right)$ an.

a) Bestimme die Luftwiderstandskraft für die Geschwindigkeiten $20\,\frac{\text{km}}{\text{h}}$, $50\,\frac{\text{km}}{\text{h}}$ und $125\,\frac{\text{km}}{\text{h}}$.

b) Bestimme zur Funktion $v \mapsto F_L(v)$ eine sinnvolle Definitionsmenge und zeichne den Graphen in ein geeignetes Koordinatensystem.

c) Das Fahrzeug bringt maximal eine Antriebskraft von 710 N „auf die Straße". Bestimme rechnerisch die maximale Geschwindigkeit des Fahrzeugs und überprüfe die Lösung am Graphen.

26 Am 4. Februar 2007 wurde Deutschland in der Kölnarena zum dritten Male Handball-Weltmeister. Der 76 m hohe und 195 m breite, die Arena überspannende Bogen ist parabelförmig. Bestimme möglichst genau die Gleichung der Parabel zum Koordinatensystem im Bild.

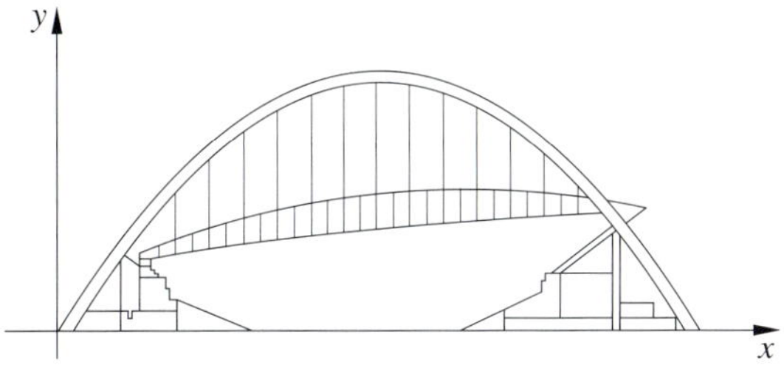

Aufgaben Verknüpfen Anwenden Trainieren

27 Die Länge der Hypotenuse im rechtwinkligen Dreieck ABC beträgt 10 cm.

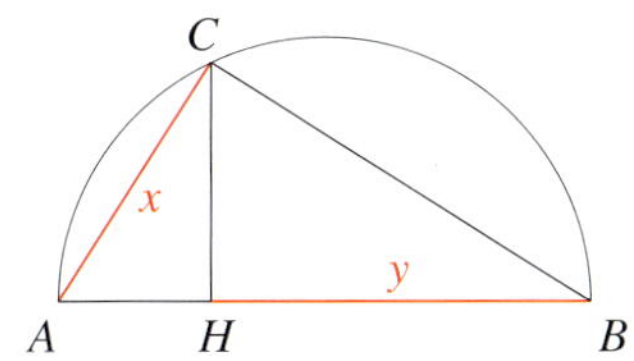

a) Die Kathete $[AC]$ misst 3 cm. Berechne die Länge y des Hypotenusenabschnitts $[HB]$.
Tipp: Kathetensatz.

b) Der Punkt C wandert nun auf dem Thaleskreis. Bestimme einen Term zur Funktion $f\colon x \mapsto y$, mit dem man für jeden zulässigen Wert von x den zugehörigen Wert von y berechnen kann.

c) Gib die Definitionsmenge von f an und zeichne den Graphen in ein Koordinatensystem.

28 Gib in Abhängigkeit von a, d und e die Koordinaten des Scheitels, die Gleichung der Symmetrieachse sowie die Stellen, an denen die Parabel die x-Achse schneidet, an $(a \neq 0)$.

a) $y = x^2 + e$
b) $y = (x - d)^2$
c) $y = ax^2$
d) $y = (x - d)^2 + e$
e) $y = ax^2 + e$
f) $y = a(x - d)^2 + e$

29 Was kannst du über die Koeffizienten a, d und e aussagen, wenn du von der Parabel mit der Gleichung $y = a(x - d)^2 + e$ das Folgende weißt?

a) Sie hat mit der x-Achse keinen Punkt gemeinsam.

b) Sie schneidet die x-Achse an zwei Stellen.

c) Sie berührt die x-Achse in genau einem Punkt.

d) Sie ist kongruent zur Normalparabel, ist nach unten geöffnet und schneidet die x-Achse nicht.

e) Sie ist symmetrisch zur y-Achse, nach oben geöffnet und schneidet die x-Achse nicht.

f) Der Scheitel liegt im 3. Quadranten und es gibt keine Schnittpunkte mit der x-Achse.

30

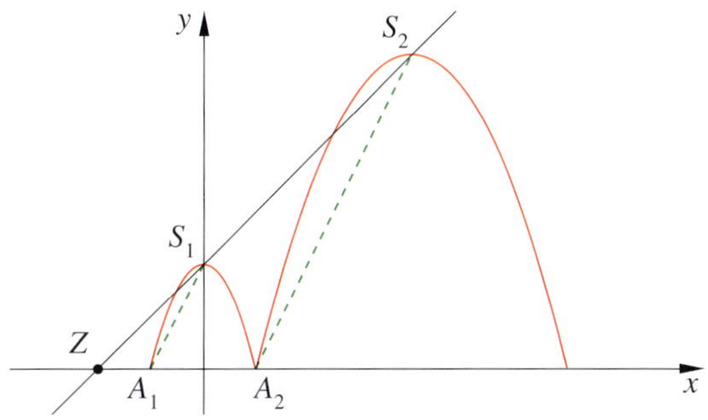

Die linke Parabel in der Abbildung besitzt die Gleichung $y = -x^2 + 4$ und die Gerade die Gleichung $y = x + 4$. Beide Parabeln haben ihre Scheitel S_1 und S_2 auf der Geraden und schneiden sich im Punkt A_2 auf der x-Achse.
Die Strecken $[A_1S_1]$ und $[A_2S_2]$ sind zueinander parallel.
Bestimme die Koordinaten des Scheitels und eine Gleichung der rechten Parabel.
Tipp: Strahlensatz.

31 Bestimme, falls möglich, für die Gleichung $y = (x - d)^2 + e$ die Koeffizienten d und e so, dass die Parabel …

a) die x-Achse an den Stellen -2 und 2 schneidet.

b) symmetrisch bezüglich der Geraden $x = 3$ ist und die x-Achse an der Stelle 7 schneidet.

c) die x-Achse an den Stellen -7 und 2 schneidet.

d) zur Geraden $x = 2{,}5$ symmetrisch ist und den Punkt $P(4|5{,}25)$ enthält.

		$a < -1$	$a = -1$	$-1 < a < 0$	$0 < a < 1$	$a = 1$	$1 < a$
$d > 0$	$e > 0$				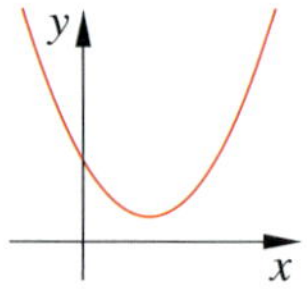	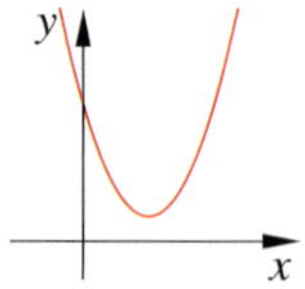	
	$e = 0$						
	$e < 0$						
$d = 0$	$e > 0$						
	$e = 0$						
	$e < 0$						
$d < 0$	$e > 0$						
	$e = 0$						
	$e < 0$						

32 Übertrage die Tabelle in dein Heft (Platzbedarf: eine DIN-A4-Seite; alle 54 inneren Zellen sollen gleich breit und gleich hoch sein) und skizziere in jeder Zelle eine passende Parabel zur Gleichung $y = a(x - d)^2 + e$.

33 Bestimme diejenigen Werte für a, d und e so, dass für die Funktion mit dem Term $f(x) = a(x - d)^2 + e$ das Folgende gilt.

a) Die Wertemenge ist $[-7\,;\infty[$, der Graph ist symmetrisch zur Geraden $x = -3$ und enthält den Punkt $P(2|3)$.

b) Die Wertemenge ist $]-\infty; 12{,}5]$, der Graph schneidet die x-Achse in -2 und 8.

c) Nur für alle x-Werte aus dem Intervall $]-3{,}2; 2{,}8[$ liegen die Funktionswerte über der x-Achse. 13,5 ist der größte Funktionswert.

d) Der Graph ist eine Parabel mit Scheitel im 4. Quadranten, die kongruent zur Normalparabel ist und die x-Achse an den Stellen $-1{,}3$ und $4{,}1$ schneidet.

e) $A(12|0)$ und $B(0|-16)$ sind die gemeinsamen Punkte von Graph und x-Achse bzw. Graph und y-Achse.

Aufgabe der Woche

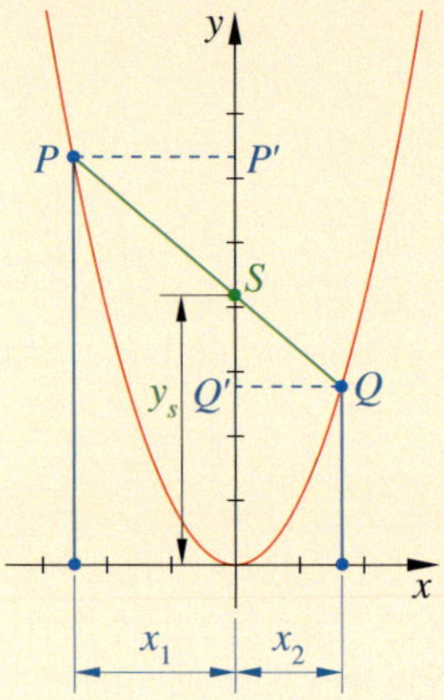

Vom russischen Mathematiker Yuri Matiyasevich stammt die folgende Methode, mithilfe einer Normalparabel zwei Zahlen x_1 und x_2 zu multiplizieren.

Zeichne eine Normalparabel und zwei Parallelen zur y-Achse, eine links von der y-Achse im Abstand x_1 und eine rechts im Abstand x_2.
P und Q sind die Schnittpunkte der Geraden mit der Parabel. Die Strecke $[PQ]$ schneidet die y-Achse an der Stelle $y_S = x_1 \cdot x_2$. Die Schnittstelle der Verbindungslinie der Parabelpunkte auf der y-Achse veranschaulicht somit das Produkt der Abstände x_1 und x_2.

Überprüfe zeichnerisch dieses Verfahren mit den Faktoren $x_1 = 3$ und $x_2 = 2{,}5$.
Beweise rechnerisch, dass $[PQ]$ die y-Achse an der Stelle $y = 3 \cdot 2{,}5 = 7{,}5$ schneidet. (Hinweis: Die Dreiecke SPP' und SQQ' sind ähnlich.)
Beweise dieses Verfahren allgemein für positive Zahlen x_1 und x_2.

4.2 Binomische Formeln und quadratische Ergänzung

Übereifriger Tafeldienst — Auftrag 1

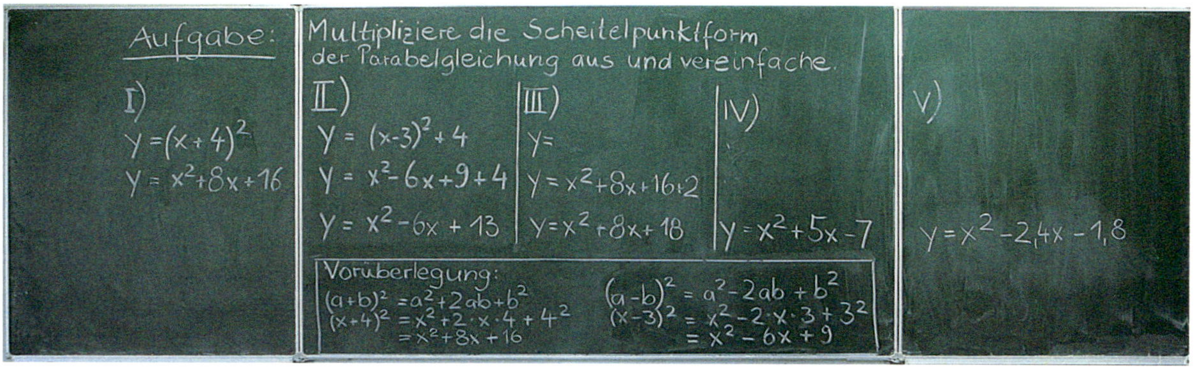

Marvin multipliziert an der Tafel fünf Parabelgleichungen in der Scheitelpunktform aus und vereinfacht die Terme.
Um Zeit zu sparen, wendet er die Termumformungen $(a + b)^2 = a^2 + 2ab + b^2$ und $(a - b)^2 = a^2 - 2ab + b^2$ (auch als **binomische Formeln** bekannt) an. Bestätige diese Formeln.
Mira erhält anschließend den Auftrag, die zugehörigen Parabeln zu zeichnen. Leider hat der Tafeldienst bereits einen Teil von Marvins Tafelbild weggewischt. Wie kann nun Mira die Scheitelpunktform der Parabelgleichungen III), IV) und V) rekonstruieren?

Der Weg ist das Ziel — Auftrag 2

Die Graphen der Funktionen mit Termen der Art $f(x) = x^2 + bx + c$ sind ebenfalls Parabeln. Um dies nachzuweisen, wandle die unten stehenden Gleichungen (4) bis (9) in die Scheitelpunktform $f(x) = (x - d)^2 + e$ um.
„Gehe" dazu den vorgegebenen Weg vom Start bis zum Ziel.
Gib von jeder Parabel den Scheitel an.

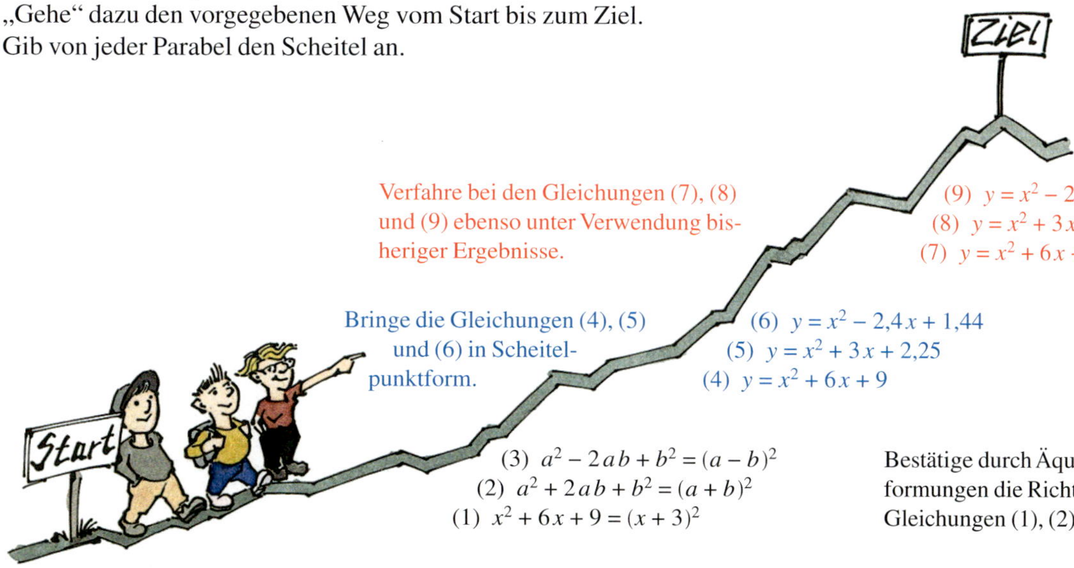

Verfahre bei den Gleichungen (7), (8) und (9) ebenso unter Verwendung bisheriger Ergebnisse.

(9) $y = x^2 - 2{,}4x - 1{,}75$
(8) $y = x^2 + 3x - 4{,}5$
(7) $y = x^2 + 6x + 11$

Bringe die Gleichungen (4), (5) und (6) in Scheitelpunktform.

(6) $y = x^2 - 2{,}4x + 1{,}44$
(5) $y = x^2 + 3x + 2{,}25$
(4) $y = x^2 + 6x + 9$

(3) $a^2 - 2ab + b^2 = (a - b)^2$
(2) $a^2 + 2ab + b^2 = (a + b)^2$
(1) $x^2 + 6x + 9 = (x + 3)^2$

Bestätige durch Äquivalenzumformungen die Richtigkeit der Gleichungen (1), (2) und (3).

Auftrag 3 Zum Quadrat ergänzen

Auch Gleichungen der Form $y = x^2 + bx + c$ beschreiben Parabeln. Um dies nachzuweisen, kann man die Gleichungen in die Scheitelpunktform $y = (x - d)^2 + e$ umwandeln. Dazu verwendet man häufig das sogenannte **Verfahren der quadratischen Ergänzung**.
Die drei folgenden nicht ganz vollständigen Beispiele demonstrieren dieses Verfahren. Übertrage sie in dein Heft und fülle die Lücken aus.
Beschreibe allgemein die Vorgehensweise bei diesem Verfahren und begründe es.
Bevor du mit der Arbeit beginnst, begründe die sogenannten **binomischen Formeln**:
$(a + b)^2 = a^2 + 2ab + b^2$ und $(a - b)^2 = a^2 - 2ab + b^2$.
Sie werden dir nützlich sein.

$y = x^2 + 12x + 28$
$y = x^2 + 12x + 36 - 36 + 28$
$y = (x + 6)^2 - ■$

$y = x^2 + 6x - 14$
$y = x^2 + 6x + 9 - ■ - 14$
$y = (x + ●)^2 - 23$

$y = x^2 - 3x + 7{,}5$
$y = x^2 - 3x + ■^2 - ● + 7{,}5$
$y = (x - ▲)^2 + 5{,}25$

Ermittle unter Verwendung dieses Verfahrens die Scheitelpunktform der folgenden Parabelgleichungen.
$y = x^2 + 10x + 17$ $y = x^2 - 16x - 36$ $y = x^2 + 2{,}6x - 0{,}21$

Bearbeitung

Auftrag 1 Übereifriger Tafeldienst

Beim Ausmultiplizieren der Parabelgleichungen verwendet Marvin die sogenannten **binomischen Formeln**

$(a + b)^2 = a^2 + 2ab + b^2$ und $(a - b)^2 = a^2 - 2ab + b^2$,

die sich leicht durch Ausmultiplizieren bestätigen lassen:

$(a + b)^2 = (a + b)(a + b)$
$= a^2 + ab + ba + b^2$
$= a^2 + 2ab + b^2$

$(a - b)^2 = (a - b)(a - b)$
$= a^2 - ab - ba + b^2$
$= a^2 - 2ab + b^2$

Bei den noch an der Tafel stehenden Gleichungen I) und II) erkennt Mira die Verwendung dieser beiden Formeln:

I) $y = (x + 4)^2$
$y = x^2 + 2 \cdot x \cdot 4 + 4^2$
$y = x^2 + 8x + 16$

II) $y = (x - 3)^2 + 4$
$y = x^2 - 2 \cdot x \cdot 3 + 3^2 + 4$
$y = x^2 - 6x + 9 + 4$
$y = x^2 - 6x + 13$

Bei den Gleichungen III), IV) und V) hingegen muss Mira Marvins Umformungen wieder rückgängig machen, um die Scheitelpunktform der Parabelgleichungen zu rekonstruieren.

Bei diesem „Rückwärtsrechnen" benötigt sie ebenfalls die binomischen Formeln, allerdings in der anderen Richtung wie Marvin, also von der „Summenseite" $a^2 + 2ab + b^2$ zur „Produktseite" $(a + b)^2$.

Info

Unter einem **Binom** (bis (lat.) zwei; nomen (lat.) Name) versteht man eine Summe oder Differenz zweier Variablen oder Zahlen:
$a + b$ oder $a - b$

Mit dem Namen „binomische Formel" wird somit kein Mathematiker gewürdigt.
In manchen Sachbüchern wird allerdings die Entdeckung dieser Formeln einer Person namens Alessandro Binomi zugeschrieben. Deren Lebensdaten (*1727; †1643) weisen aber auf einen mathematischen Spaß hin.

Gleichung III): Der wichtigste Schritt steht noch an der Tafel.

Der Term auf grauem Grund ist bereits von der Form $a^2 + 2ab + b^2$ mit $a = x$, $b = 4$ und $2ab = 8x$, dem sogenannten gemischten Glied.
Nach Anwenden der ersten binomischen Formel (in Richtung „Summenseite" → „Produktseite") erhält Mira direkt die gesuchte Scheitelpunktform.

$$y = x^2 + 8x + 18$$
$$y = x^2 + 8x + 16 + 2$$
$$x^2 + 2 \cdot x \cdot 4 + 16$$
$$y = (x + 4)^2 + 2$$

Gleichung IV): Hier muss Mira die „Summenseite" der binomischen Formel selbst finden.

Sie betrachtet zunächst die beiden ersten Summanden $x^2 + 5x$.
Wenn $5x$ das gemischte Glied $2xb$ darstellt, muss b gleich 2,5 sein.
Deshalb ergänzt Mira den Summanden $2{,}5^2$ und erhält so eine vollständige „Summenseite" der ersten binomischen Formel. (Dieses Verfahren heißt **quadratische Ergänzung**.)
Zum Ausgleich muss sie $2{,}5^2$ wieder subtrahieren.
Nach Berechnung von $-2{,}5^2 - 7$ erhält Mira die gesuchte Scheitelpunktform der Parabelgleichung.

$$y = x^2 + 5x - 7$$
$$x^2 + 2 \cdot x \cdot 2{,}5$$
$$y = x^2 + 2 \cdot x \cdot 2{,}5 + 2{,}5^2 - 2{,}5^2 - 7$$
$$y = (x + 2{,}5)^2 - 13{,}25$$

Aus den Beispielen III) und IV) erkennt Mira:
Eine Scheitelpunktkoordinate der Parabel mit der Gleichung $y = x^2 + bx + c$ ist $x_S = -\frac{b}{2}$. So ist bei Beispiel III): $x_S = -\frac{8}{2} = -4$ und bei Beispiel IV) $x_S = -\frac{5}{2} = -2{,}5$.

Gleichung V): Mira wendet wieder das Verfahren der quadratischen Ergänzung an.

Hier benötigt sie die zweite binomische Formel $a^2 - 2ab + b^2 = (a - b)^2$.

$$y = x^2 - 2{,}4x - 1{,}8$$
$$x^2 - 2 \cdot x \cdot 1{,}2$$
$$y = x^2 - 2 \cdot x \cdot 1{,}2 + 1{,}2^2 - 1{,}2^2 - 1{,}8$$
$$y = (x - 1{,}2)^2 - 3{,}24$$

Einen Schritt weitergedacht:
Auch Parabelgleichungen der Form $y = ax^2 + bx + c$ mit einem von 1 verschiedenen Parameter a können mittels quadratischer Ergänzung auf die Scheitelpunktform $y = a(x - d)^2 + e$ gebracht werden. Allerdings muss dazu der Faktor a zunächst aus einem Teil des Terms ausgeklammert werden.

Beispiel:

Der Öffnungsfaktor a (im Beispiel $a = 3$) wird ausgeklammert.

Das lineare Glied in der Klammer wird in die Form $2 \cdot x \cdot d$ gebracht.
Der quadratische Term in der Klammer wird in der Form $(x^2 \pm 2xd + d^2 - d^2)$ geschrieben.
$-d^2$ wird aus der Klammer genommen (Multiplikation mit Faktor a nicht vergessen!) und mit dem konstanten Glied zusammengefasst.

$$y = 3x^2 - 42x + 101$$
$$y = 3\,(x^2 - 14x) + 101$$
$$x^2 - 2 \cdot x \cdot 7$$
$$y = 3(x^2 - 2 \cdot x \cdot 7 + 7^2 - 7^2) + 101$$
$$y = 3(x^2 - 2 \cdot x \cdot 7 + 7^2) - 3 \cdot 7^2 + 101$$
$$y = 3(x - 7)^2 - 46$$

Aus voranstehendem Beispiel ist zu erkennen:
Die Parabel mit der Gleichung $y = ax^2 + bx + c$ hat an der Stelle $x_S = -\frac{b}{2a}$ ihren Scheitel. So ist im Beispiel $x_S = -\frac{-42}{2 \cdot 3} = 7$.

Beachte

Unterscheide genau die „Produktseite" der zweiten binomischen Formel, $(a-b)^2$, von der „Differenzseite" der dritten binomischen Formel, a^2-b^2. Diese beiden Terme sind nicht äquivalent. (Häufige Fehlerquelle!)
Ebenso sind die Terme $(a+b)^2$ und a^2+b^2 nicht äquivalent.

Noch einen Schritt weitergedacht:
Ein Funktionsterm der Form $f(x)=x^2-e^2$ ist äquivalent zu $(x+e)(x-e)$. Daraus lassen sich direkt die Schnittstellen $x=-e$ und $x=e$ des Graphen mit der x-Achse ablesen.
Beispielsweise schneidet die Parabel zu $y=x^2-9$ die x-Achse an den Stellen $x=-3$ und $x=3$.
Allgemein lässt sich jede Differenz der Form a^2-b^2 in ein Produkt verwandeln:
$a^2-b^2=(a+b)(a-b)$.
Dies lässt sich leicht durch Ausmultiplizieren des rechten Terms bestätigen:
$(a+b)(a-b)=a^2-ab+ba-b^2=a^2-b^2$
Diese Beziehung komplettiert die drei binomischen Formeln:

$(a+b)^2=a^2+2ab+b^2$ 1. binomische Formel („Plusformel")
$(a-b)^2=a^2-2ab+b^2$ 2. binomische Formel („Minusformel")
$(a+b)(a-b)=a^2-b^2$ 3. binomische Formel („Plusminusformel")

Beispiel: $(3x+7x)(3x-7x)=(3x)^2-(7x)^2=9x^2-49x^2$

Zusammenfassung

Binomische Formeln und quadratische Ergänzung

Mithilfe der **binomischen Formeln**

$a^2+2ab+b^2=(a+b)^2$ („Plusformel")

$a^2-2ab+b^2=(a-b)^2$ („Minusformel")

$a^2-b^2=(a+b)(a-b)$ („Plusminusformel")

lassen sich Summen dieser Form leicht als Produkte schreiben (und umgekehrt).

$9+6u+u^2=(3+u)^2$ $(a=3;\ b=u)$

$4v^2-16v+16=(2v-4)^2$ $(a=2v;\ b=4)$

$v^2-0{,}25w^2=(v+0{,}5w)(v-0{,}5w)$ $(a=v;\ b=0{,}5w)$

Beachte: Die Terme auf der linken Seite sind Summen bzw. Differenzen, die auf der rechten Seite Produkte.

Eine Funktion mit einem Term der Form
$f(x)=ax^2+bx+c$
mit reellen Zahlen a, b und c sowie $a\neq 0$ heißt **quadratische Funktion**. Ihr Graph ist eine Parabel. Falls nichts anderes angegeben ist, wird von der Definitionsmenge $D=\mathbb{R}$ ausgegangen.

Um Lage und Form der Parabel zu bestimmen, kann die **allgemeinen Form der Parabelgleichung** $y=ax^2+bx+c$ in die Scheitelpunktform $y=a(x-d)^2+e$ gebracht werden.
Ein mögliches Verfahren dazu ist die sogenannte **quadratische Ergänzung**:
Ein Term $x^2\pm bx$ wird zu einem vollständigen Quadrat $\left(x\pm\frac{b}{2}\right)^2$ ergänzt.

Umwandlung der Parabelgleichung $y=7x^2+56x+127$ in die Scheitelpunktform:

Öffnungsfaktor 7 ausklammern:
$y=7(x^2+8x)+127$

x^2+8x zu vollständigem Quadrat $(x+4)^2$ ergänzen:
$y=7(x^2+2\cdot x\cdot 4+4^2-4^2)+127$

-4^2 aus der Klammer nehmen, mit 7 multiplizieren und zu 127 addieren:
$y=7(x+4)^2-7\cdot 4^2+127$
$y=7(x+4)^2+15$

Die Parameter $a=7$; $d=-4$ und $e=15$ liefern die Lage und die Öffnung der Parabel:
Scheitel $S(-4\,|\,15)$; nach oben geöffnete Parabel, die enger ist als die Normalparabel.

Aufgaben

Verknüpfen
Anwenden
Trainieren

Beachte: Wenn in den folgenden Aufgaben Bruchterme vorkommen, sei die Definitionsmenge stets so gewählt, dass kein Nenner Null wird.

1 Multipliziere aus.

a) $(x+2)^2$
b) $(x-3)^2$
c) $(4+x)^2$
d) $\left(\frac{1}{x}+\frac{3}{x}\right)^2$
e) $\left(\frac{x}{2}-\frac{2}{x}\right)^2$
f) $(3x-5y)^2$
g) $(2ab+7ac)^2$
h) $(8xy+4x^2)^2$
i) $(1{,}2a^2-0{,}8b)^2$
j) $\left(\frac{2x^2}{3y}-\frac{y}{x}\right)^2$

2 Multipliziere aus.

a) $(x+3)(x-3)$
b) $(x-4)(x+4)$
c) $(z-4y)(z+4y)$
d) $\left(b+\frac{2}{3}\right)\left(b-\frac{2}{3}\right)$
e) $\left(\frac{7}{x}+\frac{1}{2x}\right)\left(\frac{7}{x}-\frac{1}{2x}\right)$
f) $(2u+3v)(2u-3v)$
g) $(7p-5q)(5q+7p)$
h) $(x+0{,}3y)(0{,}3y-x)$
i) $\left(\frac{1}{7}a-\frac{1}{5}b\right)\left(\frac{1}{7}a+\frac{1}{5}b\right)$
j) $\left(\frac{3a}{7b}-\frac{4a}{b^2}\right)\left(\frac{3a}{7b}+\frac{4a}{b^2}\right)$

3 Schreibe als Produkt.

a) x^2+6x+9
b) $x^2-12x+36$
c) b^2+6b+9
d) $4x^2+12xy+9y^2$
e) $k^2+2{,}4k+1{,}44$
f) $6{,}25a^2-10ab+4b^2$
g) $0{,}09a^2-1{,}8ab^2+9b^4$
h) $0{,}49p^8+2{,}24p^4q^3+2{,}56q^6$
i) $9a^4b^{10}+6\sqrt{2}\,a^5b^6+2a^6b^2$
j) $\frac{9}{16}a^4b^2-2\frac{1}{4}a^2bc^3+2\frac{1}{4}c^6$
k) $\frac{4}{49}t^2-\frac{12}{35}st+\frac{9}{25}s^2$
l) $\frac{16}{x^2}+\frac{48}{xy}+\frac{36}{y^2}$
m) $\frac{4m^2}{n^2}+\frac{4mp}{3nq}+\frac{p^2}{9q^2}$
n) $\frac{1}{64a^2}-\frac{1}{6b}+\frac{4a^2}{9b^2}$
o) $\frac{9a^2}{25b^4}-\frac{1}{ab}+\frac{25b^2}{36a^4}$

4 Write the difference as a product.

a) x^2-81
b) x^2-625
c) $z^2-1{,}21$
d) $z^2-\frac{4}{9}$
e) $\frac{x^2}{y^2}-\frac{121}{49}$
f) z^2-2
g) $16u^2-9v^2$
h) $6{,}25-20{,}25t^2$
i) $9a^2-\frac{b^2}{4}$
j) $\frac{64a^2}{b^4}-\frac{4b^2}{9a^2}$

5 Faktorisiere den Term.

a) $49a^2+64b^2+112ab$
b) $-0{,}4pq+0{,}04q^2+p^2$
c) $\frac{49}{64}t^2+\frac{4}{49}s^4+0{,}5s^2t$
d) $\frac{9}{a^2}+\frac{a^2}{b^2}+\frac{6}{b}$
e) $-9b^2+25a^2$
f) $-4{,}84x^6+1{,}44x^2$
g) $-2mn+2\frac{7}{9}m^2+\frac{81}{225}n^2$
h) $\frac{x^4}{16y^2}+\frac{9x^2}{y^4}-\frac{3x^3}{2y^3}$

6 Faktorisiere den Term. Klammere zuerst aus.

a) $2x^2+8x+8$
b) $5y^2-60y+180$
c) $18a^2+12ab+2b^2$
d) $-4s^2-8st-4t^2$
e) $-12p^2+36pq-27q^2$
f) $19{,}2a^2-9{,}6ab+1{,}2b^2$
g) $-25x^4-70b^2x^2-49b^4$
h) $-144s^8+336s^4t^5-196t^{10}$
i) $-\frac{2}{3}x^2-\frac{20}{3}xy-\frac{50}{3}y^2$
j) $\frac{4z}{x^2}-\frac{12z}{xy}+\frac{9z}{y^2}$
k) $\frac{2}{x^2z}+\frac{4}{xyz}+\frac{2}{y^2z}$
l) $\frac{9}{x^3}-\frac{24}{x^2y}+\frac{16}{xy^2}$

7 Faktorisiere den Term. Klammere zuerst aus.

a) $2x^2-18$
b) $36a^2-4b^2$
c) $20\frac{4}{7}n^2-112m^2$
d) $0{,}12d^2-0{,}27e^2$
e) $\frac{pr^2}{s^2}-\frac{ps^2}{t^2}$
f) $0{,}7e^2-0{,}847f^2$
g) $5p^2-8{,}45q^2$
h) $\frac{100}{27}s^2-\frac{16}{3}t^2$
i) $14{,}4-16{,}9f^2$
j) $\frac{3k^2}{l^2n}-\frac{12m^2}{n^3}$

8 Ergänze im Heft zu einem vollständigen Quadrat.

a) $x^2+6x+\ldots$
b) $x^2+32x+\ldots$
c) $x^2-5x+\ldots$
d) $x^2+2{,}4x+\ldots$
e) $4x^2+28x+\ldots$
f) $9x^2+15x+\ldots$
g) $0{,}01x^2-x+\ldots$
h) $\frac{9}{16}x^2+6x+\ldots$

Lösungswort: 16 (n); 49 (e); 6,25 (t); 25 (e); 9 (k); 256 (a); 1,44 (h)

9 Complete to a full square.

a) $a^2+\ldots+9$
b) $49x^2+\ldots+4y^2$
c) $0{,}25+\ldots+\frac{16}{81}c^2$
d) $\ldots b^2-12bc+4c^2$
e) $100x^2+4xy+\ldots y^2$
f) $24z+\ldots z^2+9$
g) $1{,}44u^2+\ldots v^2-0{,}72uv$
h) $\frac{9}{16}p^2+0{,}\overline{4}q^2-\ldots q$

10 Bestimme die Koordinaten des Parabelscheitels.

a) $y=x^2+6x+9$
b) $y=x^2+6x+11$
c) $y=x^2-8x+16$
d) $y=x^2-8x+22$
e) $y=x^2+10x-7{,}2$
f) $y=x^2-14x-\frac{7}{2}$
g) $y=x^2+3x+2{,}25$
h) $y=x^2+3x+7{,}4$
i) $y=x^2-5x+6$
j) $y=x^2-13x-22{,}6$
k) $y=x^2-2{,}3x+7{,}9$
l) $y=x^2-3\frac{1}{3}x$

Lösungswort: $(-3|2)$ (x); $(2{,}5|-0{,}25)$ (i); $(6{,}5|-64{,}85)$ (e); $\left(\frac{5}{3}\middle|-2\frac{7}{9}\right)$ (l); $(7|-52{,}5)$ (e); $(-1{,}5|0)$ (n); $(4|0)$ (p); $(4|6)$ (o); $(-5|-32{,}2)$ (n); $(-1{,}5|5{,}15)$ (t); $(1{,}15|6{,}5775)$ (l); $(-3|0)$ (e)

11 Bestimme die Koordinaten des Scheitels und zeichne den Graphen.

a) $y=x^2-6x+9$
b) $y=x^2+4x+7$
c) $y=x^2-12x-18$
d) $y=x^2-12x+40$
e) $y=-5x+x^2-3{,}7$
f) $y=x^2-x-3^2$

12 Beschreibe die Lage und die Form der durch die Gleichung gegebenen Parabel im Vergleich zur Normalparabel.

a) $y = 2x^2 + 8x + 8$
b) $y = 2x^2 + 8x + 11$
c) $y = 3x^2 - 30x + 75$
d) $y = 3x^2 - 30x + 20$
e) $y = 0{,}2x^2 + 1{,}2x + 1{,}8$
f) $y = 0{,}2x^2 + 1{,}2x + 0{,}4$
g) $y = -5x^2 + 40x - 80$
h) $y = -5x^2 + 40x - 72$
i) $y = -x^2 + 4{,}4x - 4{,}84$
j) $y = -x^2 + 4{,}4\,x - 3{,}2$
k) $y = -3x^2 + 21x - 4{,}3$
l) $y = -0{,}8x^2 - 7{,}4 - 12x$
m) $y = 1{,}2x^2 - 0{,}4x + \frac{2}{15}$
n) $y = \frac{1}{4}x^2 - 2x + 3$

13 Bestimme die Wertemenge der Funktionen mit den folgenden Funktionsgleichungen.

a) $y = (x - 3{,}2)^2 - 7{,}8$
b) $y = -4{,}7 + \left(x + 1\frac{1}{3}\right)^2$
c) $y = -(2{,}1 - x)^2 - 5{,}9$
d) $y = 2{,}4 \cdot (-x + 2)^2 + 0{,}8$
e) $y = 8x^2 + 1{,}6x - 0{,}42$
f) $y = 0{,}3x^2 - 0{,}72x + 1{,}132$
g) $y = -x^2 - 6x + 7$
h) $y = -1{,}2x^2 + 12x - 10$

Lösungswort: $[-0{,}5; \infty[$ (o); $[-7{,}8; \infty[$ (a); $[0{,}8; \infty[$ (r); $]-\infty; 16]$ (d); $]-\infty; 20]$ (e); $[-4{,}7; \infty[$ (s); $]-\infty; -5{,}9]$ (t); $[0{,}7; \infty[$ (i)

14 Bei welchen Werten für b liegt der Scheitel der Parabel auf der x-Achse?

a) $y = x^2 + bx + 9$
b) $y = x^2 - bx + 16$
c) $y = x^2 + bx + 1{,}44$
d) $y = x^2 + bx + 3$
e) $y = x^2 + bx$
f) $y = 2x^2 + bx + 128$
g) $y = -5{,}5x^2 + bx - 2{,}695$
h) $y = -4{,}8x^2 - bx + 0{,}432$

Lösungswort: ± 8 (r); 0 (m); ± 32 (e); $\pm 7{,}7$ (n); n. l. (t); $\pm 2{,}4$ (n); ± 6 (o); $\pm 2\sqrt{3}$ (a)

15 Bestimme die Koeffizienten b und c in der Gleichung $y = x^2 + bx + c$ der Parabel mit den gegebenen Scheitelpunktkoordinaten.

a) $S(2|3{,}5)$
b) $S\left(\frac{3}{2}\middle|-2\right)$
c) $S(-3|0{,}6)$
d) $S\left(-\frac{11}{3}\middle|-\frac{7}{9}\right)$

16 Bestimme die Koeffizienten a, b und c so, dass der Punkt P auf dem Graphen von f liegt.

a) $P(1|4)$ $\quad f(x) = x^2 + bx + 7$
b) $P(-2|5)$ $\quad f(x) = ax^2 - 4x + 3$
c) $P(13|-7)$ $\quad f(x) = 2x^2 - 26x + c$
d) $P(0{,}2|2{,}4)$ $\quad f(x) = 12x^2 + bx - 4{,}7$

Noch fit?

I Ein Tetraeder-Spielwürfel wird zweimal geworfen.

a) Ermittle den Ergebnisraum Ω (in aufzählender Form) mithilfe eines Baumdiagramms.
b) Stelle die folgenden Ereignisse jeweils als Teilmenge von Ω dar:
A: „Beide Augenzahlen sind gleich."
B: „Erste Augenzahl ist gerade und größer als die zweite."
C: „Die Summe der Augenzahlen ist größer als 5."
D: „Beide Augenzahlen sind Quadratzahlen."
c) Berechne die Wahrscheinlichkeiten der Ereignisse aus b).
d) Berechne geschickt die Wahrscheinlichkeit des Ereignisses E: „Mindestens eine Augenzahl ist eine Primzahl."

Aufgaben

Verknüpfen
Anwenden
Trainieren

17 Ergänze im Heft die Parabelgleichung so, dass die Parabel die x-Achse berührt.
Hinweis: Was kannst du über die Koeffizienten a, d und e in der Parabelgleichung $y = a(x - d)^2 + e$ aussagen, wenn die Parabel die x-Achse berührt?

a) $y = x^2 - 3x + \ldots$
b) $y = 4x^2 + 10x + \ldots$
c) $y = 0{,}4x^2 - 2{,}4x + \ldots$
d) $y = -2{,}8x^2 + 3{,}36x + \ldots$
e) $y = \frac{2}{3}x^2 - \frac{1}{12}x + \ldots$
f) $y = 4\frac{1}{6}x^2 + 2\frac{7}{9}x + \ldots$

18 Berechne den Termwert geschickt mithilfe der binomischen Formeln wie in folgendem Beispiel.
$32 \cdot 28 = (30 + 2) \cdot (30 - 2) = 900 - 4 = 896$

a) $41 \cdot 39$
b) $97 \cdot 103$
c) $28 \cdot 15 + 28 \cdot 17$
d) $97 \cdot 81 - 9^2 \cdot 18$

19 Bei einem Quadrat der Seitenlänge x (in cm) wird die eine Seite um 2 cm verkürzt und die andere Seite um 5 cm verlängert.

a) Bestimme einen Term der Funktion f, die jeder Seitenlänge x den Flächeninhalt des Rechtecks zuordnet.
b) Bestimme die Definitionsmenge von f.
c) Zeichne den Graphen der Funktion f geschickt in ein Koordinatensystem.

Aufgaben

Verknüpfen
Anwenden
Trainieren

20 Parabelflüge dienen dazu, Schwerelosigkeit außerhalb des Weltraums zu erzeugen.

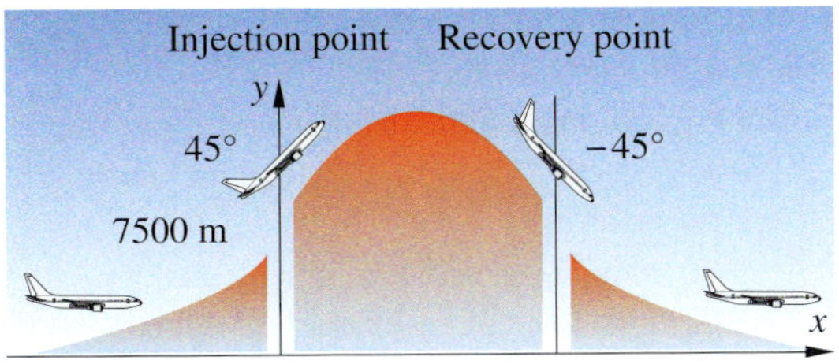

Von einem horizontalen Flug mit Höchstgeschwindigkeit geht das Flugzeug in einen Steigflug über. Bei einem Winkel von 45° wird der Antrieb des Flugzeugs fast auf Null reduziert („Injection point"). Die Maschine durchfliegt in den anschließenden etwa 25 Sekunden eine nahezu parabelförmige Bahn, bevor sie im Sinkflug bei einem Winkel von etwa −45° vom Piloten wieder „abgefangen" wird („Recovery point"). In dieser Zeit befinden sich die Passagiere an Bord im Zustand der Schwerelosigkeit.
Die Gleichung $y = -0{,}0225x^2 + 0{,}9x + 75$ (x und y in 100 m) beschreibt die Bahn eines Parabelflugs zwischen Injection und Recovery point bezüglich des Koordinatensystems im Bild.

a) Gib eine Gleichung der Parabel an, wenn das Koordinatensystem so nach rechts verschoben wird, dass der Scheitel auf der y-Achse liegt.
b) Wie groß ist die Entfernung zwischen dem Injection point und dem Recovery point?
c) Bestimme die maximale Flughöhe.

21 Elli und Sascha berechnen die Koordinaten des Parabelscheitels zu $y = ax^2 + bx + c$ ($a \neq 0$).
Sascha: „Durch quadratische Ergänzung wandle ich die Gleichung in die Scheitelpunktform um und erhalte so den Scheitel."
Elli: „Wenn ich in die Formel $x_S = -\frac{b}{2a}$ die Koeffizienten der Parabelgleichung einsetze, erhalte ich die x-Koordinaten des Scheitels."

a) Begründe Ellis Methode durch Vergleich mit Saschas Verfahren.
b) Bestimme geschickt die x-Koordinate des Scheitels der Parabeln (1) bis (3).
(1) $y = 0{,}2x^2 + 2{,}5x - 1{,}8$
(2) $y = -x^2 + 14{,}8x - 4{,}4$
(3) $y = 2\frac{3}{7} - 0{,}5x^2 + 2\frac{3}{4}x$

22 Der Term $n(p) = 80 - 4p$ beschreibt die Abhängigkeit der Anzahl n der monatlich verkauften Stücke eines Produkts (z. B. in einer Fabrik hergestellte Maschinen) vom Preis p.

a) Bestimme den monatlichen Umsatz u („Stückzahl mal Preis" in 1000 EUR) in Abhängigkeit vom Preis p (in 1000 EUR).
b) Zeichne den Graphen der Preis-Umsatz-Funktion in ein geeignetes Koordinatensystem.
c) Bei welchem Preis ist der Umsatz am größten? Wie groß ist er dann?

23 Mit einem Sportgewehr wird senkrecht nach oben geschossen. Für die Höhe h (in m) der Kugel nach der Zeit t (in s) gilt näherungsweise $h(t) = 140t - 5t^2$.

a) Bestimme die Höhe der Kugel zu den Zeitpunkten 2 s, 12,2 s, 19,2 s und 27,7 s.
b) Zeichne den Graphen der Funktion h geschickt in ein Koordinatensystem (Rechtsachse: t in s; Hochachse: h in m).
c) Bestimme die maximale Steighöhe der Kugel.

24 Der Benzinverbrauch $b(v)$ eines Pkws in Abhängigkeit von der Geschwindigkeit v wird näherungsweise durch den Term
$b(v) = 0{,}0008v^2 - 0{,}064v + 7$
(v in km/h und $b(v)$ in l/100 km) beschrieben.

a) Wie groß ist der Benzinverbrauch bei der Geschwindigkeit 70 km/h (85 km/h; 100 km/h)?
b) Beantworte die folgende Frage, indem du die Scheitelpunktform der Funktionsgleichung bestimmst:
Bei welcher Geschwindigkeit ist der Benzinverbrauch am geringsten? Wie groß ist dieser?

25 Die Flugbahn eines Schlagballs (80 g) ist bei Vernachlässigung des Luftwiderstands parabelförmig. Eine mögliche Wurfbahn werde durch die Gleichung $y = -0{,}02x^2 + 0{,}8x + 2$ beschrieben, wobei der Ball an der Stelle $x = 0$ abgeworfen wird (x und y in m).

a) Zeichne die Wurfbahn geschickt in ein geeignetes Koordinatensystem.
b) Bestimme den höchsten Punkt der Wurfbahn und die Wurfweite.
c) Wie weit fliegt der Ball in einer Sporthalle (Höhe 9 m) in horizontaler Richtung, bevor er an die Decke stößt?

Aufgaben

Verknüpfen
Anwenden
Trainieren

26

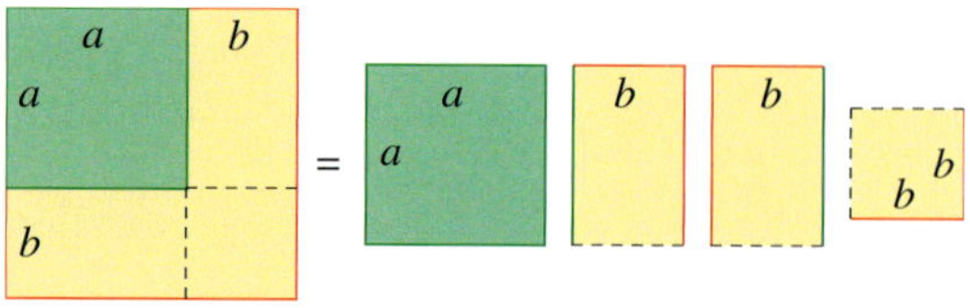

Zeige, dass durch die Zerlegung der Quadratfläche eine der binomischen Formeln veranschaulicht wird. Stelle auch die anderen beiden binomischen Formeln auf ähnliche Art dar.

27 Dein Freund bittet dich, seinen Hefteintrag zu prüfen und ihm eventuelle Fehler zu erklären:

a) $(1{,}5x+2)^2=2{,}25x^2+6x+4$

b) $(7a-5bc)^2=49a^2-25b^2c^2$

c) $4(1{,}25-2p)^2=(5-8p)^2=25-80p+64p^2$

d) $(1{,}2u-0{,}3v)(0{,}3v-1{,}2u)$
$=-(0{,}3v-1{,}2u)(0{,}3v-1{,}2u)$
$=-(0{,}09v^2-0{,}72uv+1{,}44u^2)$
$=-0{,}09v^2+0{,}72uv-1{,}44u^2$

e) $9x^2+y^4z^2=(3x+y^2z)^2$

f) $-16a^2+8a-1=-(16a^2-8a+1)=-(4a-1)^2$

g) $18r^4+6r^2s+2s^2=2(9r^4+3r^2s+s^2)$
$=2(3r^2+s)^2$

28 Die Parabel zu $y=3x^2-12x+5$ wird an der Geraden g gespiegelt. Stelle eine Gleichung der gespiegelten Parabel auf.

a) $g\colon x=2$ **c)** $g\colon y=0$

b) $g\colon x=-1$ **d)** $g\colon y=-3$

29 Parabelgleichung: $y=x^2+2bx+3$ mit $b\in\mathbb{R}$. Beantworte die Fragen, indem du die Gleichung in die Scheitelpunktform umwandelst.

a) Für welche Werte von b berührt die Parabel die x-Achse?

b) Für welche Werte von b schneidet die Parabel die x-Achse zweimal?

30 Umwandlung in die Scheitelpunktform

a) Wandle die Parabelgleichung $y=4x^2+20x-75$ in die Scheitelpunktform um und zeige, dass die Parabel die x-Achse zweimal schneidet.

b) Für welchen Wert von a ($a\in\mathbb{R}\backslash\{0\}$) berührt die Parabel zu $y=ax^2+20x-75$ die x-Achse?

c) Für welche Werte von a schneidet die Parabel zu $y=ax^2+20x+75$ die x-Achse zweimal? Untersuche die Fälle $a>0$ und $a<0$ getrennt.

31 Gegeben sind die drei Funktionsterme $f_1(x)=3(x-2)(x-5)$; $f_2(x)=3x^2-21x+30$ und $f_3(x)=3(x-3{,}5)^2-6{,}75$.

a) Zeige, dass die drei Terme äquivalent sind, also dieselbe quadratische Funktion beschreiben.

b) Welche Vor- und Nachteile haben die unterschiedlichen Darstellungen der Funktionsterme?

c) Welche Informationen für das Zeichnen des Graphen kann man aus den Koeffizienten 3; 2; 5; 30; 3,5; −6,75 in den drei Termen gewinnen?

32 Wie ändern sich die drei Terme aus der Aufgabe 31, wenn der (gemeinsame!) Funktionsgraph

a) an der x-Achse gespiegelt wird;

b) an der y-Achse gespiegelt wird;

c) am Koordinatenursprung gespiegelt wird.

33 Wandle jeweils in die anderen beiden Termtypen der Aufgabe 31 um.

a) $g_1(x)=3(x-5)(x+2)$

b) $h_3(x)=0{,}5(x+1)^2-8$

c) $k_2(x)=-2x^2-5{,}6x+12{,}9$

34 Kurve von Scheitelpunkten

a) Zeichne für $b=-6; -3; 0; 2; 4$ die Parabeln zu $y=x^2+bx+4$ in dasselbe Koordinatensystem.

b) Zeichne in das gleiche Koordinatensystem den Graphen G der Funktion g mit dem Term $g(x)=-x^2+4$. Zeige rechnerisch, dass die Scheitelpunkte der fünf Parabeln aus a) auf G liegen.

c) Zeige allgemein, dass die Scheitel aller Parabeln zu $y=x^2+bx+4$ ($b\in\mathbb{R}$) auf G liegen.

35

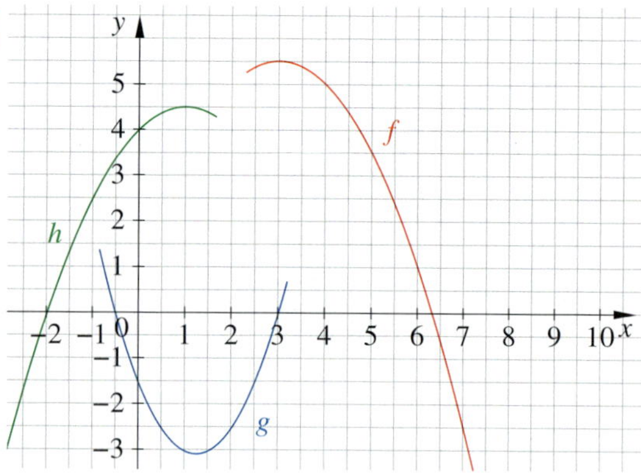

Die Graphen der quadratischen Funktionen f, g und h sind nur teilweise gezeichnet. Bestimme die fehlenden Koeffizienten in den Funktionstermen so genau wie möglich.

$f(x)=a_1x^2+b_1x+1$; $g(x)=x^2+b_2x+c_2$;
$h(x)=a_3x^2+x+c_3$

36 Die Gleichungen (1) $y = a_1 x^2 + b_1 x + c_1$ und (2) $y = a_2(x - d_2)^2 + e_2$ beschreiben dieselbe Parabel. Welche Zusammenhänge bestehen zwischen den Koeffizienten a_1, b_1, c_1 und a_2, d_2, e_2?

37

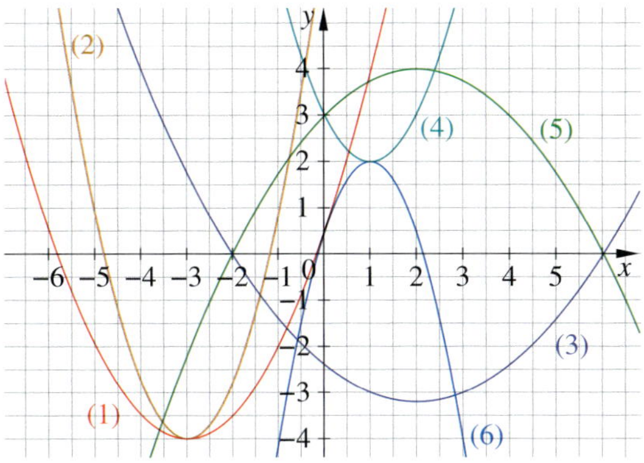

Ordne ohne zu rechnen jedem Graphen den zugehörigen Funktionsterm zu. Begründe.

$f_1(x) = x^2 - 2x + 3$

$f_2(x) = 0{,}5(x + 3)^2 - 4$

$f_3(x) = -1{,}5(x - 1)^2 + 2$

$f_4(x) = 1{,}2(x + 3)^2 - 4$

$f_5(x) = -0{,}25x^2 + x + 3$

$f_6(x) = 0{,}2(x + 2)(x - 6)$

38 Bestimme die Koeffizienten a und b in der Parabelgleichung $y = ax^2 + bx + 4$, wenn S der Scheitelpunkt ist.

a) $S(3|-14)$ **c)** $S(4|52)$

b) $S(-2|-12)$ **d)** $S(1{,}5|-5)$

39 Vereinfache die Bruchterme unter Verwendung der binomischen Formeln. Untersuche, ob sich dabei die maximale Definitionsmenge ändert.

Beispiel: $\frac{x^2 - 6x + 9}{x - 3} = \frac{(x-3)^2}{x-3} = x - 3$

Der Ausgangsterm ist für $x = 3$ nicht definiert; der Ergebnisterm ist für alle reellen Zahlen definiert.

a) $\frac{(x-1)(x+1)}{(x-1)^2}$ **f)** $\frac{x - \sqrt{5}}{x^2 - 5}$

b) $\frac{(x+1)^2}{x^2 - 1}$ **g)** $\frac{4x^2 + 12x + 9}{4x^2 - 9}$

c) $\frac{x^2 - 4}{x^2 + 2x + 4}$ **h)** $\frac{x^2 + 2\sqrt{3}x + 3}{x^2 - 3}$

d) $\frac{(x+2)^2(x-2)}{x^2 - 4}$ **i)** $\frac{2x^2 - 98}{3x^2 - 42x + 147}$

e) $\frac{(x-1)^2}{1 - x^2}$ **j)** $\frac{2x^2 - 12{,}5}{2x^2 + 10x + 12{,}5}$

40 Beim quadratischen Ergänzen wurden einige Fehler gemacht. Finde und verbessere sie.

a) $y = x^2 + 9x - 7 = x^2 + 2 \cdot 4{,}5x - 7$
$= (x^2 + 2 \cdot 4{,}5x + 4{,}5^2) - 7 = (x + 4{,}5)^2 - 7$

b) $y = 4x^2 - 18x + 5$
$= ((2x)^2 - 2 \cdot 9x + 9^2) - 9^2 + 5$
$= (2x - 9)^2 - 11{,}8$

c) $y = 7x^2 + 49x - 56$
$= 7(x^2 + 7x + 3{,}5^2) - 3{,}5^2 - 56$
$= 7(x + 3{,}5)^2 - 68{,}25$

d) $y = \frac{6}{7}x^2 + \frac{3}{14}x - \frac{4}{21}$
$= \frac{6}{7}\left(x^2 + \frac{1}{4}x + \left(\frac{1}{2}\right)^2\right) - \frac{6}{7} \cdot \left(\frac{1}{2}\right)^2 - \frac{4}{21}$
$= \frac{6}{7}(x + 0{,}5)^2 - \frac{17}{42}$

Aufgabe der Woche

In der Information auf Seite 43 wurde die Parabel über ihre Ortslinieneigenschaft definiert:
Die Kurve aus allen Punkten, die von einem festen Punkt P (dem Brennpunkt) und einer Geraden g den gleichen Abstand haben, nennt man Parabel. (Die Gerade g wird auch als **Leitgerade** bezeichnet.)

Zeige, dass jeder Graph einer quadratischen Funktion eine Parabel ist, also jeder Punkt des Graphen die Ortslinieneigenschaft besitzt.

Dies soll zunächst am Beispiel des Graphen der Funktion zum Term $f(x) = 0{,}25x^2 + 1$ mit der x-Achse als Gerade g und Punkt $P(0|2)$ als Brennpunkt gezeigt werden.

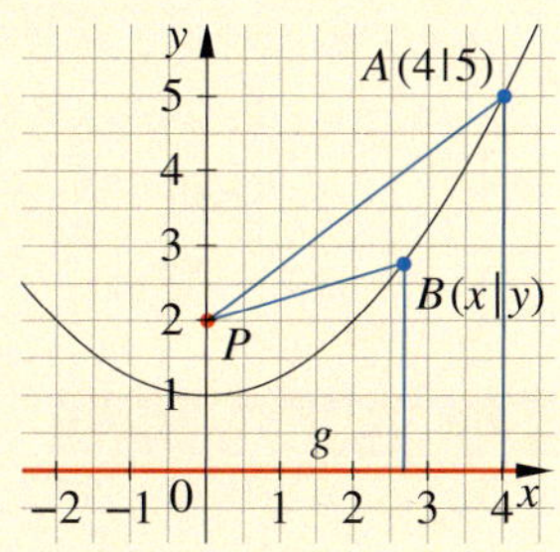

Begründe, dass Punkt $A(4|5)$ von P genauso weit entfernt ist wie von der x-Achse.
Zeige, dass dies für einen beliebigen Punkt $B(x|y)$ des Graphen von f gilt.

Um zu zeigen, dass auch der Graph einer quadratischen Funktion mit beliebigem Öffnungsfaktor $a \neq 1$ eine Parabel ist, betrachte die Funktion mit dem Funktionsterm $q(x) = ax^2 + \frac{1}{4a}$. (Alle Parabeln mit gleichem a sind kongruent!)
Zeige, dass jeder Punkt des Graphen von q die Ortslinieneigenschaft mit der x-Achse als Gerade g und dem Brennpunkt $P\left(0\middle|\frac{1}{2a}\right)$ besitzt.

4.3 Lösen quadratischer Gleichungen

Auftrag 1 Zwei Haufen Gleichungen

(1) $x^2 + 2x - 5 = 0$
(2) $x^2 + 2x - 4 = 0$
(3) $x^2 + 2x - 3 = 0$
(4) $x^2 + 2x - 2 = 0$
(5) $x^2 + 2x - 1 = 0$
(6) $x^2 + 2x = 0$
(7) $x^2 + 2x + 1 = 0$
(8) $x^2 + 2x + 2 = 0$
(9) $x^2 + 2x + 3 = 0$
(10) $x^2 + 2x + 4 = 0$
(11) $x^2 + 2x + 5 = 0$

Betrachte zunächst die Gleichungen des nebenstehenden großen Haufens. Besitzen alle diese Gleichungen eine Lösung? Haben manche vielleicht sogar mehrere Lösungen? Betrachte dazu die Graphen der zugehörigen quadratischen Funktionen.

Und weiter: Wie lauten ggf. diese Lösungen?
Hinweis: In zwei Fällen (in welchen?) kannst du die Lösungen schnell ermitteln.
Löse – um Rechenarbeit zu sparen – für die restlichen Fälle die Gleichung $x^2 + 2x + c = 0$ mit $c \in \mathbb{R}$, indem du die linke Seite mithilfe des Verfahrens der quadratischen Ergänzung umformst. Gib damit die Lösungen der nebenstehenden Gleichungen an.

(12) $2x^2 + 4x + 1 = 0$
(13) $3x^2 - 3x + 6 = 0$
(14) $0{,}5x^2 - 3x + 4{,}5 = 0$

Alle Gleichungen des großen Haufens stimmen in den Koeffizienten vor x^2 bzw. x überein. Um bei anderen Koeffizienten – wie z. B. bei den Gleichungen des nebenstehenden kleinen Haufens – nicht jedes Mal aufs Neue aufwändig rechnen zu müssen, ist es sinnvoll, die Gleichung $ax^2 + bx + c = 0$ mit $a, b, c \in \mathbb{R}$ und $a \neq 0$ in allgemeiner Form zu lösen.
Du kannst dazu vorgehen wie oben und musst lediglich die bisherigen Koeffizienten durch a, b und c ersetzen. Wie lässt sich dann aus a, b und c auf die Anzahl der Lösungen schließen? Wie lauten die Lösungen in Abhängigkeit von den Koeffizienten a, b und c?
Löse mithilfe deiner Erkenntnisse die Gleichungen des kleinen Haufens.

Auftrag 2 Ein Blick in die Formelsammlung

Jakob soll als Hausaufgabe die folgenden Gleichungen lösen.

$x^2 + 2x + 0{,}5 = 0$ $\qquad$ $0{,}5x^2 - 0{,}5x + 1 = 0$ $\qquad$ $3x^2 - 6x + 3 = 0$

Da er keine Idee hat, wie er vorgehen kann, blättert er in der Mathematik-Formelsammlung seiner größeren Schwester und findet den auf Seite 95 oben wiedergegebenen Eintrag. Welche Lösungen erhält Jakob damit für die drei Gleichungen?

Versuche, die Gleichungen ohne Verwendung der Formelsammlung zu lösen. (Tipp: Verwende das Verfahren der quadratischen Ergänzung.)
Erhältst du dieselben Lösungen wie mit den Lösungsformeln?

Leite nun die in der Formelsammlung angegebenen Lösungsformeln selbst her, indem du auf die Gleichung $ax^2 + bx + c = 0$ mit $a, b, c \in \mathbb{R}$ und $a \neq 0$ das Verfahren der quadratischen Ergänzung anwendest.

Quadratische Gleichungen mit reellen Koeffizienten

Die Gleichung $ax^2 + bx + c = 0$ mit $a, b, c \in \mathbb{R}$ und $a \neq 0$ hat

je nachdem, ob die Diskriminante

$b^2 - 4ac > 0$	$b^2 - 4ac = 0$	$b^2 - 4ac < 0$ ist,
zwei reelle Lösungen	eine reelle Lösung	keine reelle Lösung
$x = -\frac{b}{2a} + \frac{\sqrt{b^2 - 4ac}}{2a}$ oder $x = -\frac{b}{2a} - \frac{\sqrt{b^2 - 4ac}}{2a}$	$x = -\frac{b}{2a}$	

Eine Mathematikhausaufgabe

Auftrag 3

Als Hausaufgabe sollten Eva und Klara die Nullstellen der Funktionen mit den angegebenen Termen ermitteln.

$f(x) = x^2 + 2{,}5x + 1{,}6$ $\quad g(x) = x^2 - 0{,}7x + 0{,}1$ $\quad h(x) = -0{,}5x^2 - 0{,}6x - 0{,}18$

Hefteintrag von Klara (Ausschnitt):

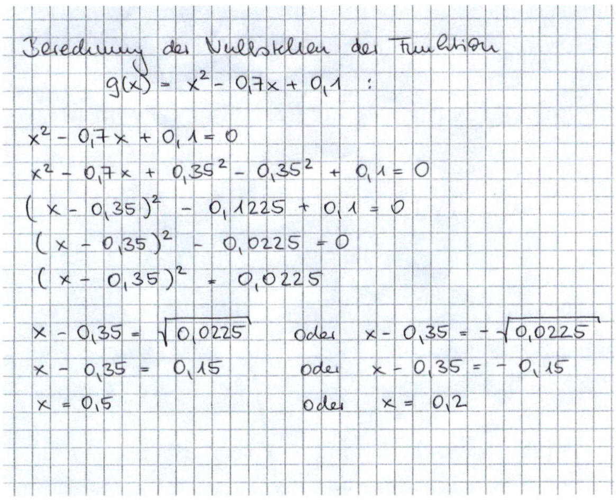
Berechnung der Nullstellen der Funktion $g(x) = x^2 - 0{,}7x + 0{,}1$:

$x^2 - 0{,}7x + 0{,}1 = 0$

$x^2 - 0{,}7x + 0{,}35^2 - 0{,}35^2 + 0{,}1 = 0$

$(x - 0{,}35)^2 - 0{,}1225 + 0{,}1 = 0$

$(x - 0{,}35)^2 - 0{,}0225 = 0$

$(x - 0{,}35)^2 = 0{,}0225$

$x - 0{,}35 = \sqrt{0{,}0225}$ oder $x - 0{,}35 = -\sqrt{0{,}0225}$

$x - 0{,}35 = 0{,}15$ oder $x - 0{,}35 = -0{,}15$

$x = 0{,}5$ oder $x = 0{,}2$

Hefteintrag von Eva:

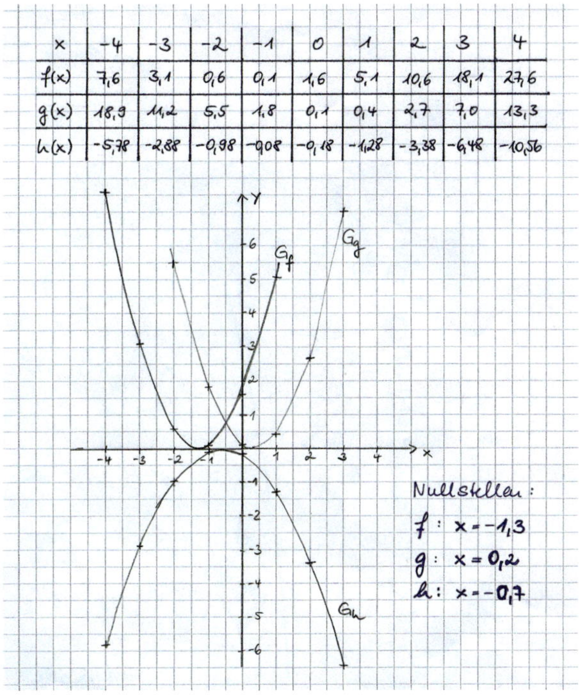
x	-4	-3	-2	-1	0	1	2	3	4
f(x)	7,6	3,1	0,6	0,1	1,6	5,1	10,6	18,1	27,6
g(x)	18,9	11,2	5,5	1,8	0,1	0,4	2,7	7,0	13,3
h(x)	-5,78	-2,88	-0,98	-0,08	-0,18	-1,28	-3,38	-6,48	-10,56

Überprüfe die Ergebnisse von Eva und Klara rechnerisch.
Welche Ergebnisse ergeben sich mit Klaras Verfahren bei den beiden anderen Funktionen?

Um bei der Bestimmung der Nullstellen beliebiger quadratischer Funktionen nach Klaras Methode nicht jedes Mal aufs Neue aufwändig rechnen zu müssen, ist es sinnvoll, die Rechnung einmal allgemein für die quadratische Funktion f mit $f(x) = ax^2 + bx + c$ mit $a, b, c \in \mathbb{R}$ und $a \neq 0$ durchzuführen.
Wie lässt sich aus den Koeffizienten a, b und c auf die Anzahl der Nullstellen schließen? Wie lauten die Nullstellen in Abhängigkeit von a, b und c?

Bearbeitung

Auftrag 1 Zwei Haufen Gleichungen

Bei den vorgegebenen Gleichungen handelt es sich um sogenannte **quadratische Gleichungen**. Bisher kannst du zwei dieser Gleichungen lösen:

Die Gleichung $x^2 + 2x = 0$ lässt sich durch Ausklammern auf die Form $x(x + 2) = 0$ bringen. Das Produkt auf der linken Seite wird genau dann 0, wenn $x = 0$ oder $x = -2$ ist, also sind das die Lösungen der Gleichung.
Die Gleichung $x^2 + 2x + 1 = 0$ lässt sich durch Anwenden der ersten binomischen Formel auf die Form $(x + 1)^2 = 0$ bringen. Sie hat somit nur die Lösung $x = -1$.

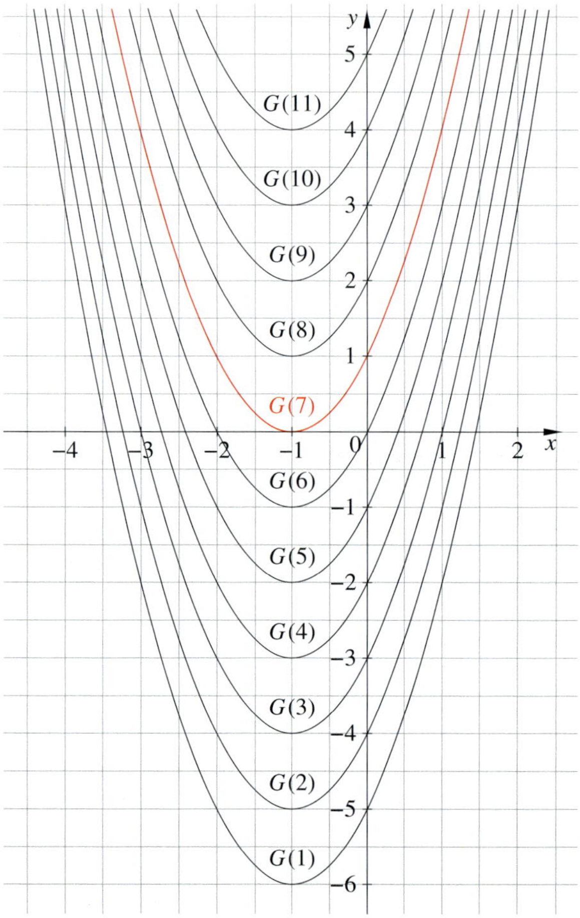

Um eine Vorstellung über die Anzahl der Lösungen der anderen Gleichungen zu gewinnen, kannst du die Graphen der quadratischen Funktionen betrachten, die durch die Terme auf der linken Seite der Gleichungen beschrieben werden. Wie du bereits weißt, handelt es sich in allen Fällen um Normalparabeln. Der Funktionsterm zu Gleichung (7) lässt sich auch als $f(x) = (x + 1)^2$ schreiben. Den zugehörigen Graphen $G(7)$ kannst du sofort zeichnen.
Die anderen Graphen gehen jeweils durch eine Verschiebung in y-Richtung daraus hervor.

Die Lösungen der Gleichungen entsprechen genau den x-Werten der Schnittpunkte der Parabeln mit der x-Achse. Man kann also an den Graphen erkennen, dass die ersten sechs Gleichungen jeweils zwei Lösungen haben, die siebte Gleichung (wie oben bereits begründet) nur eine und die restlichen Gleichungen keine Lösung besitzen.
Neben der Anzahl der Lösungen lassen sich aus den Graphen auch Näherungswerte der Lösungen ablesen. So ergeben sich z. B. für Gleichung (1) die zwei Näherungslösungen: $x \approx -3{,}5$ oder $x \approx 1{,}5$.
Zur exakten Ermittlung der Lösungen ist jedoch eine Rechnung nötig.

Um nicht 11-mal rechnen zu müssen, ist es sinnvoll, das Verfahren an der Gleichung $x^2 + 2x + c = 0$ mit $c \in \mathbb{R}$ durchzuführen.

$x^2 + 2x + c = 0$
$x^2 + 2x + \mathbf{1} - \mathbf{1} + c = 0$ | auf der linken Seite quadratisch ergänzen
$(x + 1)^2 - 1 + c = 0$ | binomische Formel anwenden
$(x + 1)^2 = 1 - c$

Die Anzahl der Lösungen hängt vom Vorzeichen des Terms $1 - c$ ab:
Fall 1: Wenn $1 - c < 0$, also $c > 1$ ist, hat die Gleichung keine Lösung, weil der Term $(x + 1)^2$ auf der linken Seite nie negativ werden kann.
Fall 2: Wenn $1 - c = 0$, also $c = 1$ ist, hat die Gleichung (wie wir bereits von oben wissen) genau eine Lösung: $x = -1$.
Fall 3: Wenn $1 - c > 0$, also $c < 1$ ist, ergeben sich zwei Lösungen: $x = -1 + \sqrt{1 - c}$ oder $x = -1 - \sqrt{1 - c}$.

Mit diesen Überlegungen lassen sich die Lösungen der Gleichungen des großen Haufens nun leicht angeben:

(1) $x^2 + 2x - 5 = 0$ Fall 3: $x = -1 + \sqrt{6}$ oder $x = -1 - \sqrt{6}$
(2) $x^2 + 2x - 4 = 0$ Fall 3: $x = -1 + \sqrt{5}$ oder $x = -1 - \sqrt{5}$
(3) $x^2 + 2x - 3 = 0$ Fall 3: $x = -1 + \sqrt{4}$ oder $x = -1 - \sqrt{4}$, also $x = 1$ oder $x = -3$
(4) $x^2 + 2x - 2 = 0$ Fall 3: $x = -1 + \sqrt{3}$ oder $x = -1 - \sqrt{3}$
(5) $x^2 + 2x - 1 = 0$ Fall 3: $x = -1 + \sqrt{2}$ oder $x = -1 - \sqrt{2}$
(6) $x^2 + 2x = 0$ Fall 3: $x = -1 + \sqrt{1}$ oder $x = -1 - \sqrt{1}$, also $x = 0$ oder $x = -2$
(7) $x^2 + 2x + 1 = 0$ Fall 2: $x = -1$
(8) $x^2 + 2x + 2 = 0$ Fall 1: keine Lösung
(9) $x^2 + 2x + 3 = 0$ Fall 1: keine Lösung
(10) $x^2 + 2x + 4 = 0$ Fall 1: keine Lösung
(11) $x^2 + 2x + 5 = 0$ Fall 1: keine Lösung

Allgemein bezeichnet man alle Gleichungen der Form $ax^2 + bx + c = 0$ mit $a, b, c \in \mathbb{R}$ und $a \neq 0$ (und alle Gleichungen, die sich durch Äquivalenzumformungen auf diese Form bringen lassen) als **quadratische Gleichungen**.
Um eine Formel zur Lösung beliebiger quadratischer Gleichungen zu erhalten, wird das oben erläuterte Verfahren nun noch einmal in allgemeiner Form durchgeführt.

Beachte

$x^2 = 5$,
$5x^2 = 2x - 7$,
$(x - 3)(x + 4) = 2x$
sind auch quadratische Gleichungen.
$(x - 3)(x + 4) = x^2$ ist dagegen keine quadratische Gleichung, da sich nach äquivalentem Umformen $x - 12 = 0$ ergibt.

Allgemein:		**Gleichung (12):**
$ax^2 + bx + c = 0 \quad (a, b, c \in \mathbb{R};\ a \neq 0)$		$2x^2 + 4x + 1 = 0$
$x^2 + \frac{b}{a}x + \frac{c}{a} = 0$	durch a ($a \neq 0$) dividieren	$x^2 + 2x + 0{,}5 = 0$
$x^2 + \frac{b}{a}x + \left(\frac{b}{2a}\right)^2 - \left(\frac{b}{2a}\right)^2 + \frac{c}{a} = 0$	quadratisch ergänzen	$x^2 + 2x + 1 - 1 + 0{,}5 = 0$
$\left(x + \frac{b}{2a}\right)^2 - \left(\frac{b}{2a}\right)^2 + \frac{c}{a} = 0$	bin. Formel anwenden	$(x + 1)^2 - 1 + 0{,}5 = 0$
$\left(x + \frac{b}{2a}\right)^2 = \left(\frac{b}{2a}\right)^2 - \frac{c}{a}$	Gleichung umstellen	$(x + 1)^2 = 1 - 0{,}5$
$\left(x + \frac{b}{2a}\right)^2 = \frac{b^2 - 4ac}{4a^2}$	zusammenfassen	$(x + 1)^2 = 0{,}5$

Tipp

Nach dem Zusammenfassen kannst du die Koordinaten des Scheitelpunktes der zugehörigen Parabel ablesen:
$S\left(-\frac{b}{2a}\middle|-\frac{b^2 - 4ac}{4a^2}\right)$
$S(-1|-0{,}5)$

Die Anzahl der Lösungen der allgemeinen Gleichung hängt davon ab, ob der Wert des Terms $\frac{b^2 - 4ac}{4a^2}$ negativ, gleich Null oder positiv ist.
Da der Nenner $4a^2$ des Bruches für $a \neq 0$ stets positiv ist, gibt der Wert des Zählers $b^2 - 4ac$ Aufschluss über die Anzahl der Lösungen. Man bezeichnet den Term als **Diskriminante *D*** (von lat. discriminare: unterscheiden): $\boldsymbol{D = b^2 - 4ac}$.

Fall 1, $D < 0$: Da $\left(x + \frac{b}{2a}\right)^2$ nie negativ werden kann, hat die Gleichung **keine Lösung**.
Fall 2, $D = 0$: $\left(x + \frac{b}{2a}\right)^2 = 0$
Somit hat die Gleichung **eine Lösung**. Diese lautet $x = -\frac{b}{2a}$. In diesem Fall hätte sich die Gleichung auch durch Anwendung einer binomischen Formel lösen lassen.
Fall 3, D > 0: Die Gleichung hat in diesem Fall **zwei Lösungen**.

$x + \frac{b}{2a} = \sqrt{\frac{b^2 - 4ac}{4a^2}}$ oder $x + \frac{b}{2a} = -\sqrt{\frac{b^2 - 4ac}{4a^2}}$

$x + \frac{b}{2a} = \frac{\sqrt{b^2 - 4ac}}{2a}$ oder $x + \frac{b}{2a} = -\frac{\sqrt{b^2 - 4ac}}{2a}$

$x = -\frac{b}{2a} + \frac{\sqrt{b^2 - 4ac}}{2a}$ oder $x = -\frac{b}{2a} - \frac{\sqrt{b^2 - 4ac}}{2a}$

Weiter Gleichung (12):

$(x + 1) = \sqrt{0{,}5}$ oder
$(x + 1) = -\sqrt{0{,}5}$
$x = -1 + \sqrt{0{,}5}$ oder
$x = -1 - \sqrt{0{,}5}$

Unter Verwendung von $D = b^2 - 4ac$ lauten die Lösungen:

$x = \frac{-b + \sqrt{D}}{2a}$ oder $x = \frac{-b - \sqrt{D}}{2a}$.

Häufig wird hierfür die Kurzschreibweise $x_{1/2} = \frac{-b \pm \sqrt{D}}{2a}$ verwendet.

Damit meint man, dass man eine Lösung durch Addieren und eine durch Subtrahieren von $\sqrt{D}$ erhält.

Damit lassen sich auch die beiden verbleibenden Gleichungen (13) und (14) lösen.

(13) $3x^2 - 3x + 6 = 0$ $D = (-3)^2 - 4 \cdot 3 \cdot 6 = -63$ keine Lösung

(14) $0{,}5x^2 - 3x + 4{,}5 = 0$ $D = (-3)^2 - 4 \cdot 0{,}5 \cdot 4{,}5 = 0$ eine Lösung $x = \frac{3}{2 \cdot 0{,}5} = 3$

Zusammenfassung

Lösen quadratischer Gleichungen

Eine Gleichung, die sich durch Äquivalenzumformungen in die Form $ax^2 + bx + c = 0$ mit reellen Koeffizienten a, b, c und $a \neq 0$ überführen lässt, heißt **quadratische Gleichung**.

Beispiele für quadratische Gleichungen sind
$3x^2 - 6x + 5 = 0$; $2x - 1 = 3 + x - x^2$;
$(x - 2)(x + 5) = 0$.
Keine quadratischen Gleichungen sind dagegen
$x - 3 = 0$ oder $x^2 - 0{,}5x = 3 + x^2$ oder
$x^2 - 2\sqrt{x} + 3 = 0$.

Die Lösungen einer quadratischen Gleichung lassen sich als Nullstellen der zugehörigen quadratischen Funktion mit $f(x) = ax^2 + bx + c$ interpretieren.
Dementsprechend kann eine quadratische Gleichung zwei, eine oder auch keine Lösung besitzen.

Aus dem Graphen der zugehörigen quadratischen Funktion können Näherungswerte für die Lösungen abgelesen werden.

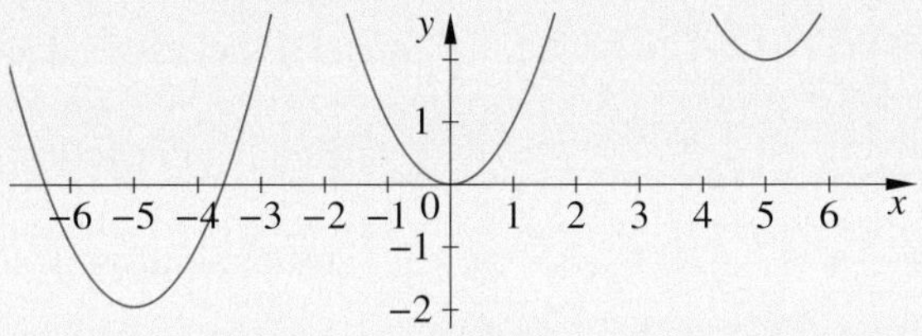

zwei Nullstellen	eine Nullstelle	keine Nullstelle
$x \approx -3{,}6$ oder $x \approx -6{,}4$	$x \approx 0$	keine Lösung

Rechnerisches Lösen einfacher (Spezial-)Fälle
Bevor du eines der folgenden Verfahren anwendest, prüfe erst, ob du die Gleichungen durch inhaltliche Überlegungen einfacher lösen kannst!

$2x^2 - 6 = 0$	$-3x^2 + 4{,}5x = 0$	$x^2 + 4x + 4 = 0$
$x^2 = 3$	$-3x(x - 1{,}5) = 0$	$(x + 2)^2 = 0$
$x = -\sqrt{3}$ oder	$x = 0$ oder	$x = -2$
$x = \sqrt{3}$	$x = 1{,}5$	

Lösen mit quadratischer Ergänzung

$3x^2 - 6x - 9 = 0$
$x^2 - 2x - 3 = 0$
$x^2 - 2x + 1 - 1 - 3 = 0$
$(x - 1)^2 = 4$
$x - 1 = -\sqrt{4} = -2$ oder $x - 1 = \sqrt{4} = 2$
$x = -1$ oder $x = 3$

Lösen der quadratischen Gleichung $ax^2 + bx + c = 0$ ($a \neq 0$) mit der Lösungsformel
Betrachte zuerst die **Diskriminante** $D = b^2 - 4ac$.

Für $D > 0$ hat die Gleichung zwei Lösungen, nämlich $x = \frac{-b + \sqrt{D}}{2a}$ oder $x = \frac{-b - \sqrt{D}}{2a}$, kurz $x_{1/2} = \frac{-b \pm \sqrt{D}}{2a}$.

$3x^2 - 6x - 5 = 0$
$D = (-6)^2 - 4 \cdot 3 \cdot (-5) = 96$, also zwei Lösungen
$x = \frac{6 - \sqrt{96}}{6} = 1 - \frac{2}{3}\sqrt{6}$ oder $x = \frac{6 + \sqrt{96}}{6} = 1 + \frac{2}{3}\sqrt{6}$

Für $D = 0$ hat die Gleichung eine Lösung $x = -\frac{b}{2a}$.

$-0{,}5x^2 - 0{,}6x - 0{,}18 = 0$
$D = (-0{,}6)^2 - 4 \cdot (-0{,}5) \cdot (-0{,}18) = 0$; eine Lösung
$x = -\frac{-0{,}6}{2 \cdot (-0{,}5)} = -0{,}6$

Im Fall $D < 0$ hat die Gleichung keine Lösung.

$-2x^2 + 3x - 1{,}5 = 0$
$D = 3^2 - 4 \cdot (-2) \cdot (-1{,}5) = -3 < 0$; keine Lösung

Aufgaben

Verknüpfen
Anwenden
Trainieren

1 Löse mithilfe der binomischen Formeln.

a) $x^2 - 2x + 1 = 0$
b) $2x^2 + 4x + 2 = 0$
c) $x^2 + 14x + 49 = 0$
d) $100 + y^2 = 20y$
e) $4s - s^2 - 4 = 0$
f) $4(a + 1) = -a^2$
g) $x^2 + \frac{2}{3}x + \frac{1}{9} = 0$
h) $0{,}16 + u^2 = 0{,}8u$
i) $3v^2 + 0{,}75 = -3v$
j) $r^2 - \frac{2}{5}r = -0{,}04$

Lösungswort: −7 (l); −3,5 (k); −2 (i); −1 (l); −0,5 (e); −0,4 (t); $-\frac{1}{3}$ (o); 0 (c); 0,2 (n); $\frac{1}{3}$ (a); 0,4 (n); 1 (i); 2 (s); 3 (h); 7 (r); 10 (u)

2 Löse möglichst einfach.

a) $(x - 1)^2 = 0$
b) $(x - 3)(x + 1) = 0$
c) $x(x - 0{,}5) = 0$
d) $x^2 - 5x = 0$
e) $r^2 + r = 0$
f) $2t^2 = 50$
g) $2c^2 = c$
h) $3y^2 + 9y = 0$
i) $\sqrt{0{,}2}\,v^2 = \sqrt{5}$
j) $-2t^2 - 3t = 0$
k) $\frac{1}{2}a^2 = 1\frac{1}{2}a$
l) $3x^2 = 0{,}0867$
m) $6z - z^2 = 9$
n) $0{,}5q^2 + 0{,}5^2 = 0$

3 Löse mittels quadratischer Ergänzung und überprüfe deine Lösungen mit einer Probe.

a) $x^2 + 2x - 3 = 0$
b) $x^2 - 3x + 2 = 0$
c) $-x^2 - 3x - 2 = 0$
d) $3x + 2x^2 + 2 = 0$
e) $x^2 + 10 = 10x$
f) $3 = 4y - 2y^2$
g) $5s^2 + 5s = 5$
h) $2z = \frac{1}{3}z^2 + 3$

4 Löse die Gleichungen mithilfe der Lösungsformel.

a) $x^2 - x - 2 = 0$
b) $x^2 - x + 2 = 0$
c) $x^2 + x - 2 = 0$
d) $x + 1 + x^2 = 0$
e) $x^2 = 1 + x$
f) $x - 1 = x^2$
g) $0{,}25x^2 - 0{,}5x - 0{,}25 = 0$
h) $y + 1 = 2y^2$
i) $a^2 + 2 = 2a$

5 Löse mit verschiedenen Methoden. Entscheide und begründe, welche jeweils die günstigste ist.

a) $-(x - 1)^2 + 1 = 0$
b) $-x^2 + 4x = 4$
c) $3x + x^2 - 1 = -1$

6 Löse die Gleichungen.

a) $2a - a^2 + 1 = 0$
b) $2x^2 = x + 2$
c) $u^2 = 4u - 2$
d) $5x^2 - 15x + 10 = 0$
e) $2a^2 + 4a + 4 = 0$
f) $0{,}5t^2 + 3t + 4{,}5 = 0$
g) $x(1 + x) = 0$
h) $(2x)^2 + 4x = 4$
i) $x^2 - 5x = 0$
j) $x^2 = -x$
k) $\sqrt{2} \cdot x + \sqrt{3} \cdot (1 - x^2) = 0$

7 Ermittle jeweils die Anzahl der Lösungen der Gleichung, ohne die Lösungen explizit zu berechnen.

a) $x^2 - 4x + 1 = 0$
b) $x^2 - 2x + 1 = 0$
c) $x^2 - x + 1 = 0$
d) $-3x^2 + 0{,}5x + 1 = 0$
e) $-2x^2 + 3x - 2 = 0$
f) $5x^2 + 5x + 1 = 0$

8 Bestimme die Lösungen grafisch.
Überprüfe deine Ergebnisse rechnerisch.

a) $(x + 2)^2 - 3 = 0$
b) $2x^2 - 12x + 16 = 0$

9 Berechne die Nullstellen der Funktionen f_1 bis f_5 und zeichne dann ohne weitere Rechnung die Graphen in ein gemeinsames Koordinatensystem. Verwende dazu die Parabelschablone.

$f_1(x) = x^2 - 4x$
$f_2(x) = x^2 + 2x - 3$
$f_3(x) = -x^2 - 2x + 3$
$f_4(x) = x^2 + 3x + 2$
$f_5(x) = -x^2 + 4x - 4$

10 Löse die quadratischen Gleichungen.

a) $r^2 + \sqrt{2}\,r + 1 = 0$
b) $0{,}2x^2 - 2{,}5x = 0{,}5$
c) $c + c^2 + 0{,}09 = 0$
d) $10r^2 = -r$
e) $x^2 - 200x + 9999 = 0$

11 Löse die Gleichungen.
Welche der Gleichungen sind quadratische Gleichungen?

a) $b^2 - 3 = 2b$
b) $4 + 4v - v^2 = 0$
c) $5x - 3 = 2x$
d) $x^2 - 8x = x$
e) $\sqrt{2}\,x + 2 = x^2$
f) $(x - 2)(x + 3) = 5$
g) $x^2 = 6x$
h) $a^2 + 2a + 4 = 0$
i) $z^2 - 14 = 2$
j) $(x + 4)^2 = 4(x + 4)$
k) $x^2 - x = x - x^2$
l) $\frac{1}{x} + 2x = 3$
m) $\frac{2}{x + 2} = \frac{x}{2}$
n) $x^3 - x^2 - x = 0$
o) $\sqrt{3}\,s^2 + \sqrt{3} - 3s = 0$
p) $(v - 3)^2 = 3(v^2 - 1)$

12 Erstelle für deine Nachbarin bzw. deinen Nachbarn jeweils eine quadratische Gleichung, die keine/eine/zwei Lösungen hat.
Überprüfe ihre/seine Lösungen.

13 Gib jeweils eine quadratische Gleichung an, die die angegebenen Lösungen besitzt.

a) 0 und 3
b) -2
c) keine Lösung
d) $-\sqrt{5}$ und $\sqrt{5}$

14 Nullstellen und Graphen

a) Bestimme die Nullstellen der Funktionen f_1 bis f_8.

$f_1(x) = x^2 + 3x + 2$
$f_2(x) = 2x^2 + 6x + 4$
$f_3(x) = 0{,}5x^2 - 2x + 2$
$f_4(x) = x^2 - x$
$f_5(x) = x - x^2$
$f_6(x) = x^2 - 2x + 2$
$f_7(x) = -x^2 - 2x + 2$
$f_8(x) = x^2 + 2x - 2$

b) Zu einigen der Funktionen wurden Graphen gezeichnet. Ordne zu.

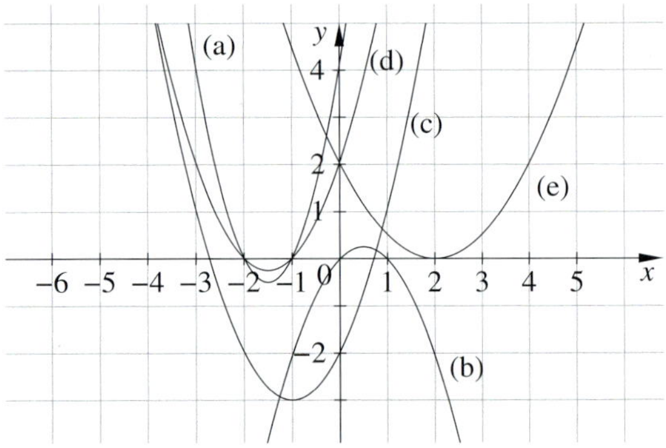

15 Überprüfe, ob die Rechnungen richtig sind, und verbessere gegebenenfalls.

a) $3x + x^2 - 5 = 0$
$D = 1^2 - 4 \cdot 3 \cdot (-5) = 61$
$x = \frac{-1 - \sqrt{61}}{6}$ oder $x = \frac{-1 + \sqrt{61}}{6}$

b) $x^2 + 2x = 3$
$D = 4 - 4 \cdot 1 \cdot 3 = -8$
keine Lösung!!

c) $2x^2 + 4x - 7 = 0$
$2(x^2 + 2x) - 7 = 0$
$2(x^2 + 2x + 1) - 1 - 7 = 0$
$2(x + 1)^2 = 8$
$x = -2$ oder $x = 2$

d) $0{,}5x^2 + 3x + 4{,}5 = 0$
$x^2 + 6x + 9 = 0$
$(x + 3)^2 = 0$
$x = -3$

16 Gib jeweils die Lösungsmenge für die Definitionsmengen $\mathbb{N}$, $\mathbb{Z}$, $\mathbb{Q}$ und $\mathbb{R}$ an.

a) $x^2 - 0{,}5625 = 0$
b) $(x - 2)(x + 3) = 0$
c) $2x^2 - 5x - 1 = 0$
d) $x^2 - 2{,}5x = 1{,}5$
e) $x^2 + 2 - 3x = 0$
f) $x^2 + 16 = 0$

17 Wie du an verschiedenen Beispielen bereits festgestellt hast, ist die quadratische Gleichung $ax^2 + bx + c = 0$ für $b = 0$ oder $c = 0$ besonders einfach zu lösen.

a) Gib die Lösungen der Gleichung $ax^2 + bx = 0$ mit $a, b \in \mathbb{R}$ und $a \neq 0$ in allgemeiner Form an.

b) Gib die Lösungen der Gleichung $ax^2 + c = 0$ mit $a, c \in \mathbb{R}$ und $a \neq 0$ in allgemeiner Form an.

18 Christian behauptet: „Wenn bei einer quadratischen Funktion mit $f(x) = ax^2 + bx + c$ die Werte von a und c verschiedene Vorzeichen besitzen, dann hat die Funktion sicher zwei Nullstellen." Hat er Recht? Begründe.

19 Erstelle ein Poster mit einer grafischen Übersicht über die verschiedenen Lösungsverfahren für quadratische Gleichungen. Berücksichtige dabei auch die Spezialfälle „$b = 0$" und „$c = 0$".

Noch fit?

I Gib drei Beispiele für Laplace-Experimente und den jeweils dazugehörenden Ergebnisraum an. Nenne ein Beispiel für ein Zufallsexperiment mit dem zugehörigen Ergebnisraum, das kein Laplace-Experiment ist.

II Aus einer Urne mit 3 gelben, 4 roten und 1 blauen Kugel wird eine Kugel gezogen.

a) Wie groß ist die Wahrscheinlichkeit für das Ziehen einer gelben Kugel?

b) Wie groß ist die Wahrscheinlichkeit, nicht die blaue Kugel zu ziehen?

c) Gib ein Ereignis an, dessen Wahrscheinlichkeit 62,5 % beträgt.

III Ein Tetraederwürfel ist ein vierseitiger Spielwürfel, dessen Seiten die Augenzahlen 1 bis 4 aufweisen (siehe Abbildung auf Seite 90).
Ein roter und ein weißer Tetraeder-Spielwürfel werden geworfen.

a) Gib einen passenden Laplace-Ergebnisraum an.

b) Berechne die Wahrscheinlichkeiten der folgenden Ereignisse.
A: „2 gleiche Augenzahlen"
B: „mindestens eine 4"
C: „Augensumme 5"

Aufgaben

Verknüpfen
Anwenden
Trainieren

20 Ermittle deine Reaktionszeit:
Eine zweite Person hält ein Lineal. Deine Hand befindet sich wie abgebildet in Wartestellung auf Höhe der Nullmarke. Der bzw. die andere lässt das Lineal unangekündigt fallen und du versuchst, es möglichst schnell mit den Fingern zu schnappen.

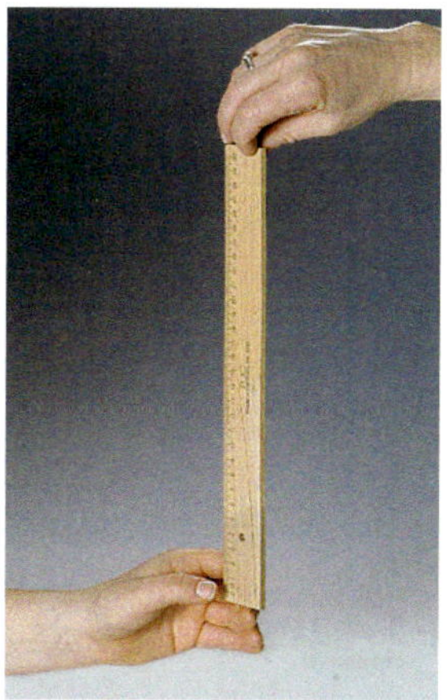

Wenn du nun die Fallstrecke s am Lineal abliest, kannst du mithilfe der Formel $s = 5\frac{\text{m}}{\text{s}^2} \cdot t^2$ deine Reaktionszeit t ermitteln.
Führe den Versuch dazu mehrmals durch und rechne mit einem Mittelwert für s.
Warum ist z. B. bei unvorhersehbaren Vorfällen im Straßenverkehr eine größere Reaktionszeit zu erwarten?

21 Rechtecke

a) Zeichne ein Rechteck mit 14,5 cm Umfang und 13 cm² Flächeninhalt.

b) Kann es ein Rechteck mit 10 cm Umfang und 8 cm² Flächeninhalt geben?
Begründe deine Antwort.

22 Bei einem Quadrat verdoppelt sich der Flächeninhalt, wenn man jede Seite um 1 cm verlängert. Zeichne das ursprüngliche und das neue Quadrat und gib deren Flächeninhalte an.

23 Rechtwinklige Dreiecke

a) Ein rechtwinkliges Dreieck hat die Hypotenusenlänge 12,5 cm. Ferner ist bekannt, dass eine Kathete um 2,5 cm länger als die andere ist. Berechne die Kathetenlängen.

b) Ein rechtwinkliges Dreieck mit 30 cm Umfang hat eine Hypotenusenlänge von 13 cm. Berechne den Flächeninhalt.

c) Überprüfe, für welchen Wert von a ein Dreieck mit den Kathetenlängen $\sqrt{a}$ und $\frac{1}{2}a$ sowie mit der Hypotenusenlänge a rechtwinklig ist.

24 Zahlenrätsel – eindeutig lösbar?

a) Eine Zahl lässt sich darstellen als Produkt der um eins vergrößerten und der um eins verringerten Zahl.
Um welche Zahl handelt es sich?

b) Das Quadrat einer Zahl ist um vier kleiner als das Vierfache dieser Zahl.
Wie heißt die Zahl?

c) Erfinde selbst ein Zahlenrätsel, das auf eine quadratische Gleichung führt.
Fertige eine Musterlösung an und stelle dann dein Zahlenrätsel einer Mitschülerin oder einem Mitschüler.

25 In vielen Ländern der Welt sowie in einigen deutschen Bundesländern wird in der Schule die Lösungsformel nicht für die allgemeine quadratische Gleichung $ax^2 + bx + c = 0$, sondern für den Spezialfall $x^2 + px + q = 0$ gelernt.

a) Welche Beziehung muss zwischen p und q bestehen, damit die Gleichung $x^2 + px + q = 0$ zwei Lösungen, eine Lösung oder keine Lösung besitzt?

b) Bestimme die Lösungsformel für die *p*-*q*-Gleichung.

c) Wie können Schüler, die nur die Lösungsformel für die *p*-*q*-Gleichung anwenden wollen, damit Gleichungen wie $2x^2 + 5x + 3 = 0$ lösen?

26 In einer Gefahrensituation setzt sich der „Anhalteweg" eines Fahrzeuges aus dem Bremsweg und dem während der Reaktionszeit zurückgelegten Weg zusammen.
In der Fahrschule lernt man eine Faustregel für den Anhalteweg eines Kraftfahrzeugs:

$$\text{Anhalteweg} = \frac{\text{Geschwindigkeit} \cdot 3}{10} + \left(\frac{\text{Geschwindigkeit}}{10}\right)^2$$

Diese Formel soll angeblich den Anhalteweg in m bei einer in km/h gemessenen Geschwindigkeit ergeben.

a) Stelle den Anhalteweg in Abhängigkeit von der Geschwindigkeit grafisch dar.

b) Lies aus der grafischen Darstellung den Anhalteweg bei einer Geschwindigkeit von 73 km/h ab.

c) Lies aus der Darstellung ab, bei welcher Geschwindigkeit der Anhalteweg 50 m beträgt.

d) Überprüfe deine Ergebnisse aus den beiden vorangehenden Teilaufgaben rechnerisch.

e) Recherchiere im Internet nach Faustformeln für Gefahrenbremsung. Was stellst du fest?

27 Berechne zuerst jeweils die Lösungen der beiden Gleichungen unter a), b) und c).

a) $(x-3)(x+2) = 0$ und $x^2 - x - 6 = 0$

b) $(x+1)(x-1) = 0$ und $x^2 - 1 = 0$

c) $2(x+1)(x+2) = 0$ und $2x^2 + 6x + 4 = 0$

d) Gib mithilfe deiner Beobachtungen bei a), b) und c) die Gleichungen dreier verschiedener quadratischer Funktionen mit den Nullstellen $x = -2$ und $x = 3$ an.

28 Nimm an, du legst zu Beginn eines Jahres 400 € für zwei Jahre zu einem festen Zinssatz an.

a) Informiere dich über derzeit übliche Zinssätze für Festgeld auf zwei Jahre. Wie viel Geld erhältst du dann nach zwei Jahren?

b) Welcher Zinssatz wurde vereinbart, wenn du nach den zwei Jahren 424,36 € erhältst?

29

Mit der Formel $s = 5\,\frac{\text{m}}{\text{s}^2} \cdot t^2$ kann man näherungsweise die Länge des Weges s berechnen, den ein frei fallender Körper in der Zeit t zurücklegt (Luftwiderstand unberücksichtigt).
Nimm nun an, du lässt einen Stein in einen Brunnen fallen und hörst nach 1,8 s den Aufprall.

a) Nimm die 1,8 s als reine Fallzeit an und berechne damit die Tiefe des Brunnens.

b) In Wirklichkeit setzt sich die gemessene Zeit t aus der Fallzeit t_F und der Zeit t_S, die der Schall benötigt, um vom Boden des Brunnens zu dir zu gelangen, zusammen. Bei einer Schallgeschwindigkeit in Luft von ungefähr 340 m/s ergibt sich die Gleichung:

$5\,\frac{\text{m}}{\text{s}^2} \cdot {t_F}^2 = 340\,\frac{\text{m}}{\text{s}}(1{,}8\,\text{s} - t_F)$

Berechne daraus die wirkliche Fallzeit t_F des Steins. Welche Brunnentiefe ergibt sich nun?

c) Erörtere, ob es in der beschriebenen Situation sinnvoll ist, bei der Ermittlung der Brunnentiefe die Laufzeit des Schalls zu berücksichtigen.

Aufgaben

Verknüpfen
Anwenden
Trainieren

30 Bereits vor über 1000 Jahren konnten die Araber die positiven Lösungen von quadratischen Gleichungen ermitteln. Negative Zahlen wurden damals noch nicht benutzt.
Der bereits auf Seite 22 erwähnte persische Mathematiker Al Chwarizmi beschrieb in seinem Buch mit dem bezeichnenden Titel „Rechnen durch Ergänzung und Ausgleich“ (sinngemäß übersetzt) auch einen Lösungsweg für quadratische Gleichungen, der im Folgenden am Beispiel der Gleichung $x^2 + 6x = 27$ veranschaulicht wird (Skizzen nicht maßstabsgetreu).

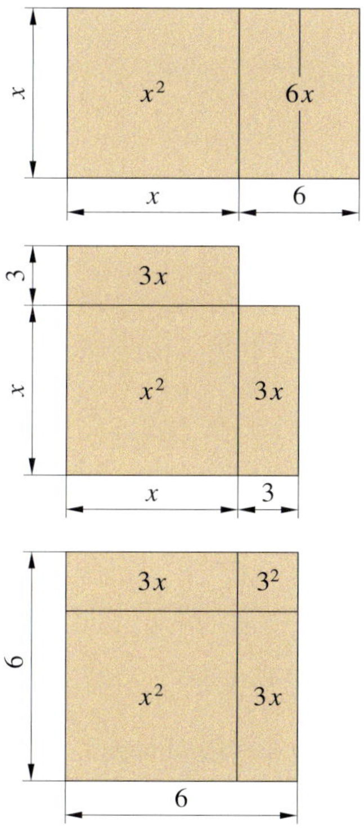

„=“ 27

Die Lösung ist somit: $x = 3$

a) Überlege und erläutere, wie sich in der letzten Figur die Seitenlänge 6 des Quadrats ergibt und wie daraus die Lösung $x = 3$ folgt.
b) Überprüfe, ob die so gefundene Lösung die einzige Lösung der Gleichung ist.
c) Löse die Gleichung $x^2 + 14x = 72$ mit der Methode des Al Chwarizmi.
d) Und zum Schluss noch eine harte Nuss: Begib dich auf die Spuren der alten Araber und entwickle eine ähnliche Methode, mit der man z. B. die Gleichung $x^2 = 6x + 27$ lösen kann.

31 Von einem Punkt gehen zwei Halbgeraden aus. Auf diesen sind vom Schnittpunkt aus in gleichen Abständen jeweils n Punkte markiert und gegenläufig durchnummeriert. Gleichbezeichnete Punkte werden durch Strecken verbunden. Die Schnittpunkte dieser Strecken bezeichnet man als „Knoten“.

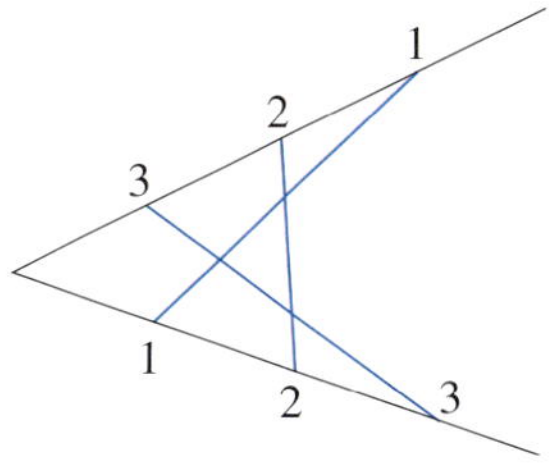

a) Zeichne eine Figur mit $n = 4$ und gib die Anzahl der Knoten an.
Wie viele Knoten enthalten entsprechende Figuren für $n = 5$ und $n = 6$?
b) Wie viele Knoten enthält die Figur?

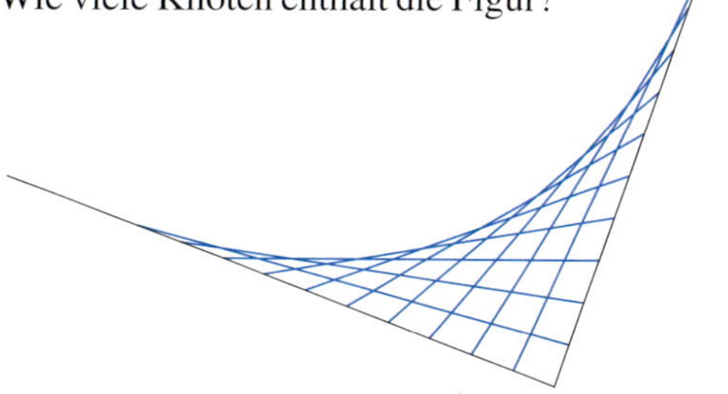

Finde einen Term, der die Anzahl der Knoten in Abhängigkeit von n angibt.
c) Zeichne eine solche Figur mit 105 Knoten.

32 Ermittle, für welche Werte des Parameters t das Folgende gilt.
a) Die Funktion f mit $f(x) = tx^2 + 2x + t$ besitzt genau eine Nullstelle.
b) Funktion f mit $f(x) = tx + t$ besitzt genau eine Nullstelle.
c) Der Graph der Funktion f mit $f(x) = x^2 + tx + 1$ verläuft vollständig oberhalb der x-Achse.
d) Die Funktion f mit $f(x) = x^2 - 2tx + 3$ nimmt sowohl positive als auch negative Werte an.
e) Der Scheitel des Graphen der Funktion f mit $f(x) = -x^2 - tx - t$ liegt auf der x-Achse.

33 Ein Rechteck hat einen Umfang von 10 cm.
a) Gib den Flächeninhalt des Rechtecks als Funktion der Länge des Rechtecks an und zeichne den Graphen dieser Funktion.
b) Lies aus dem Graphen ab, welchen Wert der Flächeninhalt maximal annehmen kann und für welche Rechtecksmaße der Flächeninhalt $4\,\text{cm}^2$ bzw. $1\,\text{cm}^2$ beträgt.
c) Überprüfe deine Ergebnisse aus b) rechnerisch.

34 Zeichne die Quadrate so in dein Heft, dass die gelbe Fläche die Hälfte der Gesamtfläche ausmacht. Wähle dabei jeweils als Seitenlänge des großen Quadrats 10 cm.

35 Klaus hat sich eine raffinierte Methode zum grafischen Lösen quadratischer Gleichungen ausgedacht: Um die Gleichung $x^2 - x - 2 = 0$ zu lösen, formt er sie um in $x^2 = x + 2$ und zeichnet die zwei zugehörigen Graphen wie im Bild links. Daraus liest er ab, dass die Gleichung die Lösungen $x = -1$ oder $x = 2$ besitzt.

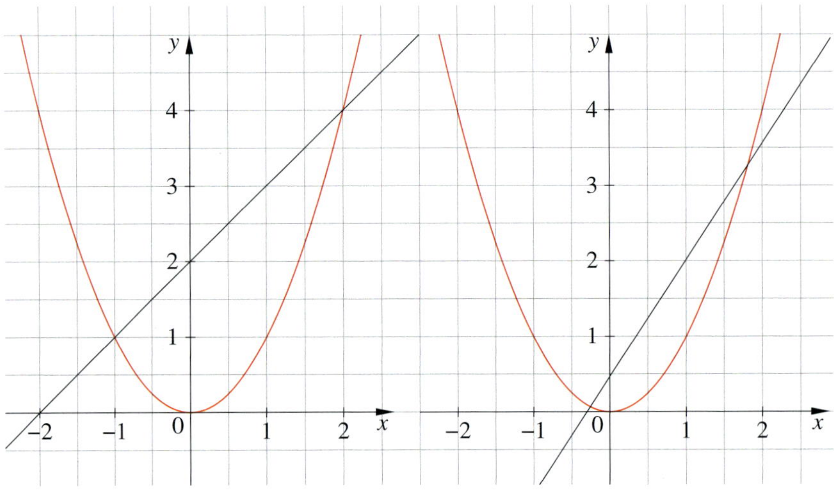

Tipp

Forme die beiden letzten Gleichungen von Aufgabe 35 c) so um, dass du die Schablone der Normalparabel verwenden kannst.

a) Überprüfe das Ergebnis von Klaus rechnerisch und erläutere seine Vorgehensweise.

b) Welche quadratische Gleichung hat Klaus im Bild rechts gelöst? Wie lauten die Lösungen der Gleichung näherungsweise?

c) Löse selbst mit dem Verfahren näherungsweise die Gleichungen
$x^2 + 3x + 2 = 0$, $3x^2 - 6x + 3 = 0$ und $2x^2 - x + 2 = 0$.

36 In der nebenstehenden Zeichnung siehst du Ausschnitte der Graphen der Funktionen f_1 bis f_4 ($x \in \mathbb{R}$) mit
$f_1(x) = x^2 - 2x + 0{,}5$; $f_2(x) = -0{,}5$;
$f_3(x) = 4x + 0{,}5$; $f_4(x) = -4x - 1{,}5$.
Haben die Graphen der Funktionen neben den in der Zeichnung ersichtlichen weitere Schnittpunkte? Ermittle gegebenenfalls deren Koordinaten.

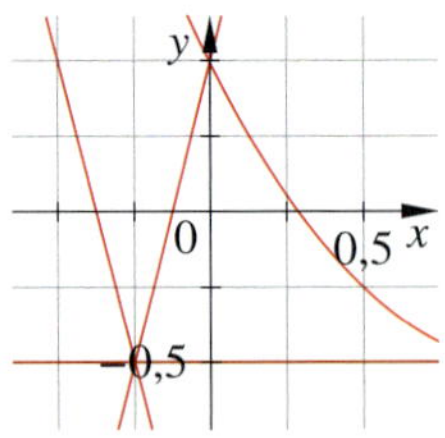

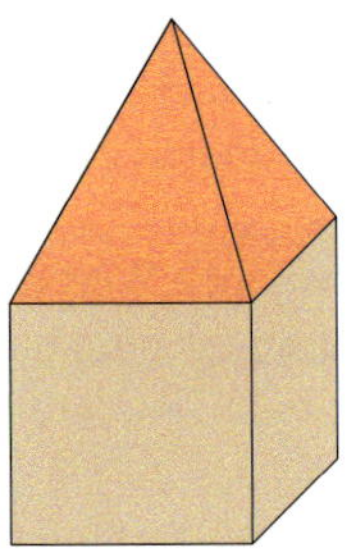

37 Der abgebildete Turm ist aus einem Würfel und einer regulären Pyramide, die beide dieselbe Höhe haben, zusammengesetzt. Seine Oberfläche beträgt $181\ \text{cm}^2$. Berechne die Höhe des gesamten Turms in Zentimeter.

38 In ein Quadrat der Seitenlänge 5 cm wird, wie in der Abbildung verdeutlicht, ein Viereck eingezeichnet.

a) Begründe, dass es sich bei diesem Viereck wieder um ein Quadrat handelt.

b) Berechne den Flächeninhalt des inneren Quadrats in Abhängigkeit von s.

c) Welches ist der kleinstmögliche Wert für den Flächeninhalt des inneren Quadrats? Für welchen Wert von s wird dieser angenommen?

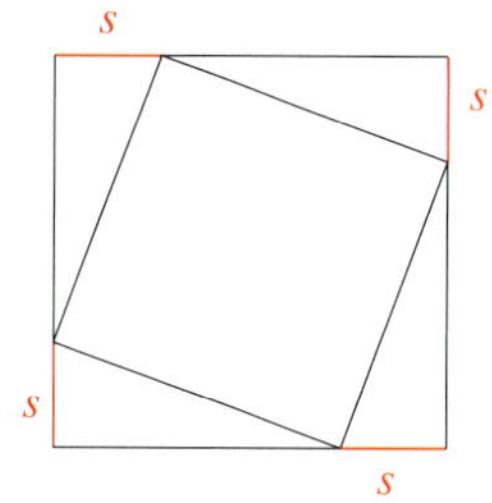

Aufgabe der Woche

Welches der folgenden Rechtecke empfindest du am schönsten?

Es ist interessant, dass viele Menschen das zweite Rechteck von rechts wählen. Man bezeichnet es als „goldenes Rechteck", weil seine Seitenlängen im Verhältnis des sogenannten goldenen Schnitts stehen. Das bedeutet, dass sich die kürzere zur längeren Seite so verhält, wie die längere Seite zur Summe der beiden Seitenlängen.
Diese Einteilung wird seit der Antike als besonders ausgeglichen und harmonisch empfunden.

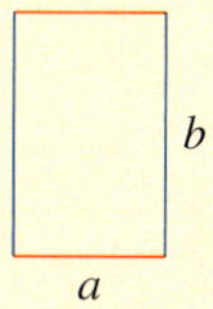

$$\frac{a}{b} = \frac{b}{a+b}$$

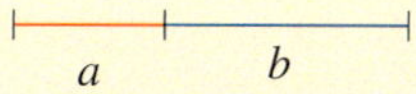

Mithilfe dieses Zusammenhangs lässt sich – bei einer vorgegebenen Seitenlänge – rechnerisch die Länge der anderen Seite eines goldenen Rechtecks ermitteln.

Berechne die fehlenden Seitenlängen eines goldenen Rechtecks, dessen kürzere Seite 1 cm lang ist, und eines goldenen Rechtecks, dessen längere Seite 1 cm lang ist.

Berechne in allgemeiner Form die fehlende Seitenlänge x eines goldenen Rechtecks mit der kürzeren Seite a und eines goldenen Rechtecks mit der längeren Seite b.

Begründe, dass sich mit dem aus der Abbildung ersichtlichen Verfahren die kürzere Seite eines goldenen Rechtecks aus der längeren konstruieren lässt.
Konstruiere selbst ein goldenes Rechteck, dessen längere Seite 10 cm lang ist. Lies die Länge der kürzeren Strecke ab und vergleiche mit dem Wert, der sich rechnerisch ergibt.

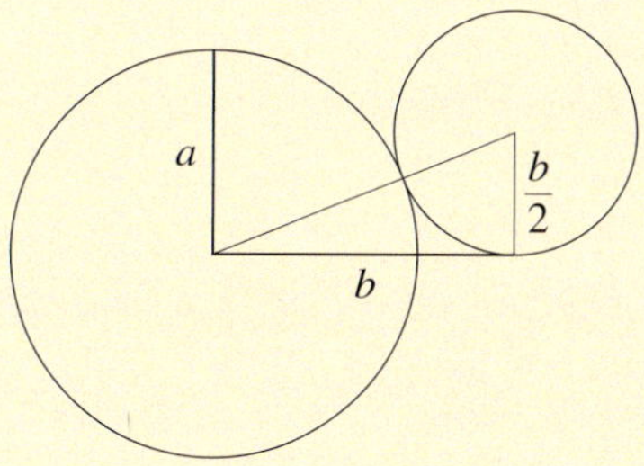

Wenn man – wie abgebildet – bei einem goldenen Rechteck ein Quadrat abtrennt, entsteht wieder ein goldenes Rechteck. Warum ist das so?

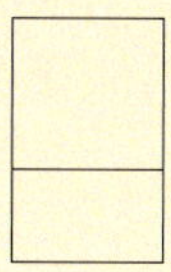

Zeig, was du kannst!

1 Triff zuerst ohne Rechnung Aussagen über die Graphen der Funktionen. Zeichne anschließend die Graphen ohne Wertetabellen in ein Koordinatensystem.

a) $f(x) = (x - 2{,}5)^2 + 4$ **b)** $g(x) = -(x + 2{,}5)^2 + 2$ **c)** $h(x) = 0{,}25(2{,}5 - x)^2$

2 Die Funktionsterme $f(x)$, $g(x)$ und $h(x)$ sind von der Art $a(x - d)^2 + e$. Bestimme mithilfe der Wertetabelle die Koeffizienten a, d und e.

	x	−2	−1	0	1	2	3	4
a)	$f(x)$	7	4	3	4	7	12	19
b)	$g(x)$	4	0,5	−2	−3,5	−4	−3,5	−2
c)	$h(x)$	2	5	2	−7	−22	−43	−70

3 Beim Zaunfeld in der Abbildung rechts ist der obere Abschluss parabelförmig, d. h. die oberen Enden der Latten liegen auf einer Parabel.

a) Bestimme mithilfe der Informationen des Angebots eine Gleichung dieser Parabel bezüglich eines geeigneten Koordinatensystems.

b) Berechne die Längen der Latten.

4 Faktorisiere den Term.

a) $x^2 - 50x + 625$ **b)** $0{,}04 - \frac{x^2}{4}$ **c)** $p^6q^8 - 4p^5q^5 + 4p^4q^2$

5 Ermittle die Scheitelpunktform der Parabel und beschreibe an einem Beispiel das Verfahren.

a) $y = x^2 - 6x + 13$ **b)** $y = 2x^2 + 24x + 68$

6 Lösen quadratischer Gleichungen

a) Ermittle möglichst einfach rechnerisch die Lösungen der Gleichungen.
(I) $5 - x^2 = 3$ (II) $2x - x^2 - 1 = 1$

b) Bestimme grafisch die Näherungslösungen der Gleichung $x^2 - 6x + 4 = 0$. Überprüfe deine Lösung rechnerisch.

7 In einem rechtwinkligen Dreieck ist die längere Kathete um 1 cm kürzer als die Hypotenuse und um 17 cm länger als die kürzere Kathete. Wie lang sind die Seiten des Dreiecks?

Aufg.-Nr.	Punkte	Lösungshinweis
1	6 P	Beachte Seite 79, Zusammenfassung
2	3 P	Vgl. Seite 81, Aufgabe 12
3	5 P	Vgl. Seiten 82 f., Aufgaben 23 ff.
4	4 P	Vgl. Seite 89, Aufgaben 3 ff.
5	2 P	Beachte Seite 88, Zusammenfassung
6	6 P	Beachte Seite 98, Zusammenfassung
7	4 P	Veranschauliche die Situation durch eine Skizze.

Lösungen Seite 222

26–30 Punkte
21–25 Punkte
15–20 Punkte

5 Zusammengesetzte Zufallsexperimente

In diesem Kapitel wirst du komplizierte Zufallsexperimente mit Baumdiagrammen veranschaulichen und mithilfe der Pfadregeln Wahrscheinlichkeiten bestimmen. Des Weiteren wirst du dir Möglichkeiten erschließen, aufwändige Zufallsexperimente mit einfachen Mitteln zu simulieren.

Das Ziegenproblem

In der amerikanischen Fernsehshow „Let's make a deal" kann der Kandidat als Höhepunkt der Sendung ein Auto gewinnen – oder nichts. Der Gewinn ist hinter einer von drei verschlossenen Türen versteckt, hinter den anderen beiden wartet jeweils – als Symbol der Niete – eine Ziege.

Einige Leserbriefe:

„Let me explain: If one door is to be a loser, that information changes the probability to 1/2. As a professional mathematician, I'm very concerned with the general public's lack of mathematical skills. Please help by confessing your error and, in the future, being more careful."
Robert xxxxx, Ph. D., George Mason University, Fairfax, VA.

„Your answer to the question is in error. But if it is any consolation, many of my academic colleagues also have been stumped by this problem."
Barry xxxx, Ph. D., California Faculty Association

„You are the goat!"
Glenn xxxxx, Western State College

Der Kandidat wählt eine Tür. Daraufhin öffnet die Showmasterin, der bekannt ist, hinter welcher Tür sich das Auto verbirgt, eine der beiden anderen Türen, sodass dem Kandidaten eine Ziege entgegenmeckert. Nun bietet sie dem Kandidaten an, seine Entscheidung zu überdenken und sich für die andere Tür zu entscheiden. Soll der Kandidat von diesem Angebot Gebrauch machen und zu der anderen Tür wechseln?

Beispiel 1 (siehe Bild)	**Beispiel 2**
Das Auto steht hinter der Tür 2. Die Kandidat wählt Tür 1. Die Showmasterin öffnet Tür Nr. 3, denn sie weiß ja, dass das Auto hinter Tür 2 steht. Eine Ziege kommt zum Vorschein. **Soll der Kandidat nun wechseln?**	Das Auto steht hinter der Tür 1. Die Kandidat wählt Tür 1. Die Showmasterin öffnet Tür Nr. 3, denn sie weiß ja, dass das Auto hinter Türe 1 steht. Genauso gut könnte sie natürlich auch die Türe 2 öffnen. Eine Ziege kommt zum Vorschein. **Soll der Kandidat nun wechseln?**

Marilyn vos Savant

1991 schrieb Marilyn vos Savant, die Frau mit dem seinerzeit höchsten je gemessenen IQ von 228 Punkten, in einer viel gelesenen amerikanischen Zeitungs-Kolumne: „Ja, es ist günstiger zu wechseln."
Daraufhin brach ein Sturm der Entrüstung über sie herein. Etwa 10 000 Leserbriefe erreichten die Redaktion. In fast allen wurde die Meinung vertreten, dass Frau vos Savant irre. Ein erzürnter Leser schrieb sogar, dass sie selbst „die Ziege sei". Viele der erbosten Schreiber waren Mathematiker oder Naturwissenschaftler, teilweise handelte es sich sogar um Professoren dieser Fächer.
Wer hat nun Recht? Wechseln oder nicht wechseln?
Überlege dir einen geeigneten Spielaufbau, der die reale Situation angemessen wiedergibt und mit dem du das Spiel nachspielen kannst. Begründe deine Antwort.
Siehe auch Auftrag 4 auf S. 121.

5.1 Baumdiagramme und Pfadregeln

Mensch ärgere dich nicht

Auftrag 1

Beim „Mensch-ärgere-dich-nicht" darf man erst aus seinem Häuschen herausfahren, wenn man eine Sechs geworfen hat. Dazu hat man maximal 3 Versuche. Falls man eine Sechs wirft, darf man auf das Startfeld setzen und mit dem Ergebnis eines weiteren Wurfs losfahren.
Wie groß ist die Wahrscheinlichkeit, dass „Schwarz" in der abgebildeten Spielsituation sein Häuschen verlassen und im Folgewurf eine der fremden Figuren herauswerfen kann?
Veranschauliche die Situation an einem Baumdiagramm. Trage an den Ästen die zugehörigen Wahrscheinlichkeiten an.

Info

In München erfand J. F. Schmidt 1907/08 „Mensch ärgere dich nicht". Da sich fast niemand für das Spiel interessierte, schenkte Schmidt 1914 seinen Restbestand von 3000 Stück dem Roten Kreuz, das es in Lazaretten und Soldatenheimen verteilte. Dort wurde es zum absoluten Renner und bis 1920 war bereits die erste Million verkauft.

Der besondere Würfel

Auftrag 2

Es gibt für bestimmte Spiele Würfel, deren sechs Seiten nicht wie gewöhnlich mit 1, 2, 3, 4, 5 und 6 beschriftet sind.
Sophia hat in einer Schachtel einen besonderen Würfel mit den Beschriftungen – 1, 1, 2, 3, 3, 3 und zwei normale Spielwürfel. Sie nimmt zufällig einen Würfel heraus und wirft diesen. Wie groß ist die Wahrscheinlichkeit eine – 1 (eine 2 bzw. eine 3) zu werfen?
Veranschauliche die Situation an einem Baumdiagramm. Trage an den Ästen die zugehörigen Wahrscheinlichkeiten an.

Die 1-€-Münzen

Auftrag 3

Miro sammelt Münzen aus verschiedenen Ländern. Er hat in einer Dose fünf französische, vier italienische und zwei österreichische Ein-Euro-Münzen. Er nimmt nacheinander zufällig zwei Münzen heraus, ohne die erste zurückzulegen.
Wie groß ist die Wahrscheinlichkeit, genau zwei französische zu ziehen? Und wie groß ist die Wahrscheinlichkeit, genau eine italienische und eine österreichische zu ziehen? Stelle die Situation in einem Baumdiagramm dar.

Auftrag 4 Der gütige Lehrer

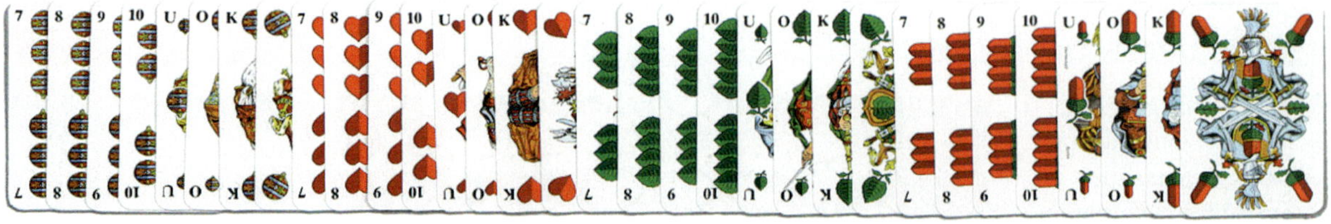

Der Deutschlehrer der Klasse 9 c bietet den Schülern seiner Klasse immer am Ende der Stunde folgendes Spiel an: Aus einem Kartenspiel mit 32 Blatt werden nacheinander zufällig zwei Karten gezogen, ohne die erste Karte zurückzulegen. Falls zwei Könige gezogen werden, entfällt die Hausaufgabe.
Wie groß ist die Wahrscheinlichkeit, zwei Könige zu ziehen?
Stelle die Situation in einem Baumdiagramm dar.
Seppi Schlauschlumpf schlägt vor, statt zwei Königen einfach zwei Karten derselben Farbe als Hausaufgabenjoker gelten zu lassen. Trägt Seppi seinen Spitznamen zu Recht?
Wie groß ist die Wahrscheinlichkeit, zwei Karten der gleichen Farbe zu ziehen?

Bearbeitung

Erinnere dich

Zufallsexperimente, bei denen alle Elementarereignisse gleichwahrscheinlich sind, heißen Laplace-Experimente.

Auftrag 2 Der besondere Würfel

Das beschriebene Zufallsexperiment setzt sich aus zwei Teilexperimenten (Stufen) zusammen: 1. Stufe: Ziehen eines Würfels, 2. Stufe: Werfen des gezogenen Würfels. Die 18 Ergebnisse des zweistufigen Zufallsexperimentes können mithilfe eines Baumdiagramms veranschaulicht werden und sind alle gleichwahrscheinlich.
Da nur ein Ergebnis zu „– 1“ führt, ist die Wahrscheinlichkeit dieses Elementarereignisses $P(\{-1\}) = \frac{1}{18}$.
Durch Abzählen der „günstigen Ergebnisse“ erhält man :
$P(\{2\}) = \frac{3}{18} = \frac{1}{6}$
und
$P(\{3\}) = \frac{5}{18}$

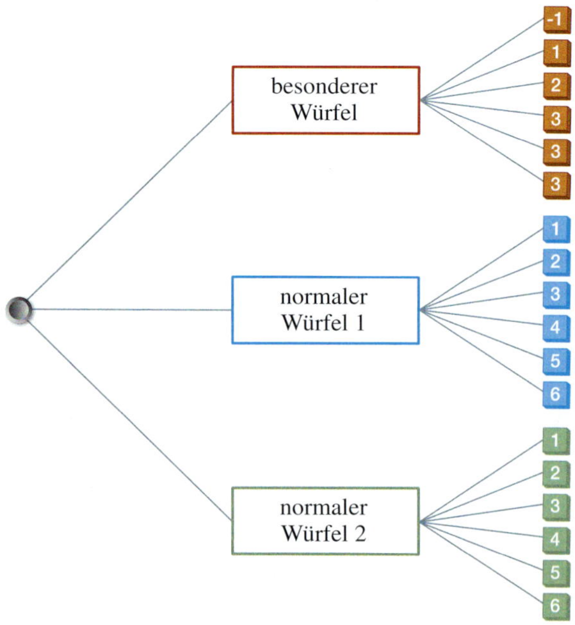

Dieser Baum ist bereits verhältnismäßig aufwändig zu zeichnen, obwohl es sich eher noch um ein überschaubares Zufallsexperiment handelt. Es ist deshalb sinnvoll, nur die wesentlichen Teile des Baumdiagramms darzustellen und andere Teile zusammenzufassen. Betrachte z. B. das Ziehen des Würfels und stelle dieses Teilexperiment vereinfacht dar:

Beachte

Es hängt sehr von der Fragestellung ab, auf welche Weise du Teile des Baums zusammenfasst.

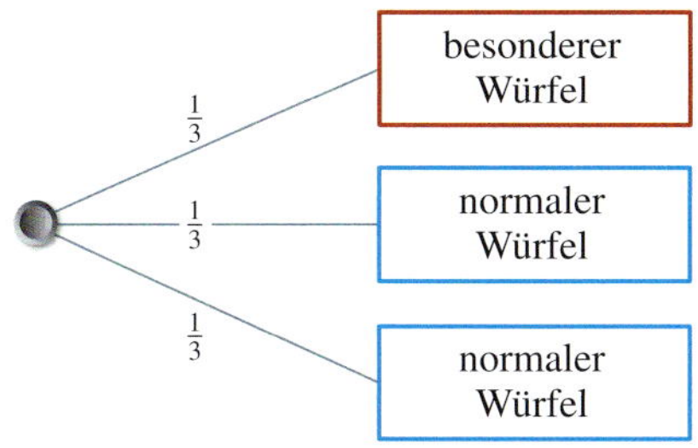

Fasst du nun Äste des Baumdiagramms zusammen, so ergibt sich folgendes Baumdiagramm:

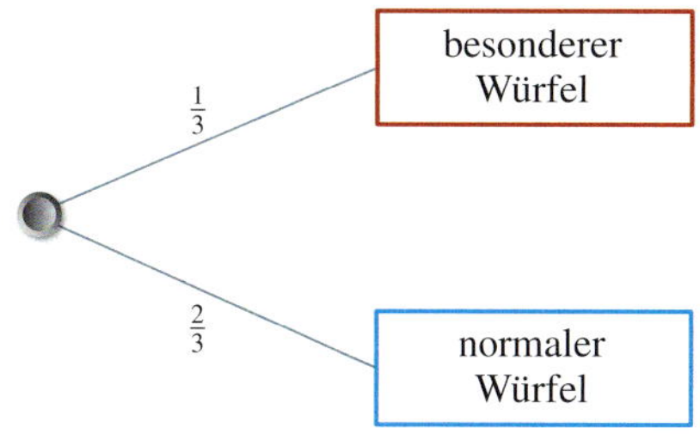

Beachte, dass die Wahrscheinlichkeit für das Ziehen des besonderen Würfels $\frac{1}{3}$ beträgt und die Wahrscheinlichkeit für das Ziehen eines normalen Würfels $\frac{2}{3}$. Diese beiden Ergebnisse sind somit nicht gleichwahrscheinlich. Du schreibst die Wahrscheinlichkeiten an die Äste des Baumdiagramms, um dies zu veranschaulichen.

Ähnlich lassen sich auch die anderen Teile des Diagramms vereinfachen und du erhältst das rechts abgebildete Baumdiagramm.
Dieses Baumdiagramm ist überschaubarer, aber die an den Astenden angetragenen Ergebnisse sind nicht gleichwahrscheinlich. Sie genügen nicht mehr der Laplace-Bedingung!

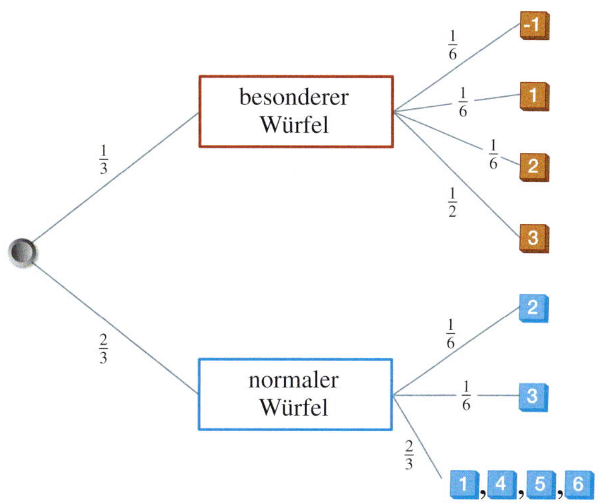

Wie groß ist nun die Wahrscheinlichkeit, „– 1“ zu werfen?
Das Ereignis „Augenzahl = – 1“ kann offensichtlich nur eintreten, wenn man während der ersten Stufe den besonderen Würfel zieht. Dafür beträgt die Wahrscheinlichkeit $\frac{1}{3}$. „Von dort“ kommst du mit der Wahrscheinlichkeit $\frac{1}{6}$ zu dem Ergebnis „– 1“, also beträgt die gesuchte Wahrscheinlichkeit
$P(\{-1\}) = \frac{1}{3} \cdot \frac{1}{6} = \frac{1}{18}$.
Das ist gleich dem Produkt der Wahrscheinlichkeiten, die an dem „günstigen“ Pfad stehen, der zu dem gesuchten Ergebnis führt.
Um zu dem Ereignis „Augenzahl = 2“ zu gelangen, kannst du vom Ausgangspunkt zwei verschiedene Pfade wählen. Das heißt, es gibt zwei Möglichkeiten: Entweder ziehst du zuerst den besonderen Würfel und wirfst damit eine Zwei. Dafür ergibt sich mit den gleichen Überlegungen wie oben die Wahrscheinlichkeit $\frac{1}{3} \cdot \frac{1}{6} = \frac{1}{18}$.
Oder du ziehst den normalen Würfel (Wahrscheinlichkeit $\frac{2}{3}$) und wirfst damit eine Zwei (Wahrscheinlichkeit $\frac{1}{6}$), die Wahrscheinlichkeit für diesen Pfad beträgt somit $\frac{2}{3} \cdot \frac{1}{6} = \frac{1}{9}$. Insgesamt gibt es zwei voneinander unabhängige Möglichkeiten, eine Zwei zu werfen, die Gesamtwahrscheinlichkeit ergibt sich aus der Addition der beiden Einzelwahrscheinlichkeiten:
$P(\{2\}) = \frac{1}{3} \cdot \frac{1}{6} + \frac{2}{3} \cdot \frac{1}{6} = \frac{1}{18} + \frac{1}{9} = \frac{1}{6}$.

Für das Ereignis „Augenzahl = 3“ gibt es wieder zwei verschiedene Pfade; auch hier ergibt sich die gesuchte Wahrscheinlichkeit als Summe der beiden „Pfadwahrscheinlichkeiten“:
$P(\{3\}) = \frac{1}{3} \cdot \frac{1}{2} + \frac{2}{3} \cdot \frac{1}{6} = \frac{1}{6} + \frac{1}{9} = \frac{5}{18}$.
Du stellst fest, dass die Wahrscheinlichkeiten, die du mithilfe der Pfadwahrscheinlichkeiten berechnet hast, mit den Wahrscheinlichkeiten übereinstimmen, die du eingangs mittels Abzählens bestimmt hast.

Zusammenfassung

Baumdiagramme und Pfadregeln

Zufallsexperimente, bei denen mehrere Teilexperimente ausgeführt werden, bezeichnet man als **zusammengesetzte Zufallsexperimente** oder auch als **mehrstufige Zufallsexperimente**.
Die Teilexperimente können zeitlich nacheinander oder nebeneinander ablaufen.

Beispiele:
- mehrmaliges Ziehen aus einer Urne
- gleichzeitiges Werfen zweier Würfel
- Drehen eines Glücksrades und anschließender Münzwurf:

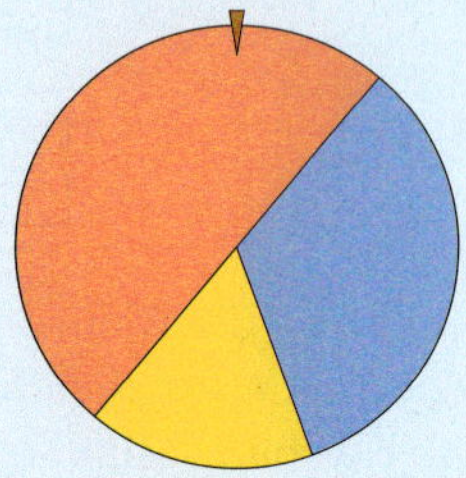

Auch zusammengesetzte Zufallsexperimente kann man mit einem Baumdiagramm darstellen. Dann entspricht jedem Ergebnis genau ein Pfad.

Bei Zufallsexperimenten mit sehr vielen Elementarereignissen ist es häufig günstig, mehrere Pfade zusammenzufassen.

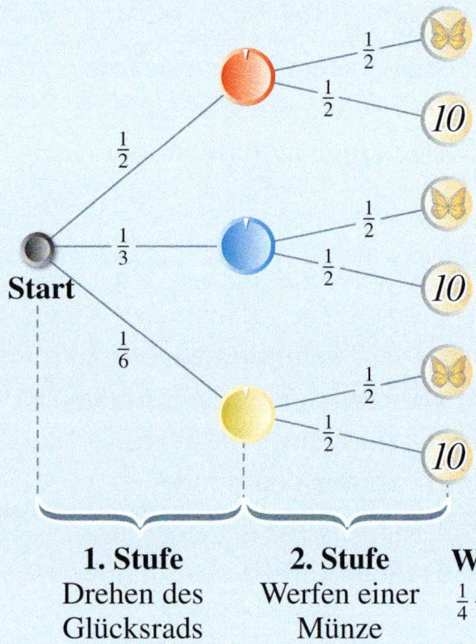

Ergebnis	Pfadwahrscheinlichkeit
rK	$\frac{1}{2} \cdot \frac{1}{2} = \frac{1}{4}$
rZ	$\frac{1}{2} \cdot \frac{1}{2} = \frac{1}{4}$
bK	$\frac{1}{3} \cdot \frac{1}{2} = \frac{1}{6}$
bZ	$\frac{1}{3} \cdot \frac{1}{2} = \frac{1}{6}$
gK	$\frac{1}{6} \cdot \frac{1}{2} = \frac{1}{12}$
gZ	$\frac{1}{6} \cdot \frac{1}{2} = \frac{1}{12}$

Summe aller Wahrscheinlichkeiten:
$\frac{1}{4} + \frac{1}{4} + \frac{1}{6} + \frac{1}{6} + \frac{1}{12} + \frac{1}{12} = 1$

In einem Baumdiagramm kann man die zugehörigen Wahrscheinlichkeiten antragen.
Für diese gelten folgende Regeln:

F Die Summe der Wahrscheinlichkeiten an den Ästen, die von einem Knoten ausgehen, beträgt immer 1.

Die Summe der Wahrscheinlichkeiten an den Ästen des Knotens „Start" beträgt:
$\frac{1}{2} + \frac{1}{3} + \frac{1}{6} = 1$

1. Pfadregel:

F Die Wahrscheinlichkeit eines Ergebnisses ist gleich dem Produkt der Wahrscheinlichkeiten auf dem Pfad, der zu dem Ergebnis führt („Pfadwahrscheinlichkeit").

Die Wahrscheinlichkeit für das Ergebnis bZ („blau und Zahl") ergibt sich mit der 1. Pfadregel zu:
$P(\{bZ\}) = \frac{1}{3} \cdot \frac{1}{2} = \frac{1}{6}$
Der zugehörige Pfad: „Start" → „blau" → „Zahl"

2. Pfadregel:

F Die Wahrscheinlichkeit eines Ereignisses ist gleich der Summe der Pfadwahrscheinlichkeiten, die zu diesem Ereignis gehören.

Die Wahrscheinlichkeit für das Ereignis „nicht rot und Zahl" ergibt sich mit der 2. Pfadregel zu:
$P(\{bZ\}) + P(\{gZ\}) = \frac{1}{3} \cdot \frac{1}{2} + \frac{1}{6} \cdot \frac{1}{2} = \frac{1}{6} + \frac{1}{12} = \frac{1}{4}$

Aufgaben

Verknüpfen
Anwenden
Trainieren

1 Eine Münze wird zweimal geworfen.

a) Ermittle mithilfe eines Baumdiagramms die Wahrscheinlichkeiten für die Ereignisse
A: „Zweimal Zahl“,
B: „Nur Kopf“,
C: „Genau einmal Zahl“.

b) Gib einen Ergebnisraum Ω an, der der Laplace-Bedingung genügt, und bestimme damit die in a) gesuchten Wahrscheinlichkeiten.

2 **Dreimaliger Münzwurf**

a) Eva wirft eine Münze dreimal. Stelle dieses Zufallsexperiment in einem Baumdiagramm dar, kennzeichne die zu den Ereignissen *A* bis *D* gehörenden Pfade in verschiedenen Farben und ermittle damit folgende Wahrscheinlichkeiten.
A: „Dreimal Kopf“,
B: „Beim ersten Wurf Zahl und beim zweiten und dritten Wurf Kopf“,
C: „Genau einmal Zahl“,
D: „Mindestens zweimal Zahl“.

b) Jakob hat eine gezinkte Münze, bei der Zahl mit der Wahrscheinlichkeit von 47 % fällt. Zeichne ein neues Baumdiagramm und bestimme erneut die Wahrscheinlichkeiten für die Ereignisse *A* und *B*.

3 Von einer Familie weiß man nur, dass sie drei Kinder hat.
Mit welcher Wahrscheinlichkeit sind es drei Mädchen (zwei Jungen und ein Mädchen)? Gehe zuerst von der Wahrscheinlichkeit 50 % für eine Jungengeburt aus.
Dies entspricht nicht ganz der Realität. Recherchiere im Internet nach der aktuellen Quote für eine Jungengeburt.
Berechne anschließend die gesuchten Wahrscheinlichkeiten mit dem realistischeren Wert.

4 Aus einem Stapel mit 32 Spielkarten, von denen 8 Karten die Farbe Herz haben, werden 4 Karten ohne Zurücklegen gezogen. Berechne die Wahrscheinlichkeiten, dass 4 (genau 3 und genau 2) Karten der „Farbe“ Herz gezogen werden. Stelle dazu das Zufallsexperiment in einem Baumdiagramm dar, in dem du lediglich zwischen Herzkarten und Nicht-Herzkarten unterscheidest.

5 In einem Stoffsäckchen sind zwei rote, zwei blaue und eine grüne Murmel.

a) Es werden nacheinander zwei Kugeln aus dem Säckchen mit Zurücklegen gezogen. Stelle das Zufallsexperiment in einem Baumdiagramm dar und berechne die Wahrscheinlichkeiten für folgende Ereignisse:
E: „Erste Murmel grün, zweite blau“,
F: „Eine grüne und eine blaue Murmel werden gezogen“,
G: „Zwei rote Murmeln“,
H: „Zwei grüne Murmeln“.

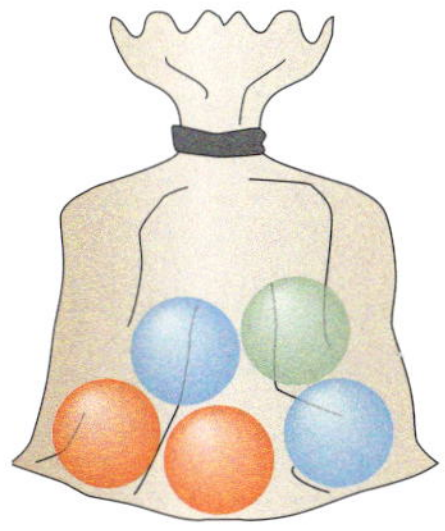

b) Es wird nun ohne Zurücklegen gezogen. Erstelle erneut ein Baumdiagramm und ermittle die Wahrscheinlichkeiten für die Ereignisse *E* bis *H*.

c) Claudia berechnet für die Wahrscheinlichkeit, beim zweimaligen Ziehen genau eine rote und eine blaue Kugel zu ziehen, den Wert von 32 %. Hat sie mit oder ohne Zurücklegen gerechnet?

d) Wie ist der Fall „Ziehen zweier Kugeln mit einem Griff“ einzuordnen?

6 In zwei äußerlich gleichen Stoffsäckchen sind in dem einen zwei gelbe und zwei blaue Murmeln und in dem anderen zwei gelbe und eine blaue. Gib alle zu berechnenden Wahrscheinlichkeiten in Prozent an.

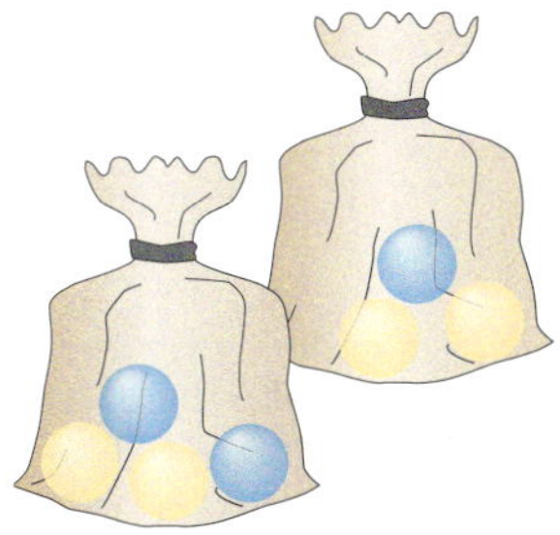

a) Es wird zuerst zufällig ein Säckchen ausgewählt und anschließend eine Kugel gezogen. Wie groß ist die Wahrscheinlichkeit für eine gelbe bzw. eine blaue Kugel?

b) Nun wird wieder zufällig ein Säckchen ausgewählt und anschließend werden zwei Kugeln ohne Zurücklegen gezogen. Wie groß sind die Wahrscheinlichkeiten für die Ereignisse
M: „Zwei gelbe Murmeln“, *N*: „Genau eine gelbe Murmel“, *O*: „Zuerst eine gelbe Murmel“,
P: „Keine gelbe Murmel“?

c) Nun werden alle sieben Kugeln in ein Säckchen zusammengeschüttet, aus dem zwei Kugeln ohne Zurücklegen gezogen werden. Bestimme die Wahrscheinlichkeiten der Ereignisse *M* bis *P*.

7 In zwei äußerlich gleichen Stoffsäckchen sind jeweils vier Murmeln. Nun wird zuerst ein Säckchen ausgewählt und anschließend zweimal ohne Zurücklegen gezogen.

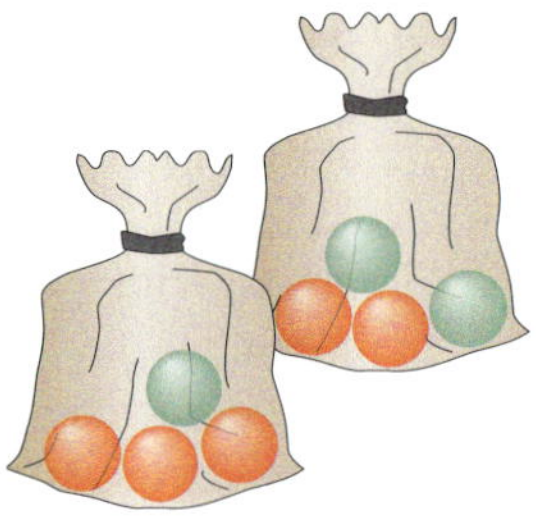

a) Berechne mithilfe eines Baumdiagramms die Wahrscheinlichkeit für folgende Ereignisse:
R: „Eine grüne und eine rote Murmel“,
S: „Mindestens eine grüne Murmel“,
T: „Zwei grüne Murmeln“.

b) Nun werden alle Murmeln in ein Säckchen zusammengeschüttet und dann daraus zwei Murmeln ohne Zurücklegen gezogen. Bestimme die Wahrscheinlichkeiten der Ereignisse *R* bis *T*.

8

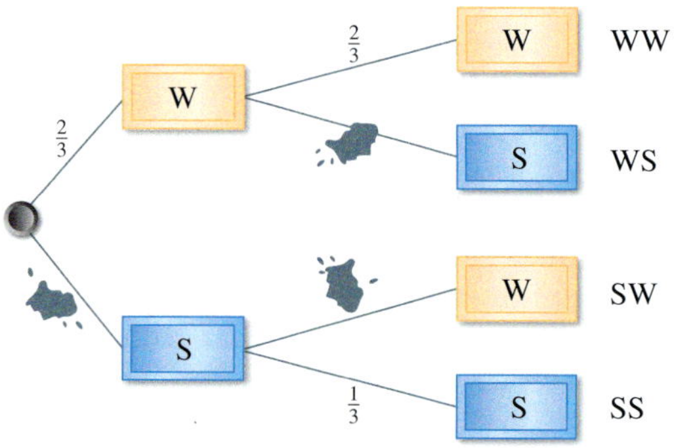

Das abgebildete Baumdiagramm gehört zu einem Urnenexperiment.

a) Was muss unter den Klecksen stehen? Begründe.

b) Berechne die Wahrscheinlichkeit für jedes der vier Ergebnisse.

c) Bestimme die Wahrscheinlichkeiten der Ereignisse *E*: „Ein *w* und ein *s* werden gezogen.“,
F: „Mindestens ein *s* wird gezogen.“,
G: „Mindestens ein *w* wird gezogen.“.

d) Entscheide und begründe, welches Zufallsexperiment *Z* zu dem Baumdiagramm passt:
Z_1: „Zweimaliges Ziehen aus einer Urne mit zwei weißen und einer schwarzen Kugel mit Zurücklegen“,
Z_2: „Zweimaliges Ziehen aus einer Urne mit zwei weißen und einer schwarzen Kugel ohne Zurücklegen“,
Z_3: „Einmaliges Ziehen von zwei Kugeln aus einer Urne mit zwei weißen und einer schwarzen Kugel“.

9

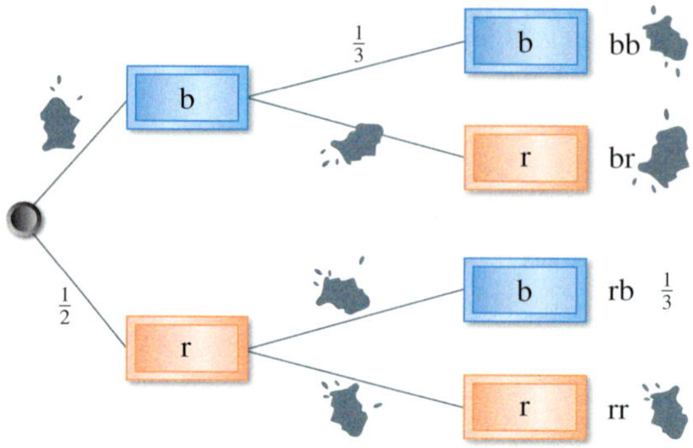

Das abgebildete Baumdiagramm gehört zu einem Urnenexperiment.

a) Was muss unter den Klecksen stehen? Begründe.

b) Bestimme die Wahrscheinlichkeiten folgender Ereignisse:
H: „Zwei *b* werden gezogen.“
I: „Mindestens ein *b* wird gezogen.“
J: „Zuerst wird ein *r* gezogen.“

c) Beschreibe ein dazu passendes Urnenmodell. Berücksichtige dabei die Anzahl der verschiedenen Kugeln und die Art des Ziehens.

Noch fit?

I Markiere jeweils die Intervalle auf einer Zahlengeraden und ergänze die Ungleichungen so, dass sie als Lösungsmenge das Intervall besitzen.

a) $[-2{,}7; \infty[$, Ungleichung: $x + 1 \geq$ ☒

b) $]1\frac{1}{3}; 3\frac{2}{3}]$, Ungleichung: ☒ $< x - \frac{1}{3}$ ☒☒

II Auf der Piste sind *x* Skifahrer und *y* Snowboarder. Gib die folgenden Aussagen in Form einer Ungleichung an:

a) Es sind 10 Skifahrer mehr als Snowboarder.

b) Es sind mindestens zehn Snowboarder.

c) Es sind weniger Snowboarder als Skifahrer, aber auf einen Snowboarder kommen durchschnittlich weniger als drei Skifahrer.

III Löse folgende Ungleichungen grafisch und überprüfe deine Lösung rechnerisch.

a) $-\frac{1}{2}x + 2 \geq 1\frac{1}{2}x - 1$

b) $2x + 3 > 3x - 1{,}5$

Aufgaben

Verknüpfen
Anwenden
Trainieren

10 Die Klassenlotterie der 9 b

Zum Schulfest veranstaltet die Klasse 9 b eine Klassenlotterie für einen guten Zweck. Als Zufallsexperiment haben sie sich was Besonderes ausgedacht: Zuerst wird eine Münze geworfen. Hierbei zählt Zahl einen Punkt und Kopf drei Punkte. Anschließend wird ein Glücksrad mit 4 Sektoren gedreht. Der erste Sektor mit dem Öffnungswinkel von 45° zählt 7 Punkte, der zweite mit 60° 5 Punkte, der dritte misst 120° und zählt 2 Punkte und der letzte zählt einen Punkt. Zum Schluss wird noch aus einer Urne mit drei Kugeln, die mit –3, 2 und 4 beschriftet sind, eine Kugel gezogen und alle erreichten Punkte addiert.

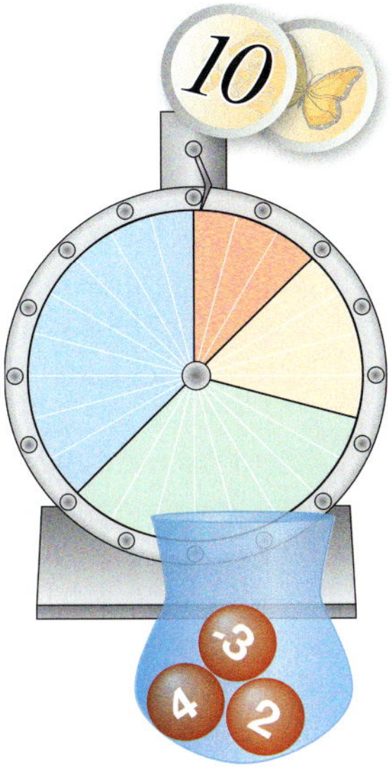

a) Wie groß ist die Wahrscheinlichkeit, die Höchstpunktzahl zu erzielen?
Wie groß ist die Wahrscheinlichkeit, mit einem Minuspunkt aus dem Spiel zu gehen?

b) Wie groß ist die Wahrscheinlichkeit, genau (mindestens) 10 Punkte zu erzielen?

11 Ein Skatspiel besteht aus 32 Karten, von denen jeweils acht Kreuz, Blatt, Herz oder Karo sind. Beim Austeilen der Karten werden zwei verdeckt in den sogenannten „Skat" gelegt. Nimm vereinfachend an, die beiden Karten werden als erstes aus dem Spiel gezogen.
Bestimme die Wahrscheinlichkeiten der folgenden Ereignisse mithilfe von Baumdiagrammen:
S: „Im Skat liegen zwei Kreuzkarten."
T: „Im Skat liegen eine Kreuz- und Herzkarte."
U: „Im Skat liegt keine Karokarte."
V: „Im Skat liegt mindestens eine Blattkarte."
W: „Im Skat liegen zwei rote Karten."

12 Beim langen Blatt eines Schafkopfspiels gibt es unter 32 Spielkarten vier Ober (siehe Bild S. 110, oben). Berechne folgende Aufgaben jeweils mithilfe eines Baumdiagramms.

a) Es werden zwei Karten zufällig gezogen. Wie groß sind die Wahrscheinlichkeiten, mindestens einen Ober bzw. zwei Ober zu erhalten?

b) Wie groß ist die Wahrscheinlichkeit, den Eichelober und einen weiteren Ober zu erhalten?

13

In einer Fernseh-Spielshow stellt der Moderator einem Kandidaten eine Wissensfrage. Diese erhält vier Antworten zur Auswahl, von denen genau eine richtig ist. Bei richtiger Antwort darf der Kandidat in die nächste Runde, andernfalls scheidet er aus. Ein Kandidat wählt die Antworten durch reines Raten aus.
Wie groß ist die Wahrscheinlichkeit dafür,

a) dass der Kandidat in die dritte Runde kommt?

b) dass er genau in der dritten Runde ausscheidet?

c) dass er die zehnte Frage richtig beantwortet?

14 An einem gewissen Ort hat man auf Grund langjähriger Wetteraufzeichnungen festgestellt, dass auf einen Tag ohne Niederschläge mit der Wahrscheinlichkeit $\frac{4}{5}$ ebenso ein solcher folgt. Auf einen Tag mit Niederschlägen folgt mit der Wahrscheinlichkeit $\frac{2}{3}$ wieder ein Tag mit Niederschlägen. Von einem Montag weiß man nur, dass er niederschlagsfrei war. Wie sind demnach die Aussichten für Dienstag bis Donnerstag?

15 Random experiments wanted

a) Describe a random experiment of two steps and name events A, B and C with $P(A) = \frac{1}{18}$, $P(B) = \frac{2}{9}$ and $P(C) = \frac{1}{3}$.

b) Think about an equivalent problem like in a) and present it to your neighbour. Of course, you must know the solution.

Aufgaben

Verknüpfen
Anwenden
Trainieren

16 **Random-Walk**

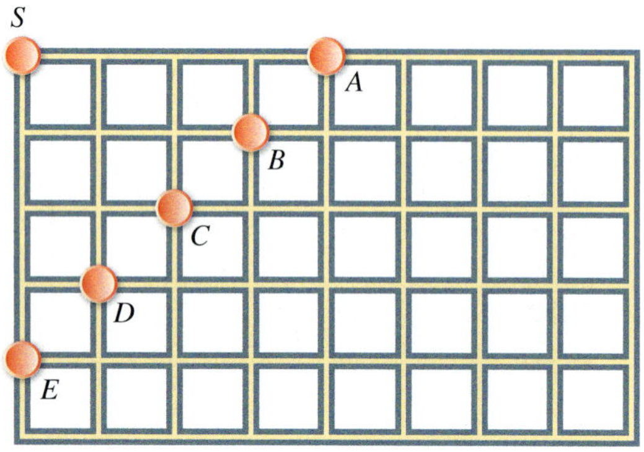

Ein Wanderer auf einem rechtwinkligen Wegenetz startet bei S (siehe Skizze). Am Startpunkt und an jeder Weggabelung geht er mit 75 % Wahrscheinlichkeit nach unten und mit 25 % Wahrscheinlichkeit nach rechts.

a) Mit welcher Wahrscheinlichkeit passiert er den Punkt A (den Punkt E)?

b) Auf welchen Wegen kann der Wanderer zum Punkt B gelangen?
Mit welcher Wahrscheinlichkeit passiert er diesen Punkt?

c) Mit welcher Wahrscheinlichkeit passiert er den Punkt C (den Punkt D)?

d) Mit welcher Wahrscheinlichkeit passiert er den rechten oberen Eckpunkt des Wegenetzes?

17 **Die Schmugglerkontrolle**

Im 19. Jahrhundert kommen neun Reisende an eine Grenzkontrolle und geben alle an, dass sie nichts zu verzollen haben. Drei von ihnen haben aber versteckte Schmuggelware dabei. Der Zollbeamte greift sich willkürlich zwei (in einem anderen Fall drei) von ihnen heraus und kontrolliert diese.

a) Wie groß ist die Wahrscheinlichkeit, dass er wenigstens einen Schmuggler erwischt? Dabei gehen wir davon aus, dass der Zöllner jeden Schmuggler, den er kontrolliert, auch überführt.
Und jetzt wird es richtig kompliziert:

b) Wie ändern sich die Wahrscheinlichkeiten, wenn der Zöllner einen Schmuggler nur mit der Wahrscheinlichkeit 75 % überführt?

18 **Gewinnverteilung bei Spielabbruch**

Anne und Katrin spielen ein einfaches Glücksspiel: Jede setzt 50 ct ein und dann werfen sie eine Münze so lange, bis insgesamt zehnmal Zahl oder Kopf gefallen sind. Anne gewinnt den gesamten Einsatz, falls zehnmal Zahl fällt, bei zehnmal Kopf gewinnt Katrin. Beim Stand von 9 : 8 müssen sie das Spiel leider abbrechen.
Wie sollen sie nun den Einsatz teilen? Anne will mehr als Katrin, weil sie ja vorne liegt. Wie sähe eine gerechte Verteilung aus? Wie müsste man bei einem Spielstand von 8 : 7 teilen?
Tipp: Zeichne ein Baumdiagramm vom Spielabbruch beginnend.

19 Ein Wissenstest besteht aus vier Fragen. Dazu sind jeweils drei Auswahlantworten gegeben, von denen stets eine richtig ist. Eine völlig unwissende Testperson kreuzt Auswahlmöglichkeiten rein zufällig an.
Wie groß ist die Wahrscheinlichkeit dafür, dass ...

a) alle vier Fragen richtig beantwortet sind,

b) genau drei Fragen richtig beantwortet sind,

c) mindestens drei Fragen richtig beantwortet sind,

d) mindestens eine Frage richtig beantwortet ist.

20 Wie in Aufgabe 19 gibt es wieder drei Antwortmöglichkeiten. Diesmal kann es aber sein, dass keine, eine oder auch mehrere Antworten richtig sind. Alle Möglichkeiten sind gleichwahrscheinlich. Eine Frage gilt nur dann als richtig gelöst, wenn genau alle richtigen Antworten angekreuzt sind. Eine Testperson verlässt sich wieder rein auf das Raten.
Bestimme die Wahrscheinlichkeiten a) bis d) aus Aufgabe 19.

21 Sicherheit und redundante Systeme

Ein für ein Sicherheitssystem entscheidendes Bauteil *A* wird durch ein zweites, baugleiches Teil *A'* so abgesichert, dass das Gesamtsystem läuft, solange wenigstens eines der beiden Teile funktioniert („Parallelschaltung").
Die beiden elektronischen Bauteile fallen jeweils unabhängig voneinander mit einer bestimmten Wahrscheinlichkeit *p* im Laufe eines Tages aus.

a)

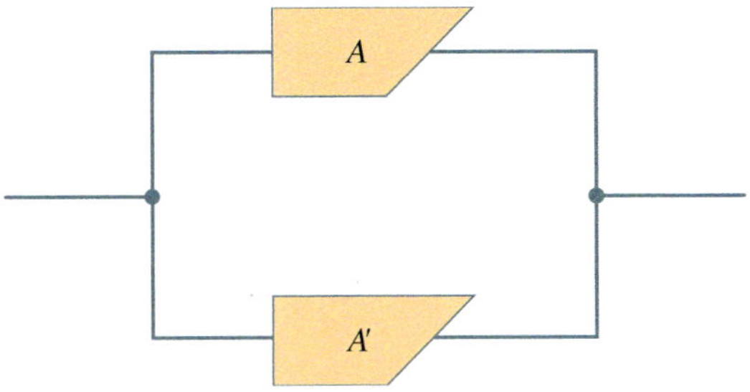

Die Wahrscheinlichkeit, dass eines der Bauteile im Laufe eines Tages ausfällt, sei $p = 0{,}1\,\%$.
Bestimme die Wahrscheinlichkeit, dass das Gesamtsystem einen Tag nicht ausfällt.
Wie groß ist die Wahrscheinlichkeit, dass das System eine Woche, einen Monat oder ein Jahr nicht ausfällt?

b) Das Gesamtsystem soll mit einer Wahrscheinlichkeit von mindestens 99,96 % einen Tag stabil laufen.
Wie groß muss *p* dann mindestens sein?

c)

Nun wird ein System mit zwei voneinander unabhängigen Teilen *A* und *A'* betrachtet, von denen keines ausfallen darf, d. h. zur Sicherstellung des Funktionierens des Gesamtsystems müssen *A* und *A'* funktionieren („Hintereinanderschaltung"). *A* fällt mit der Wahrscheinlichkeit 0,0001 und *A'* mit der Wahrscheinlichkeit 0,00005 an einem Tag aus. Wie groß ist die Wahrscheinlichkeit, dass dieses System einen Tag bzw. ein Jahr nicht ausfällt? Angabe in Prozent.

d) Diskutiere, in welchen Bereichen solche Ausfallwahrscheinlichkeiten akzeptabel bzw. inakzeptabel sind.
Denke z. B. an Feuerschutzsysteme, industrielle Herstellungsstraßen, militärische Systeme oder Atomkraftwerke.

22 Der Streichholzschachtelwürfel

Beschrifte eine leere Streichholzschachtel (oder auch einen anderen nicht würfelförmigen Quader) wie einen Würfel.

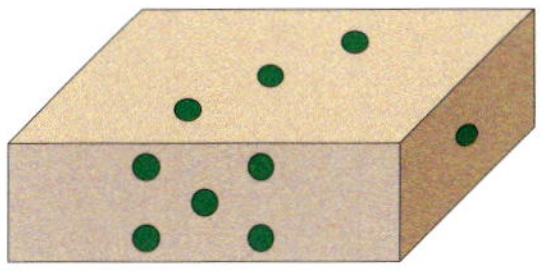

Ermittle durch 100-maliges Werfen Schätzwerte für die Wahrscheinlichkeiten der verschiedenen Augenzahlen und verwende diese als die zugehörigen Wahrscheinlichkeiten. Beachte Symmetrien.
Berechne nun damit für zweimaliges „Würfeln" mithilfe eines Baumdiagramms die Wahrscheinlichkeiten für die Ereignisse
A: „Zweimal Augenzahl 1",
B: „Augensumme 3",
C: „Augensumme 7",
D: „Pasch".

23 Qual der Wahl

Janine, die seit vier Jahren im Tennisverein spielt, will von ihren Eltern eine neue Sporttasche. Ihre Eltern versprechen ihr eine solche, wenn sie von drei Spielen, die sie abwechselnd gegen Mutter und Vater bestreiten muss, mindestens zwei hintereinander gewinnt. Gegen wen soll sie zuerst spielen, wenn sie gegen ihre Mutter, die ebenso im Verein spielt, mit einer geringeren Wahrscheinlichkeit gewinnt als gegen Ihren Vater?

Aufgabe der Woche

Schafkopfen

Beim bayerischen „Nationalsport" Schafkopfen bekommt jeder der vier Spieler acht Spielkarten ausgeteilt, zuerst vier und dann nochmals vier.

Wie groß ist die Wahrscheinlichkeit, mit den ersten vier Karten alle vier Ober zu bekommen?
Wie groß ist die Wahrscheinlichkeit, mit den ersten vier Karten genau zwei Ober zu bekommen?
Wie groß ist die Wahrscheinlichkeit, unter seinen acht Karten alle vier Ober zu haben bzw. genau zwei Ober?
Überlege dir weitere Fragestellungen und versuche sie zu beantworten.

Zufallszahlen erzeugen

Die folgende Tabelle zeigt eine Folge von zufällig erzeugten Ziffern. Jede Ziffer nimmt die Werte von 0 bis 9 mit der gleichen Wahrscheinlichkeit von $\frac{1}{10}$ an. Für eine bessere Lesbarkeit werden in der Regel jeweils einige Ziffern zu einer Zahl zusammengefasst. Man spricht dann auch von Zufallszahlen statt Zufallsziffern. Zufallszahlen werden benötigt, um komplizierte oder rechnerisch nicht erfassbare Zufallsexperimente zu simulieren. Weiter werden Zufallszahlen z. B. auch zum Verschlüsseln von geheimen Informationen verwendet.
Um Zufallsziffern zu erzeugen, kann man zum Beispiel aus einer Urne mit 10 Kugeln, beschriftet von 0 bis 9, wiederholt mit Zurücklegen ziehen.

14266	28132	69324	28673	19407	78413	88670	29316	33943	80662	72421	09998
19781	96115	23509	73498	06511	74254	70613	12488	68629	32377	96920	03386
82192	35820	15629	57039	03112	89252	67607	93113	83635	88475	40254	63790
10264	32602	05508	21391	03865	06936	80296	08184	98889	17094	06276	64620
54903	28007	39950	80028	79339	14941	59132	57817	44735	69397	75210	72793
61432	48050	23702	07066	25436	33540	24133	40566	30234	29600	31019	61733
06401	93878	01396	32007	68898	53725	77211	19153	24246	43224	30728	01714
63961	86209	58646	84072	00096	70840	43944	97712	59998	67039	19009	88614
11594	95204	27237	21952	15014	76281	83580	66319	07456	44305	41989	97928
81448	29870	75891	47599	97856	49648	69959	90874	94851	56929	28505	73100
41464	48274	22817	25900	93454	36807	06136	90839	58716	71943	75830	07826
53790	97059	43790	83615	11651	52192	02167	09016	80819	76590	17234	81244
19752	05831	95799	70716	31557	48362	46269	34227	67903	98814	80738	57662
22465	59372	89907	21877	14919	11900	98642	90474	75280	49961	91883	08806
07423	10168	29662	35823	47846	20624	72570	37984	67139	96724	83710	47683
17372	35501	78114	86813	12891	32443	51630	39998	84332	47998	11307	76953
82950	73426	43434	87887	48921	60086	33972	69645	30922	91412	64315	26193

Häufig werden Zufallszahlen mit dem Computer erzeugt. Zahlreiche Programme und Programmiersprachen ermöglichen dies. Sogar der „kleine Computer" Taschenrechner hat heute schon häufig eine „Random-Taste" zur Ausgabe von Zufallszahlen, siehe Bild. Aber Vorsicht: All diese Zahlen sind streng mathematisch betrachtet keine Zufallszahlen, denn sie werden mit einem festen Algorithmus berechnet und scheinen nur zufällig erzeugt, denn irgendwann wiederholen sie sich. Deshalb werden sie korrekt mit **Pseudozufallszahlen** bezeichnet.

Beachte

Vom Computer erzeugte Reihen von Zufallszahlen haben nur endliche Länge, dann wiederholen sich die Zahlen; allerdings kann man mit dem Computer inzwischen z. B. eine Reihe von Zufallszahlen der Länge 10^{250} berechnen.

Ein Algorithmus zur Erzeugung von zweistelligen Pseudozufallszahlen

Wähle eine Startzahl z, z. B. $z = 57$. Wähle weiter einen festen Faktor a und ein sogenanntes Inkrement b, z. B. $a = 41$ und $b = 11$. Multipliziere nun deine Startzahl mit a und addiere b. Betrachte anschließend den Rest bei der Division durch 100 als neue Zufallszahl z und fahre so fort.
Also: $41 \cdot 57 + 11 = 2348$, also neues $z = 48$. $41 \cdot 48 + 11 = 1979$, also $z = 79$.
Ermittle so die nächsten 20 Zufallszahlen.
Wann wird sich diese Zahlenfolge spätestens wiederholen? Wähle nun einige Zahlen als Startzahl, Faktor und Inkrement und ermittle damit Zufallszahlen.

Zufallszahlen mit Tabellenkalkulationsprogrammen erzeugen

Auch mithilfe eines Tabellenkalkulationsprogramms lassen sich Zufallszahlen erzeugen und – das ist der große Vorteil – gleich weiterverarbeiten.
Die Funktion ZUFALLSZAHL() erzeugt eine zufällige Dezimalzahl aus dem Intervall [0; 1[. Wichtig: Um in einer Zelle eine Funktion anzuwenden, muss man davor ein „="-Zeichen schreiben.
Beispiel für Zelle A4: = ZUFALLSZAHL()
mögliches Ergebnis: 0,176 705 573 6

A4 | =ZUFALLSZAHL()

	A	B
1	Erzeugen von Zufallszahlen	
2	0,9632082155	
3	0,7792309470	
4	0,1767055736	
5	0,2492798667	
6	0,6696912082	
7	0,8043030331	
8	0,1165897276	
9	0,4114797768	
10	0,9729950092	
11	0,7726900664	

Um mithilfe derartig erzeugter Zufallszahlen Experimente wie den Münzwurf oder den Würfelwurf zu simulieren, sind einfache Rechenoperationen wie Addition oder Multiplikation und die Funktion GANZZAHL(), die von einer beliebigen Zahl den ganzzahligen Rest erzeugt, hilfreich.
Beispiel: Multipliziert man eine Zufallszahl aus [0; 1[mit 2, so erhält man eine Zufallszahl aus dem Intervall [0; 2[. Betrachtet man nun den ganzzahligen Anteil, so erhält man mit jeweils gleicher Wahrscheinlichkeit eine der Zahlen 0 oder 1.
Beispiel: $0{,}712453431 \cdot 2 = 1{,}424906862$, ganzzahliger Anteil: 1
So sieht die zugehörige Formel aus: =GANZZAHL(ZUFALLSZAHL()*2)
Ein kleiner Schönheitsfehler ist, dass die Ergebnisse nun 0 und 1 statt K und Z lauten. Dies kann man z. B. mit der WENN()-Funktion korrigieren:
=WENN(GANZZAHL(ZUFALLSZAHL()*2)=0;"K";"Z"). Probiere dies aus!

Wie kannst du nun einen Würfel simulieren?
Ganz ähnlich, nämlich mit Faktor 6 statt 2, und du musst noch 1 addieren, da ein Würfel ja keine 0 hat. Also:
=GANZZAHL(ZUFALLSZAHL()*6)+1
Und wie kann man zum Beispiel beim 36-fachen Würfelwurf die Sechser zählen?
In den Zellen A2 bis C13 steht die „Würfelformel", also

A2 | =GANZZAHL(ZUFALLSZAHL()*6)+1

	A	B	C	D
1	Simulation eines Würfels			Anzahl Sechser:
2	5	4	3	6
3	1	2	2	
4	3	5	4	
5	1	5	3	
6	2	3	1	
7	1	3	5	
8	6	2	6	
9	2	2	6	
10	1	3	3	
11	6	5	6	
12	4	6	5	
13	5	1	5	

=GANZZAHL(ZUFALLSZAHL()*6)+1 und in der Zelle D2 werden die Sechser gezählt.
Hierzu verwendet man die Funktion ZÄHLENWENN(), bei der man in der Klammer zunächst den zu untersuchenden Bereich (hier A2 : C13) und dann das Kriterium, nach dem gesucht werden soll (hier: 6), angeben muss.
Überlege verschiedene Möglichkeiten zum „Zinken" eines durch ein Tabellenkalkulationsprogramm simulierten Würfels und realisiere sie.

Weitere nützliche Befehle

In Tabellenkalkulationsprogrammen gibt es Hunderte von vordefinierten Funktionen, von denen etliche für die Verarbeitung von Zufallszahlen hilfreich sind, z. B.: KKLEINSTE(); MAX(); VERWEIS()
Finde unter Verwendung der Hilfefunktion deines Programms heraus, worum es dabei geht, probiere die Funktionen gleich aus.

Info

=ZUFALLSZAHL()
erzeugt eine Zufallszahl aus [0; 1[.

=GANZZAHL(...)
erzeugt von dem Ausdruck in der Klammer den ganzzahligen Rest.

+ , − , * , / , ^
Grundrechenarten und Potenz

=WENN(...; ...; ...)
prüft eine Aussage auf Wahrheit.

=ZÄHLENWENN(...; ...)
zählt Zellen mit einem bestimmten Inhalt.

Tipp: Mit der Funktionstaste F9 kann man alle Zufallszahlen eines Rechenblatts neu berechnen lassen.

5.2 Zufallsexperimente simulieren

Auftrag 1 **Mathematik beim Teeklatsch**

Beachte

Es gibt die zwölf Sternzeichen Widder, Stier, Zwilling, Krebs, Löwe, Jungfrau, Waage, Skorpion, Schütze, Steinbock, Wassermann und Fische.
Für die im Auftrag beschriebene Situation kannst du vereinfachend voraussetzen, dass für eine zufällig ausgewählte Person alle Sternzeichen gleichwahrscheinlich sind.

Anne, Bianca, Carla, Doris und Ella sitzen beim Teetrinken zusammen und stellen erstaunt fest, dass Bianca und Ella beide im Sternzeichen Widder geboren sind.
Ist es wirklich überraschend, dass von fünf Personen mindestens zwei das gleiche Sternzeichen haben?
Um diese Frage zu beantworten, wollen die fünf das Problem mit einfachen Zufallsexperimenten nachspielen. Sie denken sich folgende Verfahren aus:

(I) Sie nehmen 12 gleiche Zettel und beschriften sie mit 1 bis 12. Diese falten sie, füllen sie in eine Dose und ziehen fünfmal ohne Zurücklegen. Erhalten sie dabei mindestens zweimal dieselbe Zahl, so entspricht das dem gesuchten Ereignis.

(II) Wie bei Vorschlag I, nur mit Zurücklegen der Zettel.

(III) Jede würfelt zweimal. Erzielen dabei mindestens zwei von ihnen dieselbe Augensumme, so entspricht das dem gesuchten Ereignis.

(IV) Sie nehmen aus einem Kartenspiel 12 verschiedene Spielkarten. Reihum zieht jede eine Karte, merkt sie sich und steckt sie wieder zurück. Anschließend vergleichen Sie, ob zwei dieselbe Karte gezogen haben. Falls dies der Fall ist, entspricht das dem gesuchten Ereignis.

(V) Jedes Mädchen wirft eine Münze und würfelt einmal. Haben dabei mindestens zwei Mädchen dasselbe Ergebnis, zum Beispiel Kopf und die Augenzahl 4, so entspricht das dem gesuchten Ereignis.

Entscheide für jeden der fünf Vorschläge, ob er das beschriebene Problem korrekt simuliert. Begründe deine Antworten.
Wähle danach einen geeigneten Vorschlag aus, führe das Experiment mindestens 30-mal durch und gib einen Schätzwert für die gesuchte Wahrscheinlichkeit ab.

Auftrag 2 **Ein alter Klassiker: Die fünf Jäger**

Fünf Jäger gehen gemeinsam auf die Jagd. Auf einer Lichtung sehen sie zehn Fasane. Ohne sich abzusprechen schießen sie alle gleichzeitig auf die Fasane. Jeder von ihnen trifft den von ihm gewählten Vogel. Wie groß ist die Wahrscheinlichkeit, dass sie mindestens vier Fasane erlegen?
Versuche durch einfache Zufallsexperimente, beispielsweise mithilfe von Spielkarten oder mit Zufallszahlen diese Situation zu simulieren, d. h. nachzuspielen. Führe das Experiment 50-mal durch und gib damit einen Schätzwert für die gesuchte Wahrscheinlichkeit ab.

Mädchen oder Junge?

Auftrag 3

Herr Kehrmann und Herr Baur streiten über ein klassisches Problem der Wahrscheinlichkeitsrechnung:
„Stell dir vor, dass die Familie eines neuen Arbeitskollegen zwei Kinder hat. Ich frage ihn, ob eines seiner Kinder ein Junge ist. Er bejaht diese Frage. Mit welcher Wahrscheinlichkeit ist dann das andere Kind ein Mädchen?"
Herr Baur meint, die Wahrscheinlichkeit ist $\frac{1}{2}$, da das zweite Kind unabhängig vom anderen ein Junge oder ein Mädchen sein kann. Herr Kehrmann behauptet, dass die Wahrscheinlichkeit den Wert $\frac{2}{3}$ hat. Die beiden beschließen, das Problem als Zufallsexperiment zu betrachten und mit einfachen Mitteln durchzuspielen, sie wollen also das Experiment simulieren.
Überlege dir ein geeignetes Zufallsexperiment und führe dieses so oft durch, dass du eine glaubwürdige Vermutung über die gesuchte Wahrscheinlichkeit äußern kannst.
Gehe dabei von der Voraussetzung aus, dass Mädchen- und Jungengeburten gleichwahrscheinlich sind. Recherchiere im Internet die derzeit angenommene Wahrscheinlichkeit für eine Jungengeburt.

Info

Hilfsmittel zur Simulation von Zufallsexperimenten:
- Tabelle mit Zufallszahlen, S. 118
- Random-Taste am Taschenrechner
- Urne
- Münzwurf
- Würfeln
- Spielkarten

Das Ziegenproblem

Auftrag 4

Das Foto rechts zeigt die Originalaufnahmen der Spielshow „Let's make a deal". Lies dir die Ecke auf Seite 108 durch.
Ist es nun für den Kandidaten günstig zu wechseln? Entscheidet diese Frage durch Simulation. Spielt dazu gruppenweise die Situation der Spielshow nach. Verwendet z. B. drei Joghurtbecher als Türen und einen Radiergummi als Auto. Einer von euch ist der Showmaster, der weiß, wo das „Auto" versteckt ist, und ein anderer ist der Kandidat. Wiederholt das Experiment 10-mal ohne die Türe zu wechseln und 10-mal mit wechseln. Welche Vorgehensweise erscheint nun günstiger?
Eine Entscheidung für eine der Strategien aufgrund von 10 Wiederholungen ist noch unzuverlässig. Deshalb sollte man zur Simulation ein Zufallsexperiment wählen, das sich mit wenig Aufwand häufiger wiederholen lässt: Hier eignet sich zum Beispiel zweimaliges Würfeln. Der erste Wurf bestimmt, hinter welcher Türe das Auto versteckt sein soll, z. B. stehen die Augenzahlen 1 und 2 für die erste Tür, die Augenzahlen 3 und 4 für die zweite und 5 und 6 für die dritte. Wie kann man weiter vorgehen? Beschreibe dies in Worten und führe anschließend die Simulation für beide Strategien, also ohne oder mit Wechseln, jeweils 50-mal durch. Zu welchem Ergebnis kommst du nun?

Bearbeitung **Auftrag 3** Mädchen oder Junge?

Die Geburt eines Kindes kannst du in diesem Zusammenhang zum Beispiel durch einen Münzwurf simulieren. Kopf K steht dabei für Mädchen und Zahl Z für Junge. Ein zweimaliger Münzwurf stellt so die Geburt zweier Kinder dar.
Beispiel für eine Versuchsreihe mit 20 Durchführungen:

Münzwurf	KK	ZZ	ZZ	KZ	ZK	KK	KZ	ZZ	ZK	ZK	ZZ	KK	ZZ	ZK	KK	KZ	KZ	ZK	KK	ZZ
simulierte Familie	MM	JJ	JJ	MJ	JM	MM	MJ	JJ	JM	JM	JJ	MM	JJ	JM	MM	MJ	MJ	JM	MM	JJ

Unter den 20 simulierten Familien sind also fünf mit zwei Mädchen, neun mit einem Junge und einem Mädchen und sechs mit zwei Jungen.
Für das Problem kommen aber nur solche Familien in Betracht, bei denen mindestens ein Kind ein Junge ist. Die Ergebnisse „MM“ kommen also nicht in Frage.

Münzwurf	~~KK~~	ZZ	ZZ	KZ	ZK	~~KK~~	KZ	ZZ	ZK	ZK	ZZ	~~KK~~	ZZ	ZK	~~KK~~	KZ	KZ	ZK	~~KK~~	ZZ
simulierte Familie	~~MM~~	JJ	JJ	MJ	JM	~~MM~~	MJ	JJ	JM	JM	JJ	~~MM~~	JJ	JM	~~MM~~	MJ	MJ	JM	~~MM~~	JJ

Somit verbleiben 15 Familien, davon 9 mit einem Jungen und einem Mädchen und 6 mit zwei Jungen. Damit haben 9 von den 15 Familien als weiteres Kind ein Mädchen. Das entspricht einer relativen Häufigkeit von $\frac{9}{15} = 60\,\%$. Somit könnte man vermuten, dass Herr Kehrmann Recht hat. Um die Vermutung zu überprüfen, muss man nach dem empirischen Gesetz der großen Zahlen den Versuch oft wiederholen. Dies kannst du beispielsweise mithilfe von Zufallsziffern tun:
1. Phase: **Modellierung** – Eine Zufallsziffer kann 10 Werte annehmen: 0;1; …;9, die alle gleichwahrscheinlich sind. Die Ziffern 0 bis 4 sollen nun für eine Mädchengeburt und die übrigen fünf Ziffern für eine Jungengeburt stehen. Auf diese Weise simuliert eine zweistellige Zufallszahl das Geschlecht zweier Kinder: 13 steht für MM, 17 für MJ oder 54 für JM.
2. Phase: **Nachspielen des Problems** – Betrachte nun z. B. die ersten 40 Zufallszahlen von Seite 118. Durch Bündelung zu zweistelligen Zahlen erhältst du 100 zweistellige Zahlen. Übersetze dies wieder in die Familien und streiche von den 100 betrachteten Familien die Familien mit zwei Mädchen.

14266	28132	69324	28673	19407	78413	88670	29316	33943	80662
72421	09998	19781	96115	23509	73498	06511	74254	70613	12488
68629	32377	96920	03386	82192	35820	15629	57039	03112	89252
67607	93113	83635	88475	40254	63790	10264	32602	05508	21391

14	26	62	81	32	69	32	42	86	73	19	40	77	84	13	88	67	02	93	16	33	94	38	06	62
72	42	10	99	98	19	78	19	61	15	23	50	97	34	98	06	51	17	42	54	70	61	31	24	88
68	62	93	23	77	96	92	00	33	86	82	19	23	58	20	15	62	95	70	39	03	11	28	92	52
67	60	79	31	13	83	63	58	84	75	40	25	46	37	90	10	26	43	26	02	05	50	82	13	91

~~MM~~	MJ	JM	JM	~~MM~~	JJ	~~MM~~	~~MM~~	JJ	JM	MJ	~~MM~~	JJ	JM	~~MM~~	JJ	JJ	~~MM~~	JM	MJ	~~MM~~	JM	MJ	MJ	JM
JM	~~MM~~	~~MM~~	JJ	JJ	MJ	JJ	MJ	JM	MJ	~~MM~~	JM	JJ	~~MM~~	JJ	MJ	JM	MJ	~~MM~~	JM	JM	JM	~~MM~~	~~MM~~	JJ
JJ	JM	JM	~~MM~~	JJ	JJ	JM	~~MM~~	~~MM~~	JJ	JM	MJ	~~MM~~	JJ	~~MM~~	MJ	JM	JJ	JM	MJ	~~MM~~	~~MM~~	MJ	JM	JM
JJ	JM	JJ	~~MM~~	~~MM~~	JM	JM	JJ	JM	JJ	~~MM~~	MJ	MJ	MJ	JM	~~MM~~	MJ	~~MM~~	MJ	~~MM~~	MJ	JM	JM	~~MM~~	JM

3. Phase: **Auswertung** – Es verbleiben somit 71 Familien, davon 50 mit einem Jungen und einem Mädchen. Das entspricht einer relativen Häufigkeit von $\frac{50}{71} \approx 70{,}4\,\%$. Anhand dieser größeren Zahl von Versuchsdurchführungen liegt die Behauptung nahe, dass Herr Kehrmann Recht hat. Um einen noch sichereren Schätzwert für die gesuchte Wahrscheinlichkeit zu erhalten, wäre es günstig, noch mehr Zufallszahlen auszuwerten. Da dies recht mühsam ist, empfiehlt es sich

mithilfe eines Tabellenkalkulationsprogramms (siehe Seite 119) zu simulieren:
Mit dem Befehl =GANZZAHL(ZUFALLSZAHL()*2) erzeugt man zufällig die Ziffern 0 oder 1, jeweils mit der Wahrscheinlichkeit $\frac{1}{2}$. 0 steht für Mädchen und 1 für Junge. Schreibe diesen Befehl nun in die Zellen A1 und B1. In C1 lässt du die Summe berechnen. Ist diese 0, so sind es zwei Mädchen, bei 1 ein Mädchen und ein Junge und bei 2 zwei Jungen. Kopiere die Zellen A1 bis C1 in die darunter liegenden 9999 Zeilen. So hast du 10 000 Familien generiert. Mit der Funktion =ZÄHLENWENN() kannst du sie automatisch untersuchen und erhältst ein fundiertes Ergebnis.
Diese Simulation untermauert die These, dass die Wahrscheinlichkeit für ein Mädchen als anderes Kind $\frac{2}{3}$ ist.

E6 = =E3/(E3+E4)

	A	B	C	D	E
1	0	1	**1**		
2	1	0	**1**	2 Mädchen:	2360
3	0	1	**1**	1 Mäd. & 1 Ju.	5139
4	0	0	**0**	2 Jungen:	2501
5	1	0	**1**		
6	1	1	**2**	ges. Quotient:	**67,26%**
7	0	0	**0**		

Zusammenfassung

Zufallsexperimente simulieren

Wenn bei einem Zufallsexperiment die Wahrscheinlichkeit eines Ereignisses nicht berechnet werden kann oder ein berechneter Wert überprüft werden soll, so kannst du experimentell einen Schätzwert für die gesuchte Wahrscheinlichkeit ermitteln. Dazu musst du das Zufallsexperiment so oft durchführen, dass sich die relative Häufigkeit des betrachteten Ereignisses gemäß dem empirischen Gesetz der großen Zahlen stabilisiert. Da das reale Experiment oft aufwändig ist, bietet es sich in solchen Fällen an, das Experiment unter vereinfachten Bedingungen nachzuspielen. Dieses Vorgehen nennt man **Simulation**.

Günstige Hilfsmittel zur Simulation von Zufallsexperimenten sind Urnen, Münzen, Würfel und besonders auch Zufallszahlen. Zufallszahlen gibt es in Tabellenform oder du kannst sie mit einem Taschenrechner bzw. Computerprogramm erzeugen. Mehr dazu auf den Seiten 118 und 119.
Die Simulation besteht aus drei Phasen:

1. Phase: **Modellierung**
Finde als Modell ein leicht durchführbares Zufallexperiment, welches dem ursprünglichen Problem entspricht.

Auf einer Geburtstagsfeier werden an 10 Kinder 20 Süßigkeiten zufällig verteilt. Dazu wird jede Süßigkeit neu unter allen 10 Kindern verlost. Wie groß ist die Wahrscheinlichkeit, dass ein zufällig ausgewähltes Kind genau 4 Süßigkeiten bekommt?

Wähle 20 Zufallsziffern aus. Jede Zufallsziffer steht für eine Süßigkeit, ihr Wert gibt an, welches Kind (bezeichnet mit 0 bis 9) sie bekommt.

2. Phase: **Nachspielen des Problems**
Wiederhole das Simulationsexperiment genügend oft.

Mit der Tabelle auf Seite 118 ergibt sich nach den ersten 20 Zufallsziffern:

Kind	0	1	2	3	4	5	6	7	8	9
Anzahl	0	2	5	3	2	0	**4**	1	2	1

3. Phase: **Auswertung**
Übertrage die Ergebnisse der Simulation auf die ursprüngliche Fragestellung.

Man erkennt, dass in diesem Fall nur eines der zehn Kinder genau vier Süßigkeiten bekommt. Führst du dieses Experiment weitere 49-mal durch, so ergibt sich mit den Zufallszahlen von Seite 118, dass 49 der 500 Kinder genau 4 Süßigkeiten bekommen. Du vermutest, dass die gesuchte Wahrscheinlichkeit nahe bei $\frac{49}{500}$ liegt.

Aufgaben

Verknüpfen
Anwenden
Trainieren

1

Im Handel sind neben den gewöhnlichen Spielwürfeln auch „Würfel" aus den anderen vier platonischen Körpern erhältlich: 4-seitige Tetraederwürfel, 8-seitige Oktaederwürfel, 12-seitige Dodekaederwürfel und 20-seitige Ikosaederwürfel. Beschreibe, wie sich die folgenden Zufallsexperimente mithilfe jeweils eines der genannten „Würfel" simulieren lassen. Gib jeweils einen Ergebnisraum des beschriebenen Experiments und des Simulationsexperiments an.

a) doppelter Münzwurf
b) einfacher Münzwurf
c) Drehen eines Glücksrads mit drei gleichgroßen Sektoren
d) Drehen eines Glücksrads mit zehn gleichgroßen Sektoren
e) Drehen eines Glücksrads mit fünf gleichgroßen Sektoren
f) Ziehen einer Kugel aus einer Urne mit zwei schwarzen, einer roten und einer weißen Kugel
g) Ziehen einer Kugel aus einer Urne mit sieben durchnummerierten Kugeln
h) Erzeugen einer 5-stelligen Zufallszahl

2 **Passende Zufallsexperimente suchen**

a) Gib jeweils Zufallsexperimente und passende Ereignisse A, B, … an, sodass
$P(A) = \frac{1}{2}$, $P(B) = \frac{1}{4}$, $P(C) = \frac{1}{32}$, $P(D) = \frac{3}{32}$, $P(E) = \frac{2}{3}$, $P(F) = \frac{1}{10}$
ist.
b) Löse Aufgabe a) mit möglichst einfachen Urnenexperimenten.
c) Löse Aufgabe a) mithilfe von Zufallsziffern.

3 Wie kann man mit drei Münzen einen Würfelwurf simulieren?

4 Beschreibe, wie du das Zufallsexperiment „Werfen einer Münze und anschließendes Würfeln" durch ein Urnenexperiment ersetzen kannst.

5 Zufallszahlen mit Tabellenkalkulation (s. S. 119)

a) Welche Zufallszahlen erzeugen folgende Funktionen? Teste die Befehle auch am Computer.
=GANZZAHL(3*ZUFALLSZAHL())+1
=GANZZAHL(5*ZUFALLSZAHL())
=GANZZAHL(2*ZUFALLSZAHL())*2-1
b) Löse Aufgabe 2 a) mithilfe eines Tabellenkalkulationsprogramms.

6 **Roulette mit Tabellenkalkulation** (s. S. 119)

a) Simuliere mit einem Tabellenkalkulationsprogramm das Drehen eines Roulettekessels.

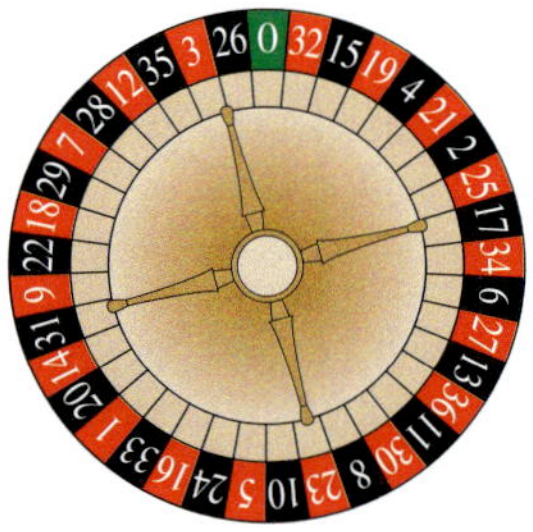

b) Bestimme mithilfe der WENN-Funktion eine Formel, die automatisch entscheidet, ob das Ereignis Manque (Zahl von 1 bis 16) eingetreten ist.
c) Was entscheidet die folgende Funktion?
=WENN(A1=GANZZAHL(A1/2);"G";"U")

7 Anna will mit ihrem kleinen Bruder Mensch-ärgere-dich-nicht spielen. Die beiden können aber im ganzen Haus keine Würfel finden. Wie können sie sich behelfen?
Finde drei verschiedene Möglichkeiten.

8 Fünf Freunde sitzen zusammen und spielen folgendes Spiel: Jeder wählt zufällig eine natürliche Zahl von 1 bis 10. Dann vergleichen sie, ob mindestens zwei von ihnen dieselbe Zahl gewählt haben.

a) Führe das Spiel ein paarmal durch. Simuliere dann die Situation mit Zufallszahlen und werte mindestens 50 Durchgänge aus. Was für ein Schätzwert ergibt sich damit für die gesuchte Wahrscheinlichkeit?
b) Nun wählen 20 Personen zufällig natürliche Zahlen von 1 bis 100. Ermittle wieder durch Simulation einen Schätzwert für die Wahrscheinlichkeit, dass mindestens zwei von ihnen dieselbe Zahl gewählt haben.

9 Entscheide für jeden der unten ausgeführten Vorschläge A bis E, ob man damit das Zufallsexperiment „Augensumme beim zweifachen Würfelwurf" simulieren kann. Begründe jeweils deine Antwort.

A Ziehen aus einer Urne mit 11 Kugeln, die mit den Nummern 2 bis 12 beschriftet sind;

B Zweimaliges Ziehen mit Zurücklegen aus einer Urne mit 6 Kugeln, durchnummeriert von 1 bis 6, und Addieren der Ergebnisse;

C Drehen eines Glücksrads mit 11 Sektoren, davon je zwei mit den Innenwinkeln 10°, 20°, 30°, 40° bzw. 50° und einer mit dem Innenwinkel 60°;

D Werfen eines Dodekaederwürfels (zwölfseitiger, regelmäßiger „Würfel"): Bei Ergebnis 1 darf noch einmal geworfen werden;

E Drehen eines Roulettekessels: Ergebnis 0 ignorieren, alle anderen Ergebnisse durch 3 dividieren und auf Einer abrunden. Z. B. bei Ergebnis 26: $26 : 3 = 8\frac{2}{3}$, abrunden ergibt 8.

10 Claudias kleiner Bruder geht in die sechste Klasse und soll als Hausaufgabe durch 100-maliges Werfen mit einem 20-seitigen Ikosaeder-Würfel (dunkelblauer Würfel auf Seite 124) relative Häufigkeiten verschiedener Ereignisse ermitteln. Er hat aber diesen besonderen Würfel in der Schule vergessen. Wie kann Claudia ihrem Bruder mithilfe eines Simulationsexperiments helfen?

Noch fit?

I In der Figur sind die Geraden g und h parallel. Weiter gilt: $b + c = 10{,}5\,\text{cm}$. Bestimme die Längen a, b und c.

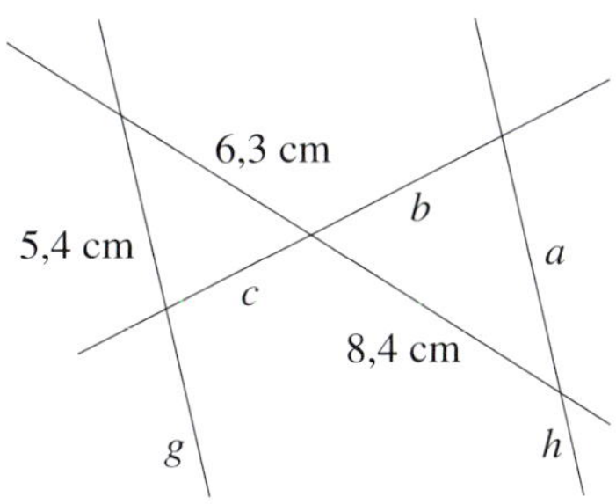

II Gegeben ist ein rechtwinkliges Dreieck mit den Kathetenlängen 5 cm und 12 cm. Bestimme die Seitenlängen eines dazu ähnlichen Dreiecks mit der Hypotenusenlänge 10 cm. Wie verhalten sich die Flächeninhalte zueinander?

Aufgaben

Verknüpfen
Anwenden
Trainieren

11 **Streit um den dreifachen Münzwurf**
Drei Münzen werden gleichzeitig geworfen. Wie groß ist die Wahrscheinlichkeit, dass bei allen drei Münzen dieselbe Seite oben liegt?
Sabine behauptet, die Wahrscheinlichkeit sei $\frac{1}{2}$. Sie begründet dies so: „Wenn man drei Münzen wirft, liegt immer bei mindestens zweien die gleiche Seite oben. Die dritte Münze zeigt mit der Wahrscheinlichkeit $\frac{1}{2}$ ebenso diese Seite." Sonja widerspricht und argumentiert: „Es gibt insgesamt 8 gleichwahrscheinliche Ergebnisse und bei zweien davon liegt dreimal die gleiche Seite oben, also muss die gesuchte Wahrscheinlichkeit $\frac{2}{8} = \frac{1}{4}$ betragen."

a) Wirf 10-mal drei Münzen. Wem sollte man aufgrund deines Ergebnisses Recht geben?

b) Spiele das Experiment „dreifacher Münzwurf" mit Zufallszahlen oder mithilfe eines Tabellenkalkulationsprogramms mindestens 100-mal nach und entscheide aufgrund deines Ergebnisses die oben genannte Fragestellung.

12 Wie kann man mit einer geeignet gefüllten Urne das Zufallsexperiment „Augensumme beim zweimaligen Würfeln" simulieren?

13 In einem Teig für Rosinensemmeln sind 30 Rosinen gut verteilt. Aus dem Teig werden 10 gleich große Semmeln geformt. Es stellt sich die Frage, wie viele Rosinen sich in den einzelnen Semmeln befinden.

a) Simuliere das Problem mit Zufallszahlen. Wähle dazu 30 Ziffern aus einer Zufallszahlentabelle. Jede Ziffer steht für eine Rosine und der Wert der Ziffer gibt an, in welcher der durchnummerierten Semmeln sie sich befindet.
Beginnen die Zufallsziffern z. B. mit 2 7 9 …, so bedeutet das, dass die erste Rosine in Semmel 2, die zweite Rosine in Semmel 7 und die dritte in Semmel 9 gelandet ist. Zähle nun aus, wie viele Rosinen in Semmel 0, wie viele in Semmel 1 usw. gelandet sind.

b) Wie viele Semmeln sind ohne Rosinen? Wie viele Semmeln enthalten 5 oder mehr Rosinen? Wiederhole das Experiment 10-mal und gib dann Schätzwerte für diese beiden Wahrscheinlichkeiten an.

14 **Weitere Funktionen der Tabellenkalkulation**

a) Teste und erkläre die Funktionsweise der Funktion =WENN(ZUFALLSZAHL()<0,5;"K";"Z").

b) Schreibe die unter a) genannte Funktion in eine Zelle und kopiere sie in die 9 darunter liegenden Zellen. Werte nun mit der Funktion ZÄHLENWENN() die Anzahl der auftretenden K's aus.
Wiederhole die Auswertung mithilfe der Funktionstaste F9.

15 In Auftrag 4 soll das Ziegenproblem aus der Ecke auf Seite 108 mit Würfeln simuliert werden. Beschreibe für die in den folgenden drei Teilaufgaben angegebenen Hilfsmittel jeweils präzise eine mögliche Simulationsdurchführung des Ziegenproblems.
Ermittle dann mithilfe von mindestens 50 Wiederholungen je einen Schätzwert für die Gewinnchance mit Strategie „Wechseln" bzw. mit Strategie „Nicht-Wechseln".

a) Spielkarten

b) Zufallszahlen

c) Tabellenkalkulationsprogramm

16 **Die vertauschten Hüte**

Zehn Herren mit Hut gehen auf der Straße. Eine plötzliche Windböe weht ihnen allen ihre Hüte vom Kopf. Zwei hilfsbereite Kinder sammeln die Hüte auf und geben jedem Herr zufällig einen Hut. Mit welcher Wahrscheinlichkeit bekommt kein Herr seinen Hut?
Simuliere die Situation, beispielsweise mit Spielkarten. Ermittle damit einen Schätzwert für die gesuchte Wahrscheinlichkeit.
Tipp: Trage alle Ergebnisse der Klasse zu einer Gesamtauswertung zusammen.

17 **Zufallszahlen selber erzeugen**

Entwickle Möglichkeiten zur Erzeugung von echten Zufallsziffern, d. h. ohne die Zufallszahlenfunktion eines Computerprogramms. Verwende zum Beispiel einfach zu wiederholende Zufallsexperimente oder Beobachtungen in der Natur. Diskutiere mit Mitschülern, ob es sich dabei wirklich um Zufallsziffern handelt. Führe ein Experiment oft durch und erstelle deine eigene Tabelle mit Zufallszahlen.
Tipp: Trage alle Ergebnisse der Klasse zu einer gesamten Tabelle zusammen und fertige ein Plakat an.

Aufgaben

Verknüpfen
Anwenden
Trainieren

18 Sophie und Leander diskutieren, welches der beiden Ereignisse A oder B wahrscheinlicher ist:
A: „Beim zweimaligen Würfeln wird eine Augensumme größer als 8 erreicht."
B: „Beim dreimaligen Ziehen mit Zurücklegen aus einer Urne mit 9 Kugeln wird mindestens zweimal dieselbe Kugel gezogen."

a) Berechne $P(A)$.

b) Simuliere das zum Ereignis B gehörige Zufallsexperiment 100-mal mithilfe von Zufallszahlen. Welchen Schätzwert für $P(B)$ erhältst du?

c) Berechne die Wahrscheinlichkeit des Ereignisses B. Tipp: Hierfür ist es günstig, die Wahrscheinlichkeit des Gegenereignisses zu berechnen.

19 Antonia und Charlotte haben sich folgendes Glücksspiel mit dem abgebildeten Glücksrad überlegt: Beide haben eine Tüte Gummibärchen. Das Glücksrad wird gedreht. Zeigt der Zeiger auf +10 oder +5, so bekommt Antonia von Charlotte 10 bzw. 5 Gummibärchen, andernfalls muss sie 2 bzw. 5 Bärchen an Charlotte abgeben.

a) Beschreibe, wie man das Spiel mit einem Würfel, Zufallszahlen oder einem Tabellenkalkulationsprogramm simulieren kann.

b) Führe die Simulation 100-mal durch. Welche Schätzwerte ergeben sich hieraus für die Gewinnchancen von Antonia und Charlotte?

c) Bestimme rechnerisch die mittleren Gewinne von Antonia und Charlotte pro Spiel.

d) Ändere das Glücksrad so ab, dass das Spiel fair ist.

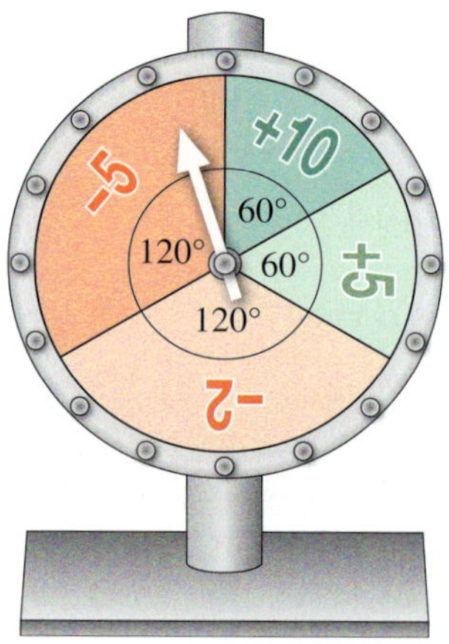

20 Relative Häufigkeit mit Tabellenkalkulation

a) Simuliere mit einem Tabellenkalkulationsprogramm den Münzwurf. Bestimme mithilfe der Funktion =ZÄHLENWENN() (siehe Seite 119) die relative Häufigkeit des Ergebnisses „Kopf" bei 10, 100, 1000 und 10 000 Münzwürfen.

b) Simuliere ähnlich wie in a) das Drehen eines Roulettekessels (siehe Aufgabe 6). Ermittle die relative Häufigkeit des Elementarereignisses „0" nach 10, 100, 1000 und 10 000 Versuchen. Was stellst du fest?

b) Nach dem empirischen Gesetz der großen Zahlen, stabilisiert sich die relative Häufigkeit eines Ergebnisses mit zunehmender Anzahl der Versuche um einen bestimmten Wert (siehe Grafik rechts). Stelle diesen Sachverhalt am Beispiel des Münzwurfes aus a) in einem Diagramm dar.

Tipp

Benutze dazu die Kopierfunktion deines Programms.

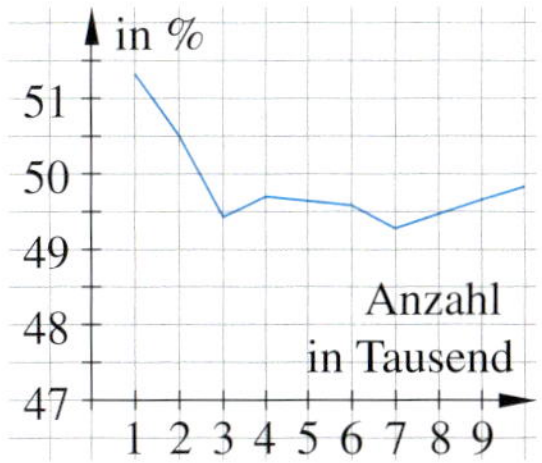

21 Die Atomkerne bestimmter Elemente sind nicht stabil. Sie zerfallen und senden dabei radioaktive Strahlung aus. Der Zeitpunkt eines derartigen Zerfalls ist nicht vorhersehbar. Es sind nur Wahrscheinlichkeitsaussagen für gewisse Zeiträume möglich, wie z. B.: Ein Atom zerfällt in der nächsten Sekunde mit einer Wahrscheinlichkeit von $p = 2{,}6\,\%$. Simuliere den radioaktiven Zerfall mithilfe von Reißnägeln. Ein Reißnagel steht dabei für ein Atom. Der Reißnagel wird nun geworfen. Falls er auf der Kappe landet, ist er „nicht zerfallen" bzw. noch „aktiv". Landet er auf der Spitze, so ist er „zerfallen". Jeder Wurf steht für eine feste Zeiteinheit, z. B. eine Sekunde.

a) Wirf einen Reißnagel mehrmals und ermittle damit die mittlere Lebensdauer.

b) Besorge dir eine große Menge gleicher Reißnägel, gut wären 200 oder mehr Stück. Wirf diese auf einmal. Sortiere die „Zerfallenen" aus und zähle sie. Wirf die noch „aktiven" erneut und lies wieder die „Zerfallenen" aus. Fahre so fort bis alle Reißnägel „zerfallen" sind. Stelle die Abnahme des Bestands in einem Diagramm dar und ermittle daraus die Halbwertszeit (d. h. die Zeit, nach der die Zahl der „aktiven" Reißnägel auf die Hälfte gesunken ist).

c) Simuliere den radioaktiven Zerfall des Elements Nobelium mithilfe eines Tabellenkalkulationsprogramms. Ein aktiver Atomkern zerfällt ungefähr mit der Wahrscheinlichkeit $p = 0{,}2$ innerhalb einer Sekunde. Stelle die Abnahme wieder in einem Diagramm dar, ermittle die Halbwertszeit und vergleiche mit Literaturwerten.

Aufgabe der Woche

Vor sportlichen Großereignissen wie Welt- oder Europameisterschaften bieten Firmen Überraschungs-Päckchen mit Sammelbildern der Sportstars zum Kauf an. Wie viele Bilder muss man im Mittel kaufen, bis man eine vollständige Serie besitzt?
Gehe zuerst davon aus, dass es genau 10 verschiedene Bilder gibt, dass jedes einzeln zu kaufen ist und alle Stars gleichwahrscheinlich zu erlangen sind.
Versuche durch Simulation mit Spielkarten, Zufallszahlen oder einem Tabellenkalkulationsprogramm einen „Mittelwert" für die zu kaufende Bilderzahl zu ermitteln. Was passiert, falls eine Firma von dem beliebtesten Star nur halb so viele Bilder in Umlauf bringt, wie von den anderen Sportlern? Versuche auch hier durch Simulation auf einen Mittelwert zu kommen.

Zeig, was du kannst!

1 Aus einer Urne mit zwei weißen und drei schwarzen Kugeln werden nacheinander drei Kugeln ohne Zurücklegen gezogen.

a) Wie groß ist die Wahrscheinlichkeit, zuerst eine weiße Kugel zu ziehen?

b) Wie groß ist die Wahrscheinlichkeit, zwei weiße und eine schwarze Kugel zu ziehen?

c) Wie groß ist die Wahrscheinlichkeit, beim zweiten Zug eine weiße Kugel zu ziehen?

2 Aus einer Urne mit zwei weißen und drei schwarzen Kugeln werden nacheinander drei Kugeln mit Zurücklegen gezogen.

a) Wie groß ist die Wahrscheinlichkeit, zwei weiße und eine schwarze Kugel zu ziehen?

b) Wie groß ist die Wahrscheinlichkeit, beim zweiten Zug eine weiße Kugel zu ziehen?

3 **Urnenexperiment** (siehe Abbildung)

a) Was muss unter den Klecksen stehen?

b) Beschreibe ein dazu passendes Urnenexperiment.

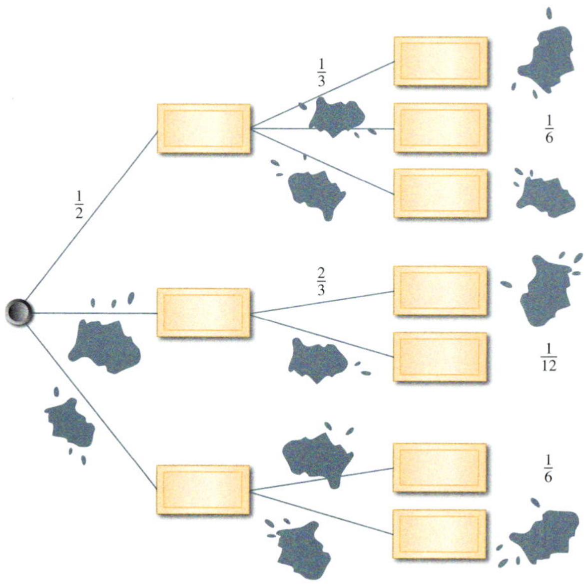

4 Beschreibe genau, wie man mit Zufallszahlen das Zufallsexperiment „dreifacher Münzwurf" simulieren kann.
Wiederhole das Simulationsexperiment 20-mal und bestimme damit die relative Häufigkeit für das Ereignis „dreimal Kopf".

Zufallszahlen:				
	46269	34227	67903	98814
	80738	57662	22465	59372
	89907	21877	77675	85491

5 Sechs Briefe an verschiedene Personen werden zufällig, ohne auf die Adressen zu achten, in sechs adressierte Kuverts gesteckt. Nun stellt sich die Frage, wie wahrscheinlich es ist, dass kein Brief in das passende Kuvert gesteckt wird. Beschreibe genau, wie man dieses Zufallsexperiment mit Spielkarten simulieren kann.

Aufg.-Nr.	Punkte	Lösungshinweis	Lösungen Seite 223
1	6 P	Beachte S. 112 Zusammenfassung	
2	4 P	Beachte S. 112 Zusammenfassung	
3	8 P	Beachte S. 112 Zusammenfassung, Pfadregeln	
4	6 P	vgl. S. 125 Aufgabe 11	
5	6 P	vgl. S. 126 Aufgabe 16	

26–30 Punkte

21–25 Punkte

15–20 Punkte

6 Trigonometrie

In diesem Kapitel lernst du Sinus, Kosinus und Tangens kennen und kannst damit z. B. aus zwei gegebenen Seitenlängen eines rechtwinkligen Dreiecks die restlichen Seitenlängen und Winkel berechnen. Du musst sie nicht mehr durch Konstruktion ermitteln.

Eine Drehscheibe im Einsatz

Wetterballons

Ein Wetterballon ist ein mit dem Gas Helium gefüllter Ballon, der in die Atmosphäre aufsteigt und mit mitgeführten Radiosonden Wetterdaten (Luftdruck, Temperatur und Luftfeuchtigkeit) misst. Am Boden hat er einen Durchmesser von etwa 2 Metern, je höher er steigt, desto mehr dehnt sich der Ballon aus (bis zur zehnfachen Größe). Nachdem der Ballon geplatzt ist, bremst ein kleiner Fallschirm den Fall der Sonde zur Erde. Weltweit steigen täglich 3000 Ballons von Wetterschiffen und Bodenstationen aus in die Luft.

Um sich klar darüber zu werden, an welchem Ort genau die Instrumente messen, muss die Höhe des Ballons y und der Abstand zwischen Bodenstation und Fußpunkt des Ballons auf der Erdoberfläche x zu jedem beliebigen Zeitpunkt ermittelt werden können. Hierzu benötigt man den Abstand r zwischen Wetterballon und Bodenstation (die sogenannte Schrägentfernung) und den Höhenwinkel α des Wetterballons von der Bodenstation aus.
Die Schrägentfernung wird mittels Radarortung gemessen, der Höhenwinkel α wird mit einem Winkelmesser bestimmt.

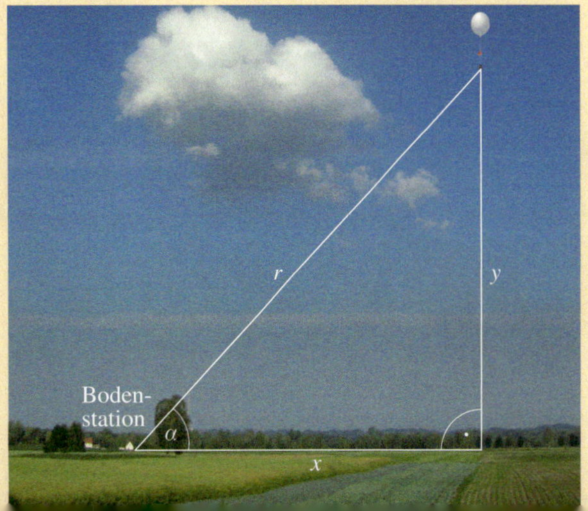

Mit der hier vorgestellten Scheibe kannst du die beiden Koordinaten des Wetterballons dann schnell ermitteln.

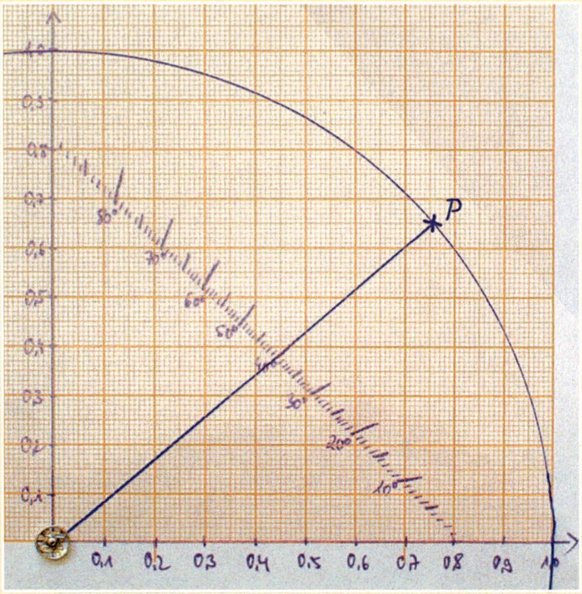

Material:
Millimeterpapier, Geodreieck, dünner Stift, Overheadfolie, Folienstift, Druckknopf

Bauanleitung:
- Zeichne auf Millimeterpapier ein Koordinatensystem. Beschrifte jeweils die positive x- und y-Achse zwischen 0 und 1 in Schritten von 0,1 (1 cm entspricht 0,1).
- Übertrage die Winkelskala von deinem Geodreieck auf den ersten Quadranten des Koordinatensystems.
- Zeichne auf einer Overheadfolie einen Kreis mit Radius 10 cm und zeichne mit Folienstift einen Radius ein.
- Befestige den Kreis mithilfe eines Druckknopfes (Kreismittelpunkt genau über den Ursprung des Koordinatensystems legen).

Aufträge:
- Baue eine Drehscheibe nach der vorgestellten Anleitung.
- Die gesuchten Koordinaten ergeben sich folgendermaßen: Stelle den gemessenen Höhenwinkel auf der Scheibe ein. Die x-Koordinate des Wetterballons ergibt sich als Produkt der x-Koordinate des

Punktes P und der Schrägentfernung. Die y-Koordinate des Wetterballons ergibt sich als Produkt von y-Koordinate des Punktes P und der Schrägentfernung. Ermittle die Koordinaten x und y des Wetterballons für nebenstehende Messwerte.
– Erkläre die Funktionsweise der Scheibe.

Schräg-entfernung	500 m	1000 m	1500 m	2000 m	2500 m
Höhen-winkel	70°	75°	78°	80°	82°

Wolken-scheinwerfer

Um die Wolkenuntergrenze zu bestimmen, wurden früher Wolkenscheinwerfer verwendet. Der Scheinwerfer strahlt senkrecht nach oben und erzeugt einen Lichtfleck an der Wolke.
Ein Beobachter steht in einer Entfernung a zum Scheinwerfer und misst den Höhenwinkel α des Lichtflecks. Aus diesen beiden Informationen kann er z. B. mit der hier vorgestellten erweiterten Drehscheibe die Höhe y der Wolke bestimmen.

Zusatzmaterial: Klebefilm

Bauanleitung:
Zeichne die Tangente an dem Einheitskreis im Punkt (1|0) ein. Beschrifte diese Gerade wie die y-Achse (1 cm entspricht 0,1). Verlängere mithilfe eines Streifens aus Overheadfolie und Klebefilm den im Kreis eingezeichneten Radius.

Aufträge:
– Baue die erweiterte Drehscheibe nach der vorgestellten Anleitung.
– Der Abstand a zwischen Beobachter und Scheinwerfer ist üblicherweise 200 m. Dann kannst du mit der Scheibe für jeden Höhenwinkel des Lichtstrahls die Wolkenhöhe bestimmen. Sie ergibt sich als Produkt aus y-Koordinate des Schnittpunkts Q und 200 m .
– Berechne für Höhenwinkel von 60°, 70°, 75°, 80° und 85° die Wolkenuntergrenze.

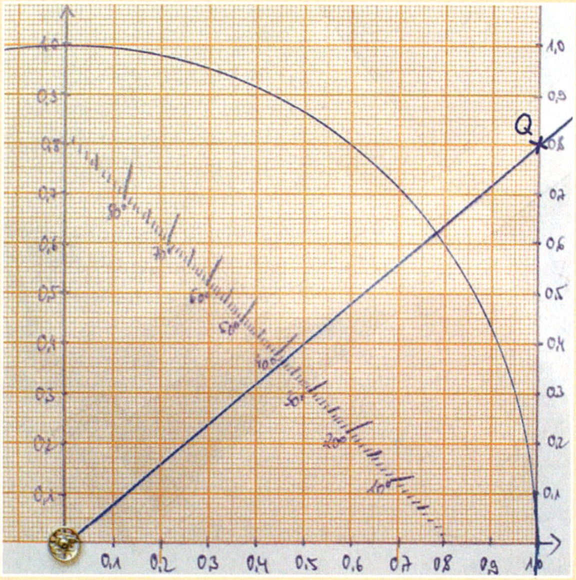

6.1. Trigonometrische Beziehungen im rechtwinkligen Dreieck

Auftrag 1 Rechtwinklige Dreiecke

Zeichne verschiedene rechtwinklige Dreiecke, die im Winkel α übereinstimmen. Miss in jedem Dreieck die Seitenlängen, berechne daraus die verschiedenen Längenverhältnisse innerhalb des Dreiecks und stelle die Ergebnisse in einer Tabelle zusammen. Was fällt dir auf? Vergleiche deine Ergebnisse mit denen deines Nachbarn und begründe deine Ergebnisse. Bestimme diese Verhältnisse nun zusätzlich für rechtwinklige Dreiecke mit dem Winkel $\alpha' = 90° - \alpha$. Erkläre die Besonderheiten, die dir hierbei auffallen.

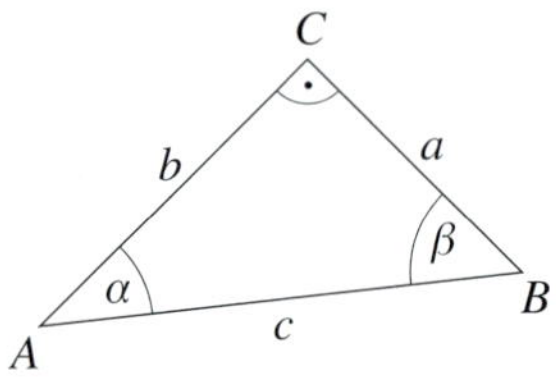

Auftrag 2 Antiquarisch

Grad	,0	,1	,2	,3	,4	,5	,6	,7	,8	,9	(1,0)	
0	0	0,00175	00349	00524	00698	00873	0105	0122	0140	0175	0175	89
1	0,0175	0192	0209	0227	0244	0262	0279	0297	0314	0332	0349	88
29	4848	4863	4879	4894	4909	4924	4939	4955	4970	4985	5000	60
30	0,5000	5015	5030	5045	5060	5075	5090	5105	5120	5135	5150	59
31	0,5150	5165	5180	5195	5210	5225	5240	5255	5270	5284	5299	58
59	8572	8581	8590	8599	8607	8616	8625	8634	8643	8652	8660	30
60	0,8660	8669	8678	8686	8695	8704	8712	8721	8729	8738	8746	29
61	0,8746	8755	8763	8771	8780	8788	8796	8805	8813	8821	8829	28
89	0,9998	9999	9999	9999	9999	1,000	1,000	1,000	1,000	1,000	1	0
	(1,0)	,9	,8	,7	,6	,5	,4	,3	,2	,1	,0	Grad

Hier siehst du einen Ausschnitt aus einer Sinus- und Kosinustabelle, wie sie früher im Mathematikunterricht verwendet wurde. Mit dem dunkelgrünen Tabellenkopf kannst du den Sinuswert eines Winkels, mit der hellgrünen den Kosinuswert eines Winkels ablesen. So ist z. B. $\sin 1{,}4° \approx 0{,}0244$ und $\cos 28.8° \approx 0{,}8763$.
Wähle einen Winkel $\alpha = 30°$, zeichne ein rechtwinkliges Dreieck mit dem Winkel α und finde heraus, wie Sinus- und Kosinuswert von α mit den Seitenlängen dieses Dreiecks zusammenhängen. Welchen Einfluss hat die Größe deines Dreiecks? Begründe deine Antwort.
Erkläre, wieso es möglich ist, Sinus- und Kosinuswerte mithilfe einer gemeinsamen Tabelle anzugeben.
Neben dem Sinus und dem Kosinus eines Winkels gibt es noch den Tangens eines Winkels. Er ist als Quotient aus Sinus und Kosinus definiert. Welches Seitenverhältnis im rechtwinkligen Dreieck gibt demzufolge der Tangens eines Winkels wieder?
In der Tabelle sind auch Werte von Sinus und Kosinus für die Winkel 0° und 90° eingetragen. Begründe, warum diese Festlegung sinnvoll ist. Welche Definition wäre für den Tangens dieser Winkel angebracht?

Entdecken mit DGS

Auftrag 3

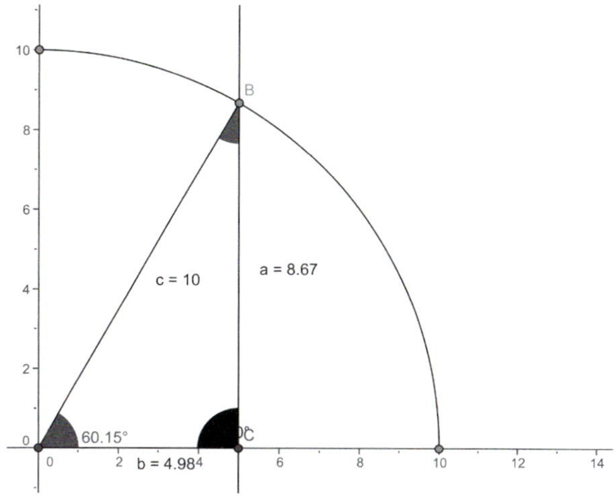

Bestimmt hast du auf deinem Taschenrechner bereits die Tasten für Sinus, Kosinus und Tangens entdeckt. Sie ordnen jeweils einem Winkel α eine reelle Zahl zu. Notiere einige Werte der Winkelfunktionen für spitze Winkel in einer Tabelle. Beachte, dass der Taschenrechner auf DEG eingestellt sein muss.
Zeichne nun mithilfe DGS einen Viertelkreis um $A(0|0)$ mit dem Radius 10 cm im ersten Quadranten und lege einen Punkt B auf dem Viertelkreis fest. Konstruiere den Punkt C als Schnittpunkt des Lotes von B auf die x-Achse. Das Dreieck ABC ist dann rechtwinklig.
Bewege nun B auf dem Viertelkreis. Beobachte, wie sich mit dem Winkel α die zugehörigen Kathetenlängen des rechtwinkligen Dreiecks ändern. Kannst du einen Zusammenhang zu den in deiner Tabelle notierten Werten für die Winkelfunktionen entdecken? Welches Ergebnis erhältst du, wenn du für den Viertelkreis einen anderen Radius verwendest? Begründe deine Antwort.
Kannst du aus deiner Tabelle auch Sinus- und Kosinuswerte für den Winkel β mit Scheitel B ablesen?
Berechne mit dem Taschenrechner die Werte für die Winkel 0° und 90°. Erkläre die Ergebnisse. Neben dem Sinus und dem Kosinus eines Winkels gibt es noch den Tangens eines Winkels. Er ist als Quotient aus Sinus und Kosinus definiert. Berechne für mindestens fünf verschiedene Winkel den Tangens.

Steigungen

Auftrag 4

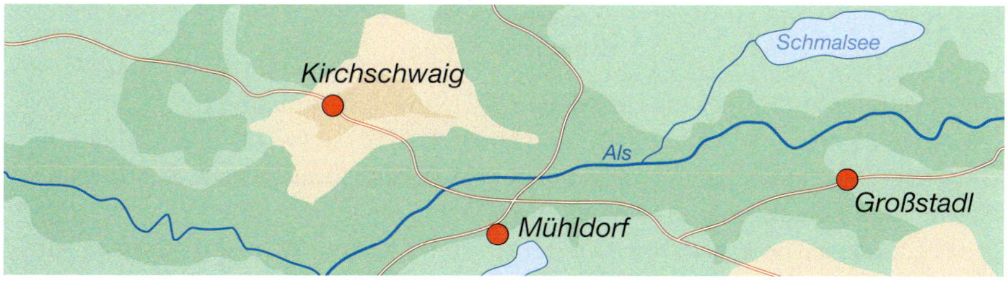

Steigungen können in Prozent oder durch den Steigungswinkel angegeben werden. Was ist steiler? Eine Steigung von 50 % oder von 30°?
Der Weg zwischen den Orten Großstadl und Kirchschwaig verläuft mit einem mittleren Anstieg von 30°. Auf der Karte hast du die Entfernung von Großstadl nach Kirchschwaig mit 6 km abgemessen.
Wie weit ist die tatsächliche Entfernung von Großstadl nach Kirchschwaig? Wie weit wäre die tatsächliche Entfernung von zwei Orten (bei einem mittleren Anstieg von 30°), wenn du aus der Karte 12 km, 3 km oder 10,5 km ablesen würdest?
Welche Höhendifferenz legst du bei der Wanderung von Großstadl nach Kirchschwaig zurück? Welche Höhendifferenz würdest du bei gleichem Anstieg überwinden, wenn die tatsächliche Entfernung 10 km beträgt?
Versuche, so oft wie möglich, die Lösungen zu berechnen statt zu konstruieren. Begründe deine Rechnung.

Bearbeitung

Auftrag 2 Antiquarisch

Beispielsweise für den Winkel $\alpha = 30°$ kannst du aus der Tabelle die Werte $\sin 30° = 0{,}5$ und $\cos 30° = 0{,}87$ entnehmen.
Wie hängen diese beiden Werte mit einem rechtwinkligen Dreieck zusammen?

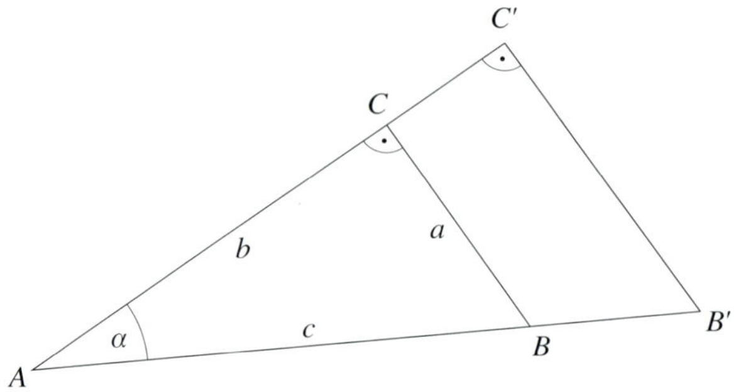

Das hier gezeichnete Dreieck ABC ist rechtwinklig mit $\alpha = 30°$. Du liest ab:
$a \approx 2{,}6\,\text{cm}$, $b \approx 4{,}5\,\text{cm}$ und $c \approx 5{,}2\,\text{cm}$
Die in der Tabelle aufgeführten Werte hängen offenbar mit den **Seitenverhältnissen** zusammen, da gilt:

$$\sin 30° = 0{,}5 = \frac{2{,}6\,\text{cm}}{5{,}2\,\text{cm}} = \frac{a}{c} \quad \text{und} \quad \cos 30° \approx 0{,}87 \approx \frac{4{,}5\,\text{cm}}{5{,}2\,\text{cm}} = \frac{b}{c}$$

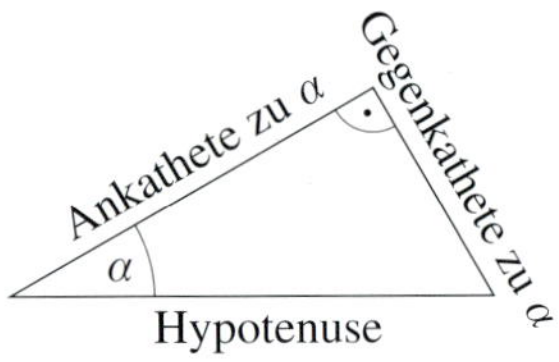

Man nennt die dem gegebenen Winkel (30°) gegenüberliegende Kathete a die **Gegenkathete**, die dem Winkel anliegende Kathete b **Ankathete**.
Mit diesen beiden Begriffen ergibt sich im Dreieck ABC:

$$\sin 30° = \frac{\text{Gegenkathete}}{\text{Hypotenuse}}$$

$$\cos 30° = \frac{\text{Ankathete}}{\text{Hypotenuse}}$$

KURZ UND KNAPP:

$$\sin \alpha = \frac{\text{Gegenkathete von } \alpha}{\text{Hypotenuse}}$$

$$\cos \alpha = \frac{\text{Ankathete von } \alpha}{\text{Hypotenuse}}$$

Was geschieht, wenn du den gleichen Winkel (30°) und andere Seitenlängen verwendest? Wählst du als Ausgangsdreieck z. B. das Dreieck $AB'C'$, so ergibt sich:

$$\sin 30° = 0{,}5 = \frac{3{,}5\,\text{cm}}{7{,}0\,\text{cm}} = \frac{\overline{B'C'}}{\overline{AB'}} = \frac{\text{Gegenkathete}}{\text{Hypotenuse}} \quad \text{sowie}$$

$$\cos 30° \approx 0{,}87 \approx \frac{6{,}0\,\text{cm}}{7{,}0\,\text{cm}} = \frac{\overline{A'C'}}{\overline{AB'}} = \frac{\text{Ankathete}}{\text{Hypotenuse}}.$$

Erinnere dich:

Ähnlichkeitssatz WW:
Wenn Dreiecke in zwei Winkeln übereinstimmen, dann sind sie zueinander ähnlich.
Ähnliche Dreiecke stimmen in allen Verhältnissen entsprechender Seitenlängen überein.

Die Verhältnisse stimmen also mit denen bei Dreieck ABC überein!
Dies liegt daran, dass Dreieck ABC und Dreieck $AB'C'$ in zwei Winkeln übereinstimmen (30° und 90°) und daher nach dem WW-Satz **ähnlich** sind. Sie stimmen also in ihren Seitenverhältnissen überein.
In verschiedenen rechtwinkligen Dreiecken mit gleichem Winkel α haben entsprechende Seitenverhältnisse immer den gleichen charakteristischen Wert. Sie werden als **Sinus** und **Kosinus** des Winkels bezeichnet.

Der Tabelle kannst du außerdem entnehmen, dass $\cos 30° \approx 0{,}87 \approx \sin 60°$.
Dies liegt daran, dass der dritte Winkel im Dreieck ABC 60° beträgt.
b ist daher sowohl Ankathete von 30°, als auch Gegenkathete von 60°. Also gilt:

$$\cos 30° = \frac{\text{Ankathete von } 30°}{\text{Hypotenuse}} = \frac{b}{c}$$

$$= \frac{\text{Gegenkathete von } 60°}{\text{Hypotenuse}} = \sin 60°.$$

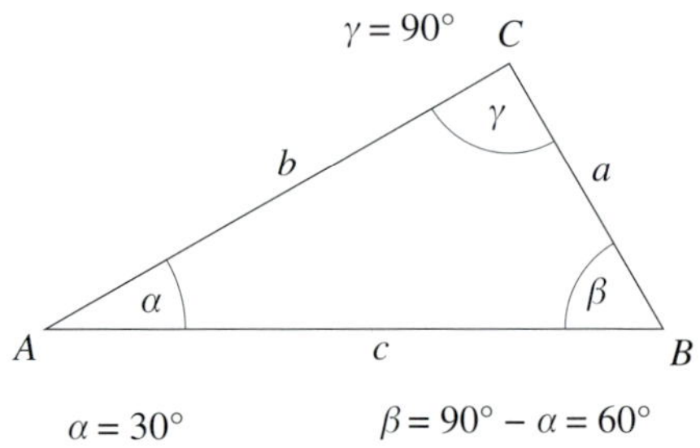

Ebenso ist a sowohl Ankathete von 60° als auch Gegenkathete von 30°. Dies führt zur Gleichung $\sin 30° = \cos 60°$.
Obige Überlegungen gelten in jedem rechtwinkligen Dreieck. β kann dabei wegen der Winkelsumme im Dreieck (mit $\gamma = 90°$) aus α berechnet werden, denn $\beta = 180° - 90° - \alpha = 90° - \alpha$.
Damit erhältst du:
$\sin\alpha = \frac{a}{c} = \cos\beta = \cos(90° - \alpha)$ und
$\cos\alpha = \frac{b}{c} = \sin\beta = \sin(90° - \alpha)$.
Also haben $\sin\alpha$ und $\cos(90° - \alpha)$ sowie $\cos\alpha$ und $\sin(90° - \alpha)$ immer gleiche Werte und können folglich gemeinsam in einer Tabelle aufgeführt werden.

Info

Man kann aus einem bekannten Seitenverhältnis in einem rechtwinkligen Dreieck mithilfe der Tasten $\sin^{-1}$, $\cos^{-1}$ und $\tan^{-1}$ auf dem Taschenrechner den zugehörigen Dreieckswinkel berechnen.
Beispiel:
$b = 5\,\text{cm}$, $a = 4\,\text{cm}$.
Dann ist
$\tan\alpha = \frac{a}{c} = 0{,}8$
α erhält man dann mit der Eingabe
SHIFT tan 0,8
$\approx 38{,}65981°$.

Neben Sinus und Kosinus wird auch der Tangens eines Winkels verwendet. Wegen $\tan\alpha = \frac{\sin\alpha}{\cos\alpha}$ ergibt sich $\tan 30° = \frac{0{,}5}{0{,}87} \approx 0{,}57$. Dies entspricht im Dreieck ABC dem Seitenverhältnis $\frac{a}{b}$, denn $0{,}57 \approx \frac{2{,}6\,\text{cm}}{5{,}2\,\text{cm}}$.
Der Tangens eines Winkels ist offenbar festgelegt durch $\tan\alpha = \frac{\text{Gegenkathete}}{\text{Ankathete}}$. Dies lässt sich leicht einsehen, denn es gilt:

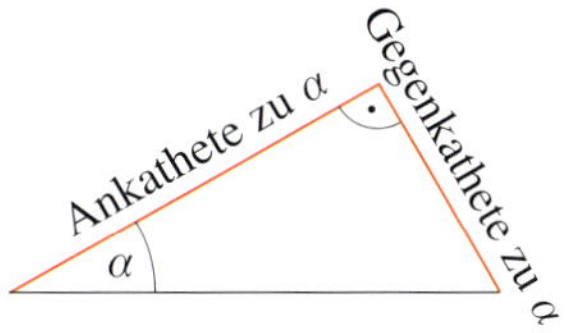

$$\tan\alpha = \frac{\sin\alpha}{\cos\alpha} = \frac{\left(\frac{a}{c}\right)}{\left(\frac{b}{c}\right)} = \frac{a}{b} = \frac{\text{Gegenkathete}}{\text{Ankathete}}.$$

Weiterhin liefert die Tabelle: $\cos 0° = 0$, $\sin 0° = 1$, $\cos 90° = 1$ und $\sin 90° = 0$.
Warum ist diese Festlegung sinnvoll?
Verkleinerst du in einem rechtwinkligen Dreieck den Winkel α, so wird die Gegenkathete a immer kürzer, während die Länge der Ankathete b sich immer mehr der Länge der Hypotenuse c annähert. Im Grenzfall $\alpha = 0°$ (der natürlich kein echtes Dreieck mehr darstellt) wäre dann $a = 0\,\text{cm}$ und $b = c$.
Damit wäre $\cos 0° = \frac{b}{c} = 1$ und $\sin 0° = \frac{a}{c} = 0$. Dies entspricht genau den in der Tabelle angegebenen Werten.

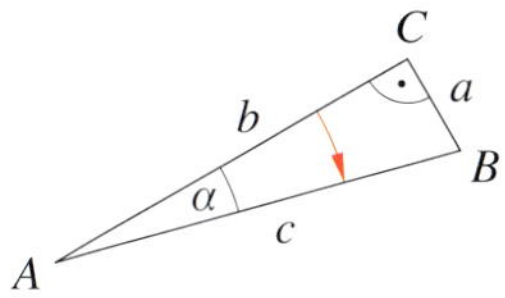

Geht man davon aus, dass die Beziehungen zwischen Sinus, Kosinus und Tangens weiter gelten sollen, so wäre $\sin 90° = \cos(90° - 90°) = 1$ und $\cos 90° = \sin(90° - 90°) = 0$, was ebenfalls den Tabellenwerten entspricht. Für den Tangens ergibt sich $\tan 0° = \frac{\sin 0°}{\cos 0°} = \frac{0}{1} = 0$. Für $\tan 90°$ müsste gelten: $\tan 90° = \frac{\sin 90°}{\cos 90°}$.
Wegen $\cos 90° = 0$ ist der Tangens allerdings für den Winkel 90° nicht definiert.

Einen Schritt weitergedacht:
Für einige Winkel lassen sich Sinus, Kosinus und Tangens auch berechnen, ohne die Seitenlängen zu messen:
Im abgebildeten rechtwinkligen und gleichschenkligen Dreieck gilt nach dem Satz des Pythagoras: $a^2 + a^2 = 1^2$ oder $2a^2 = 1$.

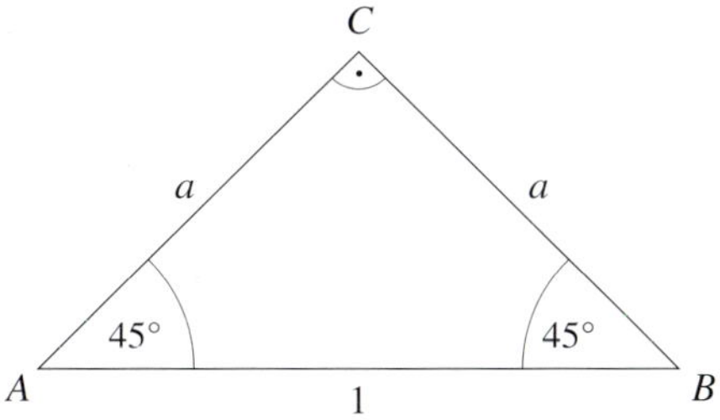

Löst du diese Gleichung nach a auf, ergibt sich $a = \frac{1}{\sqrt{2}}$. Bildest du nun $\sin 45°$ oder $\cos 45°$, so ergibt sich das Seitenverhältnis $\frac{1}{\sqrt{2}} : 1$, also $\sin 45° = \cos 45° = \frac{1}{\sqrt{2}}$.
Hieraus folgt $\tan 45° = 1$.

Eine weitere, häufig verwendete Beziehung zwischen Sinus und Kosinus ist der sogenannte **trigonometrische Pythagoras**.
Er lautet: $(\cos\alpha)^2 + (\sin\alpha)^2 = 1$. Zur Begründung siehe Aufgabe 23.

Info

Statt $(\cos\alpha)^2$ schreibt man auch $\cos^2\alpha$.

Zusammenfassung

Trigonometrische Beziehungen im rechtwinkligen Dreieck

D In einem rechtwinkligen Dreieck heißt die einem spitzen Winkel gegenüberliegende Kathete **Gegenkathete**, die dem Winkel anliegende Kathete nennt man **Ankathete**.
In einem rechtwinkligen Dreieck sind die Seitenverhältnisse eindeutig durch einen der beiden spitzen Winkel festgelegt.
Jedem spitzen Winkel im rechtwinkligen Dreieck wird ein Seitenverhältnis zugeordnet, welches mit **Sinus**, **Kosinus** und **Tangens** bezeichnet wird und folgendermaßen definiert ist:

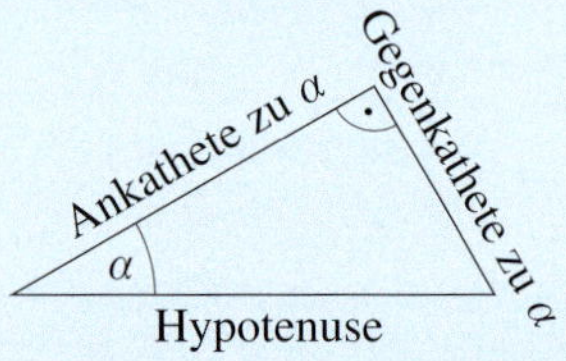

$\sin\alpha = \frac{\text{Gegenkathete}}{\text{Hypotenuse}}$

$\cos\alpha = \frac{\text{Ankathete}}{\text{Hypotenuse}}$

$\tan\alpha = \frac{\text{Gegenkathete}}{\text{Ankathete}}$

Für alle Winkel α mit $0° \leq \alpha < 90°$ gelten folgende Beziehungen: $\tan\alpha = \frac{\sin\alpha}{\cos\alpha}$

trigonometrischer Pythagoras:
$(\cos\alpha)^2 + (\sin\alpha)^2 = 1$

Komplementbeziehungen: $\sin\alpha = \cos(90° - \alpha)$
$\cos\alpha = \sin(90° - \alpha)$

Der Taschenrechner liefert Näherungswerte für Sinus, Kosinus und Tangens (Tasten sin, cos und tan). Ebenso kann man zu vorgegebenen Sinus-, Kosinus- und Tangenswerten Näherungswerte für den zugehörigen Winkel ermitteln (Tasten $\sin^{-1}$, $\cos^{-1}$ und $\tan^{-1}$). Der Taschenrechner muss dabei auf Winkel im Gradmaß (DEG) eingestellt sein.

Sinus, Kosinus und Tangens einiger weiterer spezieller Winkel (30°, 45°, 60°) lassen sich auch berechnen (siehe Aufgabe 26):

	0°	30°	45°	60°	90°
$\sin\alpha$	0	$\frac{1}{2}$	$\frac{1}{2}\sqrt{2}$	$\frac{1}{2}\sqrt{3}$	1
$\cos\alpha$	1	$\frac{1}{2}\sqrt{3}$	$\frac{1}{2}\sqrt{2}$	$\frac{1}{2}$	0
$\tan\alpha$	0	$\frac{1}{\sqrt{3}}$	1	$\sqrt{3}$	nicht def.

$a = 3{,}8$ cm
$b = 4{,}5$ cm
$c = 5{,}8$ cm

$\alpha = 40°$
$\beta = 50°$

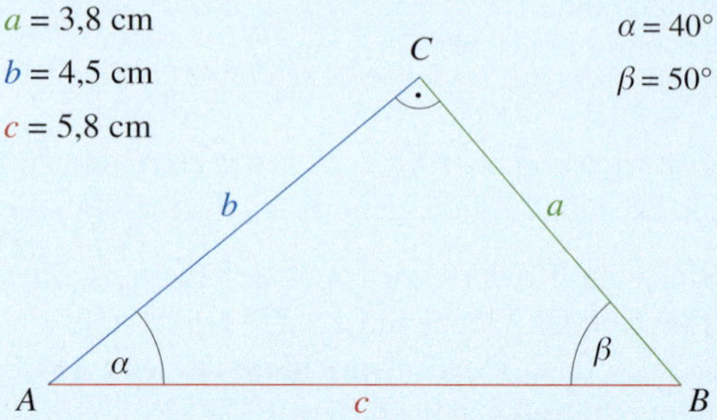

Ankathete zu α: b Gegenkathete zu α: a
Ankathete zu β: a Gegenkathete zu β: b

$\sin 40° = \frac{a}{c} = \frac{3{,}8\,\text{cm}}{5{,}8\,\text{cm}} \approx 0{,}66 = \cos 50°$

$\cos 40° = \frac{b}{c} = \frac{4{,}5\,\text{cm}}{5{,}8\,\text{cm}} \approx 0{,}78 = \sin 50°$

$\tan 40° = \frac{a}{b} = \frac{3{,}8\,\text{cm}}{4{,}5\,\text{cm}} \approx 0{,}84$

$\tan 50° = \frac{b}{a} = \frac{4{,}5\,\text{cm}}{3{,}8\,\text{cm}} \approx 1{,}18$

$\tan 40° = \frac{\sin 40°}{\cos 40°} \approx \frac{0{,}66}{0{,}78} \approx 0{,}85$

$(\cos 40°)^2 + (\sin 40°)^2 \approx 0{,}66^2 + 0{,}78^2 \approx 1$
$\sin 50° = \cos(90° - 50°) = \cos 40° \approx 0{,}78$
$\cos 50° = \sin(90° - \alpha) = \sin 40° \approx 0{,}66$

Eingabe in den Taschenrechner:
$\sin 40° = 0{,}6427876$
Winkel mit $\cos\alpha = 0{,}76$:
SHIFT $\cos 0{,}76 = 49{,}46420°$
Die Taste SHIFT wird öfter auch mit INV oder 2nd bezeichnet.

Aufgaben

Verknüpfen
Anwenden
Trainieren

1 Übertrage die Tabelle in dein Heft und ergänze:

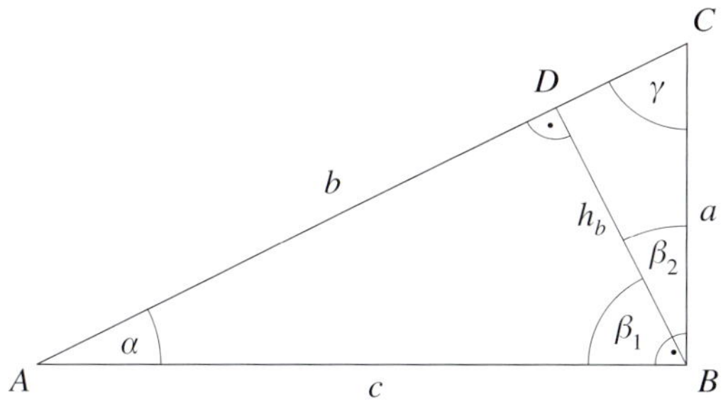

Dreieck	ABC		ABD		BCD	
Winkel	α	γ	α	β_1	β_2	γ
Gegenkathete						
Ankathete						
Hypotenuse						
Sinus						
Kosinus						
Tangens						

2 Übertrage die Figur in dein Heft. Markiere die zum gegebenen Winkel gehörende Ankathete grün, die Gegenkathete rot und die Hypotenuse blau. Stelle zwischen dem gegebenen Winkel und den betreffenden Seitenlängen trigonometrische Beziehungen auf.

a)
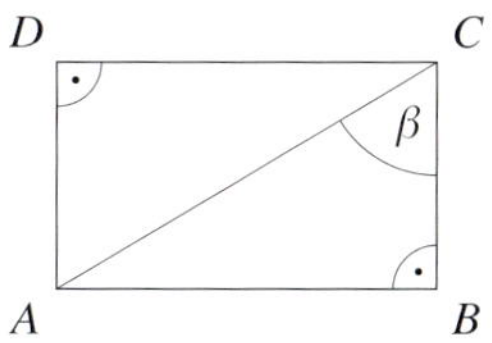

b)
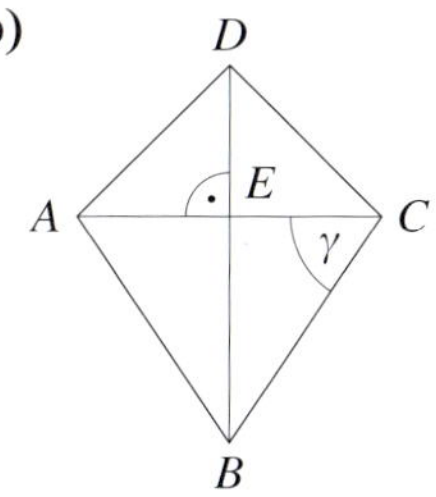

c)
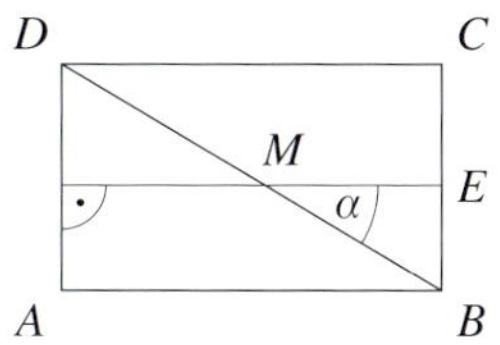

d)
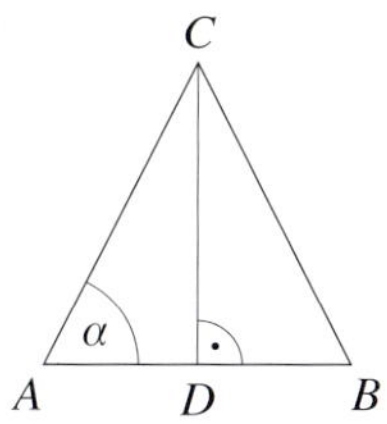

e)
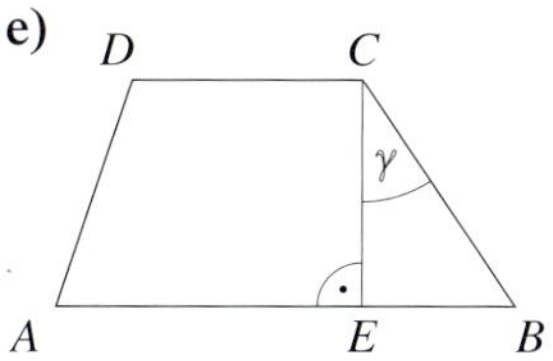

f)
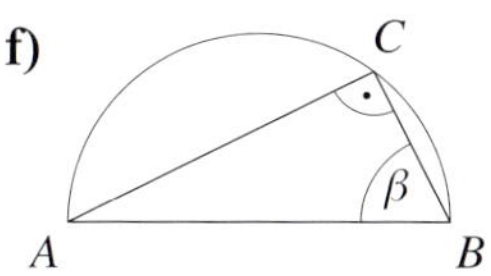

3 Bestimme jeweils b, $\sin\alpha$, $\cos\alpha$, $\tan\alpha$, $\sin\gamma$, $\cos\gamma$ und $\tan\gamma$ für ein rechtwinkliges Dreieck ABC mit den Katheten

a) $c = 3\,\text{cm}$; $a = 4\,\text{cm}$,
b) $c = 12\,\text{cm}$; $a = 5\,\text{cm}$.

4 Jana hat in Figur b) folgende trigonometrische Beziehung aufgestellt: $\sin\varepsilon = \frac{\overline{DC}}{\overline{EC}}$. Stelle weitere trigonometrische Beziehungen auf.

a)
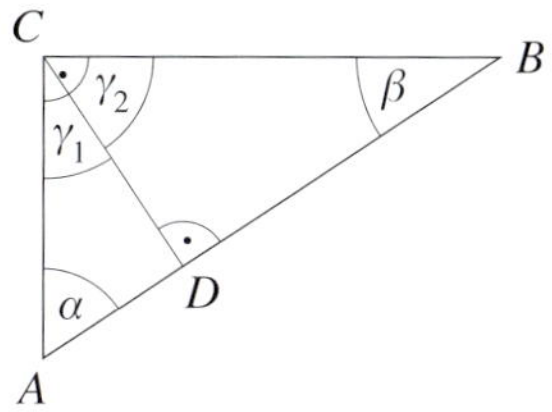

b)
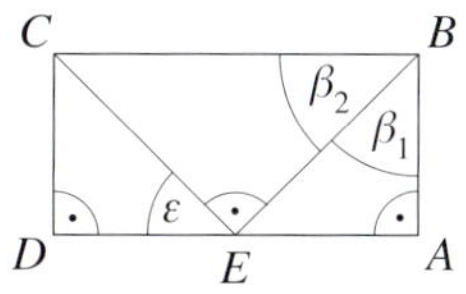

c)
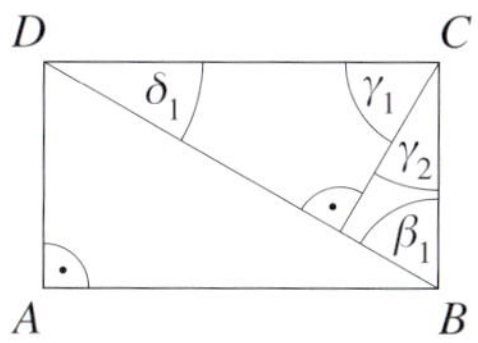

d)
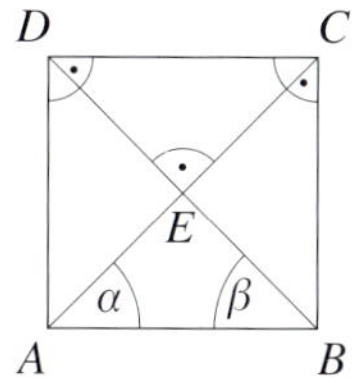

e)
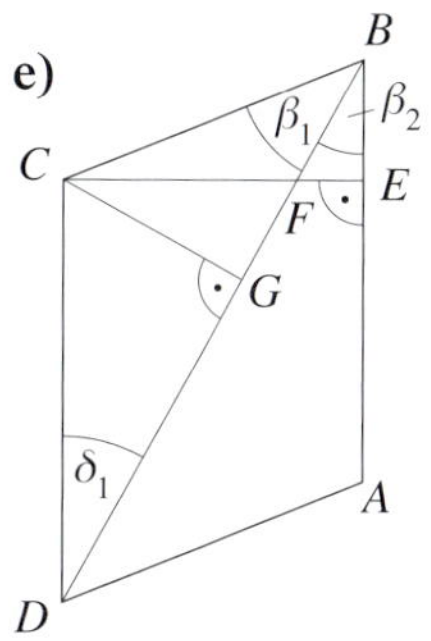

5 Berechne mit dem Taschenrechner Näherungswerte von $\sin\alpha$, $\cos\alpha$ und $\tan\alpha$ (Runde das Ergebnis auf 4 Stellen nach dem Komma).

a) 21°	**e)** 90°	**i)** 44,2°
b) 33 °	**f)** 0,001°	**j)** 73,88°
c) 59,5 °	**g)** 89,9°	**k)** 12,4°
d) 17,75 °	**h)** 39,67°	**l)** 66,6°

6 Gib jeweils, z. B. mithilfe einer Zeichnung, einen Schätzwert für sin, cos und tan zu dem gegebenen Winkel an und berechne den Wert anschließend mit dem Taschenrechner:

a) $\alpha = 10°$	**c)** $\gamma = 48°$	**e)** $\varepsilon = 85°$
b) $\beta = 30°$	**d)** $\delta = 63°$	**f)** $\varphi = 0°$

7 Bestimme mit dem Taschenrechner einen Näherungswert für α (Runde das Ergebnis auf 2 Stellen hinter dem Komma).

a) $\sin\alpha = 0{,}56$	**e)** $\cos\alpha = 0{,}63$	**i)** $\tan\alpha = 3{,}75$
b) $\sin\alpha = 0{,}23$	**f)** $\cos\alpha = 0{,}47$	**j)** $\tan\alpha = 70{,}5$
c) $\sin\alpha = 0{,}78$	**g)** $\cos\alpha = 0{,}99$	**k)** $\tan\alpha = 0{,}57$
d) $\sin\alpha = 0{,}04$	**h)** $\cos\alpha = 0{,}1$	**l)** $\tan\alpha = 1000$

8 Schätze, z. B. mithilfe einer Zeichnung oder unter Berücksichtigung bekannter Werte für spezielle Winkel, die Größe des Winkels und überprüfe dein Ergebnis mit dem Taschenrechner.

a) $\sin\alpha = 0{,}52$
b) $\cos\beta = 0{,}52$
c) $\tan\gamma = 1{,}1$
d) $\sin\delta = 0{,}9$
e) $\cos\varepsilon = 0{,}1$
f) $\tan\varphi = 2$
g) $\tan\alpha = 10^6$
h) $\sin\beta = 60$

9 Gib den zugehörigen Steigungswinkel bzw. die Steigung in % an. Schätze zuerst.
Erinnere dich:
Steigung $m = \frac{y}{x}$;
$m = 0{,}4$ entspricht einer Steigung von 40%.

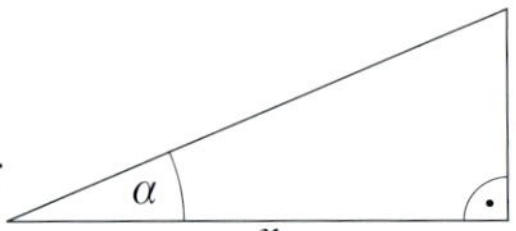

a) Radfahrer überwinden bei Bergetappen Steigungen von bis zu 18%.
b) Pistenraupen bewältigen bis zu 55% Steigung.
c) Eine schwierige Skiabfahrt besitzt ein Gefälle zwischen 22° und 29°.
d) Unimogs bewältigen Steigungen von 80%.
e) Gibt es Steigungen größer als 100%?

10 Die folgenden Aufgaben sollen exakt und ohne Verwendung des Taschenrechners gelöst werden.

a) Berechne für $\cos\alpha = \frac{1}{3}$ auch $\sin\alpha$, $\tan\alpha$, $\sin(90° - \alpha)$, $\cos(90° - \alpha)$.
b) Berechne für $\sin\alpha = \frac{4}{5}$ auch $\cos\alpha$, $\tan\alpha$, $\sin(90° - \alpha)$, $\cos(90° - \alpha)$.
c) Berechne für $\sin\alpha = \frac{12}{13}$ auch $\cos\alpha$, $\tan\alpha$, $\sin(90° - \alpha)$, $\cos(90° - \alpha)$.
d) Berechne für $\cos\alpha = \frac{40}{41}$ auch $\sin\alpha$, $\tan\alpha$, $\sin(90° - \alpha)$, $\cos(90° - \alpha)$.

11 Schreibe eine Gleichung auf, mit deren Hilfe du die in Klammern stehende gesuchte Größe in einem rechtwinkligen Dreieck ABC ($\alpha = 90°$) finden kannst, und berechne sie anschließend.

a) $\beta = 30°$, $a = 4\,\text{cm}$ (b)
b) $a = 7\,\text{cm}$, $b = 5\,\text{cm}$ (γ)
c) $\gamma = 24°$, $b = 6\,\text{cm}$ (c)
d) $\gamma = 55°$, $a = 9\,\text{cm}$ (b)
e) $\gamma = 36°$, $b = 5{,}5\,\text{cm}$ (c)
f) $a = 10\,\text{cm}$, $c = 7\,\text{cm}$ (b)
g) $b = 7\,\text{cm}$, $c = 8\,\text{cm}$ (β)
h) $c = 6\,\text{cm}$, $a = 8{,}5\,\text{cm}$ (β)
i) $b = 4\,\text{cm}$, $c = 3\,\text{cm}$ (γ)

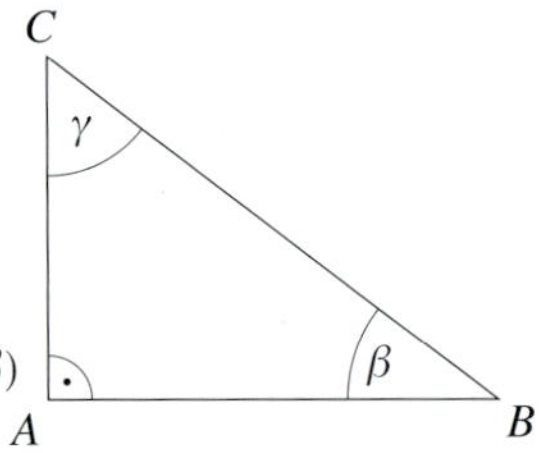

Lösungswort (teilweise Näherungswerte): 7,141 cm (a); 5,162 cm (P); 2 cm (C); 45,099° (e); 2,671 cm (–); 41,186° (γ); 44,415° (D); 36,870° (r); 3,996 cm (l)

Noch fit?

I Bestimme das Volumen folgender Körper.

a)

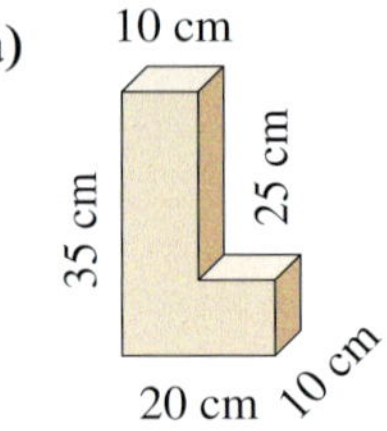

b)

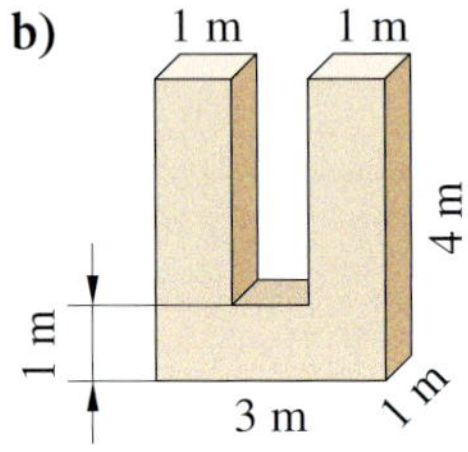

c)

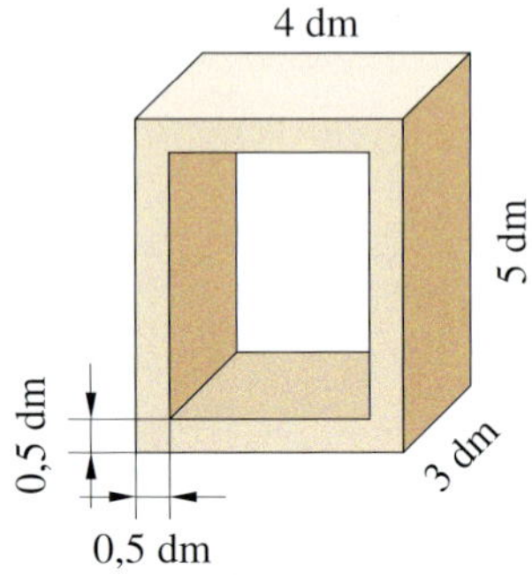

Aufgaben

Verknüpfen
Anwenden
Trainieren

12 Ermittle für $\tan(90° - \alpha)$ einen Term, der $\tan\alpha$ mit $(0 \le \alpha < 90°)$ enthält.

13 Die Werte der Winkelfunktionen für spezielle Winkel (siehe S. 136), wie z. B. $\sin 30°$, $\cos 45°$ usw., werden häufig benötigt. Die Sinuswerte kann man sich mit folgender Merkregel gut einprägen:
$\sin 0° = \frac{1}{2}\sqrt{0}$; $\sin 30° = \frac{1}{2}\sqrt{1}$; $\sin 45° = \frac{1}{2}\sqrt{2}$;
$\sin 60° = \frac{1}{2}\sqrt{3}$; $\sin 90° = \frac{1}{2}\sqrt{4}$

a) Formuliere für diese Regel einen Merksatz.
b) Wie kannst du dir die jeweiligen Werte für den Kosinus merken?
c) Finde eine Regel für den Tangens.

14 Welche Terme haben für $0 \le \alpha < 90°$ den gleichen Wert?

$\tan\alpha \cdot \cos\alpha$ $\qquad \frac{-1}{(\sin\alpha)^2 - 1}$ $\qquad \frac{\sin\alpha}{\tan\alpha}$

$\sin\alpha$ $\qquad (\sin\alpha)^3 + \sin\alpha \cdot (\cos\alpha)^2$

$\frac{1}{\sin\alpha}$ $\qquad \frac{1}{(\cos\alpha)^2}$ $\qquad \frac{1 - (\cos\alpha)^2}{\cos\alpha}$

$\frac{1}{\cos\alpha \cdot \tan\alpha}$ $\qquad \frac{1}{(\cos\alpha)^2}$

$\tan\alpha \cdot \sin\alpha$ $\qquad \cos\alpha$ $\qquad \tan\alpha$

15 Überlege, wo in den angegebenen Figuren rechtwinklige Dreiecke auftreten. Stelle zwischen den angegebenen Winkeln und den betreffenden Seitenlängen trigonometrische Beziehungen auf $\left(\text{z. B. bei b): } \cos\alpha = \frac{\overline{AB}}{\overline{BD}}\right)$.

a)

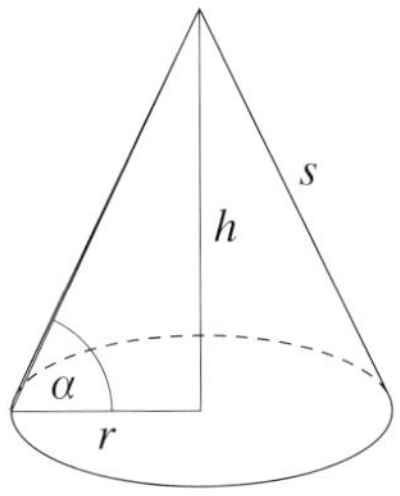

c)

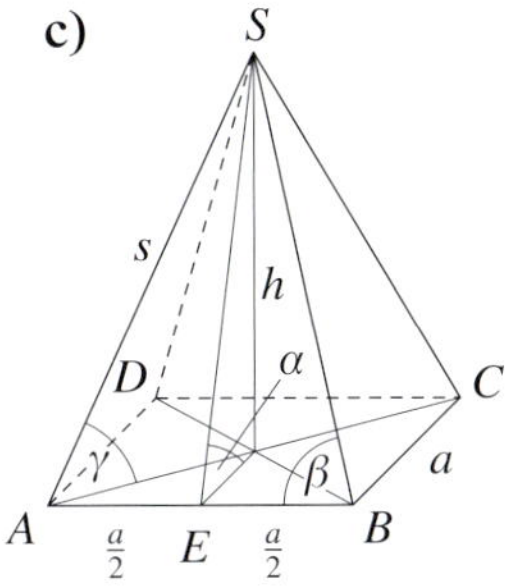

b)

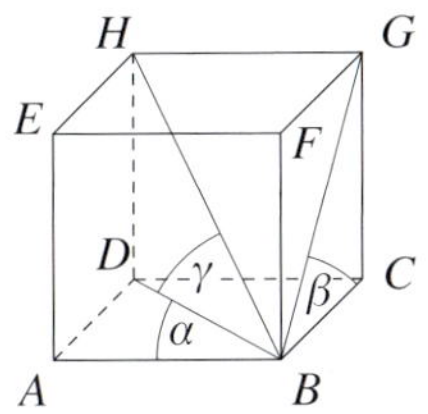

16 Berechne mit dem Taschenrechner Näherungswerte.
Runde das Ergebnis auf 4 Stellen nach dem Komma.
Erinnere dich: 1° = 60'

a) $\sin 66°\,30'$ **d)** $\sin 78°\,1'$
b) $\cos 17°\,45'$ **e)** $\cos 3°\,3'$
c) $\tan 44°\,12'$ **f)** $\tan 24°\,20'$

17 Gibt es ein rechtwinkliges Dreieck mit folgenden Eigenschaften? Begründe deine Antwort.

a) $a = 4\,\text{cm},\ b = 3\,\text{cm},\ c = 5\,\text{cm}$
b) $\alpha = 30°,\ a = 8\,\text{cm},\ b = 16\,\text{cm}$
c) $\beta = 60°,\ a = 8\,\text{cm},\ b = 4\,\text{cm}$
d) $\gamma = 30°,\ a = 8\,\text{cm},\ c = 5\,\text{cm}$
e) $\gamma = 40°,\ c = 10\,\text{cm},\ a = 7{,}5\,\text{cm}$
f) $a = 6\,\text{cm},\ b = 5\,\text{cm},\ c = 8\,\text{cm}$
g) $\alpha = 45°,\ c = 5{,}65\,\text{cm},\ b = 5{,}65\,\text{cm}$
h) $\beta = 45°,\ a = 7\,\text{cm},\ b = 7\,\text{cm}$
i) $\gamma = 70°,\ a = 3\,\text{cm},\ b = 8\,\text{cm}$
j) $\alpha = 60°,\ a = 10\,\text{cm},\ c = 5\,\text{cm}$

18 Eine 3 m lange Leiter soll unter einem Winkel von 15° an einer Wand aufgestellt werden.

a) Fertige eine Skizze an.
b) Welchen Abstand von der Wand hat die Leiter am Boden?

19 Beim Übergang eines Lichtstrahls von Luft in Wasser wird dieser gebrochen. Dadurch sieht z. B. ein Bleistift, der in Wasser eingetaucht wird, geknickt aus.
Den Zusammenhang zwischen Einfallswinkel α und Brechungswinkel β gibt das Brechungsgesetz an: $\frac{\sin\alpha}{\sin\beta} \approx 1{,}33$.

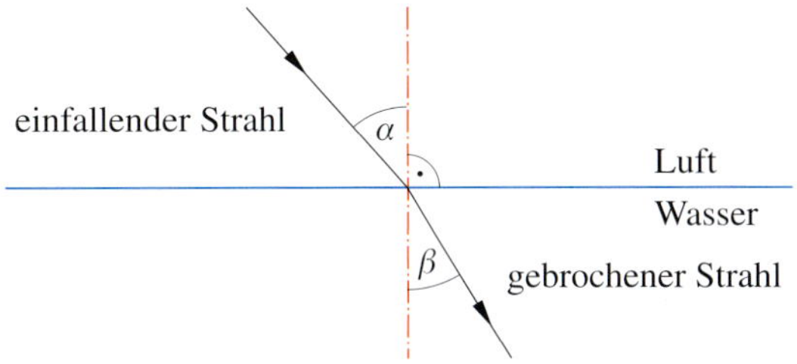

a) Führe mit Tasse und Stift dieses Experiment selbst durch.
b) Für welchen Einfallswinkel ergibt sich ein Brechungswinkel von 30°?
c) Bestimme den Brechungswinkel, wenn Licht unter 45° einfällt.
d) Für welchen Einfallswinkel ergänzen sich Einfalls- und Brechungswinkel zu 90°?

20 Beweise für Winkel zwischen 0° und 90°:

a) $\frac{1}{(\cos\alpha)^2} = 1 + (\tan\alpha)^2$

b) $\frac{1}{(\sin\alpha)^2} = 1 + (\tan(90° - \alpha))^2$

21 Berechne jeweils den spitzen Winkel, den die Gerade mit der x-Achse einschließt.

a) $y = 2x + 5$ **d)** $y = 10{,}5x - 0{,}5$
b) $y = 0{,}6x - 3$ **e)** $y = -\frac{5}{6} + \frac{7}{8}x$
c) $y = \frac{4}{7}x + 6{,}34$ **f)** $y = 2{,}3 + 8{,}9x$

22

Was meinst du?

Aufgaben

Verknüpfen
Anwenden
Trainieren

23 Eine häufig benutzte Beziehung zwischen Sinus und Kosinus ist der trigonometrische Pythagoras. Er lautet:

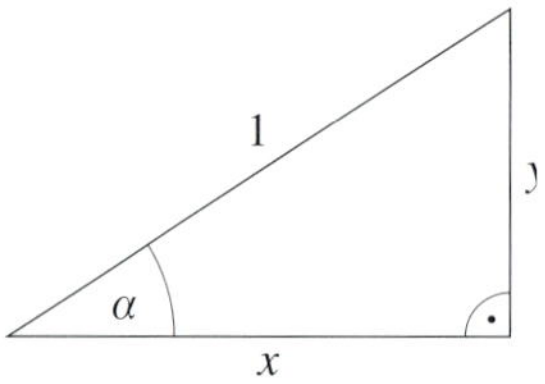

$(\cos\alpha)^2 + (\sin\alpha)^2 = 1$.
Beweise diese Beziehung.
Tipp: Betrachte dazu ein rechtwinkliges Dreieck mit der Hypotenusenlänge 1.

24 **Höhenformel**

a) Stelle eine Formel auf, mit der du die Höhe h im gleichseitigen Dreieck mithilfe der Seitenlänge a berechnen kannst.

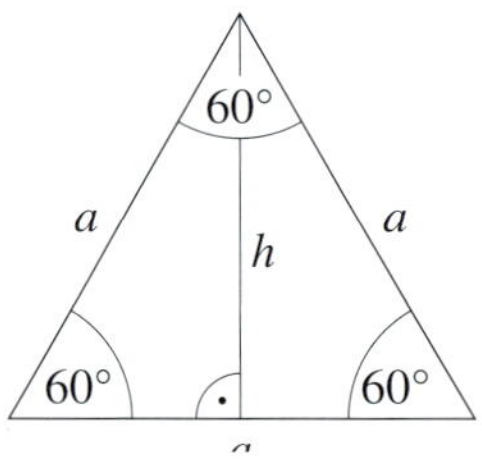

b) Beweise mithilfe dieser Formel folgende Gleichungen:
$\cos 30° = \sin 60° = \frac{1}{2}\sqrt{3}$;
$\sin 30° = \cos 60° = \frac{1}{2}$; $\tan 30° = \frac{1}{\sqrt{3}}$; $\tan 60° = \sqrt{3}$

25 Für den Winkel 45° gilt: $\sin 45° = \cos 45° = \frac{1}{\sqrt{2}}$
$\tan 45° = 1$.
Begründe die Werte, indem du geeignete rechtwinklige Teildreiecke im Quadrat betrachtest.

26 Auf Seite 136 sind einige Werte von Sinus, Kosinus und Tangens zusammengefasst. Eva hat sich überlegt, dass sie die Tabelle erweitern kann, wie z. B.
$\cos 15° = \frac{1\sqrt{3}}{2\,2} = \frac{1}{4}\sqrt{3}$; $\tan 22{,}5° = \frac{1}{2}$;
$\sin 75° = \frac{1}{2} + \frac{1}{2}\sqrt{2}$
Wie geht Eva vor? Was hältst du davon? Begründe und überprüfe mit dem Taschenrechner.

27 Simplify ($0 \leq \alpha < 90°$)
a) $\sqrt{1 + \cos\alpha} \cdot \sqrt{1 - \cos\alpha}$
b) $\sin^4\alpha - \cos^4\alpha$
c) $\cos\alpha + \sin\alpha \cdot \tan\alpha$

28 Tim behauptet, er könne auf den Taschenrechner zur Berechnung von Sinuswerten verzichten. Er hat Folgendes festgestellt: $\sin 0{,}1° \approx 0{,}002$; $\sin 0{,}2° \approx 0{,}004$; $\sin 1° \approx 0{,}02$. Daraus könne er weitere Werte ableiten, z. B. $\sin 10° \approx 0{,}2$.
Wie geht Tim vor? Was ergäbe sich dann für $\sin 20°$ oder $\sin 100°$?
Was hältst du von seiner Vorgehensweise? Begründe deine Antwort.

29 Stelle eine je-desto-Beziehung zwischen α und $\tan\alpha$ auf, wenn der Winkel α von 0° bis 90° zunimmt. Sind α und $\tan\alpha$ direkt proportional zueinander? In welchem Intervall liegen die Werte für den Tangens für Winkel zwischen 0° und 90°? Begründe deine Antwort. Führe obige Überlegungen auch für Sinus und Kosinus durch.

Aufgabe der Woche

Auf dem Bild siehst du das Geländeprofil zur 15. Etappe der Tour de France 2006. Welche Steigung haben die Fahrer auf dem letzten Anstieg von Le Bourg d'Olsans bis zum Ziel zu überwinden? Welche Vorteile bietet die Darstellung von Wander- oder Fahrradrouten durch ein Geländeprofil im Vergleich zur Darstellung auf einer üblichen Wanderkarte? Warum wird diese Darstellung trotzdem nur selten verwendet?

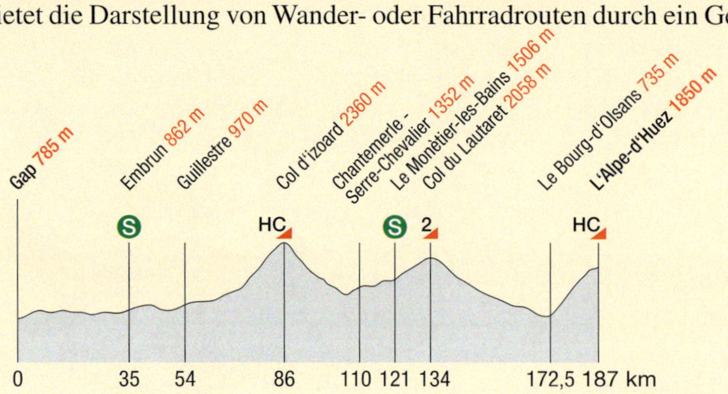

Überlege dir, wie man mithilfe einer Wanderkarte ein Geländeprofil für eine Wanderung zwischen zwei Orten A und B erstellen kann, und erstelle selbst ein Geländeprofil von einer Wander- oder Fahrradroute, die du selbst ausgewählt hast.

6.2 Berechnungen mithilfe von rechtwinkligen Dreiecken

Wanderkarten

Auftrag 1

Du willst eine Wanderung auf den Hochgrat unternehmen. Um auf kürzestem Weg zum Ziel zu gelangen, wanderst du direkt unterhalb der Seilbahn. Um die Schwierigkeit der geplanten Tour einschätzen zu können, nimmst du eine Wanderkarte zu Hilfe. Diese ist auf Seite 129 abgebildet.
Welche Daten über das Gelände kannst du dieser Wanderkarte direkt entnehmen?
Unter welchem Winkel steigt der Weg unterhalb der Seilbahn durchschnittlich an?
Wie lang ist die Wanderstrecke von der Talstation bis zur Bergstation?
Versuche mithilfe deiner Lösungsüberlegungen auch folgende Frage zu beantworten: Wie viele Größen müssen in einem rechtwinkligen Dreieck jeweils mindestens bekannt sein, um die Restlichen daraus berechnen zu können?

Hausbau

Auftrag 2

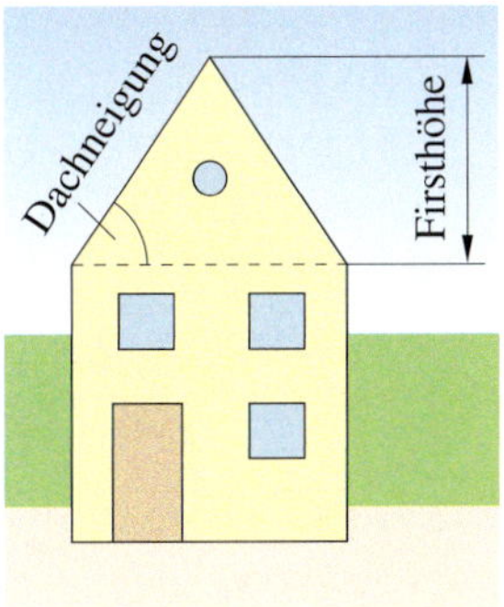

In den meisten Baugebieten sind in Bebauungsplänen Vorschriften für den Neubau von Häusern festgelegt. Häufig findet man z. B. die Richtlinie, dass Häuser ein Satteldach mit einer Dachneigung zwischen 24° und 32° besitzen müssen. Dürfte in diesem Fall ein Haus mit einer Firsthöhe von 4 m und einer Breite von 12 m gebaut werden?
Wie lang wäre die Dachschräge bei einer Hausbreite von 15 m und einem Neigungswinkel von 30°?
Welche Längen bzw. Winkel müssen dir bei einem Hausdach mindestens bekannt sein, um alle restlichen berechnen zu können?
Warum wird üblicherweise die Dachneigung und nicht etwa die Firsthöhe oder die Hausbreite im Bebauungsplan vorgegeben?

Gebäudevermessung

Auftrag 3

Von einem Punkt A aus sieht Anne die Spitze eines Turms unter dem Höhenwinkel α, die Basis unter dem Tiefenwinkel β. Höhen- und Tiefenwinkel kann sie z. B. mithilfe eines Theodoliten messen. Welche Größe(n) müsste sie messen, um daraus alle restlichen Längen und Winkel berechnen zu können? Gib verschiedene Möglichkeiten an und begründe deine Antwort.
Mit dem Theodoliten wird ein Höhenwinkel α von 18° und ein Tiefenwinkel β von 27° gemessen. Punkt A liegt 50 m höher als die Basis des Turms. Wie groß ist der Abstand des Punktes A vom Turm und wie hoch ist der Turm? Welchen Tiefenwinkel würde Anne messen, wenn die Entfernung von A zum Turm 200 m beträgt?

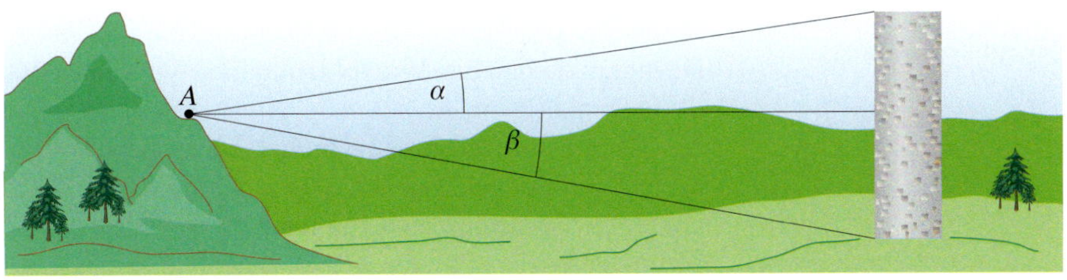

Bearbeitung

Auftrag 1 Wanderkarten

Wenn du in Wanderkarten den Abstand zweier Punkte A (z. B. Talstation der Seilbahn) und B (z. B. Bergstation) misst, kannst du unter Berücksichtigung des angegebenen Maßstabes die horizontale Entfernung x berechnen.
Der Abstand von A und B beträgt auf der Karte (S. 129) 9 cm. Bei einem Maßstab von 1 : 25 000 (d. h. 1 cm auf der Karte entsprechen 25 000 cm bzw. 250 m in Wirklichkeit) entspricht dies einer Länge von 9 · 250 m = 2250 m.

Mithilfe von zusätzlich eingezeichneten Höhenlinien und direkten Höhenangaben für spezielle Orte lässt sich auch der Höhenunterschied h zwischen zwei Punkten A und B ermitteln.
Die Talstation liegt 856 m, die Bergstation 1708 m über dem Meeresspiegel. Der Höhenunterschied h zwischen A und B beträgt daher 1708 m − 856 m = 852 m.

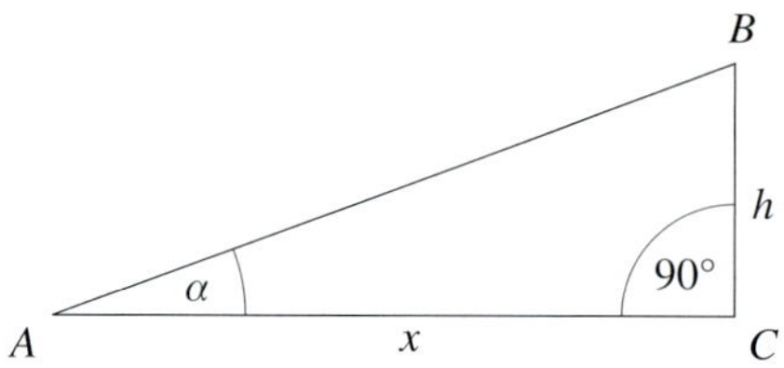

Aus den beiden Größen x und h kannst du den Steigungswinkel α berechnen: Das Dreieck ABC ist rechtwinklig (bei C). Es sind die dem gesuchten Winkel gegenüberliegende Länge der Gegenkathete h sowie die Länge der Ankathete x bekannt. Daher kann zur Berechnung von α der Tangens benutzt werden.

Es gilt: $\tan\alpha = \frac{h}{x} = \frac{852\,\text{m}}{2250\,\text{m}} \approx 0{,}3787$
und damit $\alpha \approx 21°$.
Der Steigungswinkel beträgt ca. 21°.

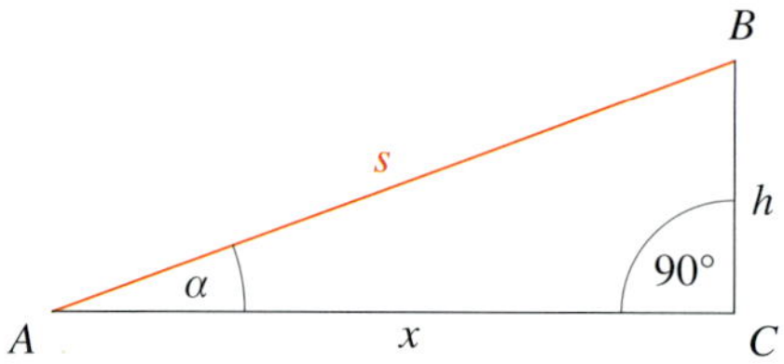

Wie kannst du nun die Entfernung s zwischen A und B berechnen?
Im Dreieck ABC sind der Winkel α und die Länge seiner Gegenkathete h bekannt, die Hypotenusenlänge s ist gesucht. Hier bietet sich zur Lösung die Verwendung des Sinus an. Es gilt: $\sin\alpha = \frac{h}{s}$.
Auflösen der Gleichung nach s ergibt $s = \frac{h}{\sin\alpha}$ und man erhält $s = \frac{852\,\text{m}}{\sin 21°} = 2405{,}91\,\text{m} \approx 2400\,\text{m}$.
Die Wanderstrecke ist ca. 2400 m lang.

Info

Die Ergebnisse wurden hierbei gerundet, da eine Angabe von mehreren Dezimalen unrealistisch ist, weil z. B. das Ablesen der Werte aus der Karte ungenau sowie die Steigung des Weges nicht konstant ist.

Alternativ hättest du zur Berechnung der Entfernung s von A und B ebenso folgende Ansätze verwenden können:
- Im Dreieck ABC sind der Winkel α und die Länge der Ankathete bekannt, die Hypotenusenlänge ist gesucht. Daher kann der Kosinus herangezogen werden: Es gilt $\cos\alpha = \frac{x}{s}$.
- Man könnte aber auch den Satz des Pythagoras verwenden, denn im gegebenen Dreieck sind die beiden Kathetenlängen bekannt, die Hypotenusenlänge ist gesucht (Ansatz: $s^2 = x^2 + h^2$).

Alle drei Wege sind gleichwertig und führen zum gleichen Ergebnis.

Nachdem du nun den Winkel α und die Hypotenuse berechnet hast, ist nur noch der dritte Winkel β im Dreieck ABC unbekannt. Du kannst ihn am geschicktesten über den Winkelsummensatz im Dreieck berechnen: $\beta = 180° - 90° - \alpha = 69°$.
Welche Größen müssen in einem rechtwinkligen Dreieck bekannt sein, um es eindeutig konstruieren zu können bzw. um alle Seitenlängen und Winkel zu berechnen?

Wie du gerade festgestellt hast, reicht es beispielsweise aus, die beiden Kathetenlängen zu kennen, um alle restlichen Größen eines rechtwinkligen Dreiecks daraus berechnen zu können. Wenn eine Katheten – und die Hypotenusenlänge bekannt sind, reicht dies auch aus, da du die dritte Seitenlänge z. B. mithilfe des Satzes von Pythagoras und damit auch alle Winkel berechnen kannst. Die Angabe von nur einer Seitenlänge ist offensichtlich zu wenig, da damit ein Dreieck *ABC* noch nicht eindeutig festgelegt ist. Aus dem gleichen Grund ist die Angabe eines einzelnen (oder von mehreren) Winkeln nicht ausreichend (s. Abbildungen).

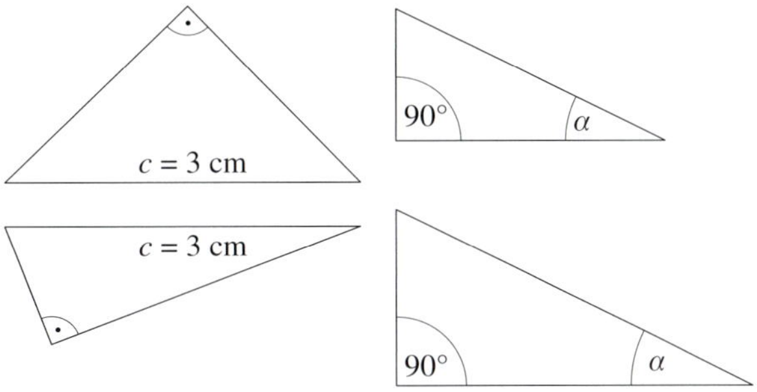

Zu einem Winkel muss demnach mindestens noch eine Seitenlänge angegeben werden. Dies genügt jedoch, denn mit Sinus, Kosinus oder Tangens können immer aus einem Winkel und einer Seitenlänge eine weitere Seitenlänge und damit auch die restlichen Größen berechnet werden.

Erinnere dich

Kongruenzsatz SWS: Wenn Dreiecke in der Länge zweier Seiten und dem eingeschlossenen Winkel übereinstimmen, dann sind sie kongruent zueinander.

Erinnere dich

Kongruenzsatz SWW: Wenn Dreiecke in der Länge einer Seite und zwei gleich liegenden Winkeln übereinstimmen, dann sind sie kongruent zueinander.

Zusammenfassung

Berechnungen mithilfe von rechtwinkligen Dreiecken

Ein rechtwinkliges Dreieck ist durch die Angabe eines Winkels und einer Seitenlänge oder durch die Angabe zweier Seitenlängen eindeutig festgelegt.
Die restlichen Größen können mithilfe der Winkelfunktionen Sinus, Kosinus und Tangens oder mit dem Satz des Pythagoras berechnet werden; sie müssen nicht mehr durch Konstruktion ermittelt werden.

Eine mögliche Strategie für das Finden einer Lösung mithilfe rechtwinkliger Dreiecke:

1. Erstelle eine Zeichnung und suche darin rechtwinklige Dreiecke. Markiere dabei bekannte und gesuchte Strecken und Winkel verschiedenfarbig.
2. Prüfe, ob in einem eingezeichneten rechtwinkligen Dreieck mindestens ein Winkel und eine Seite bzw. zwei Seiten bekannt sind.
3. Verwende nun eine Beziehung im rechtwinkligen Dreieck (Sinus, Kosinus, Tangens oder Satz des Pythagoras), in der neben zwei bekannten Größen eine gesuchte Größe vorkommt. Berechne die gesuchte Größe.
4. Beurteile deine gefundene Lösung, z. B. im Hinblick auf sinnvolle Genauigkeit. Formuliere eine Antwort zur ursprünglichen Fragestellung.

Die Rohrleitung eines Wasserkraftwerks überwindet einen Höhenunterschied von 500 m. Der Steigungswinkel beträgt 35°.
Wie lang ist die Leitung?
Bekannt sind der Winkel α und die Länge seiner Gegenkathete h.
Gesucht ist die Hypotenusenlänge l. Daher kann der Sinus verwendet werden:

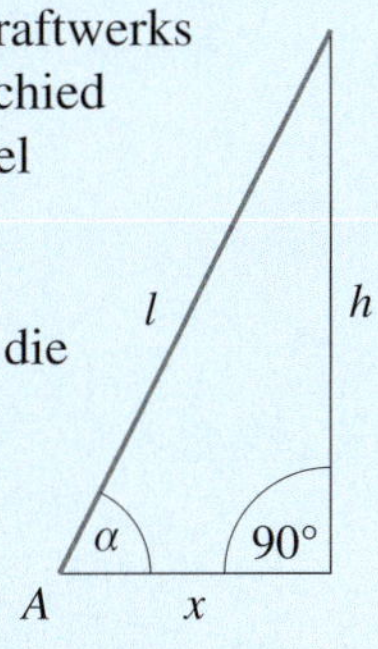

$\sin\alpha = \frac{h}{l}$. Durch Umformen erhältst du

$l = \frac{h}{\sin\alpha} = \frac{500\,\text{m}}{\sin 35°} = 871{,}723\,39\ldots\,\text{m} \approx 872\,\text{m}.$

Die Messung des Höhenunterschiedes sowie des Steigungswinkels unterliegt Messfehlern. Ebenso ist in der Realität die Steigung des Rohres nicht konstant. Eine sinnvolle Genauigkeit ergibt sich durch das Runden auf Meter.
Die Rohrleitung ist ca. 872 m lang.

Aufgaben

Verknüpfen
Anwenden
Trainieren

1 Von einem rechtwinkligen Dreieck ($\gamma = 90°$) sind jeweils zwei Stücke gegeben. Berechne die fehlenden Winkel und Seitenlängen.
Fertige eine Skizze an.

	a	b	c	α	β
a)		4 cm	5 cm		
b)	20 mm	10 mm			
c)	7,2 cm			42°	
d)			2 m		63°
e)	84 mm				37,5°
f)		8,9 cm		54°	
g)		10 km	20 km		
h)	2 µm		5 µm		

2 Berechne die rot markierten Größen.

a)
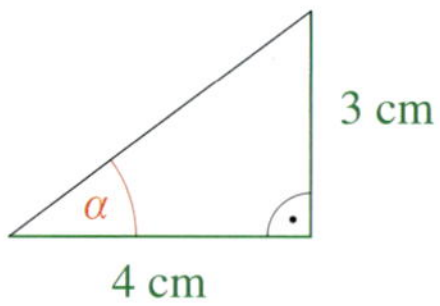

b)
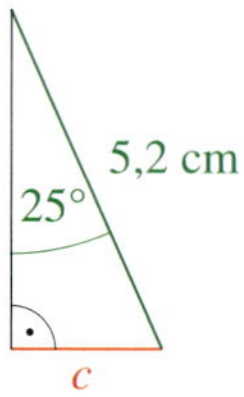

c)
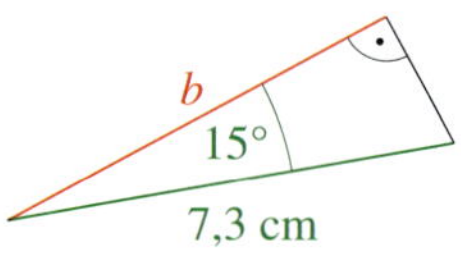

d)
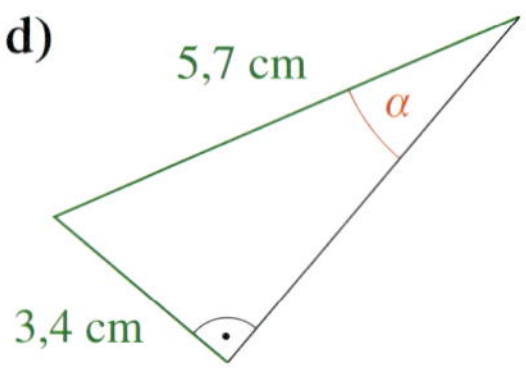

e)
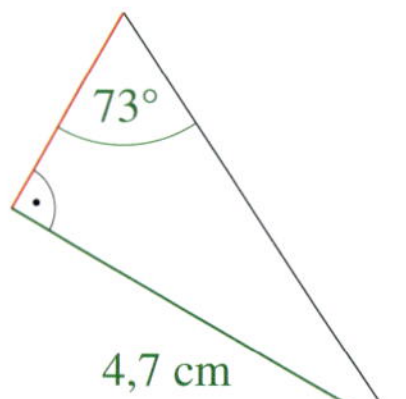

f)
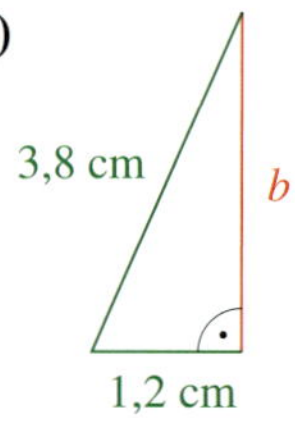

g)
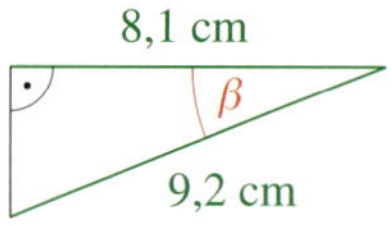

h)
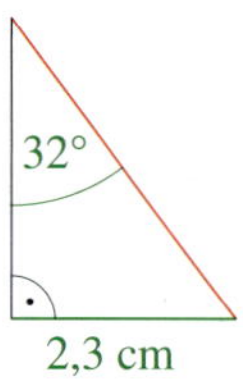

3 Berechne die restlichen Stücke des gleichschenkligen Dreiecks ABC.

a) $\alpha = 20°$, $b = 5{,}5\,\text{cm}$
b) $\gamma = 100°$, $b = 7{,}2\,\text{dm}$
c) $c = 34\,\text{mm}$, $\beta = 55°$
d) $a = 6{,}3\,\text{cm}$, $c = 46\,\text{mm}$
e) $\gamma = 130°$, $c = 3{,}4\,\text{dm}$
f) $h = 4{,}2\,\text{dm}$, $\gamma = 80°$
g) $h = 2{,}3\,\text{dm}$, $c = 34\,\text{cm}$

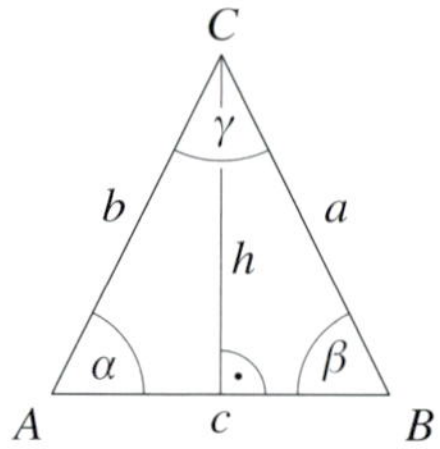

4 Dreieck ABC ist rechtwinklig. Berechne die in Klammern stehenden gesuchten Größen.

a) $c = 3{,}2\,\text{cm}$, $\alpha = 23°$ (h_b)
b) $a = 7{,}3\,\text{dm}$, $b = 9{,}5\,\text{dm}$ (γ)
c) $\gamma = 15°$, $h_b = 4{,}5\,\text{mm}$ (p)
d) $\alpha = 42°$, $q = 8{,}6\,\text{cm}$ (c)
e) $\gamma = 72°$, $a = 77\,\text{mm}$ (h_b)
f) $a = 3{,}2\,\text{dm}$, $\alpha = 65°$ (c)
g) $\gamma = 56°$, $b = 4{,}2\,\text{cm}$ (h_b)
h) $\alpha = 35°$, $q = 2{,}5\,\text{cm}$ (b)
i) $a = 42\,\text{cm}$, $c = 73\,\text{cm}$ (p)
j) $p = 6{,}4\,\text{cm}$, $\gamma = 53°$ (c)

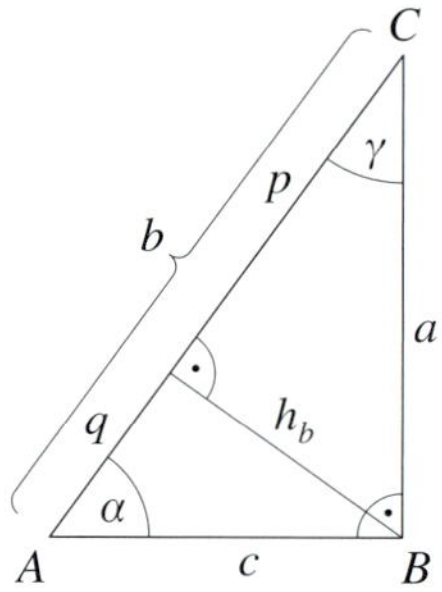

Lösungswort : 12 cm (h); 1,9 cm (a); 1,3 cm (M); 3,7 cm (f); 1,5 dm (m); 14 cm (k); 40° (a); 21 cm (i); 73 mm (e); 17 mm (t)

5 Berechne die rot markierten Größen.

a)
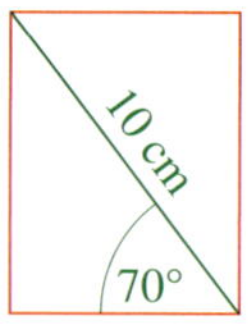

ges: Umfang des Rechtecks

b)
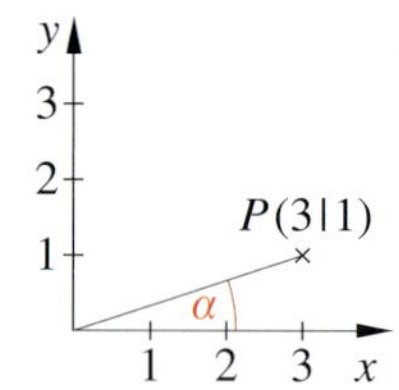

ges: Winkel α

c)
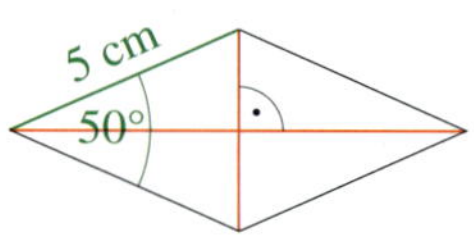

ges: Diagonallängen der Raute

d)
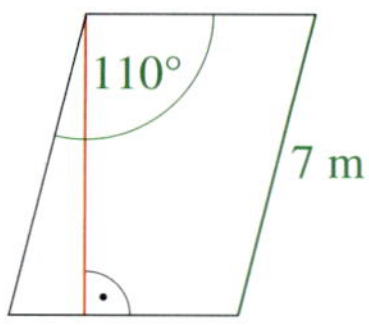

ges: Höhe im Parallelogramm

e)
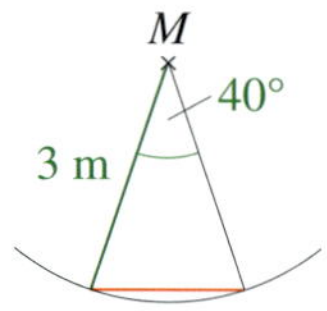

ges: Länge einer Kreissehne

f)
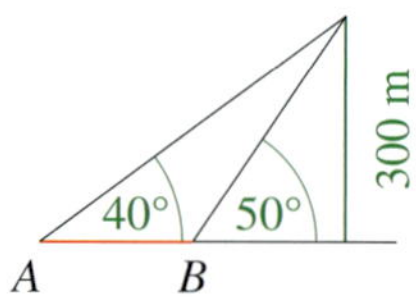

ges: Abstand von A und B

Noch fit?

I Löse die folgenden Gleichungssysteme rechnerisch.

a) (I) $2x + 4y = 5$; (II) $5y + 5x = 15$

b) (I) $3x + 5y = -4$; (II) $-6x + 2y = -2$

c) (I) $4 - x - 9y = 0$; (II) $3 + 3x + 2y = 0$

d) (I) $2x - 5y = -19$; (II) $4y - 3x = 11$

II Löse die folgenden Gleichungssysteme grafisch.

a) (I) $y = x - 1$; (II) $y = 5 - x$

b) (I) $10y = -7x - 15$; (II) $5y - 15 - x = 0$

c) (I) $10y - 2x = 25$; (II) $15y - 3x + 7{,}5 = 0$

d) (I) $x - 9 - 2y = 0$; (II) $6y + 13x = 21$

Aufgaben

Verknüpfen
Anwenden
Trainieren

6 Ein Baum wirft einen Schatten von 8,2 m Länge. Die Sonnenstrahlen fallen dabei unter einem Winkel von 42° ein. Wie hoch ist der Baum?

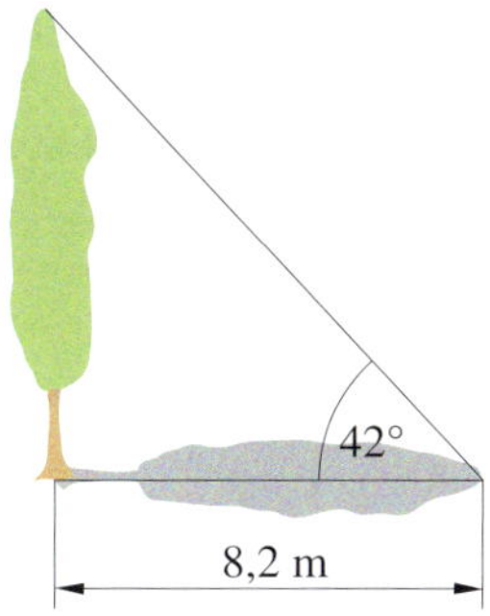

7 Wie lang ist der Schatten, den ein 5 m hoher Fahnenmast wirft, wenn die Sonne unter einem Winkel von 36° einfällt?

8 **Verkehrsschild**

a) Unter welchem Winkel steigt die Straße an? Schätze zuerst.

b) Die Straße überwindet einen Höhenunterschied von 100 m. Wie lang ist die Straße?

c) Welchen Höhenunterschied überwindet eine Straße, die 1,2 km lang ist, mit dieser Steigung?

9 Recherchiere die horizontalen Entfernungen der Stationen im Internet. Wie lang sind die einzelnen Seilabschnitte?

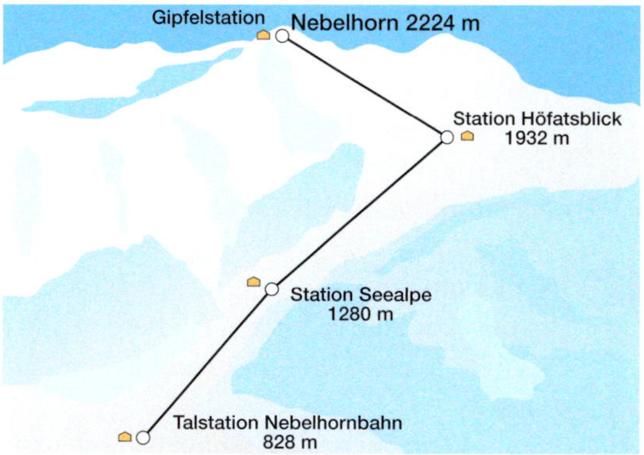

10 Die geradlinige Rohrleitung eines Kraftwerks überwindet einen Höhenunterschied von 250 m. Die horizontale Entfernung von Anfang und Ende der Leitung beträgt 75 m.

a) Welche Steigung hat die Leitung?

b) Wie groß ist der Steigungswinkel?

c) Wie lang ist das Rohr?

11 Ein Drachenflieger gleitet ohne Aufwind in einem Winkel α von etwa 8° ins Tal.

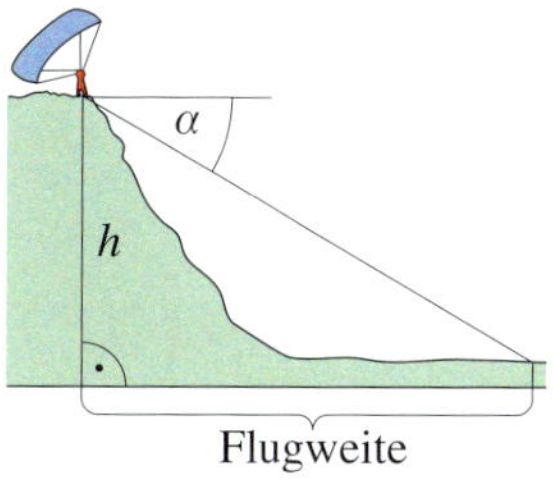

a) Welche Flugweite erreicht er, wenn er aus einer Höhe von 125 m startet?

b) Aus welcher Höhe muss er starten, wenn er 1,2 km weit fliegen will?

c) Wie lang ist in beiden Fällen seine Flugstrecke?

12 Der schiefe Turm von Pisa (Höhe 55 m) wurde wieder so weit aufgerichtet, dass er nicht mehr umzukippen droht. Das obere Turmende ragt jetzt nur noch 4,1 m über die Grundfläche hinaus. Berechne, um welchen Winkel gegen die Vertikale der Turm geneigt ist.

13 Von einem Leuchtturm (Höhe 90 m über NN) erscheint ein Schiff unter einem Tiefenwinkel φ von 28°. Wie weit ist das Schiff vom Fuß des Leuchtturms entfernt?

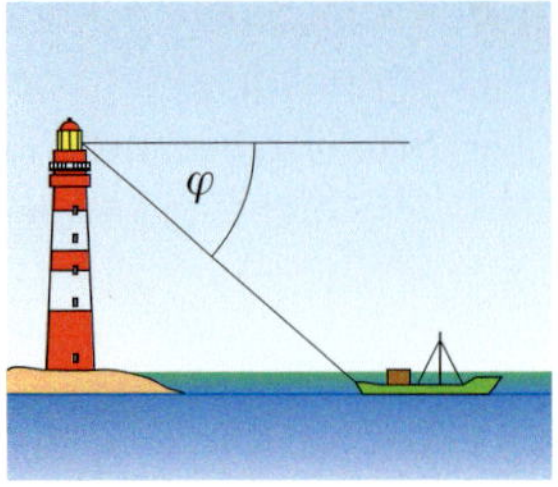

14 **Vermessungen**

a) Überlege dir eine Methode, mit deren Hilfe du die Höhe deines Schulgebäudes bestimmen kannst.

b) Führe entsprechende Messungen durch und berechne die Höhe. Vergleiche dein Ergebnis mit den Daten aus den Bauplänen der Schule.

c) Welche Auswirkung haben Messfehler auf dein Ergebnis? Gib dein Ergebnis mit einer sinnvollen Genauigkeit an.

d) Bestimme die Höhe von drei weiteren Gebäuden in deiner Umgebung.

15 Berechne jeweils den Winkel, unter dem sich die beiden Diagonalen eines Rechtecks mit der Länge l und der Breite b schneiden.

a) $l = 8\,\text{cm},\ b = 6\,\text{cm}$ **c)** $l = 13\,\text{cm},\ b = 5\,\text{cm}$

b) $l = 5\,\text{cm},\ b = 3\,\text{cm}$ **d)** $l = 4\,\text{cm},\ b = 2\,\text{cm}$

16 Die Diagonalen eines Rechtecks schneiden sich unter einem Winkel von 25°.

a) Eine Seite des Rechtecks misst 15 cm. Wie lang ist die andere Seite?

b) Welche weiteren Abmessungen sind für das Rechteck möglich?

17 Wie groß ist der Winkel α, den die Raumdiagonale des Quaders mit der Flächendiagonale einschließt?

a) $a = 4\,\text{cm},\ b = 3\,\text{cm},\ c = 8\,\text{cm}$

b) $a = 4\,\text{cm},\ b = 8\,\text{cm},\ c = 3\,\text{cm}$

c) $a = 3\,\text{cm},\ b = 8\,\text{cm},\ c = 4\,\text{cm}$

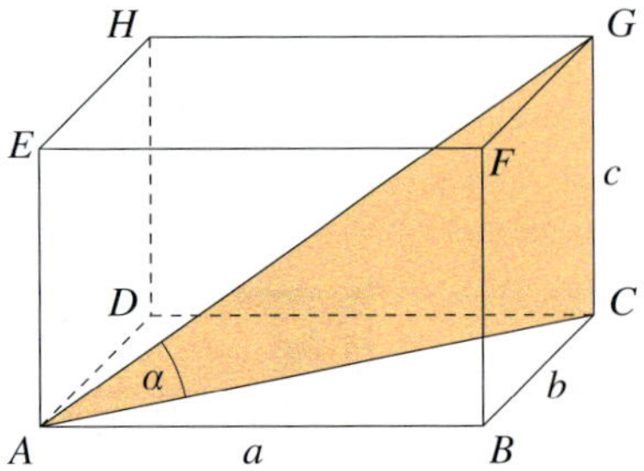

Aufgaben

Verknüpfen
Anwenden
Trainieren

18 Bei einem Quader beträgt der Winkel zwischen der Flächen- und der Raumdiagonalen 30°. Bestimme mögliche Abmessungen des Quaders.

19 Bei Flugzeugen wird die Geschwindigkeit oft als Geschwindigkeit über Grund v_G angegeben.

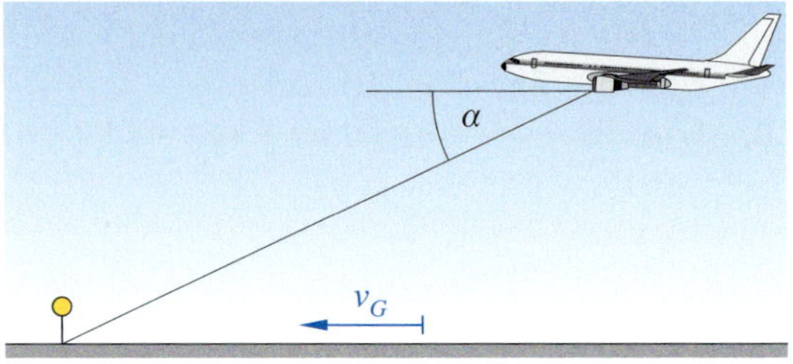

a) Erkundige dich, was diese Angabe bedeutet und warum sie verwendet wird.

b) Ein Flugzeug fliegt mit einer Geschwindigkeit von $v_G = 260\,\frac{\text{km}}{\text{h}}$ über Boden und einem Winkel von $\alpha = 10°$ die Landebahn an.
Um wie viel Meter sinkt das Flugzeug dabei pro Minute?

c) Das Flugzeug hat momentan eine Flughöhe von 200 m. In welcher (horizontalen) Entfernung wird das Flugzeug landen?

d) Nach welcher Zeit setzt das Flugzeug im Falle c) auf dem Boden auf?

20 Die geographische Breite der Wendekreise beträgt $\varphi = 23{,}45°$, die der Polarkreise $\varphi = 66{,}55°$.

a) Fertige eine Skizze an.

b) Berechne jeweils Radius und Umfang dieser speziellen Breitenkreise.

c) Bei welchem Breitengrad ist der Radius des Breitenkreises ein Drittel des Erdradius?

21 Finde die Gleichung einer Geraden, die mit der x-Achse einen Winkel von 30° einschließt und

a) die y-Achse in $(0|8)$ schneidet,

b) die x-Achse in $(-4|0)$ schneidet,

c) den Punkt $(5|6)$ enthält.

22 Überprüfe, ob sich der Flächeninhalt von Dreiecken mit $\gamma \leq 90°$ folgendermaßen berechnen lässt: $A = \frac{1}{2}ab\sin\gamma$.
Finde zwei weitere Formeln zur Berechnung des Flächeninhaltes.

23 Die Mantellinie eines Kegels ist 23 cm lang. Sie schließt mit der Grundfläche einen Winkel von 20° ein.
a) Skizziere den Kegel.
b) Wie groß sind die Höhe und der Radius des Kegels?
c) Berechne den Inhalt der Mantelfläche des Kegels.

24 Ein Kegel mit Durchmesser 10 cm hat an seiner Spitze einen Winkel von 80°.
a) Berechne die Länge der Mantellinie und die Höhe des Kegels.
b) Berechne seinen Oberflächeninhalt.

25 Bei einer Pyramide mit quadratischer Grundfläche (Seitenlänge $a = 7{,}2$ cm) beträgt der Neigungswinkel α zwischen den Seitenflächen und der Grundfläche 42°.
a) Berechne die Höhe der Pyramide.
b) Wie groß ist der Neigungswinkel β einer Seitenkante gegenüber der Grundfläche?
c) Berechne den Flächeninhalt einer Seitenfläche.

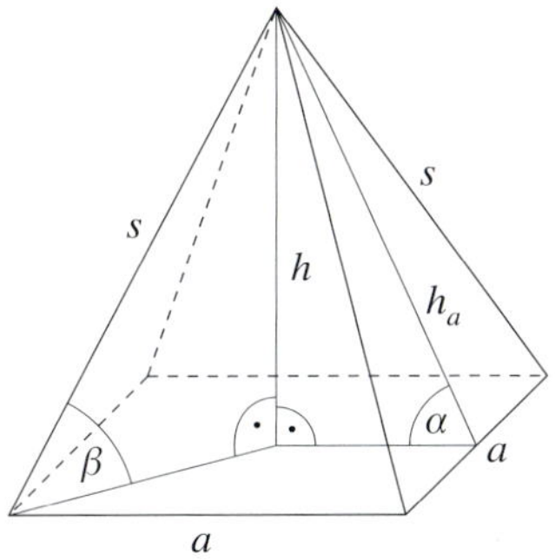

26 Die Cheopspyramide besitzt eine quadratische Grundfläche mit der Seitenlänge 231 m. Die Länge der Seitenkanten beträgt 219 m. Berechne den Neigungswinkel einer Seitenfläche gegen die Grundfläche.

27 Ein rechtwinkliges Dreieck mit den Kathetenlängen 3 cm und 4 cm rotiert einmal um die längere und einmal um die kürzere Kathete.
a) Welche Körper entstehen hierbei jeweils?
b) Welcher der beiden Körper hat den größeren Oberflächeninhalt?

28 Berechne den Flächeninhalt der Parallelogramme:
a) $a = 5\,\text{cm}$, $b = 8\,\text{cm}$, $\alpha = 50°$
b) $a = 6{,}2\,\text{cm}$, $b = 3{,}6\,\text{cm}$, $\beta = 24°$
c) Stelle eine Formel auf, in der du die oben gegebenen Größen einsetzt und mit der du den Flächeninhalt eines Parallelogramms berechnen kannst.

29 Ein Spaziergänger sieht die Oberkante eines Hochhauses unter einem Winkel von 35°. Nachdem er 50 m näher an das Hochhaus herangetreten ist, beträgt dieser Winkel 50°.
Wie hoch ist das Hochhaus?

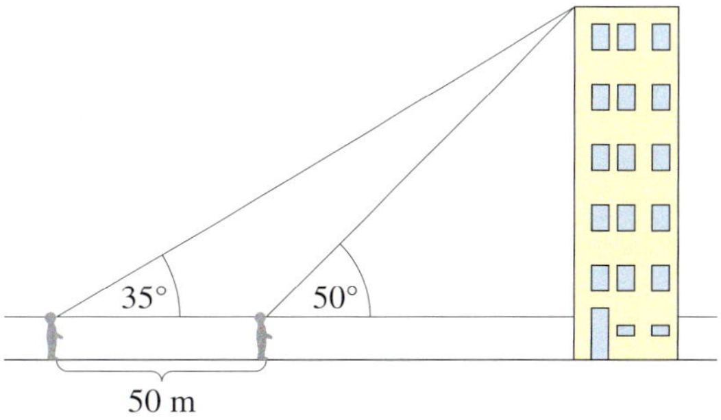

Aufgabe der Woche

Fallen lose Materialien, wie z. B. Sand oder Kies, von einem Förderband, so entsteht ein gerader Schüttkegel. Dabei wird der Winkel zwischen einer Mantellinie und der Grundfläche als Schüttwinkel bezeichnet.
Untersuche verschiedene lose Materialien (Sand, Kies, Salz, Getreide, …), welche Schüttwinkel sich abhängig von der Menge ergeben. Stelle deine Ergebnisse übersichtlich dar.
Um die Höhe eines Kieshaufens abzuschätzen, schreitet ein Maurer dessen Umfang ab. Wie kann er damit auf die Höhe des Kegels schließen?

Zeig, was du kannst!

1 Gegeben ist ein rechtwinkliges Dreieck ABC mit rechtem Winkel α. Berechne jeweils die gesuchte Größe:

a) $\beta = 30°$, $a = 4\,\text{cm}$, gesucht: b

b) $c = 6{,}2\,\text{cm}$, $\beta = 40°$, gesucht: a

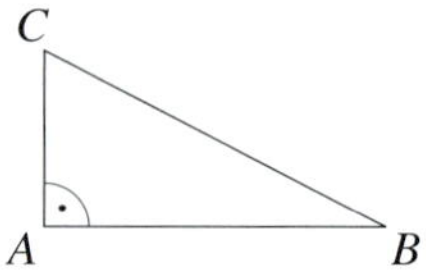

2 Berechne ohne Verwendung des Taschenrechners $\sin\alpha$, $\tan\alpha$, $\sin(90° - \alpha)$ und $\cos(90° - \alpha)$, wenn $\cos\alpha = \frac{15}{17}$ ist.

3 Das achsensymmetrische Trapez $ABCD$ besitzt die Maße $h = 3{,}5\,\text{cm}$, $a = 7{,}2\,\text{cm}$, $c = 4{,}3\,\text{cm}$. Berechne die Länge der Seite s sowie den Winkel α.

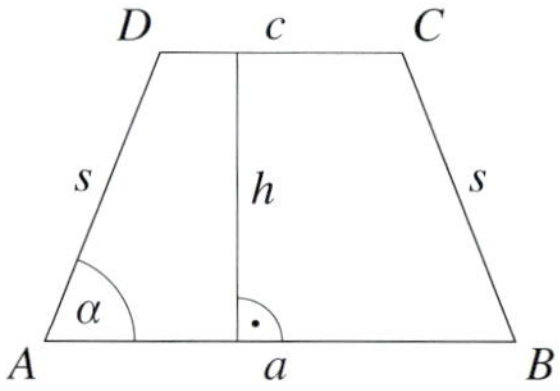

4 Die Kreissehne s gehört zu einem Kreissektor mit Radius r und Mittelpunktswinkel φ (s. Skizze). Zeige, dass für die Länge der Sehne gilt: $s = 2r\sin\frac{\varphi}{2}$.

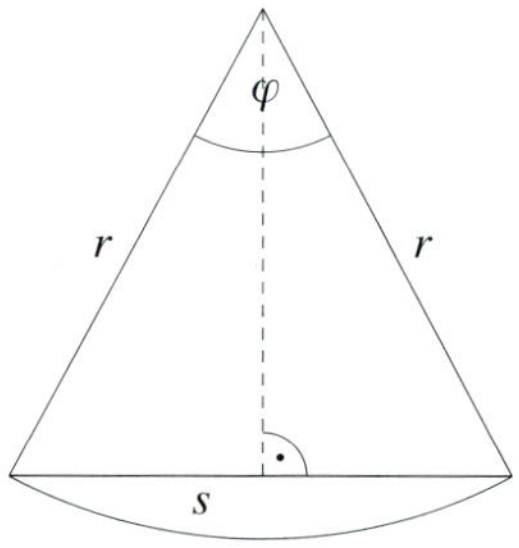

5 Das Dach eines Kirchturms hat die Form einer Pyramide mit quadratischer Grundfläche. Die Länge einer Seitenkante beträgt 7,2 m, die Grundlinie ist 4,6 m lang. Wie hoch ist das Dach und wie groß ist der Neigungswinkel einer Seitenfläche gegen die Grundfläche?

Aufg.-Nr.	Punkte	Lösungshinweis
1	6 P	Beachte S. 134, Zusammenfassung
2	8 P	Beachte S. 134, Zusammenfassung, trigonometrischer Pythagoras
3	5 P	Beachte S. 141, Zusammenfassung
4	5 P	Beachte S. 141, Zusammenfassung
5	6 P	Beachte S. 141, Zusammenfassung

Lösungen Seite 224

26–30 Punkte

21–25 Punkte

15–20 Punkte

7 Volumenberechnungen

Im Kapitel 3 hast du bereits die Eigenschaften der Prismen, Zylinder, Pyramiden und Kegel und die Formeln für ihre Oberflächeninhalte kennen gelernt. In diesem Kapitel soll mit den Formeln für das Volumen bei Prismen, Zylindern, Pyramiden und Kegeln die Raummessung weiterentwickelt werden.

Ein Bergmodell aus Styroporplatten

Mithilfe der Höhenlinien auf einer Landkarte kannst du beispielsweise aus Styroporplatten ein Modell eines Berges bauen. Als Vorlage für ein Modell siehst du oben ein verkleinertes Bild der Höhenlinien für den Kreuzberg in der Rhön. Unter www 150-1 findest du ein maßstabsgetreues Bild der Höhenlinien.

Baue selbst ein Modell des Kreuzbergs. Schneide dazu die Höhenlinien-Vorlage zuerst entlang der niedrigsten Höhenlinie aus. Übertrage dessen Verlauf auf eine Styroporplatte. So entsteht die unterste Schicht für das Modell. Danach kannst du die Vorlage entlang der zweiten Höhenlinie ausschneiden, um den Umriss für die zweite Schicht auf eine weitere Platte aufzuzeichnen und auszuschneiden usw.
Stapelst du die Schichten in der richtigen Reihenfolge passend übereinander, entsteht ein dreidimensionales Modell des Berges.
Die Dicke der Styroporplatten bestimmt den Höhenmaßstab des Modells. Dieser kann sich vom Maßstab der Schnittvorlage unterscheiden.

Da jede Schicht unabhängig von ihrer Position im Modell ein bestimmtes Volumen hat, kannst du die Schichten vertauschen oder seitlich verschieben, ohne dass sich das Volumen ändert. Es stellt sich die Frage, ob es für das Volumen des Modells eine Auswirkung hat, wenn die Styroporschichten zwar die gleichen Flächeninhalte, aber eine andere Form haben. Betrachte nebenstehende Vielecke und beschreibe deine Beobachtungen zu ihrem Flächeninhalt. Versuche deine Aussagen auch zu begründen.

Wenn die Vielecke die Grundflächen eines Prismas sind, überträgt sich diese Eigenschaft auf das Volumen. Überzeuge dich davon, indem du ein Prisma aus Knetmasse oder aus Ton herstellst und durch Schnitte parallel zur Grundfläche in mehrere Schichten zerlegst.
Beschreibe deine Beobachtungen, wenn du die Schichten verformst, ohne ihre Dicke (Höhe) zu verändern, und anschließend zu einem neuen Prisma zusammensetzt.

Mit diesen Untersuchungen beschäftigte sich bereits Bonaventura Francesco Cavalieri. Sein Ergebnis wird in der Fachliteratur als das Prinzip von Cavalieri bezeichnet und besagt:

Werden zwei Körper, die auf derselben Ebene stehen, von allen dazu parallelen Ebenen in gleich große Flächen geschnitten, so haben diese Körper das gleiche Volumen.

Info

Francesco Cavalieri (* 1598 wahrscheinlich in Mailand; † 3. Dez. oder 30. Nov. 1647 in Bologna), war ein italienischer Mönch, Mathematiker und Astronom (www.cornelsen.de/fokus-mathematik).

Die zwei Körper links, die zwei in der Mitte und die zwei rechten Körper haben jeweils das gleiche Volumen, da die Schnittflächen mit einer beliebigen Ebene parallel zur Grundfläche gleichen Flächeninhalt haben.

Begründe, dass die beiden Prismen im Bild rechts die gleiche Höhe haben müssen, wenn die Schnittflächen mit allen Parallelebenen jeweils gleich groß sind.
Bei der Flächenberechnung hast du bereits kennen gelernt, dass der Flächeninhalt zweier Dreiecke mit gleicher Grundlinie und gleicher Höhe gleich ist, unabhängig von ihrer Form.
Zeichne dazu zwei Dreiecke mit gleicher Grundlinie und gleicher Höhe und berechne ihren Flächeninhalt.

7.1 Volumen von Prisma und Zylinder

Auftrag 1 Schraube

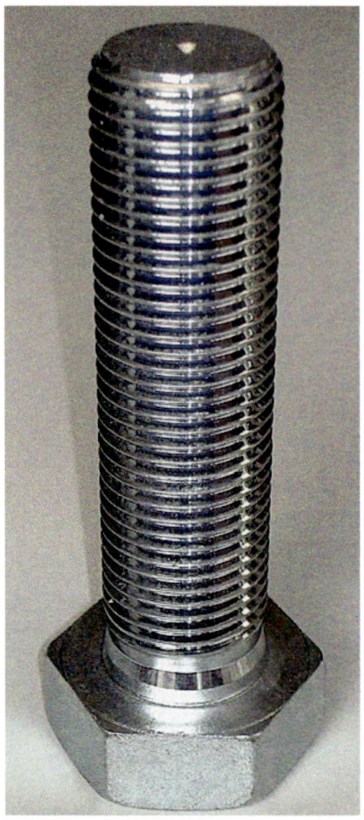

Aus der Physik-Formelsammlung

Stoff	$1\,cm^3$ …wiegt …
Cadmium	8,64 g
Chrom	7,19 g
Edelstahl	7,90 g
Eisen	7,86 g
Konstantan	8,80 g
Nickel	8,90 g

Jana und Leander untersuchen eine Schraube, wie sie zur Befestigung eines Schleusentores verwendet wird. Sie besteht aus einem Schraubenkopf und einem Gewindeanteil. Sie messen für den zylinderförmigen Gewindeteil: Durchmesser an den Außenlinien 5,1 cm, in den Rillen 4,5 cm; für den Schraubenkopf: Durchmesser 8,0 cm, Höhe 3,3 cm. Die Gesamtmasse der Schraube bestimmen sie zu 4030 g.

Um mithilfe einer Physik-Formelsammlung (siehe links) herauszufinden, aus welchem Material die Schraube besteht, müssen sie noch ihr Volumen bestimmen. Das Volumen lässt sich in einem Experiment ermitteln.
Dazu tauchen sie die Schraube in ein mit Wasser gefülltes Gefäß und fangen die von der Schraube verdrängte Wassermenge in einem Messgefäß auf.
Für den Schraubenkopf bestimmen sie ein Volumen von 185 ml.
Bei verschiedenen Eintauchtiefen mit dem zylindrischen Teil der Schraube ergeben sich folgende Werte:

h in cm	3,0	6,0	9,0	12,0	15,0	18,0
V in ml	55	110	160	215	270	325

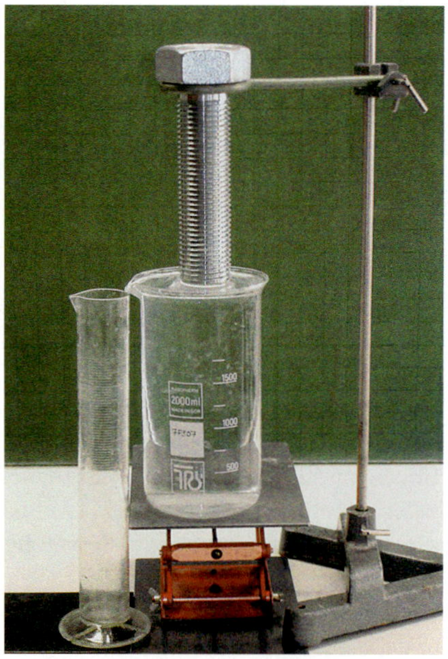

Stelle die gemessenen Werte in einem Koordinatensystem grafisch dar und untersuche den Zusammenhang zwischen Höhe h und Volumen V.

Kontrolliere damit deine Vermutung zur Bedeutung des Proportionalitätsfaktors.

Ermittle für den Schraubenkopf zeichnerisch und rechnerisch die Querschnittsfläche G des regelmäßigen Sechsecks und bestätige, dass man sein Volumen mit der Formel $V = G \cdot h$ berechnen kann.

Beschreibe, ob und wie du durch die bisherigen und eventuell weitere Messungen das Material eindeutig bestimmen kannst.

Vom Baumstamm zum Holzbalken

Auftrag 2

Schätze die Maße des vorne liegenden Baumstamms. Beschreibe, wie du näherungsweise sein Holzvolumen ermitteln kannst, indem du ihn dir als Quader vorstellst.

Eine bessere Schätzung seines Volumens erlangst du durch folgende Überlegung: Baumstämme werden häufig zu Holzbalken weiterverarbeitet. Dazu wird der Stamm (wie im Bild rechts) in einem Sägewerk mit parallelen Sägegattern zuerst der Länge nach aufgeschnitten.
Welche Körperformen haben die Einzelteile?
Welche Form haben im Bild die Querschnittsflächen der Einzelteile näherungsweise?
Fertige für die beiden dickeren Bohlen und die jeweils drei seitlichen Bretter eine maßstäbliche Zeichnung der Grundflächen an, wenn der Stammdurchmesser 50 cm beträgt. Ermittle nun den Flächeninhalt der Querschnittsflächen näherungsweise und überlege dir, wie du das Volumen des gesamten Baumstamms bestimmen kannst. Kläre dabei die Frage, wie das Volumen der Einzelteile nach dem Sägen von der Länge des Baumstamms (4,0 m) abhängt.

Mit einem zweiten Schnitt (senkrecht zum ersten) werden die beiden dickeren Teile zu Balken mit einer möglichst großen rechteckigen Grundfläche verarbeitet. Vergleiche die Volumina der Balken mit dem von dir berechneten Volumen des ursprünglichen Stamms.
Beschreibe nun die Querschnittsfläche des Baumstamms näherungsweise durch ein regelmäßiges Sechseck und berechne damit das Volumen des Baumstamms.

Gläser

Auftrag 3

Beim Mixen eines coolen Drinks beobachten Lena und Lisa, dass gleiche Mengen an Getränken beim Einfüllen in verschiedene Gläser unterschiedliche Füllhöhen ergeben.
Untersuche für verschiedene Gläserformen den Zusammenhang zwischen ihren Abmessungen und dem Fassungsvermögen, das du z. B. mit einem Messbecher bestimmen kannst.
Unterscheide dabei die Gläser nach typischen Formen ihrer Grundflächen und trage die verschiedenen Maße in der Grundfläche und für die Höhe bzw. das Volumen in eine Tabelle ein. Beschreibe, wie du für ein Glas mit dreieckiger Grundfläche die Höhe des Eichstrichs für 100 ml berechnen könntest.

Bearbeitung

Auftrag 2 Vom Baumstamm zum Balken

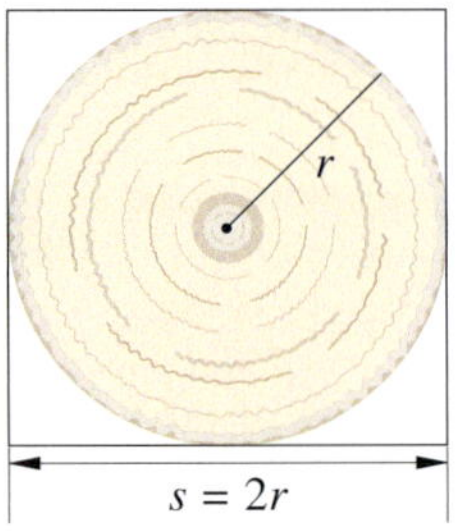

Vergleichst du den Baumstamm mit den geschätzten Maßen des Fahrrads, so erhältst du einen Durchmesser d von etwa 50 cm und eine Länge von etwa 4,0 m. Die Querschnittsfläche des Baumstamms kannst du durch ein Quadrat umbeschreiben. Das Quadrat hat die Seitenlänge $s = d = 2r$. Entsprechend kannst du dem Zylinder einem Quader umbeschreiben.

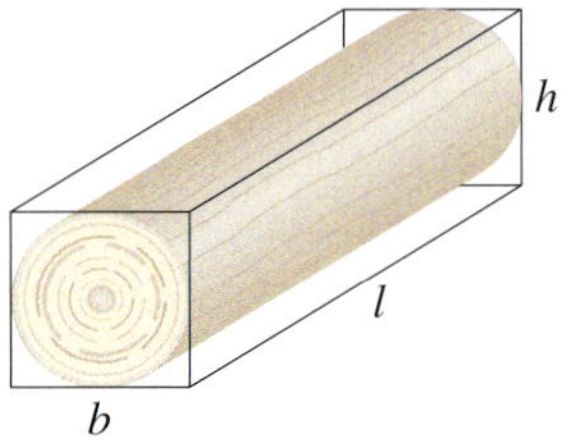

Dieser Quader hat ein Volumen $V_Q = l \cdot b \cdot h = G \cdot h = 0{,}50\,\text{m} \cdot 0{,}50\,\text{m} \cdot 4{,}0\,\text{m} = 1{,}0\,\text{m}^3$.
Das berechnete Quadervolumen ist eine grobe Näherung für das Baumstammvolumen ($V_Q > V_{\text{Baumstamm}}$). Eine bessere Annäherung soll im Folgenden bestimmt werden:
Beim Sägen wird der Stamm näherungsweise in Prismen zerlegt. Hierbei ist die Grundfläche des Prismas die Querschnittsfläche des Balkens und die Höhe des Prismas die Länge des Baumstamms.
Verdoppelst du die Länge eines Balkens, so verdoppelt sich auch sein Volumen oder anders ausgedrückt: Verdoppelst du die Höhe der Prismen, so verdoppelt sich auch ihr Volumen. Das Volumen eines Prismas ist also direkt proportional zur Höhe h.
Wie beim Quader kannst du das Volumen eines Prismas als Produkt aus dem Grundflächeninhalt und der Höhe berechnen. Kurz: $\boldsymbol{V = G \cdot h}$

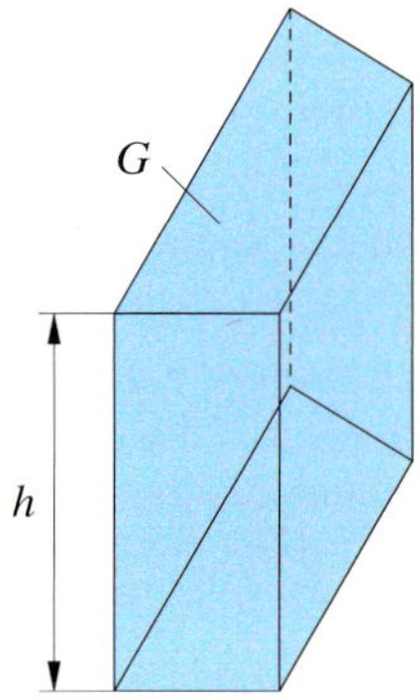

Erinnere dich

$V_{\text{Quader}} = G \cdot h$

Beachte

Du kannst jedes Prisma in Quader und halbe Quader zerlegen, und damit gilt auch für das Volumen des Prismas die Formel $V_{\text{Prisma}} = G \cdot h$ (siehe Aufgabe 21).

Die beiden inneren Balken haben näherungsweise jeweils ein Trapez als Querschnittsfläche bzw. Grundfläche. Mit den in der Skizze eingetragenen geschätzten Maßen ergibt sich:

$A_0 = \frac{1}{2} \cdot (50\,\text{cm} + 40\,\text{cm}) \cdot 15\,\text{cm}$
$= 675\,\text{cm}^2$

Erstes seitliches Brett:

$A_1 = \frac{1}{2} \cdot (40\,\text{cm} + 32\,\text{cm}) \cdot 3\,\text{cm}$
$= 108\,\text{cm}^2$.

Zweites seitliches Brett:

$A_2 = \frac{1}{2} \cdot (32\,\text{cm} + 22\,\text{cm}) \cdot 3\,\text{cm}$
$= 81\,\text{cm}^2$.

Das dritte Brett hat als Grundfläche annähernd ein Dreieck.

$A_3 = \frac{1}{2} \cdot 22\,\text{cm} \cdot 3\,\text{cm} = 33\,\text{cm}^2$

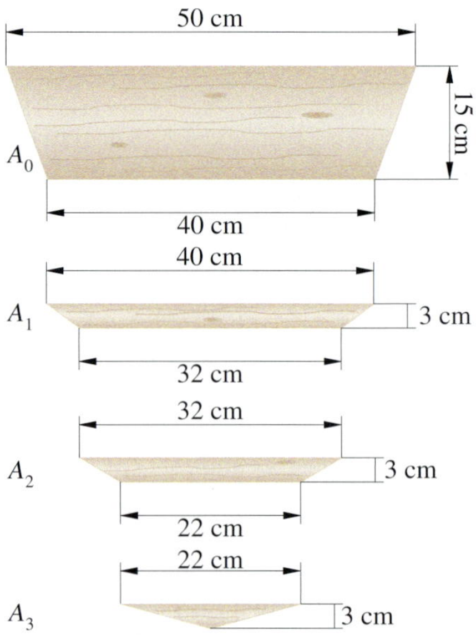

Insgesamt ergibt diese Näherung für die Querschnittsfläche einen Flächeninhalt von $A_G = (675\,\text{cm}^2 + 108\,\text{cm}^2 + 81\,\text{cm}^2 + 33\,\text{cm}^2) \cdot 2 = 1794\,\text{cm}^2 \approx 0{,}18\,\text{m}^2$.
Willst du das Gesamtvolumen der Bretter ausrechnen, so kannst du für jedes Brett das Volumen berechnen und anschließend die Ergebnisse addieren oder du kannst folgendermaßen vorgehen:
Werden die Bretter als Prismen angenommen und wie im Bild rechts dargestellt zusammengesetzt, ist das Gesamtvolumen gleich der Summe aus den Teilvolumina.
$V = (A_0 \cdot h + A_1 \cdot h + A_2 \cdot h + A_3 \cdot h) \cdot 2$
$= (A_0 + A_1 + A_2 + A_3) \cdot 2 \cdot h$
$= G \cdot h = 0{,}18\,\text{m}^2 \cdot 4{,}0\,\text{m} = 0{,}72\,\text{m}^3$.

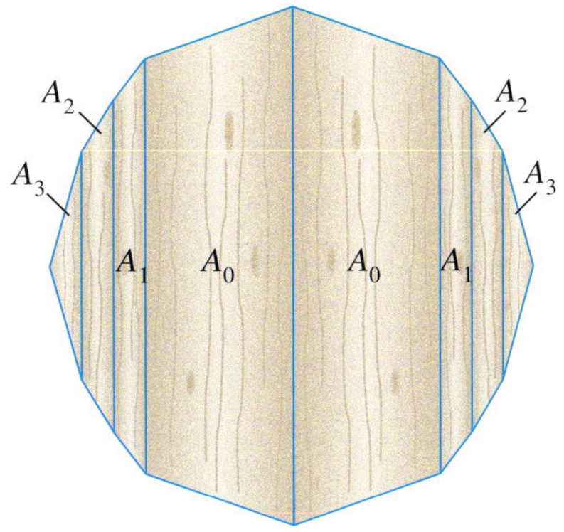

Wirklich genutzt werden vom Baumstamm nur zwei quaderförmige Balken:
Querschnitt: maximal 40 cm mal 15 cm,
Grundfläche: je $0{,}06\,\text{m}^2$
Volumen: $2 \cdot 0{,}06\,\text{m}^2 \cdot 4{,}0\,\text{m} = 0{,}48\,\text{m}^3$.
Der Abfall an Brettern, Reststücken und Sägemehl entspricht einem Anteil von $0{,}24\,\text{m}^3 : 0{,}72\,\text{m}^3 \approx 33{,}3\,\%$.

Eine andere näherungsweise Bestimmung des Volumens ergibt sich, wenn du z. B. die kreisförmige Querschnittsfläche durch ein regelmäßiges Sechseck ersetzt und das Prisma mit dieser Grundfläche betrachtest. Das einbeschriebene Sechseck hat die Maße
$s = r = \frac{1}{2} \cdot d = 25\,\text{cm}$, $A = 6 \cdot \frac{1}{4} \cdot r^2 \cdot \sqrt{3}$
$= \frac{3}{2} \cdot \sqrt{3} \cdot (25\,\text{cm})^2 \approx 0{,}16\,\text{m}^2$. Dann ergibt sich für das Volumen des Baumstamms:
$V_{\text{gesamt}} \approx 0{,}16\,\text{m}^2 \cdot 4{,}0\,\text{m} = 0{,}64\,\text{m}^3$.

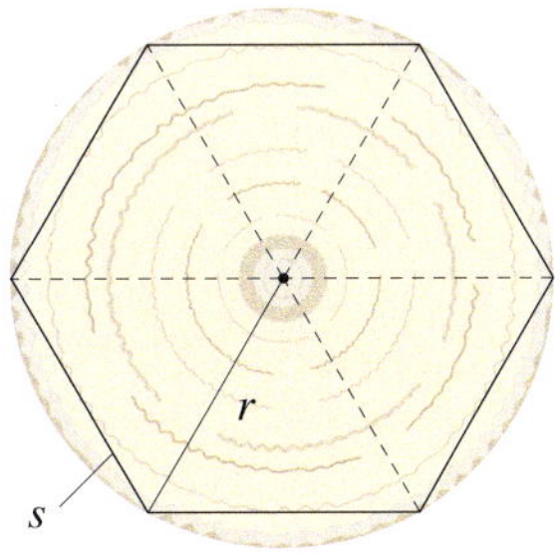

Beachte

Das regelmäßige Sechseck setzt sich aus sechs gleichseitigen Dreiecken zusammen. Der Flächeninhalt jeder der sechs Dreiecke lässt sich mit der Formel
$A_D = \frac{1}{4} r^2 \sqrt{3}$
berechnen (s. S. 56).

Einen Schritt weitergedacht
Dies führt zu folgender Überlegung: Erhöhst du die Eckenzahl, so ergibt sich für die Grundfläche der Prismen immer mehr die Querschnittsfläche des Baumstamms. Für jedes so entstandene Prisma kannst du das Volumen berechnen als $V = G \cdot h$. Der Grenzfall ist der Zylinder und hat als Querschnittsfläche den Kreis. Er hat am ehesten die Form des Baumstamms und auch für den Zylinder gilt die Formel $V = G \cdot h$.
Das Zylindervolumen ist also ebenfalls direkt proportional zur Höhe des Zylinders.
Die Grundfläche eines Zylinders ist ein Kreis mit dem Flächeninhalt $G = \pi \cdot r^2$.
Daraus ergibt sich die Formel:
$V_{\text{Zylinder}} = G \cdot h = \pi \cdot r^2 \cdot h$.
Mit $r = \frac{d}{2} = 25\,\text{cm}$ und $h = 4{,}0\,\text{m}$ folgt:
$V_{\text{Zylinder}} = \pi \cdot (25\,\text{cm})^2 \cdot 4{,}0\,\text{m} \approx 0{,}79\,\text{m}^3$.

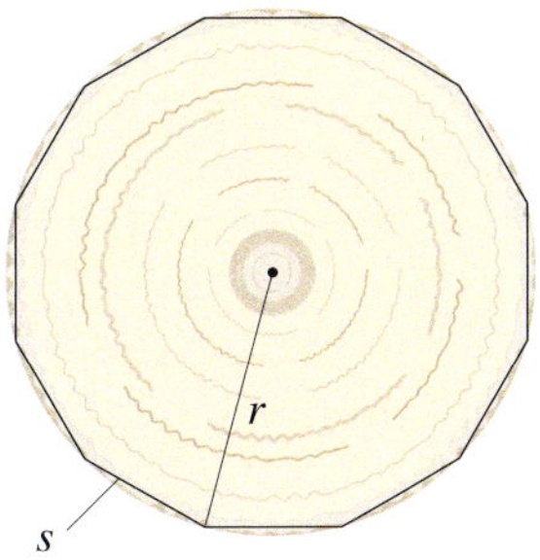

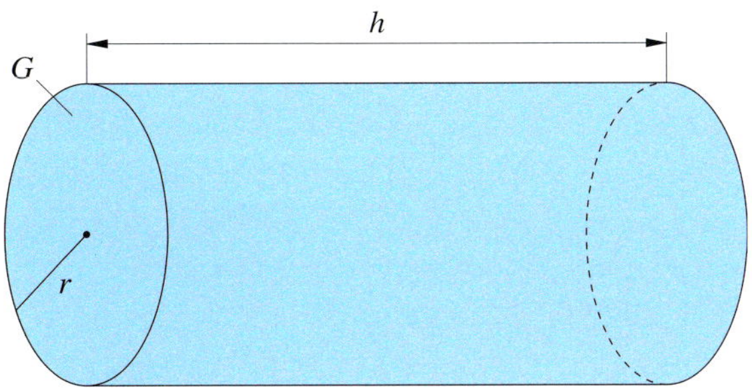

$G = \pi \cdot r^2$

V_{Zylinder} liegt natürlich zwischen $V_{\text{gesamt}} = 0{,}64\,\text{m}^3$ für das sechsseitige Prisma und $V_Q = 1{,}0\,\text{m}^3$ des Quaders.

Zusammenfassung

Volumen von Prisma und Zylinder

D Das Volumen eines Prismas ist das Produkt aus dem Flächeninhalt G_P der Grundfläche und der Höhe h des Prismas,
kurz: $V_{Prisma} = G_P \cdot h$

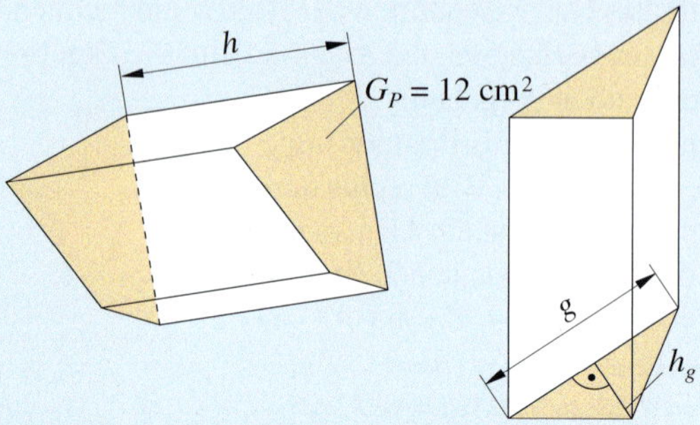

$V_{Prisma} = G_P \cdot h = 12\,cm^2 \cdot 5\,cm = 60\,cm^3$
speziell: Dreiecksprisma
$G_P = \frac{1}{2} \cdot g \cdot h_g = \frac{1}{2} \cdot 6\,cm \cdot 4\,cm = 12\,cm^2$

D Das Volumen eines Zylinders ist das Produkt aus dem Kreisflächeninhalt G_Z der Grundfläche und der Höhe h des Zylinders,
kurz: $V_{Zylinder} = G_Z \cdot h$
$= \pi \cdot r^2 \cdot h$

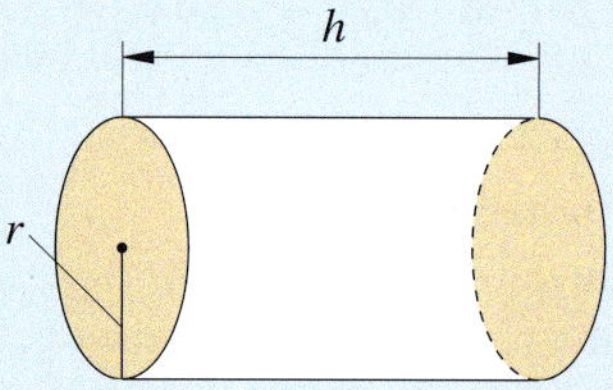

$G_Z = \pi \cdot r^2 =$
$\pi \cdot (1{,}6\,cm)^2$
$\approx 8{,}0\,cm^2$
$V_{Zylinder} = G_Z \cdot h$
$= 8{,}0\,cm^2 \cdot 5\,cm$
$= 40\,cm^3$

Aufgaben

Verknüpfen
Anwenden
Trainieren

1 Berechne das Volumen des Prismas mit der abgebildeten Grundfläche und der Höhe h_P.

a) $a = 6{,}0\,cm$, $c = 3{,}0\,cm$, $h_T = 2{,}5\,cm$, $h_P = 6{,}0\,cm$
b) $a = 3{,}2\,cm$, $c = 4{,}8\,cm$, $h_T = 4\,mm$, $h_P = 1{,}5\,m$
c) $a = 24\,m$, $c = 11\,m$, $h_T = 2{,}4\,m$, $h_P = 360\,m$

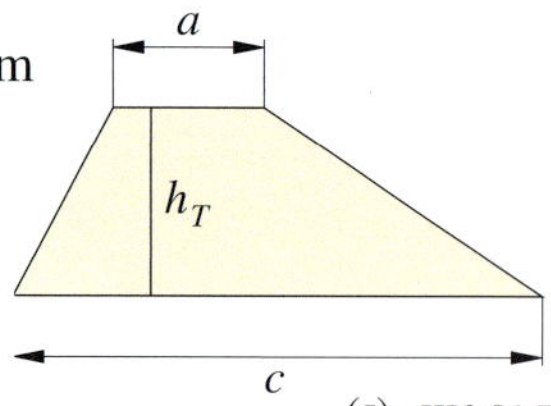

Lösungswort: 15 120 m³ (a); 24 mm³ (t); 67,5 cm³ (a); 240 cm³ (r)

2 Berechne das Volumen.

a) $r = 2{,}0\,cm$, $h = 5{,}0\,cm$
b) $r = 2{,}5\,mm$, $h = 18\,cm$
c) $r = 4{,}5\,cm$, $h = 2{,}2\,m$
d) $r = 9{,}75\,m$, $h = 8250\,m$

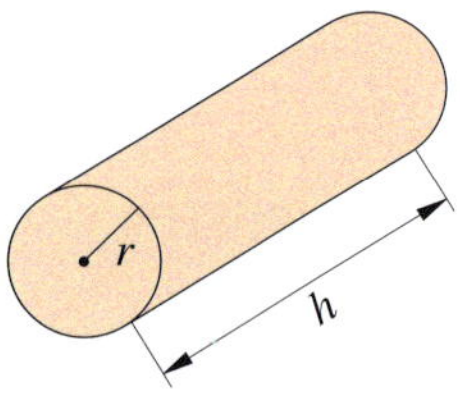

Lösungswort: 0,0025 km³ (e); 3,5 cm³ (l); 14 dm³ (l); 25 (g); 63 cm³ (a)

3 Berechne das Volumen und den Oberflächeninhalt eines Zylinders mit

a) $r = 3{,}00\,cm$, $h = 4{,}00\,cm$,
b) $r = 6{,}00\,cm$, $h = 10{,}0\,mm$,
c) $r = 42{,}4\,mm$, $h = 0{,}20\,dm$.
d) Vergleiche die Ergebnisse untereinander.

4 Formeln auflösen.

a) Löse die Formel für das Volumen des Prismas nach h auf.
b) Löse die Formel für das Volumen des Zylinders sowohl nach h als auch nach r auf.

5 Ein Prisma hat als Grundfläche ein Viereck. Berechne aus dessen Maßen die Höhe des Prismas, wenn sein Volumen $V = 30\,cm^3$ beträgt.

a) Die Grundfläche ist eine Raute mit den Diagonalenlängen 4,0 cm und 3,0 cm.
b) Die Grundfläche ist ein Parallelogramm mit den Grundlinien $a = c = 4{,}0\,cm$ im Abstand von 3,0 cm.
c) Die Grundfläche ist ein Drachenviereck mit den Diagonalenlängen 4,0 cm und 3,0 cm.

6 Berechne aus dem Radius und dem Volumen die Höhe des Zylinders.

a) $r = 3{,}0\,\text{cm}$, $V = 30\,\text{cm}^3$
b) $r = 4{,}5\,\text{dm}$, $V = 45\,\text{l}$
c) $r = 60\,\text{cm}$, $V = 60\,\text{dm}^3$
d) $r = 50\,\text{mm}$, $V = 1{,}0\,\text{l}$

7 Berechne aus dem Volumen und der Höhe des Zylinders den Radius seiner Grundfläche.

a) $V = 37{,}7\,\text{cm}^3$, $h = 3{,}0\,\text{cm}$
b) $V = 1018\,\text{cm}^3$, $h = 9{,}0\,\text{cm}$
c) Wähle selbst drei verschiedene Maße für das Volumen und die Höhe des Zylinders.

8 Zeichne als Grundfläche eines 2,0 cm hohen Prismas ein Viereck mit den Seitenlängen 6,0 cm, 5,0 cm, 4,0 cm und 3,0 cm sowie einer Diagonalenlänge von 7,0 cm und berechne mithilfe geeigneter Zerlegungen dessen Flächeninhalt (mehrere Möglichkeiten!).

a) Berechne damit das Volumen und den Oberflächeninhalt des Prismas.
b) Verdopple alle Maße der Grundfläche und die Höhe. Um wie viel verändert sich dadurch das Volumen bzw. der Oberflächeninhalt? Begründe deine Aussage.

9 Beschreibe die Abhängigkeit des Volumens V und des Oberflächeninhalts O eines Zylinders vom Radius r und von der Höhe h durch ein Gleichungssystem. Vergleiche $\frac{V}{\pi}$ und $\frac{O}{2\pi}$ und folgere daraus mögliche Werte für r und h.

a) $V = 12\pi\,\text{cm}^3$, $O = 20\pi\,\text{cm}^2$
b) $V = 36\pi\,\text{cm}^3$, $O = 42\pi\,\text{cm}^2$
c) $V = 250\pi\,\text{cm}^3$, $O = 150\pi\,\text{cm}^2$

10

Ein Holzklotz mit der abgebildeten Form ist oben 8,5 cm und unten 12,5 cm lang, 3,0 cm hoch und 4,0 cm breit, wobei die waagrechten Kanten Lote zur rechteckigen linken Seitenfläche sind.

a) Berechne das Volumen des Körpers.
b) Wie lang sind die schrägen Kanten in der rechten Seitenfläche?
c) Berechne den Oberflächeninhalt des Klotzes.

Noch fit?

I Löse folgende quadratische Gleichungen:

a) $x^2 - 2x - 3 = 0$
b) $x^2 + 5x + 6 = 0$
c) $x^2 - 3x - 1 = 0$
d) $x^2 + 0{,}6x + 0{,}05 = 0$

II Gib die Lösungsmenge folgender Gleichungen an.

a) $2x^2 - 10 = 0$
b) $10x - 2 = 0$
c) $x^2 - 16x + 256 = 0$
d) $3x^2 + 12x = 0$

III Stelle Gleichungen mit folgenden Lösungen auf:

a) $x_1 = 1;\ x_2 = -2$
b) $x_1 = 1{,}5;\ x_2 = -1{,}5$
c) $x_1 = 1 + \sqrt{2};\ x_2 = 1 - \sqrt{2}$
d) $x_1 = -0{,}4;\ x_2 = 0$

Aufgaben

Verknüpfen · Anwenden · Trainieren

11 A cylinder has a radius of $r = 2{,}54\,\text{cm}$ and a volume of $V = 500\,\text{cm}^3$. Calculate its height.

12 Ein Blumentrog mit gleichschenkligem Trapez als Vorderseite ist oben 55 cm breit, unten 40 cm breit, 1,2 m lang und 62 cm hoch (alles Außenmaße). Die Wandstärke beträgt überall 5 cm. Zeichne ein Schrägbild und berechne, wie schwer der Trog ist, wenn $1\,\text{dm}^3$ des Steinmaterials 2,7 kg wiegt.

13 Ein Doppel-T-Stahlträger nach DIN 1025-2 vom Typ HE-B 300 hat folgenden Querschnitt:

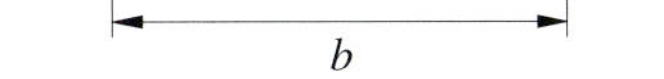

$h = 300\,\text{mm}$
$b = 300\,\text{mm}$
$s = 11\,\text{mm}$
$t = 19\,\text{mm}$

Berechne die Mantelfläche des Trägers pro Meter Trägerlänge. Bestimme das Volumen und die Masse eines 2,6 m langen Trägers, wenn du die Rundung vernachlässigst (Dichte $\varrho_{\text{Stahl}} = 7{,}85\,\frac{\text{kg}}{\text{dm}^3}$).

14

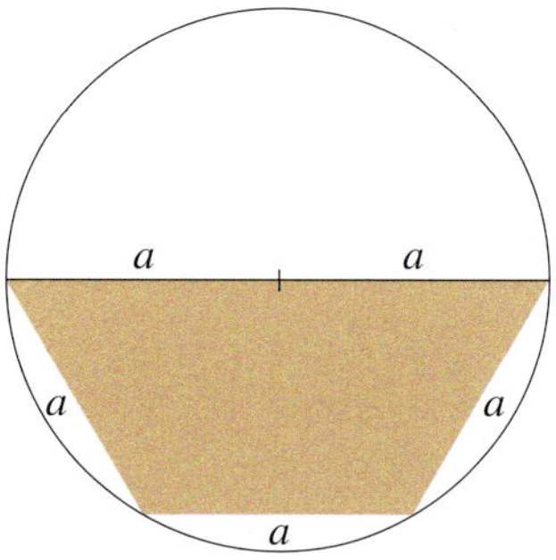

Ein 20 cm langes Holzprisma soll durch ein 1 m langes zylindrisches Rohr geschoben werden. Die Querschnittsfläche des Prismas ist das abgebildete Trapez.

a) Ermittle, wie groß der Radius für den Zylinderquerschnitt mindestens sein muss.

b) Vergleiche das Volumen des Prisma mit dem des (kleinstmöglichen) Zylinders.

15 Ein Betonpfeiler hat die abgebildete Querschnittsfläche.
Berechne das Volumen des Pfeilers, wenn er insgesamt 7,5 m hoch ist und der Hohlraum nur 5,5 m hoch ist.

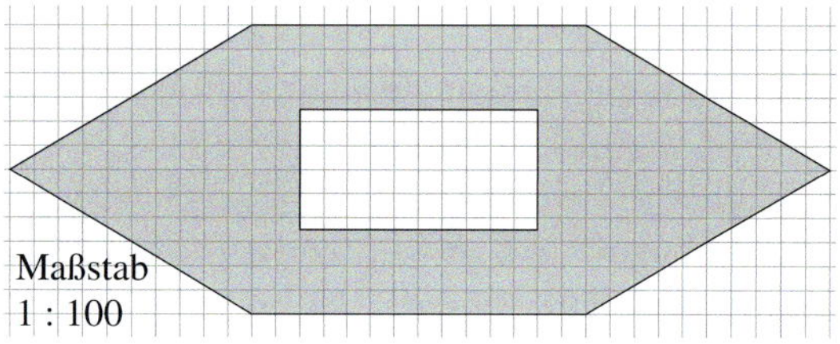

16

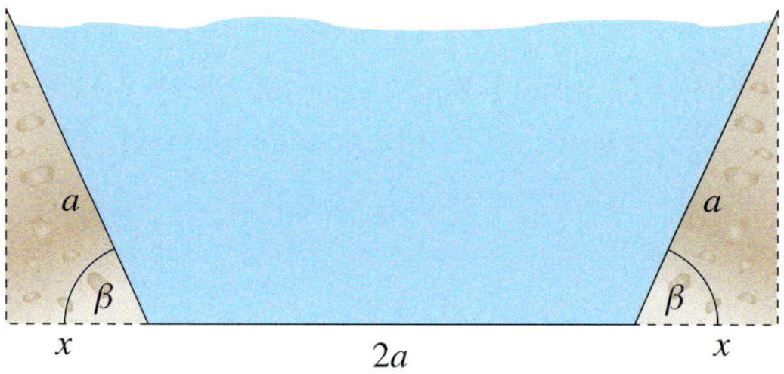

Der Querschnitt eines Kanals ist üblicherweise trapezförmig. Untersuche die Frage, ob man das Fassungsvermögen des künstlichen Kanals durch Schrägstellen der Seitenwände maximieren kann. Beschreibe das Fassungsvermögen als Funktion der Variablen x oder β.
Ermittle mit einem Tabellenkalkulationsprogramm mindestens zehn mögliche Volumenwerte und stelle sie in einem x-V- bzw. β-V-Koordinatensystem dar.

17 **Hubraum bei Automotoren**

a) Erkundige dich bei Experten oder im Internet, was unter dem Hubraum eines Automotors zu verstehen ist.

b) Stelle jeweils in einer Tabelle mögliche Werte für den Radius r und den Hub h bei einem Motor mit 1,3 l bzw. 2,2 l Hubraum zusammen.

18 **Wasserturm**

Schätze mithilfe der abgebildeten Gegenstände die Maße des Turms. Berechne damit das ungefähre Volumen des Turms. Kontrolliere, ob die Angabe plausibel ist, dass in diesem Wasserturm 250 m³ Wasser gespeichert werden können.

19 Stelle den Zusammenhang $h \mapsto V$ bzw. $r \mapsto V$ grafisch dar.

a) für einen Zylinder mit $r = 2{,}0$ cm

b) für einen 5,0 cm hohen Zylinder

c) Betrachte entsprechende Zusammenhänge für ein Prisma, dessen Grundfläche ein gleichseitiges Dreieck ist.

Aufgaben

Verknüpfen
Anwenden
Trainieren

20 Das Diagramm zeigt den Graphen der Zuordnung Zeit $t \mapsto$ Füllhöhe h.

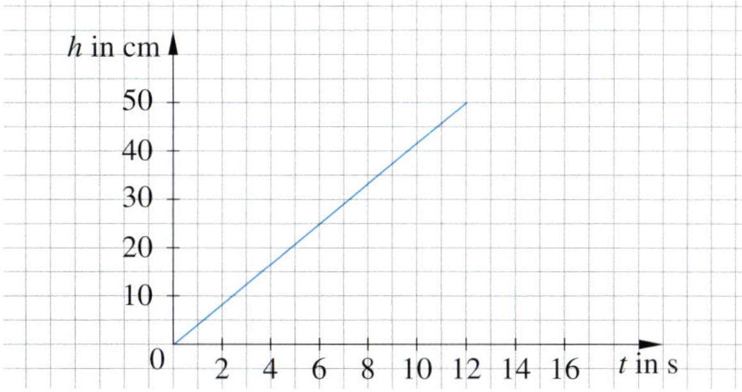

a) Interpretiere den Graphen und berechne die Maße des Zylinders, wenn er insgesamt 500 ml fasst.

b) Zeichne den Graphen für $t \mapsto h$ beim Befüllen eines 12 cm hohen Zylinders mit 1,5 cm Radius, wenn durch den Einfülltrichter $10\,\frac{\text{cm}^3}{\text{s}}$ strömen.

c) Ermittle den Graphen für $t \mapsto h$ beim Befüllen eines Rotationskörpers mit den im Bild rechts angegebenen Maßen, wenn durch den Einfülltrichter $10\,\frac{\text{cm}^3}{\text{s}}$ strömen.

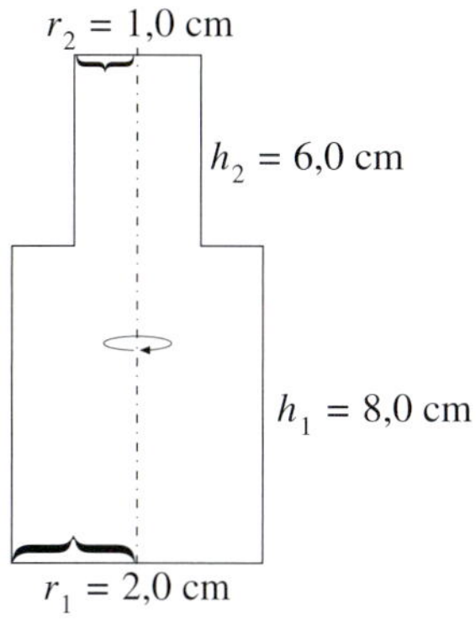

d) Wähle für andere Gefäße geeignete Maße und skizziere die Graphen für $t \mapsto h$ beim Befüllen dieser Gefäße.

21 **Prismenvolumen genauer untersucht**

a) Begründe, dass für jedes Prisma mit einem rechtwinkligen Dreieck als Grundfläche G gilt: $V = G \cdot h$.
Tipp: Fertige zunächst eine Zeichnung an.

b) Zeichne drei beliebige Dreiecke, die nicht rechtwinklig sind. Zeige, dass du jedes Dreieck in rechtwinklige Dreiecke zerlegen kannst.
Begründe deine Aussage.

c) Begründe, dass für jedes Prisma mit einem beliebigen Dreieck als Grundfläche G gilt: $V = G \cdot h$.

d) Übernimm die rechts gegebenen Flächen auf Kästchenpapier. Zerlege sie geschickt in Dreiecke. Bezeichne die Teilflächen $A_1, A_2 \dots$

e) Die rechts gegebenen Vielecke seien Grundflächen von Prismen. Erläutere, wie man das Volumen dieser Prismen ermitteln könnte.

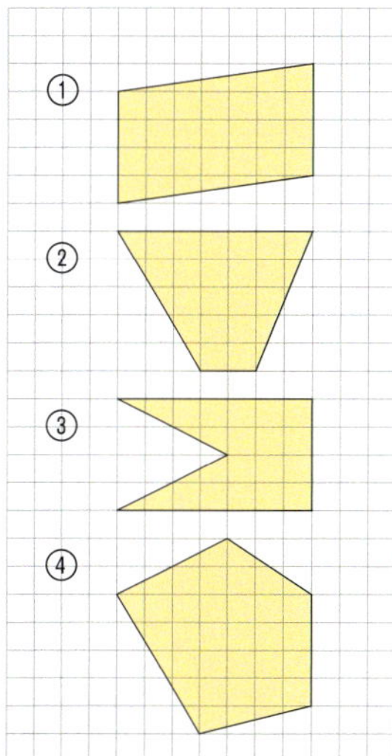

22 **Umfüllaufgabe**

a) Zunächst wird ein Würfel aus Plexiglas mit der Seitenlänge $s = 1$ dm vollständig mit Wasser gefüllt. Gib das Wasservolumen im Würfel in mindestens drei verschiedenen Einheiten an.

b) Anschließend wird das Wasser aus dem Würfel mit einem Trichter vollständig in einen Messzylinder mit dem Innenradius $r = 4{,}0$ cm umgefüllt.
Berechne die Höhe der Wassersäule im Zylinder.

c) Wie lange dauert das Umfüllen, wenn durch den Trichter $40\,\text{cm}^3$ pro Sekunde fließen?

23 Verfasse eine Vorgangsbeschreibung zum Thema „Wie kommen die Skalenstriche auf den Messzylinder?“
Erläutere dabei, welche Messungen und Berechnungen dafür nötig sind.
Führe eine Modellrechnung durch.

160 – 1

24 Turm

a) Überprüfe, ob die Angabe zur Burg Rabenstein im Internet glaubwürdig ist. Diese besagt, dass der Turm 30 m hoch und das Mauerwerk 1,5 m–5 m dick ist.

b) Beschreibe einen Weg, wie du mit diesen Angaben das Mauervolumen des Turms ungefähr bestimmen kannst.

25 Ein Rechteck mit den Seitenlängen a und b rotiert zunächst um die eine Seite und dann um die andere Seite.

a) Welche Körper entstehen?

b) Berechne die Volumina und Oberflächeninhalte dieser Körper.

c) Bestimme das Verhältnis der Volumina und das der Oberflächeninhalte.

26 **Cavalieri-Prinzip**

Zeichne die Seitenansicht einer 12 cm hohen Stufenpyramide mit 8 gleich hohen Stufen und einem regelmäßigen Sechseck (s = 5 cm) als Grundfläche. Berechne das Volumen der einzelnen Schichten und das der Stufenpyramide. Vergleiche das Volumen der Stufenpyramide mit dem eines gleich hohen Prismas mit gleicher Grundfläche.

27 Einem Quader mit quadratischer Grundfläche wird ein Zylinder einbeschrieben, dessen Höhe mit der des Quaders übereinstimmt.
Der Zylinder umschreibt seinerseits wieder einen Quader mit quadratischer Grundfläche und gleicher Höhe usw.
Wie verhalten sich die Volumina der Körper zueinander?

Aufgabe der Woche

Sinken und Schwimmen

Das Prinzip von Archimedes besagt, dass ein Körper in einer Flüssigkeit sinkt, wenn sein Gewicht größer ist als das Gewicht der von ihm verdrängten Flüssigkeit.

a) Überprüfe diese Aussage mit einem Prisma oder Zylinder aus Stein. Was gilt für die Dichte eines Körpers, der beim Eintauchen in eine Flüssigkeit sinkt?

b) Holz schwimmt wegen seiner geringen Dichte auf dem Wasser. Dabei taucht es so weit ein, dass das Gewicht der verdrängten Wassermenge gleich dem Gewicht des Körpers aus Holz ist.
Berechne für eine 5,0 cm dicke Holzscheibe die Dichte, wenn sie 3,0 cm tief eintaucht.

c) Überprüfe, ob die Eintauchtiefe von der Form und der Größe der Grundfläche des Körpers abhängt.

7.2 Volumen der Pyramide und des Kegels

Zusammenbauen und umfüllen

Auftrag 1

Zeichne das Netz einer Pyramide mit quadratischer Grundfläche der Seitenlänge 5 cm, deren Spitze 5 cm senkrecht über einer Ecke der Grundfläche liegen soll. Schneide das Netz aus und falte es zur Pyramide. Ermittle gemeinsam mit deinen Banknachbarn, wie ihr aus mehreren Pyramiden einen Würfel (mit 5 cm Kantenlänge) zusammenbauen könnt, und folgere daraus einen Zusammenhang für das Volumen einer Pyramide.

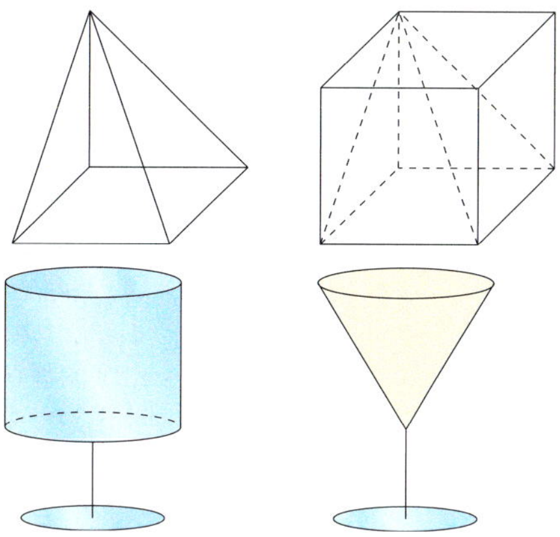

Beurteile, ob sich dieser Zusammenhang ändert, wenn die Pyramide als Grundfläche ein Dreieck oder allgemein ein Vieleck besitzt.
Fülle ein kegelförmiges Glas mit Wasser. Gieße die Flüssigkeit in einen Zylinder mit gleichem Radius und vergleiche die Füllhöhen bei beiden Gläsern.
Wiederhole den Vorgang mit weiteren Füllhöhen beim kegelförmigen Glas und folgere einen Zusammenhang für das Volumen eines Kegels.

Pyramiden und Kegel aus Würfeln

Auftrag 2

In den oberen Bildern rechts nähert sich der Würfelkörper immer mehr einer Pyramide an. Lege zunächst 3 Würfel so zusammen, dass die Grundfläche annähernd ein gleichschenklig-rechtwinkliges Dreieck ist. Lege als Spitze einen weiteren Würfel oben drauf. Lege darunter eine weitere Schicht mit 6 Würfeln. Den Würfelkörper kannst du nun Schicht für Schicht erhöhen, indem du unter den vorhandenen Körper eine Schicht legst, wie es das Bild rechts zeigt.

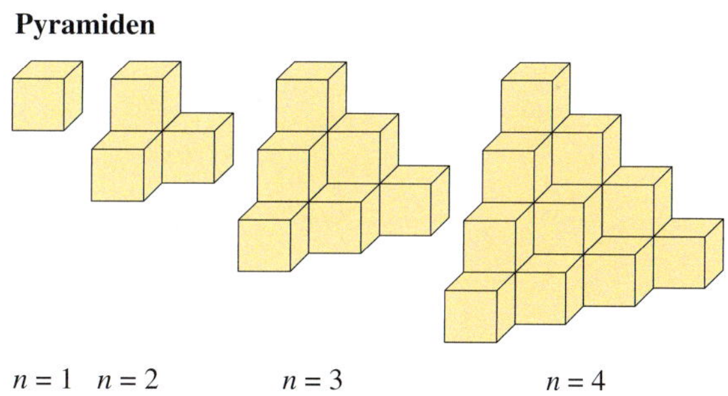

Trage für $1 \leq n \leq 10$ die Werte für n (Anzahl der Würfel längs einer Kathete), h (Höhe der Pyramide), G (Zahl der Würfel in der Bodenschicht) und V (Gesamtzahl der für die Pyramide verwendeten Würfel) in eine Tabelle ein. Überlege dir, wie sich die Anzahl der Würfel der neuen Bodenschicht aus der Anzahl der Würfel der vorigen Bodenschicht berechnet. Überlege dir auch, wie sich das Volumen des neuen Würfelkörpers aus dem des vorigen Würfelkörpers berechnen lässt.

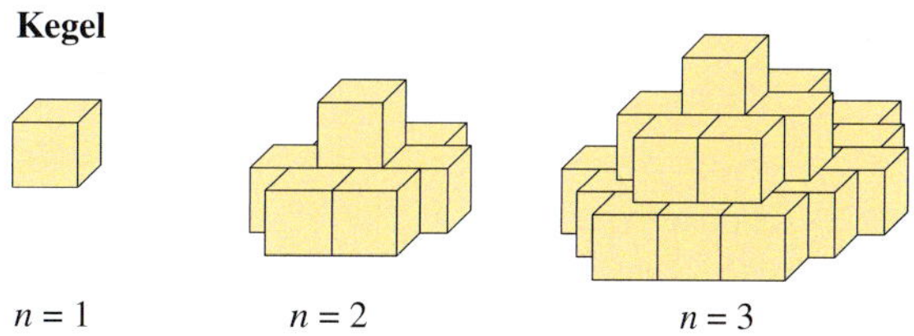

Erweitere mithilfe dieser Überlegungen und eines Tabellenkalkulationsprogramms deine Tabelle bis zu $n = 1000$. Berechne zusätzlich noch $\frac{G}{n^2}$ und $\frac{V}{n^2 \cdot h}$ für jeden Würfelkörper. Was kannst du aus den Beobachtungen folgern?
Entsprechend dem obigen Verfahren kannst du auch Pyramiden mit quadratischer Grundfläche und Kegel mit annähernd einem Kreis als Grundfläche bauen. Untersuche die Zusammenhänge zwischen den Werten in den zugehörigen Tabellen.

Tipp

Nimm an, dass jeder Würfel eine Seitenlänge von 1 cm hat.

Auftrag 3 Eis im Sonderangebot

Ein Eishersteller plant eine Jubiläums-Werbeaktion: „50 Jahre Vanilletto, jetzt 50% größer.“ Conny und Fabia überlegen, was das genau bedeuten könnte: Ist das Eis dann 50% länger oder 50% schwerer oder 50% teurer?
Überlege, ob du ihre Frage beantworten kannst. Stelle dir vor, dass oben auf das Eis dünne Schichten aufgesetzt werden, bis es insgesamt 50% höher ist als ursprünglich. Die Radien der Schichten müssten dabei immer größer werden, damit die Eistüte kegelförmig bleibt.
Wie ändert sich die (Grund-)Fläche dieser Scheiben? Wie ändert sich das Volumen der Eistüte? Welche Zusammenhänge beobachtest du, wenn das Eis statt der kreisförmigen eine quadratische Querschnittsfläche hätte?

Bearbeitung

Auftrag 2 Pyramiden und Kegel aus Würfeln

Bei zwei Schichten besteht die Grundfläche aus 3 Quadraten, der Würfelkörper setzt sich aus 4 Würfeln zusammen.
Bei **drei** Schichten wird die Grundfläche um **drei** Quadrate größer, die diagonal als neue Reihe angelegt werden. Das Volumen der Würfelkörper erhöht sich um das der sechs Würfel in der neuen Grundfläche.
Allgemein gilt bei n Schichten, wenn jeder Würfel die Seitenlänge 1 cm hat: Die Katheten in der Grundfläche haben die Länge n (in cm). Zur Anzahl der Würfel in der vorherigen Grundfläche kommen längs der Hypotenuse weitere n Würfel dazu, d. h. den Inhalt der (neuen) Grundfläche kann man aus dem Inhalt der vorigen Grundfläche mit der Formel $G_n = G_{n-1} + n \cdot 1\,\text{cm}^2$ berechnen. So kannst du z. B. den Inhalt der Grundfläche für fünf Schichten leicht ermitteln, wenn du den Inhalt der Grundfläche für vier Schichten schon berechnet hast usw. (siehe Beispiel links).

$n = 2$

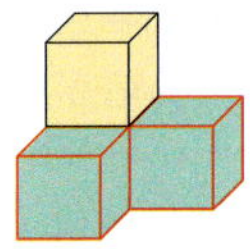

$n = 3$

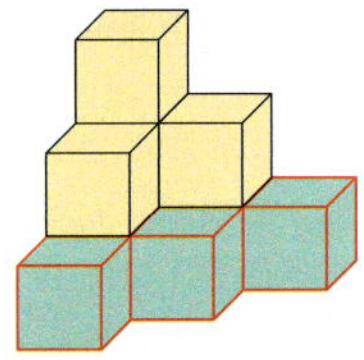

$n = 4$

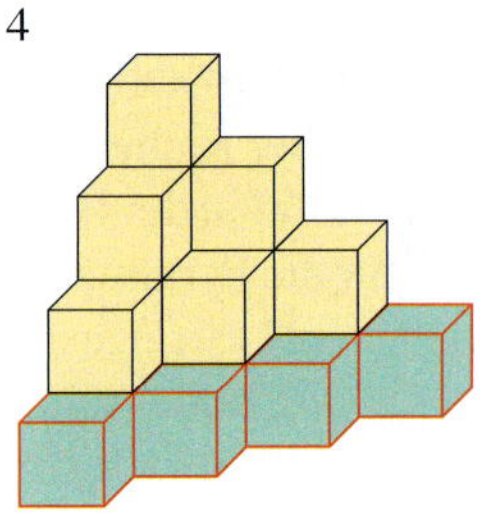

Beispiel

Der Inhalt der Grundfläche G und das Volumen V eines Würfelkörpers mit fünf Schichten berechnet sich so:

$G_5 = G_4 + 5\,\text{cm}^2$

$V_5 = V_4 + G_5 \cdot 1\,\text{cm}$

Das Volumen des neuen Würfelkörpers erhöht sich um das der Würfel in der neuen Grundfläche, also $V_n = V_{n-1} + G_n \cdot 1\,\text{cm}$
Die Grundflächen der Würfelkörper nähern sich bei Erhöhung der Würfelanzahl immer mehr gleichschenklig-rechtwinkligen Dreiecken an. Die Körper selbst ähneln immer mehr einer Pyramide.
Mithilfe eines Tabellenkalkulationsprogramms kannst du mit deinen beiden gefundenen Formeln mittels der „Aufziehmethode“ (siehe Fokus 7) die Volumina der Würfelkörper und die Inhalte der Grundflächen berechnen:

	A	B	C	D	E	F
1	n	h	G	V	G/n²	V/(n²*h)
2	1	1	1	1	1	1
3	2	2	3	4	0,75	0,5
4	3	3	6	10	0,66666667	0,37037037
5	4	4	10	20	0,625	0,3125
6	5	5	15	35	0,6	0,28
7	6	6	21	56	0,58333333	0,25925926
8	7	7	28	84	0,57142857	0,24489796
9	8	8	36	120	0,5625	0,234375
10	9	9	45	165	0,55555556	0,22633745
99	98	98	4851	161700	0,50510204	0,17180342
100	99	99	4950	166650	0,50505051	0,17175118
101	100	100	5050	171700	0,505	0,1717
999	998	998	498501	166167000	0,500501	0,167168
1000	999	999	499500	166666500	0,5005005	0,1671675
1001	1000	1000	500500	167167000	0,5005	0,167167

Folgende Formeln stehen in den Zellen:
A3 = A2 +1
B3 = A3
C3 = C2 + A3
D3 = D2 + C3
E3 = C3/(A3*A3)
F3 = D3/(A3*A3*B3)
(Die beiden ersten Zeilen trägst du per Hand ein.)

Du beobachtest, dass sich der Quotient $\frac{G}{n^2}$ bei 0,50 bzw. bei $\frac{1}{2}$ stabilisiert.
Was bedeutet dies? Für große n ist der Quotient aus diesen beiden Größen offenbar nahezu konstant. Hieraus folgt, dass beide Größen direkt proportional zueinander sind. Anders ausgedrückt: $G = \frac{1}{2}n^2 = A_{\text{Dreieck}}$

Der Quotient $\frac{V}{n^2 \cdot h}$ nähert sich $\approx 0{,}167$ bzw. $\frac{1}{6}$ an. D. h. man kann annehmen, dass das Volumen V_{Pyramide} direkt proportional zu $n^2 \cdot h$ ist.

$V_{\text{Pyramide}} = \frac{1}{6} \cdot n^2 \cdot h$ oder anders aufgeschrieben: $V_{\text{Pyramide}} = \frac{1}{3} \cdot \frac{1}{2}n^2 \cdot h$

Für $\frac{1}{2}n^2$ kannst du wie oben gezeigt G schreiben und du erhältst:
$V_{\text{Pyramide}} = \frac{1}{3} \cdot G \cdot h$.

Analog zu Prisma und Zylinder kannst du durch den Übergang bei der Grundfläche vom Vieleck zum Kreis die Volumenberechnung von der Pyramide auf den Kegel übertragen. Damit folgt für das Kegelvolumen der Zusammenhang
$V_{\text{Kegel}} = \frac{1}{3} \cdot G \cdot h = \frac{1}{3} \cdot \pi r^2 \cdot h$.

Erinnere dich

Der Flächeninhalt eines rechtwinklig-gleichschenkligen Dreiecks mit der Kathetenlänge n berechnet sich so:
$A_{\text{Dreieck}} = \frac{1}{2}n^2$.

Zusammenfassung

Volumen der Pyramide und des Kegels

D Das Volumen einer Pyramide ist ein Drittel des Volumens eines Prismas mit gleicher Grundfläche und Höhe,
kurz: $V_{\text{Pyramide}} = \frac{1}{3} \cdot G_{\text{Py}} \cdot h$

$G_{\text{Py}} = a \cdot a = 4\,\text{cm} \cdot 4\,\text{cm}$
$= 16\,\text{cm}^2$
$V_{\text{Pyramide}} = \frac{1}{3} \cdot G_{\text{Py}} \cdot h$
$= \frac{1}{3} \cdot 16\,\text{cm}^2 \cdot 6\,\text{cm}$
$= 32\,\text{cm}^3$

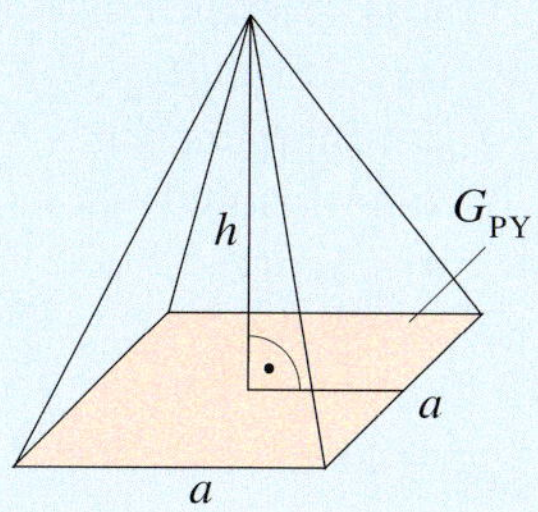

D Das Volumen eines Kegels ist ein Drittel des Volumens eines Zylinders mit gleichem Radius und gleicher Höhe,
kurz: $V_{\text{Kegel}} = \frac{1}{3} \cdot G_{\text{K}} \cdot h$
$= \frac{1}{3} \cdot \pi r^2 \cdot h$.

$G_{\text{K}} = \pi r^2 = \pi \cdot (2{,}4\,\text{cm})^2$
$\approx 18\,\text{cm}^2$
$V_{\text{Kegel}} = \frac{1}{3} \cdot G_{\text{K}} \cdot h$
$\approx \frac{1}{3} \cdot 18\,\text{cm}^2 \cdot 6\,\text{cm}$
$= 36\,\text{cm}^3$

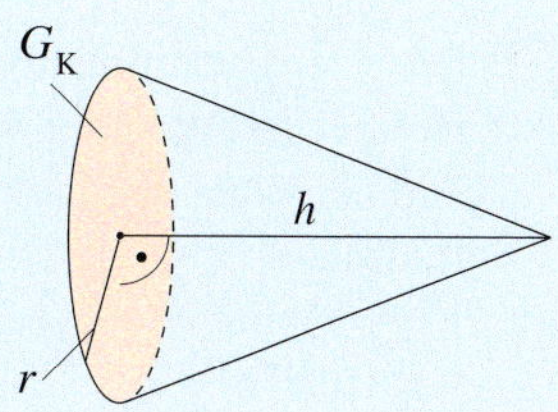

Aufgaben

Verknüpfen
Anwenden
Trainieren

1 Berechne das Volumen der Pyramide mit der Höhe h über der quadratischen Grundfläche mit der Seitenlänge s.

a) $s = 3\,\text{cm};\; h = 6\,\text{cm}$ **d)** $s = 1{,}23\,\text{m};\; h = 45\,\text{cm}$
b) $s = 4\,\text{cm};\; h = 5\,\text{cm}$ **e)** $s = 24{,}6\,\text{m};\; h = 357\,\text{m}$
c) $s = 2\,\text{dm};\; h = 12\,\text{cm}$ **f)** $s = 0{,}2\,\text{km};\; h = 168\,\text{m}$

2 Welchen Wert hat das Volumen des Kegels mit dem Radius r und der Höhe h?

a) $r = 12\,\text{mm};\; h = 24\,\text{mm}$ **c)** $r = 2{,}4\,\text{m};\; h = 135\,\text{cm}$
b) $r = 45\,\text{mm};\; h = 6{,}7\,\text{cm}$ **d)** $r = 6{,}5\,\text{km};\; h = 360\,\text{m}$

3 Berechne das Volumen und den Oberflächeninhalt einer geraden Pyramide mit der Höhe h über der rechteckigen Grundfläche mit den Seitenlängen l und b.
Hinweis: Skizziere ein geeignetes Stützdreieck.

a) $l = 6{,}5\,\text{cm};\; b = 43\,\text{mm};\; h = 12\,\text{cm}$
b) $l = 2{,}46\,\text{m};\; b = 159\,\text{cm};\; h = 87{,}3\,\text{cm}$
c) $l = 56\,\text{m};\; b = 43\,\text{m};\; h = 21\,\text{m}$

4 Bestimme das Volumen sowie die Länge der Mantellinie und den Oberflächeninhalt eines geraden Kegels mit dem Radius r und der Höhe h.

a) $r = 6{,}5\,\text{mm};\; h = 1{,}2\,\text{cm}$
b) $r = 8{,}4\,\text{m};\; h = 12\,\text{dm}$
c) $r = 4{,}8\,\text{km};\; h = 650\,\text{m}$
d) $r = 10^{-2}\,\text{m};\; h = 5 \cdot 10^{-3}\,\text{m}$

5 Eine Pyramide hat die skizzierte Grundfläche. Ermittle aus dem angegebenen Volumen ihre Höhe.

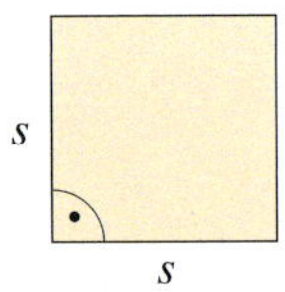

a) $s = 3{,}6\,\text{cm};$
$V = 10{,}8\,\text{cm}^3$
b) $l = 45\,\text{m};$
$b = 24\,\text{m};\; V = 9000\,\text{m}^3$

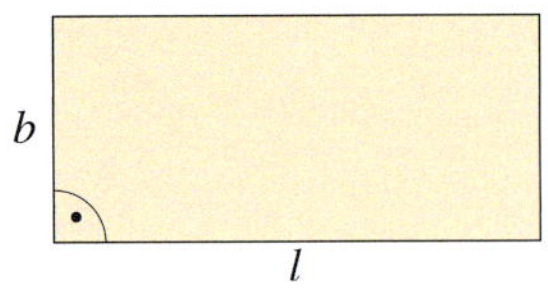

6 Löse den Zusammenhang zwischen Radius r, Höhe h und Volumen V eines Kegels nach r auf und berechne dann jeweils den Wert für den Radius r.

a) $V = 100\,\text{cm}^3;\; h = 5{,}4\,\text{cm}$
b) $V = 1{,}000\,\text{m}^3;\; h = 2{,}5\,\text{m}$
c) $V = 1\,000\,000\,\text{m}^3;\; h = 123\,\text{m}$

7 How high is a cone with a radius of r and a volume of V?

a) $r = 2{,}4\,\text{cm};\; V = 32\,\text{cm}^3$
b) $r = 98\,\text{dm};\; V = 700\,\text{m}^3$
c) $r = 350\,\text{m};\; V = 20\,000\,000\,\text{m}^3$

8 Eine Pyramide hat eine Raute als Grundfläche. Diese hat die Seitenlänge $a = 6\,\text{cm}$. Die Länge der eingezeichneten Diagonalen d ist 5,4 cm. Das Volumen der Pyramide ist $111{,}1\,\text{cm}^3$. Wie hoch ist sie?
Tipp: Zeichne zwei Stützdreiecke.

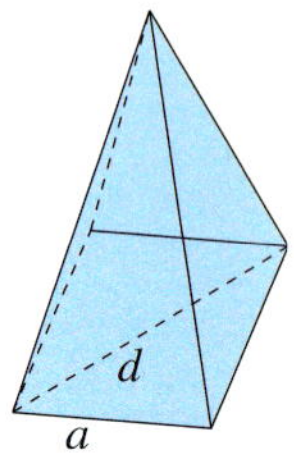

9

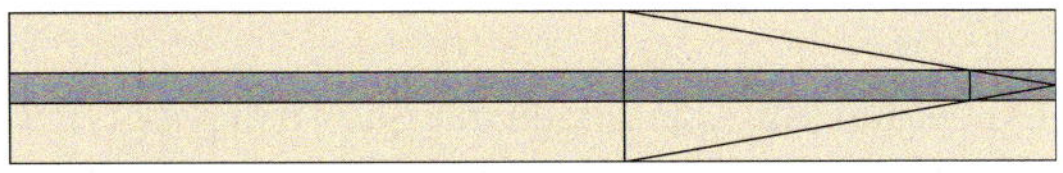

Ein fabrikneuer, zunächst ungespitzter Bleistift hat die Form eines Zylinders.
Das Holz außen hat einen Durchmesser von 12 mm und die Mine im Inneren einen von 3 mm.

a) Wie viele (Volumen-)Prozent des neuen Stiftes sind aus Holz?
b) Beim Anspitzen entsteht ein gerader Kreiskegel von 24 mm Höhe.
Wie viel Material (in mm^3) wird beim ersten Anspitzen dabei von der Mine entfernt?

Noch fit?

I Löse folgende Gleichungen und kontrolliere deine Ergebnisse:

a) $\frac{6}{x} = 2$ **b)** $\frac{x+1}{2} = 3$ **c)** $\frac{24}{8-x} = 4$

II Multipliziere mit dem Hauptnenner und löse.

a) $\frac{x}{x+1} = \frac{6}{x+5}$ **c)** $\frac{1}{x+2} = \frac{2}{x+1}$
b) $\frac{x-1}{x} = \frac{3}{4+x}$ **d)** $\frac{x-2}{x+2} = \frac{x+3}{x+1}$

III Bestimme die Schnittpunkte der zu den Funktionstermen gehörenden Graphen.

a) $f(x) = \frac{1}{2x}$ $g(x) = \frac{x-1}{x}$
b) $f(x) = \frac{2}{x-1}$ $g(x) = \frac{3}{x+2}$
c) $f(x) = \frac{5}{x+2}$ $g(x) = x - 2$

Aufgaben

Verknüpfen
Anwenden
Trainieren

10 Welcher Gegenstand aus dem Alltag hat die Form eines Kegels? Wie groß schätzt du sein Volumen? Welche Maße und welches genaue Volumen hat dieser Kegel? Wie exakt war deine Schätzung?

11 Bei der Rotation eines rechtwinkligen Dreiecks um eine Seite entsteht ein Kegel bzw. ein Doppelkegel. Bestimme je nach Drehachse sein Volumen.

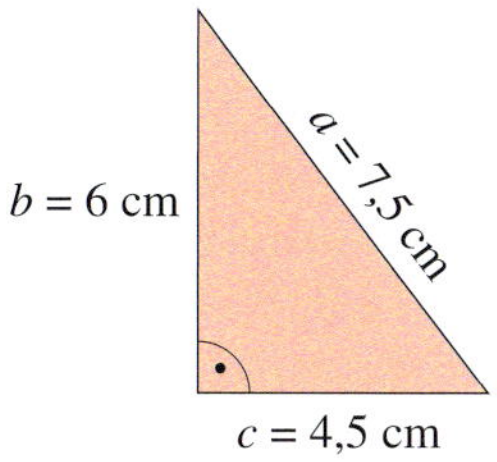

12 Berechne das Volumen und den Oberflächeninhalt eines regelmäßigen Tetraeders mit der Kantenlänge s.

a) $s = 1{,}0\,\text{cm}$ **b)** $s = 4{,}5\,\text{cm}$ **c)** $s = 32{,}1\,\text{m}$

13 Die Verpackung eines Saftgetränks hat die Form eines Tetraeders mit der Kantenlänge 13 cm. Wie viel Liter Saft passen hinein?

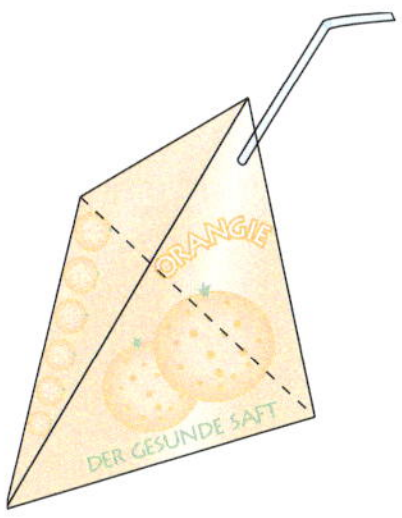

14 Das abgebildete Zirkuszelt hat einen Durchmesser von 14 m. Schätze die übrigen Maße des Zeltes ab. Berechne näherungsweise das eingeschlossene Volumen und den Flächeninhalt der Zeltplane. Erkläre, warum die tatsächlichen Werte größer oder kleiner als deine rechnerischen Ergebnisse sind.

15 Einbeschreibung

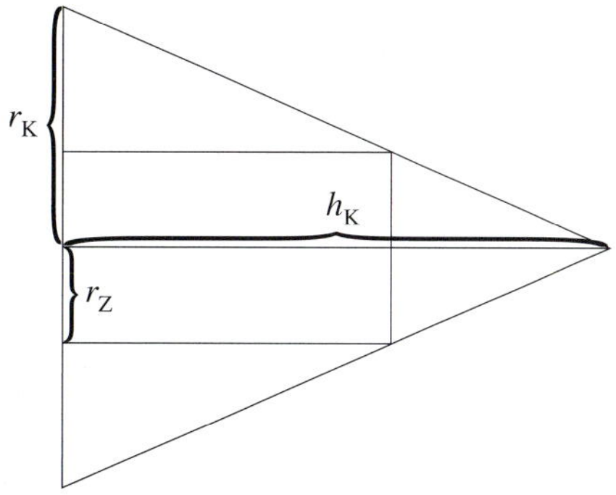

Aus einem (geraden Kreis-)Kegel (vgl. Abbildung) soll ein möglichst großer Zylinder herausgebohrt werden.

a) Berechne für $r_K = 3\,\text{cm}$, $h_K = 9{,}0\,\text{cm}$, $r_Z = 1{,}0\,\text{cm}$ das Volumen des Kegels und des Zylinders.

b) Variiere nun den Durchmesser des Bohrers (für das Herausbohren des Zylinders) in geeigneten Schritten und folgere aus den zugehörigen Volumenwerten eine Vermutung, wann das Zylindervolumen (bei den vorgegebenen Maßen für den Kegel) maximal wird.

c) Beschreibe, welche Körper entstehen, wenn die Bohrung in der beschriebenen Form vorgenommen wird.

16 Suche unter den Gebrauchs- oder Einrichtungsgegenständen eine Pyramide und schätze ihr Volumen. Berechne anschließend mit ihren genauen Maßen das Volumen möglichst exakt. Bestimme die (relative) Abweichung des Schätzwertes vom exakten Wert in Prozent.

17 Das abgebildete Glas misst innen 6,8 cm im Durchmesser und 12,8 cm in der Höhe. Berechne, wie viele kegelförmige Sektkelche mit 4,0 cm Durchmesser und 9,0 cm Höhe mit dem vollen, als Zylinder angenommenen, Glas gefüllt werden können. Zu wie viel Prozent wird der letzte Sektkelch voll? Diskutiere die Genauigkeit deines Ergebnisses.

18 Die Maße des roten Einsersteins sind: 7 mm × 7 mm × 10 mm, die Noppen zum Ansetzen der nächsten Schicht haben einen Durchmesser von 4 mm und sind 1,5 mm hoch.

a) Beschreibe die Formen der beiden roten Legosteine und berechne ihr Volumen.
b) Wähle zwei weitere Legosteine aus und berechne ihr Volumen.

19 Das abgebildete Haus hat ein Satteldach.
a) Beschreibe einen Lösungsweg, mit dem du das Dachvolumen (ohne die Gauben) ermitteln kannst.
b) Berechne das Dachvolumen mithilfe plausibler Werte, die zum Bild passen.
c) Berechne mit geschätzten Werten das Volumen eines Erkers in der Abbildung.
d) Informiere dich über die Bedeutung des Begriffes „umbauter Raum“ bei der Planung und Genehmigung eines Wohnhauses und schätze den Wert des „umbauten Raumes“ beim abgebildeten Haus.

Aufgaben

Verknüpfen
Anwenden
Trainieren

20 Die Abbildung zeigt ein dreidimensionales Koordinatensystem. Die Lage eines Punktes in einem dreidim. Koordinatensystem wird durch drei Koordinaten beschrieben, z. B. $P(1|2|3)$. Um zu P zu gelangen, musst du vom Nullpunkt eine Einheit (1 E.) in Richtung der x-Achse, 2 E. in Richtung der y-Achse und 3 E. in Richtung der z-Achse gehen.

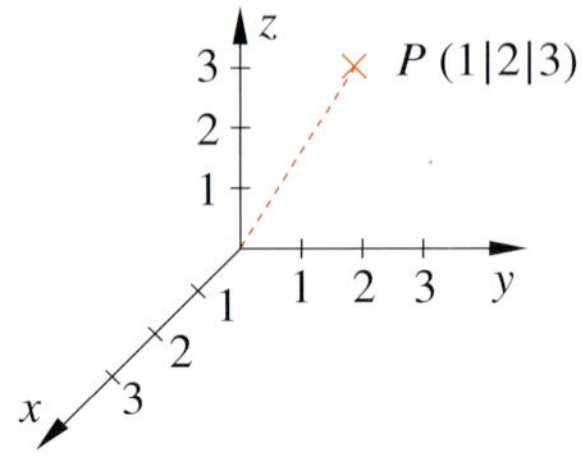

a) Zeichne ein dreidimensionales Koordinatensystem. Trage die Punkte $P(8|0|0)$, $Q(0|6|0)$ und $R(0|0|4)$ ein und verbinde sie mit dem Ursprung O.
b) Berechne das Volumen der Pyramide $OPQR$.
c) Variiere die Lage von P auf der x-Achse und untersuche den Zusammenhang zwischen dem Volumen den Pyramide $OPQR$ und den Koordinaten von P.
d) Finde alle Möglichkeiten mit ganzzahligen Werten für x, y und z bei $P(x|0|0)$, $Q(0|y|0)$ und $R(0|0|z)$, sodass die Pyramide $OPQR$ das Volumen $4\,cm^3$ hat.

21 Die abgebildete Schmuckkassette hat die Form eines Pyramidenstumpfes. Grund- und Deckfläche sind jeweils Quadrate mit 14,5 cm bzw. 9,5 cm Kantenlänge. Die Kassette ist 9,0 cm hoch.

a) Wie hoch wäre die (vollständige) Pyramide bei gleicher Grundfläche und gleicher Schnittfläche in 9 cm Höhe?
Erkläre deine Überlegungen.
b) Berechne das Volumen der Schmuckkassette.
c) Aus welchen Flächenformen setzt sich die Mantelfläche des abgebildeten Körpers zusammen? Berechne den Oberflächeninhalt der Schmuckkassette.

22 Die Abbildung zeigt das Netz für einen sogenannten Kegelstumpf.

a) Stelle aus einem DIN-A4-Blatt einen möglichst großen Kegelstumpf (mit $r_1 = 2r_2$) her.

b) Wie viel Papier bräuchtest du, um den Kegelstumpf zu einem Kegel bis zur Spitze zu ergänzen?

c) Berechne das Volumen und den Oberflächeninhalt deines Kegelstumpfes.

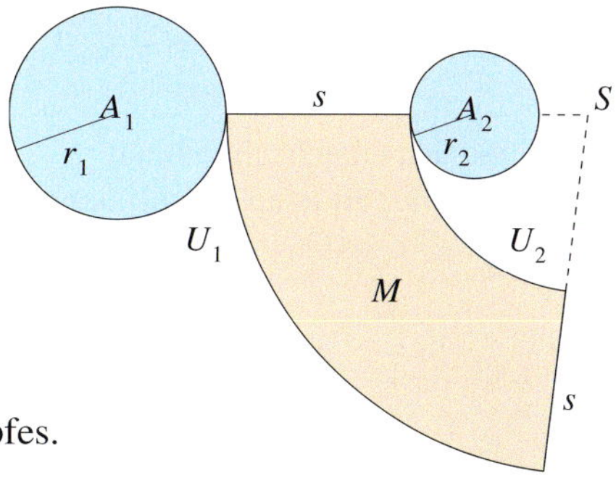

23 Die Cheopspyramide (siehe Seite 147) hat eine quadratische Grundfläche mit ca. 231 m Seitenlänge und ist ca. 146 m hoch. Welches Volumen ergibt sich daraus?
Tatsächlich wurde sie aus ca. 2,3 Mio. Steinquadern gebaut. Um wie viel Prozent weicht das Volumen der sich daraus ergebenden Stufenpyramide vom Wert für die geometrische Idealform der Pyramide ab, wenn die Quader durchschnittlich 1,5 m lang, 1,0 m breit und 0,7 m hoch sind?
Diskutiere die Genauigkeit deines Ergebnisses.

24 Der Kaffeefilter auf dem Foto hat 11,0 cm Innendurchmesser, ist 9,2 cm hoch und fasst 420 cm^3 Flüssigkeit. Bei genauer Betrachtung des Fotos erkennst du, dass der Behälter nicht genau kegelförmig ist.

a) Beschreibe, wie du vorgehen kannst, um das Volumen näherungsweise zu bestimmen, welches der Kaffeefilter fasst.

b) Überprüfe rechnerisch, um wie viel Prozent der angegebene Wert vom Volumen eines gleich hohen Kegels mit gleichem Durchmesser abweicht.

c) Nimm an, dass der Behälter ein Kegelstumpf mit dem angegebenen Volumen und gleicher Höhe ist. Die obere Kreisfläche des Kegelstumpfes hat den angegebenen Durchmesser. Wie groß ist seine untere Kreisfläche?

Aufgabe der Woche

Kegelschnitte

Fertige aus Ton oder Knetmasse einen Kegel mit ca. 3 cm Radius und 8 cm Höhe. Lege dann mit einem Perlonfaden einen ebenen Schnitt parallel zur Drehachse durch den Kegel und beschreibe die Form der Schnittkurve des Kegels mit der Ebene. Stelle nun wieder den ursprünglichen Kegel her und lege eine geneigte Schnittebene durch die Kegelmantelfläche. Beschreibe die Form der Schnittkurve erneut.
Informiere dich in einem Fachbuch oder im Internet über das Thema „Kegelschnitte“ (siehe auch Kapitel 9.2).

Zeig, was du kannst!

1 Berechne jeweils das Volumen und den Oberflächeninhalt.

a) für ein 8,0 cm hohes Prisma mit der abgebildeten Grundfläche

b) für eine Pyramide mit der Spitze senkrecht über B mit der abgebildeten Grundfläche und 8,0 cm Höhe

c) Vergleiche jeweils die Ergebnisse für das Volumen und den Oberflächeninhalt untereinander.

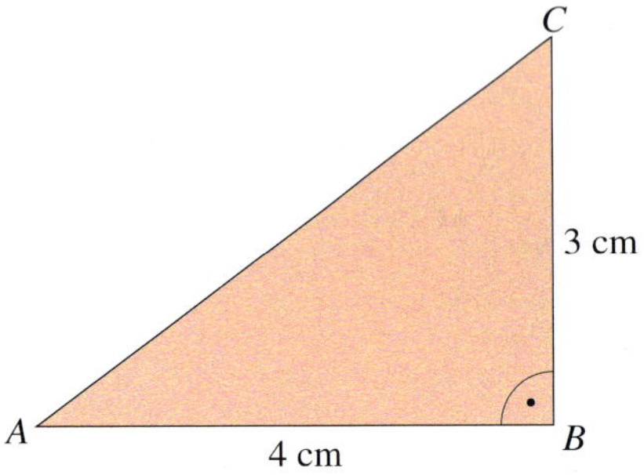

2 Die Punkte A, B, C und D bilden ein Trapez mit $\overline{AB} = 4{,}0\,\text{cm}$, $\overline{BC} = 1{,}0\,\text{cm}$, $\overline{AD} = 3{,}0\,\text{cm}$, $\overline{AB} \perp \overline{AD}$. Berechne das Volumen des Körpers, der entsteht, wenn das Trapez

a) um die Achse AD,

b) um die Achse BC rotiert.

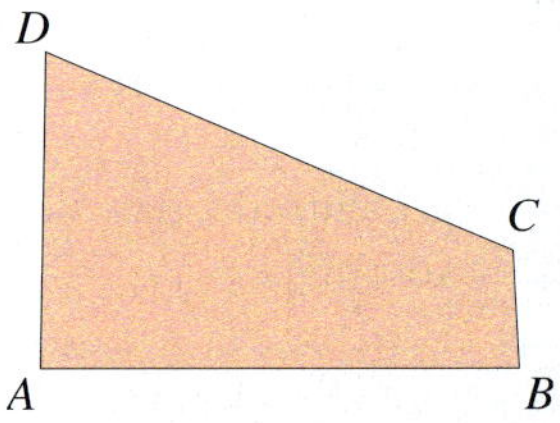

3 Bestimme für ein (regelmäßiges) Tetraeder die Kantenlänge so, dass alle vier Flächen jeweils $20\,\text{cm}^2$ Flächeninhalt haben. Berechne damit sein Volumen und erläutere, wie sich der Oberflächeninhalt und das Volumen ändert, wenn die Kantenlänge verdoppelt wird.

4 Beschreibe am Beispiel einer Mehrweg-Saftflasche, aus welchen Grundkörpern sie sich näherungsweise zusammensetzt, welche Maße zu bestimmen sind und wie damit das angegebene Volumen kontrolliert werden kann.

Aufg.-Nr.	Punkte	Lösungshinweis
1 a)	5 P	vgl. S. 57, 156
1 b)	7 P	vgl. S. 64, 163
1 c)	2 P	
2	5 P	vgl. S. 165 Aufgabe 12
3	7 P	vgl. S. 165 Aufgabe 14
4	4 P	vgl. S. 166 Aufgabe 19

Lösungen Seite 224

26–30 Punkte

21–25 Punkte

15–20 Punkte

8 Quadratische Funktionen in Anwendungen und Erweiterung des Potenzbegriffs

LORAN-C
(Long Range Navigation)
ist ein Langstreckennavigationssystem in See- und Luftfahrt. Mehrere Stationen senden Funksignale, aus deren Zeitdifferenz der Empfänger seine Position ermitteln kann: Orte mit derselben Zeitdifferenz zu zwei Sendern liegen auf einer Hyperbel. Werden die Signale von mehr als zwei Sendern verwendet, ergibt sich der Standort als Schnittpunkt von Hyperbeln. In diesem Kapitel erfährst du, dass viele Anwendungsprobleme auf quadratische Gleichungen führen.

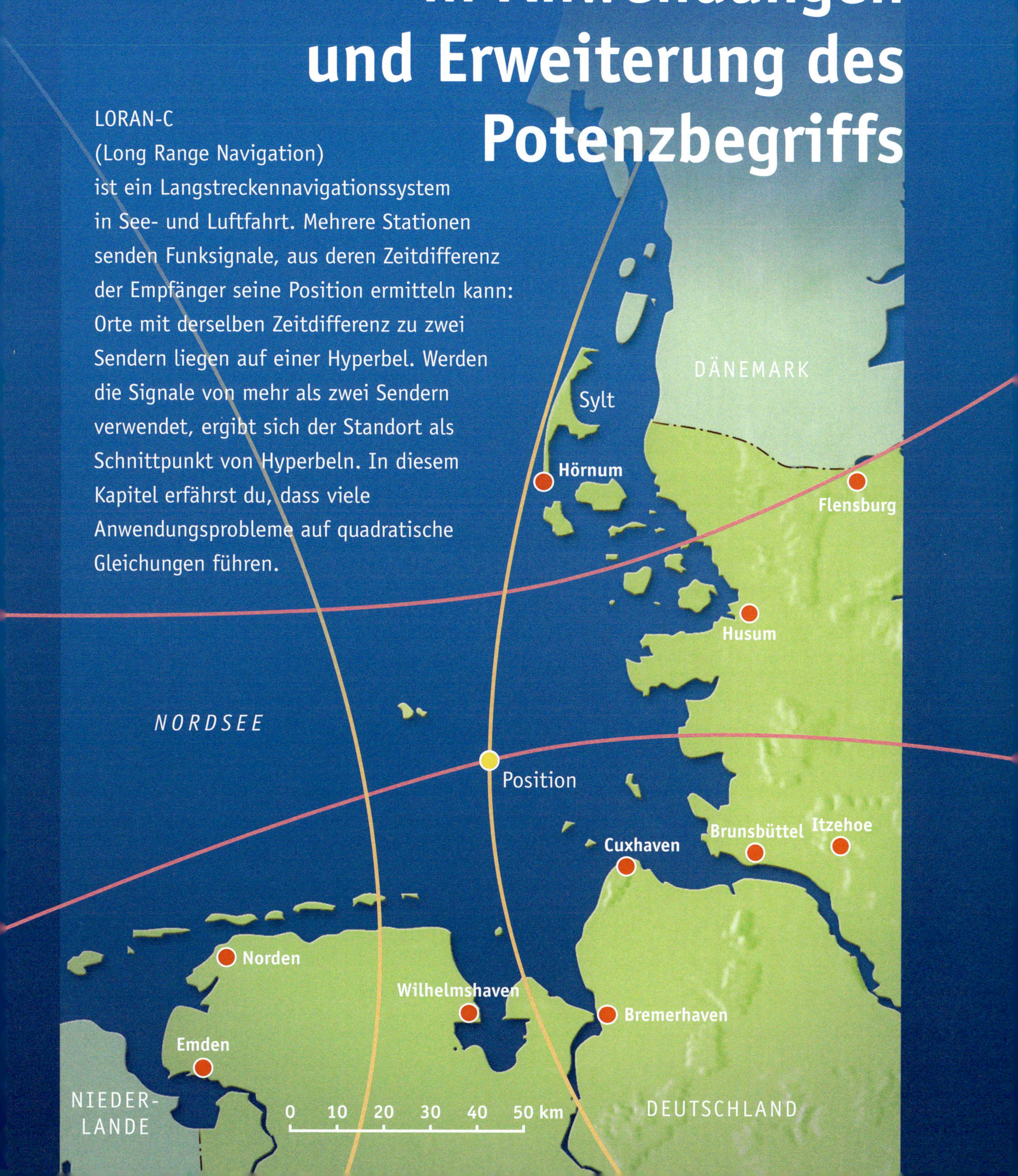

Ballistik – die Lehre von den geworfenen Körpern

Eine Frage, die Naturwissenschaftler wie Philosophen interessierte: Wie bewegt sich ein geworfener bzw. gestoßener Körper nach Verlassen der Hand?

Ausgehend von der Aristotelischen Bewegungslehre: Der griechische Philosoph und Naturforscher Aristoteles (384–322 v. Chr.) unterschied zwischen natürlicher und erzwungener Bewegung. Bei der natürlichen Bewegung strebt Leichtes nach oben (z. B. Luftblasen im Wasser) und Schweres nach unten (ein Stein fällt zu Boden). Für jede Bewegung musste nach Aristoteles als Ursache eine ständige Kraft wirken. Beim Werfen eines Körpers wird die Kraft zunächst von der Hand übertragen, nach Verlassen der Hand übernehme diese Aufgabe die Luft.

Über die Impetustheorie: Im Mittelalter kam es, nachdem im 12. und 13. Jahrhundert die Schriften des Aristoteles ins Lateinische übersetzt wurden, zur Kritik an seiner Bewegungslehre: Einerseits stimmte man mit Aristoteles überein, dass eine Bewegung nur möglich ist, wenn eine ständige Kraft wirkt. Andererseits konnte man keine äußere Kraft erkennen, die auf den Gegenstand nach Verlassen der Hand wirkt. Man vermutete deshalb, dass die Kraft des Werfers auf den geworfenen Körper übertragen und dem Körper so eine bestimmte innere Kraft, ein sogenannter „Impetus", mitgegeben wird. Dieser Impetus würde dann nach und nach „verbraucht". Eine von verschiedenen Schlussfolgerungen für die Flugbahn eines Körpers sah so aus: Solange der Impetus noch höher als die „natürliche Schwere" ist, verläuft sie geradlinig. Mit dem Verbrauch des Impetus steigt der Einfluss der Schwere und die Bahn beschreibt einen Kreisbogen. Ist der Impetus verbraucht, fällt der Körper senkrecht nach unten.

Zur Newtonschen Mechanik: Galileo Galilei (1564–1642) befasste sich 1638 mit Untersuchungen zu den Fallgesetzen. Er verwendete dazu eine schiefe Ebene, von der er eine Kugel hinabrollen ließ, und bestimmte Zeit und Wurfweite der Kugel. Durch Veränderung der Ausgangshöhe der schiefen Ebene erhielt er verschiedene Wurfweiten. Seine wichtigste Erkenntnis war, dass die Schwerkraft während der ganzen Bewegung und nicht etwa erst nach Durchlaufen des geradlinigen Teils der Flugbahn auf die Kugel wirkt. Als Flugbahn bestimmte er eine Parabel.

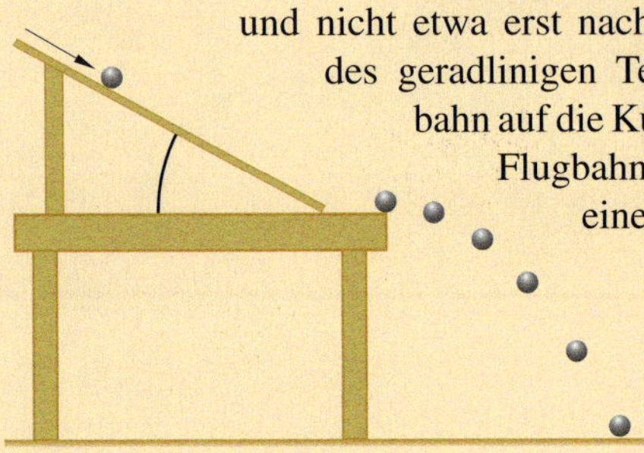

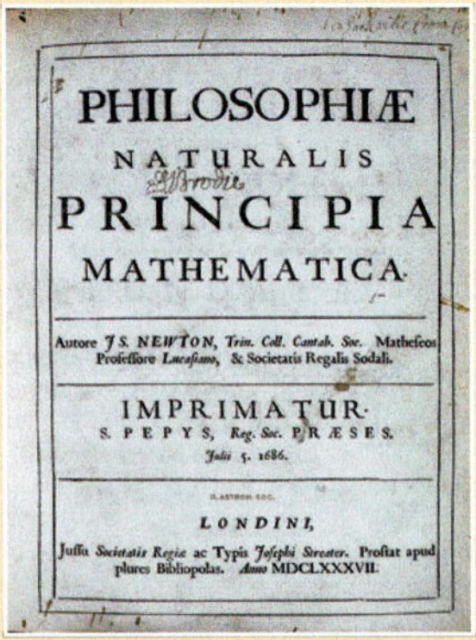

PHILOSOPHIÆ
NATURALIS
PRINCIPIA
MATHEMATICA

Autore JS. NEWTON, Trin. Coll. Cantab. Soc. Matheseos Professore Lucasiano, & Societatis Regalis Sodali.

IMPRIMATUR.
S. PEPYS, Reg. Soc. PRÆSES.
Julii 5. 1686.

LONDINI,
Jussu Societatis Regiæ ac Typis Josephi Streater. Prostat apud plures Bibliopolas. Anno MDCLXXXVII.

In seinem berühmtesten Werk, den „Mathematischen Prinzipien der Naturlehre" (1687), veröffentlichte Isaac Newton (1642–1727) seine Überlegungen zur Bewegung von Körpern im luftleeren Raum.
Seine Mathematisierung der „Naturphilosophie" (Physik) schuf die Basis für die ersten Methoden zur Flugbahnberechnung, die Leonhard Euler (1707–1783) entwickelte.

Auftrag:
Finde weitere Informationen zu diesem Thema und stelle deine Ergebnisse auf einem Plakat zusammen.

8.1 Schnittpunkte von Graphen

Basketball und Mathematik

Auftrag 1

Aus „Liegestütz, Integralrechnung und Jazz – Holgers Geheimnisse“:
Es gibt viele Möglichkeiten, Drei-Punkte-Würfe zu trainieren. Man frage einmal Dirk Nowitzki. Dank seines Mentors Holger Geschwindner kennt der Star der Dallas Mavericks ohne Zweifel einige der ungewöhnlichsten Methoden. Als ehemaliger deutscher Nationalspieler, […] hat Geschwindner Fachwissen, mathematische Überlegungen und Intuition vereint, um Dirk zu einem gefährlichen Distanzschützen zu machen.
Q: Sie haben Mathe und Physik studiert und haben mal die optimale Flugkurve des Balles berechnet …
Holger Geschwindner: Ja klar, das muss man ja wohl machen, damit man weiß, ob es überhaupt den optimalen Schuss gibt ...
Q: Und?
Holger Geschwindner: Ja, natürlich gibt es den. Die Überlegung ist ganz einfach. […]. Eine Kurve machen. Das kann jeder selber, das ist kein Geheimnis. Der optimale Winkel hängt natürlich von der Körpergröße und der Entfernung ab. Für Dirk habe ich den berechnet […].

Informiere dich über den „Drei-Punkte-Wurf“ im Basketball (Entfernung von Korb, Korbhöhe, durchschnittliche Körpergröße der Spieler, Flugkurve des Balles). Stelle die gefundenen Daten in einer Zeichnung dar.
Kann der aus 2,15 m Höhe abgegebene Wurf ein Drei-Punkte-Wurf sein, wenn die Gleichung der Flugkurve durch die Funktionsgleichung $y = -0{,}19x^2 + 1{,}4x + 2{,}15$ beschrieben wird? Begründe zunächst, warum diese Gleichung eine mögliche Beschreibung für die Flugkurve des Basketballs ist.

Genaues Arbeiten

Auftrag 2

Mithilfe eines Funktionsplotters kannst du die Schnittpunkte der Graphen von Funktionen ermitteln. Dabei ist es möglich, verschiedene Abschnitte zu vergrößern, um die Schnittpunktkoordinaten möglichst genau ablesen zu können.
Trotz der Angabe der Schnittpunktkoordinaten in der Zeichnung auf fünf Dezimalstellen, sind die Werte ungenau.
Bestimme algebraisch die exakten Schnittpunktkoordinaten der Graphen der Funktionen f und g mit $f(x) = \frac{600}{x} - 4$ und $g(x) = \frac{600}{x+5}$.

Haben die beiden Funktionsgraphen noch weitere gemeinsame Punkte?

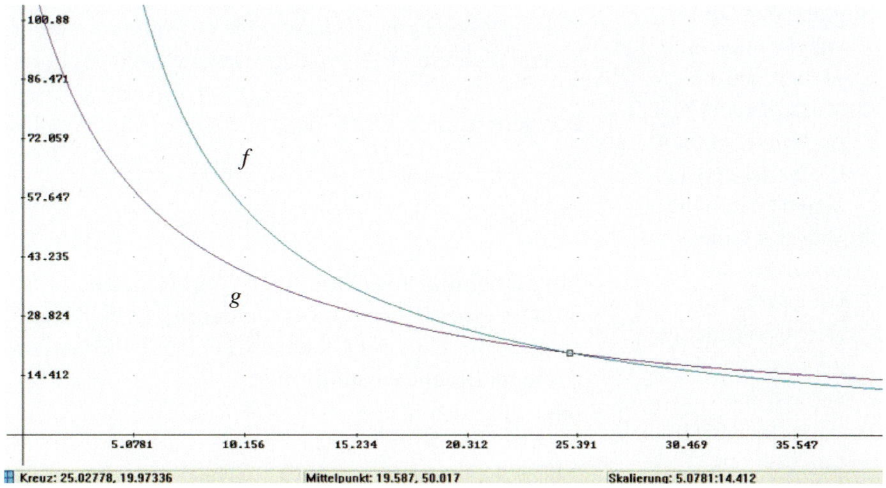

Auftrag 3 Hyperbolisches

Bestimme die Schnittpunktkoordinaten der Graphen der Funktionen f und g mit $f(x) = \frac{x}{2x+3}$ und $g(x) = \frac{1}{x}$ und überprüfe dein Ergebnis mithilfe einer Zeichnung. Verwende dazu, wenn möglich, einen Funktionsplotter.

Bearbeitung

Auftrag 2 Genaues Arbeiten

Bei einem sogenannten „schleifenden Schnitt" ist es schwierig, die exakten Koordinaten des Schnittpunkts abzulesen. Auch ein Funktionsplotter liefert hier keine exakten Ergebnisse, täuscht aber manchmal durch die Angabe mehrer Dezimalstellen eine scheinbar hohe Genauigkeit vor.
Für die Berechnung der Schnittpunktkoordinaten kann eine Zeichnung dennoch hilfreich sein: zur Ideenfindung und zur Kontrolle des Ergebnisses.

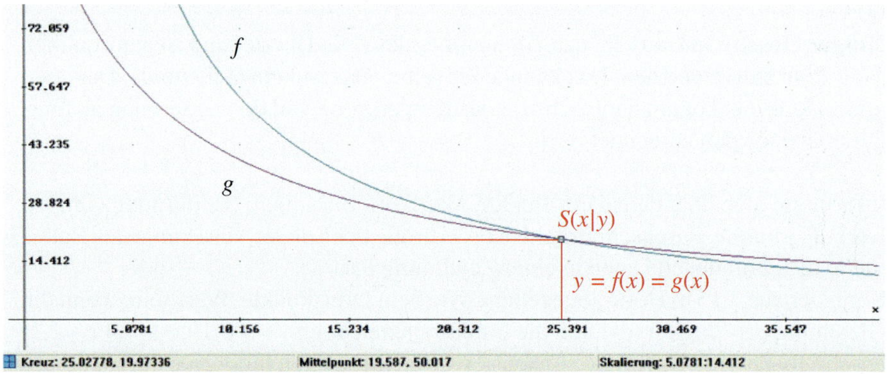

So ist z. B. offensichtlich, dass für den Schnittpunkt S gelten muss: $f(x) = g(x)$.
Dies führt auf eine Bruchgleichung:

$$\frac{600}{x} - 4 = \frac{600}{x+5} \quad (1)$$

Wie du beim Lösen von Bruchgleichungen vorgehen musst, weißt du bereits.

Definitionsmenge bestimmen: $D = \mathbb{R} \setminus \{-5; 0\}$

Um eine Gleichung zu suchen, die die Variable x nicht mehr im Nenner enthält, hast du mehrere Möglichkeiten, zwei werden im Folgenden gezeigt.

Das geht immer: Die Bruchgleichung (1) mit dem Hauptnenner multiplizieren.

$$\frac{600 \cdot x \cdot (x+5)}{x} - 4 \cdot x \cdot (x+5) = \frac{600 \cdot x \cdot (x+5)}{x+5}$$

$$600 \cdot (x+5) - 4x \cdot (x+5) = 600x \quad (2\,a)$$

Ein manchmal zweckmäßiger Weg: Haben beide Seiten der Gleichung die Struktur eines Bruches (aber nur dann!), ist ein Über-Kreuz-Multiplizieren möglich. Im Falle der Gleichung (1) musst du dazu zuerst die linke Gleichungsseite zu einem Bruchterm umformen.

$$\frac{600 - 4x}{x} = \frac{600}{x+5}$$

$$(600 - 4x) \cdot (x+5) = 600 \cdot x \quad (2\,b)$$

Erinnere dich

So löst man eine Bruchgleichung:

- Definitionsmenge bestimmen: Die Zahlen, für die keiner der Nenner Null wird.
- Eine zur Bruchgleichung äquivalente Gleichung suchen, die die Variable nicht mehr im Nenner enthält.
- Lösen der entstandenen Gleichung.
- Prüfen, ob die Lösungen der Gleichung zur Definitionsmenge gehören, und Probe anhand der Ausgangsgleichung durchführen.

Die Gleichungen (2 a) und (2 b) führen nach Ausmultiplizieren, Zusammenfassen und Ordnen auf die quadratische Gleichung $4x^2 + 20x - 3000 = 0$ bzw. nach Division der Gleichung durch 4 auf:
$x^2 + 5x - 750 = 0$ (3)
Quadratische Gleichungen dieses Typs kannst du bereits lösen, z. B. auf folgende Weise:
Mit $a = 1$, $b = 5$ und $c = -750$ ist die Diskriminante $D = 5^2 - 4 \cdot (-750) = 3025$.
Wegen $D > 0$ gibt es zwei Lösungen, die mithilfe der Lösungsformel ermittelt werden können.

$x = \frac{-5 + \sqrt{3025}}{2} = \frac{-5 + 55}{2} = 25$ oder $x = \frac{-5 - \sqrt{3025}}{2} = \frac{-5 - 55}{2} = -30$

Erinnere dich

Für die Diskriminante gilt $D = b^2 - 4ac$, und für die Lösungen der quadratischen Gleichung folgt daraus:
$D > 0$ zwei Lösungen,
$D = 0$ eine Lösung,
$D < 0$ keine Lösung.

Beide Lösungen der quadratischen Gleichung (3) gehören zur Definitionsmenge der Bruchgleichung (1). Die Bruchgleichung (1) hat auch zwei Lösungen. Für die Graphen der beiden Funktionen f und g bedeutet dies, dass sie sich in zwei Punkten schneiden.
Die y-Koordinate der Schnittpunkte berechnest du nun, indem du jeweils die x-Koordinate des Schnittpunkts in einen der beiden Funktionsterme einsetzt. Dazu wählst du zweckmäßig den Term aus, der sich einfacher berechnen lässt, hier $g(x)$:

$g(25) = \frac{600}{25 + 5} = 20$ oder
$g(-30) = \frac{600}{-30 + 5} = -24$

Die beiden Hyperbeln schneiden sich in den Punkten $S(25|20)$ und $T(-30|-24)$.
Wenn du einen Funktionsplotter verwendest, kannst du auch durch Vergrößerung des dargestellten Intervalls auf der x-Achse beide Schnittpunkte erkennen und die Koordinaten näherungsweise ablesen.

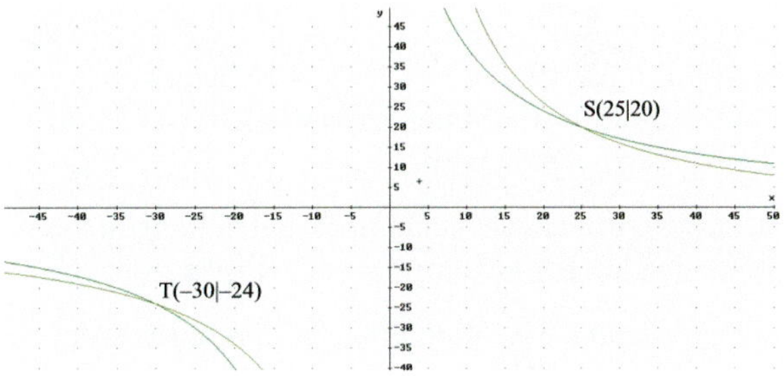

Einen Schritt weitergedacht:
Vielleicht hast du im Kapitel 4 auf Seite 104 die Aufgabe 35 bearbeitet. Dort waren quadratische Gleichungen näherungsweise grafisch zu lösen. Das dabei angewandte Verfahren ist im Prinzip eine Umkehrung des Vorgehens beim Berechnen der Schnittpunkte zweier Graphen:

Zum Berechnen der Koordinaten der Schnittpunkte zweier Graphen werden die beiden entsprechenden Funktionsterme gleichgesetzt. Daraus ergibt sich eine Gleichung, die nun algebraisch gelöst wird.

Soll dagegen eine Gleichung grafisch gelöst werden, so forme diese wie im nebenstehenden Beispiel so um, dass auf jeder Seite des Gleichheitszeichens ein Funktionsterm steht, zu dem der Graph möglichst einfach gezeichnet werden kann, z. B. mithilfe einer Schablone und eines Lineals. Die x-Koordinaten der Schnittpunkte sind dann die Lösungen der Gleichung. Du kannst sie aus der Zeichnung näherungsweise ablesen.

Beispiel:
Die Gleichung $2x^2 + 4x - 6 = 0$ soll näherungsweise grafisch gelöst werden. Sie wird dazu so umgeformt, dass zum Term auf einer Seite die Normalparabel und zum Term auf der anderen Seite eine Gerade gehört:

$2x^2 + 4x - 6 = 0 \quad |:2$
$x^2 + 2x - 3 = 0$
$x^2 = -2x + 3$
$f(x) = g(x)$
mit $f(x) = x^2$ und
$g(x) = -2x + 3$

Für die x-Koordinaten der Schnittpunkte werden die Werte -3 und 1 abgelesen.
$x = -3$ und $x = 1$ sind sogar die genauen Lösungen der Ausgangsgleichung.

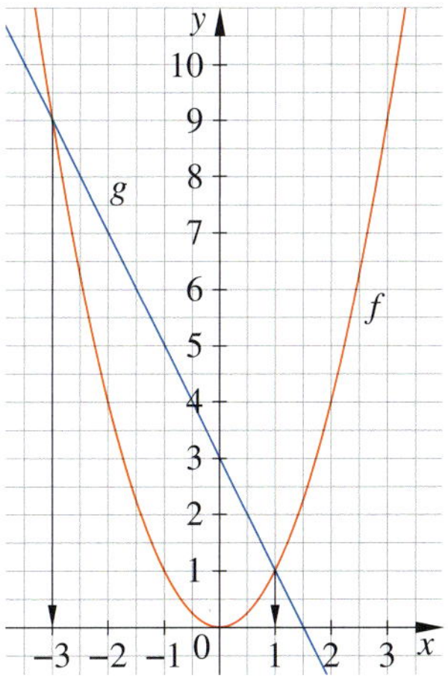

Zusammenfassung

Schnittpunkte von Graphen

Algebraische Lösung
Zur rechnerischen Bestimmung der Koordinaten gemeinsamer Punkte zweier Graphen werden die Funktionsterme gleichgesetzt. Von der entstehenden Gleichung sind die Definitionsmenge und die Lösungen zu bestimmen. Gehören die Lösungen der Gleichung zur Definitionsmenge, so sind sie die x-Koordinaten der Schnittpunkte.

Gesucht sind die Schnittpunkte der Graphen der Funktionen f und g mit den Funktionstermen
$f(x) = \frac{x+3}{x}$ und $g(x) = 5 - \frac{x}{x-2}$
Das Gleichsetzen $f(x) = g(x)$ ergibt die Bruchgleichung
$\frac{x+3}{x} = 5 - \frac{x}{x-2}$
Definitionsmenge $D = \mathbb{R} \setminus \{0; 2\}$

Eventuell auftretende Bruchgleichungen müssen so äquivalent umgeformt werden, dass die Variable nicht mehr im Nenner vorkommt.
Das kannst du immer erreichen, indem du die Gleichung mit dem Hauptnenner multiplizierst.
Haben beide Seiten der Bruchgleichung die Struktur eines Bruches, führt auch ein Über-Kreuz-Multiplizieren zum Ziel. Du kannst auch die Gleichung so umformen, dass Über-Kreuz-Multiplizieren möglich wird.

I. Multiplizieren der Bruchgleichung mit dem Hauptnenner $x(x-2)$
$(x+3)(x-2) = 5 \cdot x(x-2) - x \cdot x$

II. Über-Kreuz-Multiplizieren ist hier nur möglich, wenn die Gleichung zuvor umgeformt wird:
$\frac{x+3}{x} = \frac{5(x-2)-x}{x-2}$
$(x+3)(x-2) = [5(x-2)-x] \cdot x$

Beide Vorgehensweisen führen auf:

Dabei entstehende quadratische Gleichungen können mit der Lösungsformel gelöst werden.

$x^2 + x - 6 = 5x^2 - 10x - x^2 \;\Leftrightarrow\; 0 = 3x^2 - 11x + 6$
$x = \frac{2}{3}$ oder $x = 3$

Der y-Wert der Schnittpunkte wird mithilfe eines der beiden Funktionsterme berechnet.

$f\left(\frac{2}{3}\right) = \frac{\frac{2}{3}+3}{\frac{2}{3}} = 5\frac{1}{2}$ bzw. $f(3) = \frac{3+3}{3} = 2$

Anhand der Definitionsmenge wird überprüft, welche Lösung in Frage kommt.

Beide Lösungen liegen in der Definitionsmenge.
Die Schnittpunkte sind $S\left(\frac{2}{3} \middle| 5\frac{1}{2}\right)$ und $T(3|2)$.

Graphische Lösung
Zur Bestimmung gemeinsamer Punkte zweier Graphen können diese in ein geeignetes Koordinatensystem eingetragen werden und die Koordinaten ihrer Schnittpunkte abgelesen werden.

Dieses Verfahren kann auch zur graphischen Lösung einer quadratischen Gleichung verwendet werden.

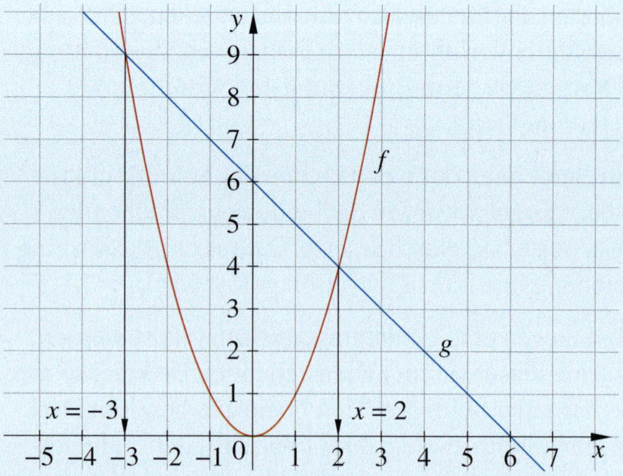

Die quadratische Gleichung $x^2 + x - 6 = 0$ wird umgeformt zu $x^2 = -x + 6$ und interpretiert als gleichgesetzte Funktionsterme $f(x) = x^2$ und $g(x) = -x + 6$.

Aufgaben

Verknüpfen
Anwenden
Trainieren

1 Bestimme die Koordinaten der Schnittpunkte der Graphen zu den Funktionen mit den gegebenen Gleichungen zeichnerisch und rechnerisch.

a) $y = x^2 - 4x + 5$ $\quad y = x + 1$
b) $y = -x^2 - 2x + 2$ $\quad y = -2x + 1$
c) $y = x^2 - x - 1{,}75$ $\quad y = 2$
d) $y = 2x + 1$ $\quad y = \frac{1}{x}$
e) $y = \frac{2x}{2x+3}$ $\quad y = x + 2$
f) $y = \frac{4}{5}x - 3$ $\quad y = \frac{2x}{2x+3}$

2 Bestimme die Lösungsmengen der Gleichungen. Wie kannst du zeichnerisch überprüfen, ob es zwei, eine oder keine Lösungen geben muss?

a) $x^2 - 3x + 2 = 0$
b) $x^2 - 2x = 0$
c) $x^2 + 2x - 8 = 0$
d) $x^2 - x - 2 = 0$
e) $2x^2 - 4x + 2{,}5 = 0$
f) $0{,}5x^2 + 3x + 4 = 0$
g) $2{,}1x^2 + 1{,}47x = 2{,}52$
h) $0{,}5x^2 = 3{,}15 - 0{,}85x$

3 Ordne den Gleichungen die mit einem Funktionsplotter erzeugten Graphen zu und gib die Lösungen der Gleichung an.

a) $2x^2 - 2 = -x$
b) $0{,}5x = -3 + 0{,}5x^2$
c) $2x^2 + 10x = 40 - 3x^2$
d) $0{,}2x^2 - 2x + 0{,}3 = 0$

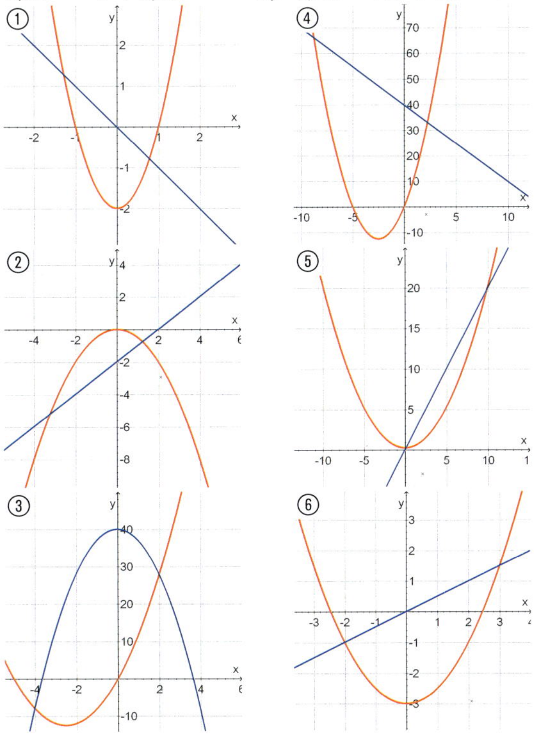

4 Mit einem Funktionsplotter wurden die Graphen der Funktionen mit den Funktionsgleichungen $y = 1\frac{1}{4}x + 2\frac{3}{4}$ und $y = \frac{x+3}{2-x}$ gezeichnet.

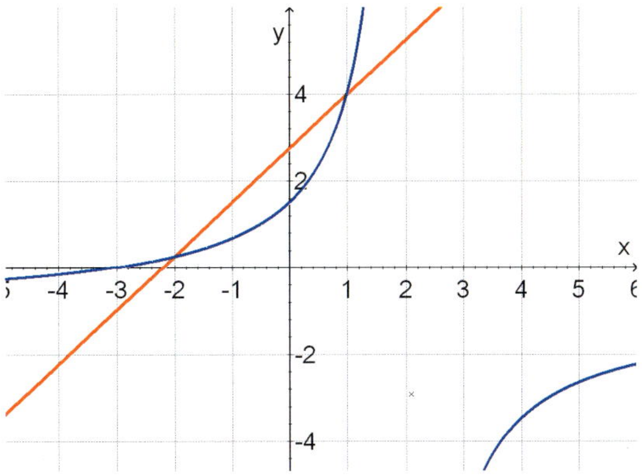

a) Bestimme mithilfe der Graphen die Lösungsmenge der Gleichung $\frac{x+3}{2-x} = 1\frac{1}{4}x + 2\frac{3}{4}$.

b) Bestimme mithilfe des gegebenen Funktionsgraphen die Lösungsmenge der Gleichung $\frac{x+3}{2-x} = -3$.

5 Rechnen mit Bruchtermen: Gib das Ergebnis als einen so weit wie möglich gekürzten Bruch an. Vergleiche die maximalen Definitionsmengen des Ausgangsterms und des Ergebnisterms.

Beispiel: $\frac{6x^2 - 18x}{24 - 8x} = \frac{6x(x-3)}{8(3-x)} = \frac{3x(x-3)}{-4(x-3)} = -\frac{3x}{4}$

$D_1 = \mathbb{R} \setminus \{3\}$ $\qquad D_2 = \mathbb{R}$

a) $\frac{7x^2 - 3x}{2x^3}$
b) $\frac{6x^2 + 14x}{9x - 21}$
c) $\frac{45x^2 - 25x^3}{10x - 18}$
d) $\frac{(x-3)^2}{2x^3 - 12x^2 + 18x}$
e) $\frac{3x}{4x - 12} \cdot \frac{x^2 - 9}{6x^2}$
f) $\frac{4x}{9x^2 - 1} \cdot (1 - 3x)^2$
g) $\frac{1}{x^2 - 121} : \frac{1}{11 + x}$
h) $\frac{3x + 6}{5x^4} : (x^2 + 4x + 4)$
i) $\frac{15x^7}{2x + 3} : \frac{3x^3}{x^2 + 3x}$
j) $\frac{x^2 - 4}{6x^3} \cdot \frac{x^4 + 2x^3}{x - 2}$
k) $\frac{1}{3x - 12} + \frac{1}{3}$
l) $\frac{3x}{x - 2} - \frac{4}{x + 2}$
m) $\frac{2x}{3x^2 - x} + \frac{2}{x}$
n) $\frac{x + 7}{x - 7} - \frac{x - 7}{x + 7}$
o) $\frac{x}{2x - 4} - \frac{2}{x^2 - 2x}$
p) $\frac{3}{x(x-2)} + 4x^2$
q) $\frac{6x^3 - 9x^2}{15x(4x^2 - 12x + 9)}$
r) $\frac{x}{(3x-4)^2} : \frac{2}{(3x-4)^3}$
s) $\frac{1}{(2x-3)^2} - \frac{1}{(3-2x)^2}$
t) $\frac{9x^2 - 12x + 4}{2 - 3x} \cdot \frac{2 + 3x}{9x^2 - 4}$

6 Bestimme die Koordinaten der Schnittpunkte rechnerisch. Verwende, wenn möglich, einen Funktionsplotter zur Überprüfung deiner Ergebnisse.

a) $f(x)=\frac{8}{x-3}$ $\quad g(x)=1+\frac{7}{x}$

b) $f(x)=2x$ $\quad g(x)=3-\frac{1}{x}$

c) $f(x)=\frac{2x}{21}$ $\quad g(x)=\frac{14}{x}$

d) $f(x)=\frac{7}{5x-4}$ $\quad g(x)=\frac{4x-13}{4x+1}$

e) $f(z)=\frac{z+1}{2z-7}$ $\quad g(z)=\frac{5z-7}{3z-6}$

f) $f(k)=\frac{1}{k+1}$ $\quad g(k)=1-k$

g) $f(k)=\frac{8}{x-3}$ $\quad g(x)=\frac{7}{x}$

7 Welche Zahlen können nicht in der Definitionsmenge enthalten sein?

a) $\frac{x^2-25}{x^2+2x-15}$

b) $\frac{2y^2-32y+128}{y^2-3y-40}$

c) $\frac{x^2-11x+28}{x^2-4x-21}$

d) $\frac{3z^3+9z^2-120z}{2z^2-12z+10}$

8 Bestimme die Lösungsmenge.

a) $\frac{x+3}{x+5}=\frac{3x+1}{x-3}$

b) $2=\frac{x^2-15}{x}$

c) $x=\frac{3}{x+2}$

d) $\frac{2}{5x^2-6}=\frac{1}{4x}$

e) $\frac{x+3}{x}=5-\frac{x}{x-2}$

f) $\frac{2x+1}{3}+\frac{9}{2x+1}=4$

Noch fit?

I Piraten haben eine Schatzkiste mit drei Schubladen erbeutet: Die erste enthält neun Gold- und eine Silbermünze, die zweite fünf Gold- und fünf Silbermünzen und die dritte vier Gold- und sechs Silbermünzen. Zur Aufteilung des Schatzes wird gewürfelt. Bei einer Eins wird die erste Schublade geöffnet, bei Zwei oder Drei die zweite und in den übrigen Fällen die dritte. Jeder Pirat darf dann mit verbundenen Augen eine Münze aus der geöffneten Schublade entnehmen.
Wie groß ist für den ersten Piraten die Wahrscheinlichkeit, eine Goldmünze zu erhalten?

II Beim Damentennis werden zwei Gewinnsätze gespielt. Beim ersten Satz sei die Gewinnwahrscheinlichkeit für beide Spielerinnen gleich. Beim nächsten Satz erhöht sie sich für diejenige Spielerin, die den vorhergehenden Satz gewonnen hat, um 10%. Berechne die Siegwahrscheinlichkeit für beide Spielerinnen.

Aufgaben

Verknüpfen
Anwenden
Trainieren

9 Für welche Werte von t ist die gegebene Gerade Sekante, Tangente oder Passante in Bezug auf die angegebene Parabel? Zeichne und rechne.

a) $y=x+t$ $\quad y=x^2$

b) $y=x+t$ $\quad y=x^2-2x+1$

c) $y=-2x+t$ $\quad y=1-x^2$

10 Ein rechteckiger Bauplatz ist doppelt so lang wie breit und hat eine Fläche von 512 m². Wie lang sind die Seiten?
Finde eine zeichnerische Lösung.

11 Maria stellt folgende Behauptung auf:
Verdoppele ich in der Parabelgleichung $y=a\,x^2+bx+c$ $(a\neq 0)$ und gleichzeitig in der Geradengleichung $y=mx+t$ alle auftretenden Koeffizienten, so bleiben die Schnittpunkte der beiden neuen Graphen dieselben.
Zeichne die Parabel mit der Funktionsgleichung $y=0{,}5x^2-x+1$ und die Gerade $y=-x+3$ und kläre, ob Maria Recht hat. Verwende auch algebraische Begründungen.

12 Löse die folgenden Gleichungen mit Parabelschablone und Lineal. Orientiere dich an „einen Schritt weitergedacht“ auf Seite 173.

a) $x^2=4$

b) $x^2=-0{,}5x+5$

c) $x^2-5=-0{,}5x$

d) $x^2+3=0$

e) $0{,}5x^2+0{,}25x-2{,}5=0$

f) $2x^2-0{,}5x=0$

13 Marius berichtet: „Unsere Klasse erhielt für einen Ausflug 350 € vom Elternverein. Das Geld sollte gleichmäßig auf alle Schüler verteilt werden. Am Ausflugstag waren drei Schüler krank, dadurch erhöhte sich der Zuschuss für jeden Schüler um 1,50 €.“
Wie viele Schüler hat die Klasse?

14 Welche Zahl ist gesucht?

a) Bei einer positiven Bruchzahl ist der Zähler um 3 größer als der Nenner. Vertauscht man Zähler und Nenner, so erhält man eine um 2,1 kleinere Bruchzahl.

b) Bei einer positiven Bruchzahl ist der Zähler um 7 größer als der Nenner. Wenn man Zähler und Nenner beide um 5 verringert, so wird der Bruch um 0,7 vergrößert.

15 „Steckbriefaufgabe“

a) Für welche Werte von m in der Gleichung
$y = mx - 1$
der Geraden g gilt jeweils das Folgende?

① Die Normalparabel hat genau einen gemeinsamen Punkt mit der Geraden g.

② Ein Schnittpunkt von Normalparabel und Gerade g hat die x-Koordinate 2.

③ Die Normalparabel verläuft vollständig oberhalb von g.

④ Normalparabel und Gerade g haben zwei gemeinsame Punkte.

b) Beantworte obige Frage für die Werte von b in der Gleichung $y = -x + b$ der Geraden h.

16 Gegeben ist die Bruchgleichung:

$$\frac{1+x}{x+3} - \frac{a}{x-3} = \frac{8}{x^2-9}$$

a) Setze $a = \frac{1}{2}$ und löse die Gleichung.

b) Für welche Werte von a hat die Gleichung genau eine Lösung? Welche?

c) Für welche Werte von a hat die Gleichung die Zahl -5 als Lösung?
Gibt es noch eine zweite Lösung?

Aufgaben

Verknüpfen
Anwenden
Trainieren

17 Wird eine Kugel senkrecht nach oben geschossen, so wird die Zuordnung

Flugzeit t in s ↦ Höhe h über Abwurf in m

durch die Gleichung $h = 51{,}2\,t - 5\,t^2$ beschrieben.

a) In welcher Höhe befindet sich der Ball nach 4 Sekunden? Wann erreicht er diese Höhe beim Herunterfallen?

b) Nach welcher Zeit wird die größte Höhe erreicht? In welcher Höhe befindet sich der Ball dann?

c) Bestimme die Zeiten, bei denen der Ball eine Höhe von 50 m erreicht hat.

18 Ein neuer LCD-Flachbildschirm kann eine Bildschirmdiagonale von bis zu 50 Zoll besitzen. Das Höhen- und Breitenverhältnis bei diesem Fernseher wird mit 16 : 9 angegeben. Bestimme die Höhe und die Breite des Fernsehbildes. Überprüfe dein Ergebnis mithilfe eines Funktionsplotters.

19 In der Zeichnung geben zwei parallele Geraden g_1 und g_2 einen Streifen vor.

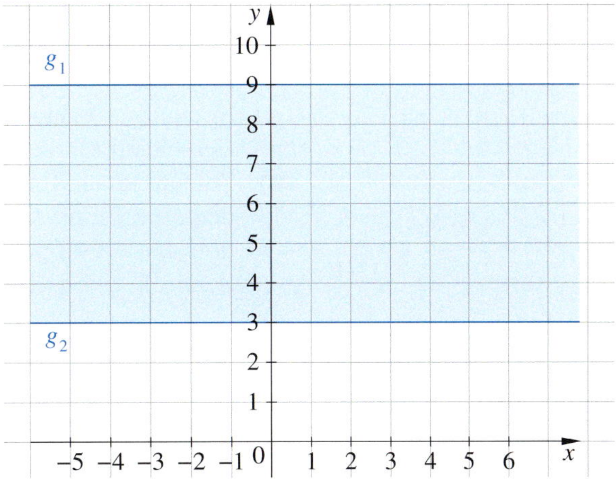

a) Bestimme die x-Werte, für die die Parabel mit der Funktionsgleichung
$y = 2x^2 - 12x - 1$
zwischen den Geraden verläuft.

b) Für welche x-Werte verläuft die Parabel mit der Funktionsgleichung
$y = 0{,}25\,x^2 - 2{,}5\,x + 8{,}25$
außerhalb des markierten Streifens?

c) Überprüfe deine Ergebnisse mithilfe eines Funktionsplotters.

20 Bestimme zwei Zahlen, deren geometrisches Mittel 6 und deren arithmetisches Mittel 7,5 ist. Finde auch eine geometrische Lösung für dieses Problem.

21 Beim Kugelstoßen wird der Graph der Flugbahn durch folgende Gleichung beschrieben:
$y = -0{,}1\,x^2 + 0{,}9\,x + 1{,}95$
In welcher Entfernung vom Ausgangspunkt wird der höchste Punkt erreicht? Bestimme die Entfernung von der Abwurfstelle bei einer Wurfhöhe von 1,5 m.

22 Verändere die Steigung bzw. den y-Achsenabschnitt der Geraden so, dass die Gerade und die Parabel zwei, einen bzw. keinen gemeinsamen Punkt haben. Verwende, wenn möglich, einen Funktionsplotter. Rechne nach, ob deine Vermutungen auch zutreffen.

a) $p(x) = x^2 + 2x - 3$ $g(x) = x - 3$

b) $p(x) = 2x^2 + x + 1$ $g(x) = 2x + 0{,}875$

23 Erstelle eine Mindmap, in der du Eigenschaften gebrochen-rationaler Funktionen zusammenstellst.

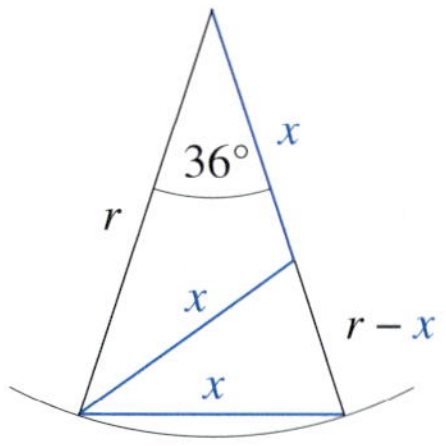

24 In einen Kreis wird ein regelmäßiges Zehneck einbeschrieben. Das Zehneck lässt sich in zehn kongruente gleichschenklige Dreiecke zerlegen, die alle einen Mittelpunktswinkel von 36° sowie einen Basiswinkel von 72° haben. Für die Seitenlänge x lässt sich eine Verhältnisgleichung aufstellen, die die sogenannte stetige Teilung des Radius r im Verhältnis des Goldenen Schnitts in x und $r - x$ angibt (vergleiche auch Seite 105): $r : x = x : (r - x)$

a) Berechne x für drei verschiedene Werte von r.

b) Zeichne einen Kreis von beliebigem Radius und ermittle die Seitenkantenlänge x des einbeschriebenen regelmäßigen Zehnecks mithilfe der Konstruktion aus der Aufgabe der Woche auf Seite 105. Zeichne das regelmäßige Zehneck. Überprüfe die konstruierte Länge x durch eine Rechnung.

Aufgabe der Woche

Die Storebaeltbrücke

Die größte Hängebrücke Europas (und zweitgrößte Hängebrücke der Welt) verbindet die dänischen Inseln Fünen und Seeland. Für die Statik der Brücke ist es besonders wichtig, die Form der Kurve, die das Tragseil beschreibt, genau zu kennen. Dabei wird unterschieden zwischen belasteten Tragseilen (also solche, bei denen bereits die Fahrbahn angehängt wurde) und solchen, die noch unbelastet sind. Bei belasteten Tragseilen entspricht der Verlauf der Seile in sehr guter Näherung einer Parabel.
Vom Mathematiker V. L. Hansen stammen folgende Angaben zur Beschreibung der Tragseile der Storebaeltbrücke:

$$P(x) = 2{,}68 \cdot 10^{-4}x^2 + 77 \qquad -812 \leq x \leq 812$$

Welche (Modellierungs-)Überlegungen kommen in den Angaben zum Ausdruck? Welche technischen Daten der Brücke kannst du aus diesen Angaben entnehmen? Wie hoch sind die Brückenständer, die sogenannten Pylonen?
Mit $x^2 + (y + 44\,928)^2 = 45\,000^2$ beschreibt V. L. Hansen den Verlauf der Fahrbahn zwischen den Pylonen, die bei $x = 0$ ihren höchsten Punkt erreicht. Zeige, dass die Fahrbahn auch noch im höchsten Punkt die Tragseile weder berührt noch schneidet. Welchen kleinsten Abstand haben Tragseile und Straße?
Mehr Interessantes zur Storebaeltbrücke findest du auf „mathematik.de", einer Internetseite der Deutschen Mathematiker-Vereinigung: www 178 – 1

8.2 Extremwertprobleme

Goldgräber

Auftrag 1

Goldgräber B. Lucky hat mit seinen letzten Kröten das Anrecht auf einen Claim gekauft. Leider bekam er sein Schürfrecht in Form eines 170 m langen Seils. Er darf sich seinen Claim am Fluss rechteckig mit dem Seil abstecken.
Um sein Schürfglück zu erhöhen, möchte er natürlich möglichst viel Grund für sich in Anspruch nehmen. Wie soll er das Seil legen?
Was hältst du von seinem Vorschlag, das Seil 10 m, 150 m, 10 m zu legen?
Wie müsste er das Seil legen, wenn eine Fläche von 3392 m^2 Inhalt fest vorgeschrieben wäre?

Passende Kisten

Auftrag 2

Für ein Kleinteileregal sollen oben offene Pappkisten produziert werden. Dafür stehen quadratische Pappen von 25 cm Kantenlänge zur Verfügung. Die Seitenflächen werden später mit Strichcodes und Inhaltsangaben beschriftet und dürfen deshalb nicht zu klein sein.
Wie tief muss man an den Ecken einschneiden, damit die Seitenflächen möglichst groß werden?
Warum sollte an den Ecken nur eingeschnitten und nicht ausgeschnitten werden?

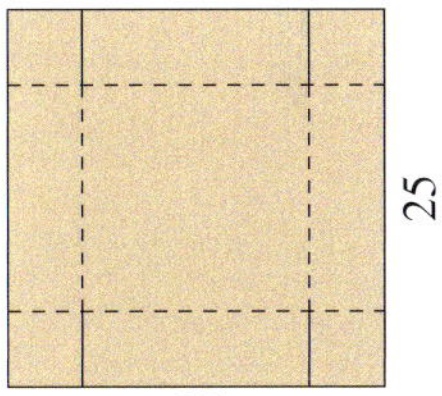

Kalkulation

Auftrag 3

Für ihre Schülerzeitung können die Schüler bei einer Druckerei für einen fest ausgemachten Preis bis zu 600 Exemplare drucken lassen.
Im Wirtschaftsunterricht haben sie bereits gelernt, dass der Umsatz das Produkt aus Preis und verkaufter Ware ist. Um den maximalen Umsatz für ihre Schülerzeitung zu erreichen, haben die Schüler schon ein paar Versuche unternommen, den Preis zu verändern. Allerdings nahm dann auch die Anzahl der verkauften Exemplare linear ab. Hier die Ergebnisse:

Preis in €	0	0,50	1,00	3,00
Verkaufte Exemplare	600	510	420	60

Beschreibe den Zusammenhang von Preiserhöhung pro Euro und der Anzahl der verkauften Exemplare in Worten.
Versuche einen Funktionsterm zu ermitteln, der den Umsatz in Abhängigkeit vom Verkaufspreis beschreibt, und bestimme damit den optimalen Preis und den damit verbundenen größtmöglichen Umsatz der Schülerzeitung.
Welcher Preis darf nicht überschritten werden, da sonst keine Schülerzeitung mehr verkauft würde?

Auftrag 4 Zerbrochene Glasscheibe

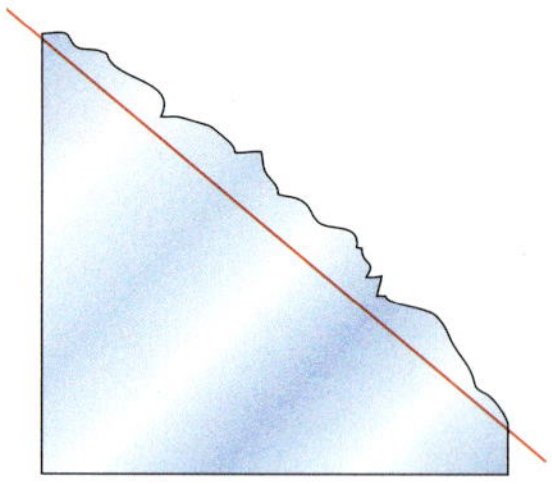

Glasermeister Huber hat beim Transport einer großen Fensterscheibe, die 60 cm breit und 80 cm hoch ist, leider eine Ecke abgebrochen. Um sich nicht zu verletzen, schneidet er die Bruchkante gerade. Er beginnt links oben an der Ecke und erhält auf der rechten Seite eine „Resthöhe" von 5 cm.
Leider kann er in der Glaserei nur rechteckige Glasscheiben gebrauchen, und nun überlegt er, wie er ein möglichst großes rechtwinkliges Stück der Scheibe retten kann.
Zunächst unternimmt er einige Versuche mithilfe einer Skizze.

Bearbeitung

Auftrag 2 Passende Kisten

Bei der Aufgabenstellung handelt es sich um ein sogenanntes **Extremwertproblem**: Es wird gefragt, unter welcher Bedingung ein Wert am größten bzw. am kleinsten ist. Hier: Bei welcher Einschnittstiefe ist der Inhalt der Seitenflächen am größten?
Um sich an die Problemlösung heranzutasten, ist es oft hilfreich, mit Beispielen, Skizzen und Tabellen zu arbeiten. Auch Versuch und Irrtum gehören dazu!

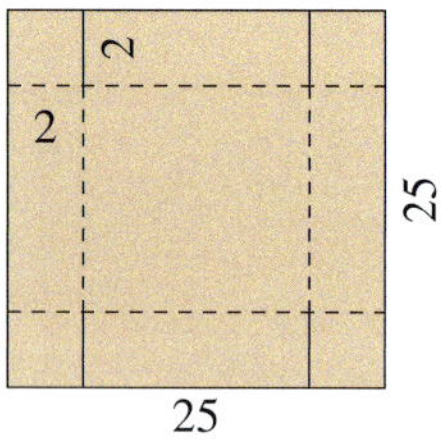

Einstieg am konkreten Beispiel:
Wird die Pappe 2 cm tief eingeschnitten, dann ergibt sich als Seitenflächeninhalt:
$A_{Seite} = (25\,\text{cm} - 2 \cdot 2\,\text{cm}) \cdot 2\,\text{cm} = 42\,\text{cm}^2$

Hilfsmittel Tabelle und Diagramm:
Zum systematischen Probieren ist eine Tabelle gut geeignet. Die Einheiten sollten mit in der Tabelle eingetragen werden.

Einschnittstiefe in cm	2	4	6	8	5	7
Flächeninhalt in cm²	42	68	78	72	75	77

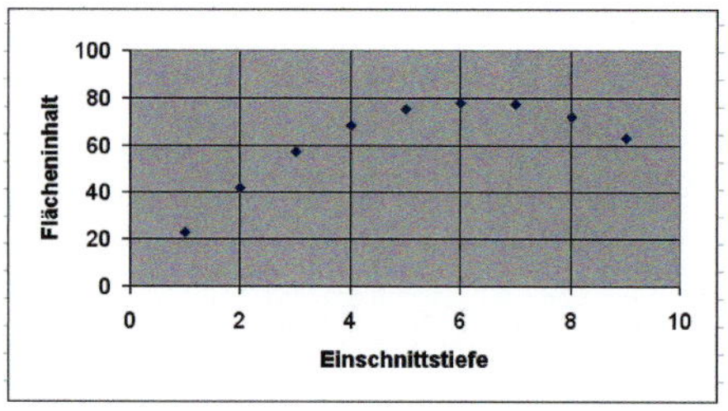

Die gesuchte Einschnittstiefe liegt vermutlich „um" 6 cm. Durch weiteres Probieren ist es möglich, sich der Lösung zu nähern. Das ist aber rechenaufwändig und du hast keine Garantie, letztlich die exakte Lösung zu finden.
Um einen Überblick zu erhalten, ist auch eine grafische Darstellung hilfreich. Nur wenig Aufwand erfordert sie, wenn du zum Probieren eine Tabellenkalkulation verwendest. Die grafische Darstellung bestärkt hier die mittels Tabelle gewonnene Vermutung.

Variable und Term:
Sowohl in der Tabelle als auch in der grafischen Darstellung wird die Einschnittstiefe Stück für Stück verändert oder variiert. Die Einschnittstiefe soll durch die Variable x beschrieben werden. Der Flächeninhalt einer Seitenfläche lässt sich nun mit einem Term berechnen. Beim Aufstellen des Terms kannst du dich am Eingangsbeispiel orientieren:

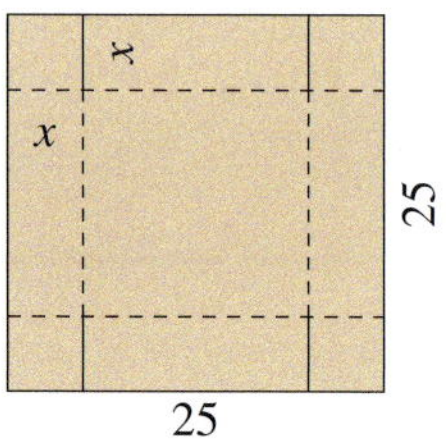

$A_{Seite} = (25\,\text{cm} - 2 \cdot x\,\text{cm}) \cdot x\,\text{cm}$

Oft ist es zweckmäßig, die Einheiten beim Erstellen des Funktionsterms wegzulassen und den Term zweckmäßig umzuformen.

Wird die Einschnittstiefe in cm und der Flächeninhalt in cm^2 gemessen, so ergibt sich: $A(x) = (25 - 2x) \cdot x = -2x^2 + 25x$
Es bestätigt sich, was bereits die grafische Darstellung vermuten ließ: Der zum Term gehörende Graph ist eine nach unten geöffnete Parabel.
In diesem Falle wird der größte Funktionswert im Scheitel angenommen.

Info
Die Suche nach Lösungsstrategien nennt man **Heuristik**.

Rechnerische Lösung:
Gesucht ist die x-Koordinate des Scheitels. Dazu kann z. B. die Gleichung mithilfe der quadratischen Ergänzung in Scheitelpunktform gebracht werden:

$$A(x) = -2x^2 + 25x = -2\left[x^2 - \tfrac{25}{2}x + \left(\tfrac{25}{4}\right)^2 - \left(\tfrac{25}{4}\right)^2\right] = -2\left(x - \tfrac{25}{2}\right)^2 + 2 \cdot \left(\tfrac{25}{4}\right)^2$$

$$A(x) = -2(x - 6{,}25) + 78{,}125$$

Der Scheitel liegt bei $S(6{,}25|78{,}125)$.

Die Funktionsgleichung in der Form $A(x) = (25 - 2x) \cdot x$ ermöglicht hier auch einen anderen Rechenweg: Aus dieser faktorisierten Form lassen sich sofort die Nullstellen ablesen: $x_1 = 0$ und $x_2 = 12{,}5$.
Da der Graph der Funktion eine achsensymmetrische Parabel ist, muss die x-Koordinate des Scheitels das arithmetische Mittel der Nullstellen sein, also $x = 6{,}25$.
Wegen $A(6{,}25) = 78{,}125$ ergibt sich wieder $S(6{,}25|78{,}125)$.

Übertragung der Rechenergebnisse auf das Ausgangsproblem:
Die errechnete Lösung liegt sehr nah an der durch systematisches Probieren vermuteten Lösung. Ihre Richtigkeit braucht deshalb nicht angezweifelt zu werden. Bei einer Einschnittstiefe von 6,25 cm erhält man die größtmöglichen Seitenflächen; ihr Inhalt beträgt 78,125 cm^2. Von diesen theoretischen Werten kann man in der Praxis allerdings etwas abweichen, wenn das technisch sinnvoll ist. Beispielsweise wären die Seitenflächen bei einer Einschnittstiefe von 6,0 cm nur unwesentlich kleiner: 78 cm^2.

Zusammenfassung

Extremwertprobleme

Bei einem **Extremwertproblem** wird gefragt, unter welcher Bedingung ein Wert am größten bzw. am kleinsten ist.

Um solche Probleme erfolgreich zu lösen, kann es hilfreich sein: den Sachverhalt anhand von Beispielen und Skizzen zu verdeutlichen;
zu überlegen, welche Größen eine Rolle spielen und wie sie sich auseinander errechnen lassen;
Variablen einzuführen und zum Sachverhalt eine Funktionsgleichung aufzustellen.

Lässt sich der Sachverhalt durch eine quadratische Funktion beschreiben, so kommen die Koordinaten des Scheitels der Parabel als Lösung in Frage.

Extremwertproblem des Auftrags 2: Es war die Einschnittstiefe gesucht, bei der der Seitenflächeninhalt der Pappschachteln am größten ist.

Hilfreich waren:
Am Beispiel frei gewählter Einschnittstiefen konnten der Zusammenhang zwischen Einschnittstiefe und Seitenflächeninhalt klar gemacht und bereits eine Vermutung zur Lösung gewonnen werden. Letztlich wurde die Funktionsgleichung $A(x) = (25 - 2x) \cdot x = -2x^2 + 25x$ aufgestellt.

Der Graph der Funktion ist eine nach unten geöffnete Parabel. Die Scheitelpunktkoordinaten sind die Lösung des Extremwertproblems.

Aufgaben

Verknüpfen
Anwenden
Trainieren

1 Zahlenrätsel mit natürlichen Zahlen

a) Zwei Zahlen werden addiert und ergeben den Wert 60. Welche zwei Summanden musst du wählen, damit das Produkt der Summanden möglichst groß wird?

b) Das um eins Vergrößerte einer Zahl wird mit dem um elf Verkleinerten dieser Zahl multipliziert. Für welche Zahl wird der Wert des Produkts minimal?

c) Von 101 wird eine unbekannte Zahl subtrahiert. Anschließend wird der Wert der Differenz mit dem Nachfolger der unbekannten Zahl multipliziert. Für welche Zahl wird der Wert des Produkts maximal?

d) Vom Quadrat einer Zahl wird das 20-fache dieser Zahl subtrahiert, und anschließend wird die Zahl 96 addiert. Für welche Zahl wird der Wert dieses Terms minimal?

2 Zahlenrätsel mit reellen Zahlen

a) Das Quadrat einer Zahl wird mit dem Quadrat der um eins vergrößerten Zahl addiert. Für welche Zahl wird diese Summe minimal?

b) Vom Fünffachen einer Zahl wird das Quadrat der um eins verminderten Zahl subtrahiert. Für welche Zahl ist die Differenz maximal?

c) Vom dreifachen Quadrat einer Zahl wird das Quadrat der um eins verminderten Zahl subtrahiert. Für welche Zahl ist die Differenz minimal?

d) Erfinde selbst zwei solche Zahlenrätsel wie in den Aufgaben 1 oder 2, und löse sie.

3 Flächenprobleme

a) Die Breite eines rechteckigen Grundstücks, das eine Fläche von 154 m^2 besitzt, ist um 3 m größer als die Länge. Berechne Länge und Breite.

b) Bei einem quadratischen Grundstück mit 10 m Seitenlänge soll die Breite um eine bestimmte Strecke verkleinert werden, dafür wird die Länge um das Doppelte dieser Strecke vergrößert. Wie lang muss diese Strecke sein, damit das Grundstück eine maximale Größe erhält?

c) Die Länge eines Rechtecks ist um 1 m größer als die Breite. Fläche und Umfang haben dieselbe Maßzahl. Berechne die Maße dieses Rechtecks.

d) Bestimme das Rechteck mit der größten Fläche, wenn der Umfang 30 m betragen soll.

4

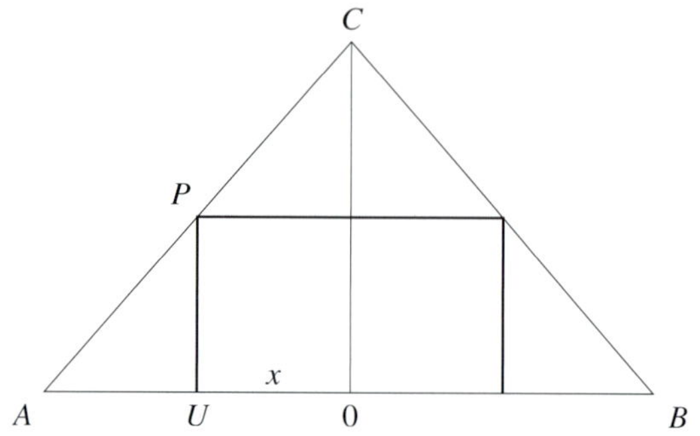

Herr Meier möchte den Dachboden seines symmetrischen Hauses optimal ausbauen. Das heißt, das Fassungsvermögen seines Speichers soll einen möglichst großen Rauminhalt abgeben. Das Bild zeigt den Querschnitt des Dachbodens. A und B sind jeweils 8 m von 0 entfernt und der Abstand von C zu 0 beträgt 6 m.
Bestimme die Lage von U und P.

5 Flugbahn

Die Schüler der 9 b haben bereits gelernt, dass die Flugbahn eines Balles mit einer quadratischen Funktion beschrieben werden kann.
Kurt hat eine Abwurfhöhe von 180 cm (Höhe, in der der Ball die Hand verlässt) und wirft den Ball 45 m weit. Linda hat eine Abwurfhöhe von 160 cm und wirft 40 m.
Auf einem Zettel haben sie eine Liste von Funktionstermen notiert, die den jeweiligen Flug beschreiben, wobei x die Entfernung vom Werfer und $h(x)$ die Höhe des Balles in Metern angibt.
Begründe, welcher Flugbahnterm zu Kurt bzw. zu Linda passt.

$h_1(x) = -0{,}01\,x^2 + 0{,}4\,x + 1{,}8$
$h_2(x) = -0{,}02\,x^2 + 0{,}37\,x + 1{,}8$
$h_3(x) = -0{,}01\,x^2 + 0{,}36\,x + 1{,}6$
$h_4(x) = -0{,}02\,x^2 + 0{,}32\,x + 1{,}6$
$h_5(x) = -0{,}01\,x^2 + 0{,}88\,x + 1{,}8$

6 Zwei Parabeln

Die Graphen zweier Funktionen f und g sind zur Normalparabel kongruent. Die eine Parabel hat den Scheitel $S_1(2|3)$ und ist nach oben geöffnet, die andere hat den Scheitel $S_2(0|1)$ und ist nach unten geöffnet.
Zeichne die beiden Graphen.
Für welchen x-Wert ist die Differenz der entsprechenden Funktionswerte $f(x)$ und $g(x)$ am kleinsten?
Wie groß ist die kleinste Differenz?

Noch fit?

I Ein gleichschenkliges Dreieck hat eine Basislänge von 4,6 cm und eine Schenkellänge von 5,7 cm. Berechne die Größe aller Innenwinkel und den Flächeninhalt des Dreiecks.

II Steigung

a) Auf einem Verkehrsschild wird eine Steigung von 8 % angezeigt. Unter welchem Winkel steigt der folgende Straßenabschnitt an?

b) Berghänge, an denen Wein angebaut wird, sind manchmal sehr steil. Wenn der Anstiegswinkel eines Hanges mit 50° geschätzt wird, wie viel Prozent Steigung hätte er dann?

III Es ist $\sin\alpha = 0{,}845$. Ermittle $\cos\alpha$ und $\tan\alpha$.

Aufgaben

Verknüpfen
Anwenden
Trainieren

7 Als die Familie beschließt, dass die Meerschweinchen ein Gartengehege bekommen sollen, wird sofort eine Maschendrahtrolle von 10 m Länge gekauft.

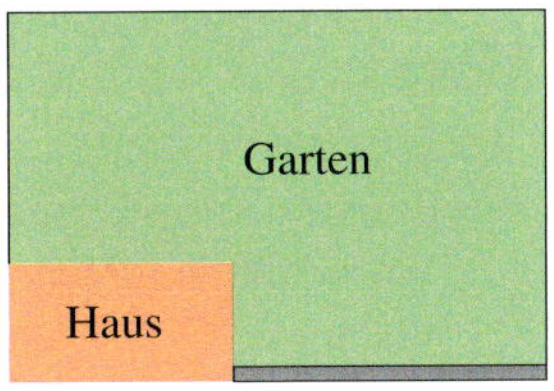

a) Welche Maße sollte das Gehege bekommen, wenn der Stall in eine der Ecken kommt?

b) Welche Maße sollte das Gehege bekommen, wenn der Stall nicht in eine Ecke, aber an die Mauer angebaut wird?

c) Welche Maße sollte das Gehege bekommen, wenn der Stall frei im Garten aufgebaut wird?

8 Wieder ist dem Glaser eine Ecke einer quadratischen Scheibe abgebrochen. Allerdings konnte der Glaser durch einen schrägen Schnitt fast alles retten (siehe Bild). Da er nur rechteckige Glasscheiben verarbeitet, ist die Frage, wie er eine möglichst große Fläche aus dieser Figur erhalten kann.

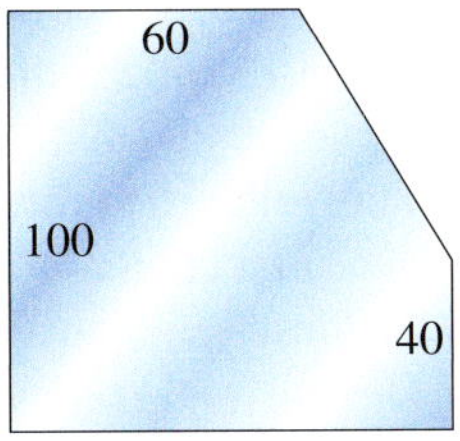

9 In einer Wohnsiedlung wird neues Bauland (Haus- und Gartenflächen) ausgewiesen.

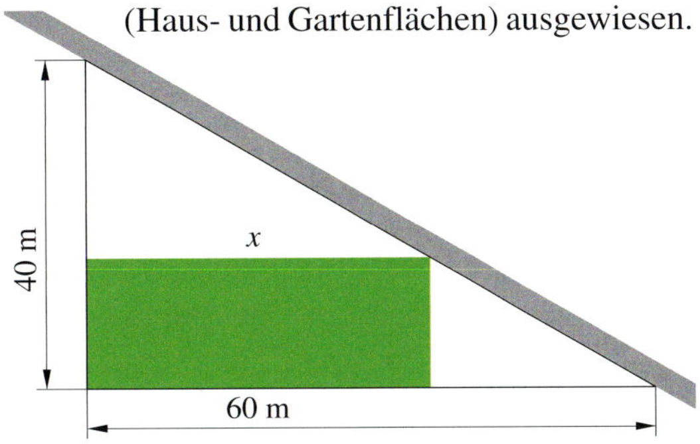

Wie alle anderen Baugrundstücke muss auch das neue rechteckig sein. Allerdings muss der Käufer das gesamte Areal kaufen. Er erhält zwei Tage Zeit, um die Maße seines Baugrundstückes, das er dort selbst einzeichnen kann, beim Katasteramt eintragen zu lassen.
Wie sollte er sich entscheiden, wenn er ein möglichst großes Grundstück bekommen will?

10 Ein Schüler nimmt bei den Bundesjugendspielen am Weitwurf teil. Die Flugbahn seines Balls ist dabei annähernd parabelförmig und kann durch folgende Funktionsgleichung beschrieben werden, wobei x den Abstand zum Werfer und y die Flughöhe angibt:
$y = -0{,}02x^2 + 0{,}44x + 1{,}5$
In welcher Entfernung vom Schüler hat der Ball den höchsten Punkt erreicht?
In welcher Höhe hat der Schüler den Ball abgeworfen und wie weit ist der Ball geflogen?

11 Ritter Kunibert möchte sich für sein Ritterschloss einen schönen Boden legen lassen. Der Boden besteht aus quadratischen Tafeln mit 2 m Seitenlänge. Das helle Holz für diese Fläche kostet ihn 15 € pro m².

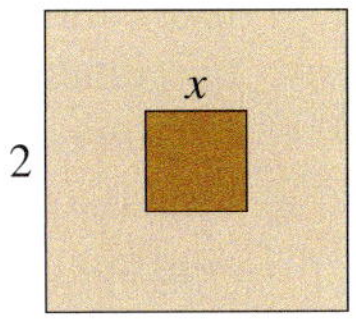

In der Mitte soll aus dunklem Holz ein kleines Quadrat eingelegt werden, wobei dieses Holz nur 10 € pro m² kostet. Zwischen den Holzflächen muss allerdings eine sehr schmale Trennleiste eingefügt werden, für die pro Meter 5 € zu zahlen sind. Da er fürchtet, dass der Meister, der den Boden legt, möglichst viel verdienen will, möchte er wissen, was solch eine Bodentafel für maximale Kosten erzeugt.
Was muss er demnach bezahlen, wenn der Boden des Rittersaals 220 m² groß ist?

Aufgaben

Verknüpfen
Anwenden
Trainieren

12 Schneidet man einen geraden Kreiszylinder längs seiner Achse durch, entsteht als Schnittfigur ein Rechteck. Bei einem geraden Kreiskegel entsteht als Schnittfigur ein Dreieck. Dieses Rechteck und dieses Dreieck sollen jeweils einen Umfang von 12 cm haben.

a) Untersuche, ob die Mantelfläche eines solchen Zylinders unter bestimmten Bedingungen maximal wird.

b) Führe dieselbe Untersuchung für den Oberflächeninhalt eines solchen Zylinders durch. Vergleiche die Ergebnisse von a) und b).

c) Untersuche, ob die Mantelfläche eines solchen Kegels unter bestimmten Bedingungen maximal wird.

d) Führe dieselbe Untersuchung für den Oberflächeninhalt eines solchen Kegels durch. Vergleiche das Ergebnis mit denen von c) und b).

13 Du darfst in eine Urne weiße und rote Kugeln legen; insgesamt sollen es 10 Stück sein. Anschließend sollst du zwei Kugel ohne Zurücklegen ziehen.
Wie musst du die Urne füllen, damit die Wahrscheinlichkeit, zuerst eine weiße und dann eine rote Kugel zu ziehen, möglichst groß ist? Wie groß ist diese maximale Wahrscheinlichkeit?

14 Ein Kino will seine wirtschaftliche Lage überprüfen. Dazu werden die anfallenden Kosten untersucht und in Abhängigkeit von der Anzahl der verkauften Kinokarten in einem Funktionsterm dargestellt. Die Heizkosten und die Miete sind sogenannte Fixkosten, während die Reinigung und das Personal von der Anzahl der Besucher abhängen (variable Kosten).
Daraus ergibt sich der Kostenterm:
$K(x) = 5x + 15\,000 \quad (\text{in } €)$
Im Term für die Einnahmen ist berücksichtigt, dass die Zuschaueranzahl auch von der Höhe des Eintrittsgeldes abhängt:
$E(x) = x \cdot (30 - 0{,}01x) \quad (\text{in } €)$

a) Wie viele Karten muss das Kino mindestens verkaufen, um einen Gewinn zu machen?

b) Bei wie vielen verkauften Karten wird der Gewinn (Gewinn = Einnahmen – Kosten) maximal?

15 Eine Firma, die CDs herstellt, hat bei einer Umfrage herausgefunden, dass bei einem Preis von 25 € ca. 15 000 Stück verkauft werden, bei einem Preis von 15 € allerdings 25 000 Stück. Unter der Voraussetzung, dass diese Verkaufsentwicklung linear ist, möchte die Firma wissen, wie viele CDs sie zu welchem Preis verkaufen soll, um möglichst hohe Einnahmen (Umsatz) zu erzielen. Erstelle zunächst den Funktionsterm, der den Absatz der CDs beschreibt (Stückzahl ↦ Preis).

16 Erkläre, wie die Aufgaben 9 (Kauf eines Baugrundstücks) und 15 (Verkäufe von CDs) mathematisch zusammenhängen.

17 Die Firma Sound stellt MP3-Player her. Bei einer Umfrage kam heraus, dass die Firma bei einem Preis von 75 € pro Monat 1250 Player verkaufen kann. Reduziert sie den Preis auf 25 €, so kann sie sogar 3750 Player verkaufen.

a) Stelle zunächst den Funktionsterm (Nachfragefunktion) auf, der beschreibt, wie die Stückzahl und der Preis zusammenhängen, wenn diese Beziehung als linear betrachtet wird.
Lege eine Zeichnung des Graphen an.

b) Berechne die Einnahmen für 1000, 2000 und 5000 verkaufte Player und bestimme den Funktionsterm, der die Einnahmen beschreibt. Was sollte die Firma für einen MP3-Player verlangen?

Aufgabe der Woche

$s(v) = \left(\frac{v}{10}\right)^2 + \frac{3v}{10}$ ist eine Faustformel der Fahrschule für den Anhalteweg s bei der Geschwindigkeit v. Herrn Huber erscheint die Formel etwas unpraktisch und er vereinfacht sie zur Faustformel:
$s_{\text{einfach}}(v) = 0{,}75\,v$
Veranschauliche dir die beiden Formeln in einem gemeinsamen Diagramm und untersuche:
Für welche Geschwindigkeiten entspricht die vereinfachte Regel genau der Fahrschulformel?
Ist diese Regel im Ortsverkehr brauchbar?
Um wie viel Prozent weicht das Ergebnis bei Herrn Huberts Faustregel von dem der Fahrschulformel ab, wenn er 70 km/h fährt? Bei welcher Geschwindigkeit weicht das Ergebnis um 100 % ab.

8.3 Modellieren mit Funktionen

Gute Geschäfte — Auftrag 1

Das Diagramm zeigt, wie die wöchentliche Besucherzahl N des Kinos „Gloria" vom Preis P der Eintrittskarten abhängt. Finde den zugehörigen Funktionsterm $N(P)$.
Stelle dann den Term der Funktion $G(P)$ auf, der den wöchentlichen Gewinn dieses Kinos beschreibt, wenn seine (festen) Betriebskosten pro Woche 1800 € betragen. Für welchen Eintrittspreis erreicht der Kinobetreiber den maximalen Gewinn?
Erkläre anschaulich, wieso dieses Maximum zustande kommt.

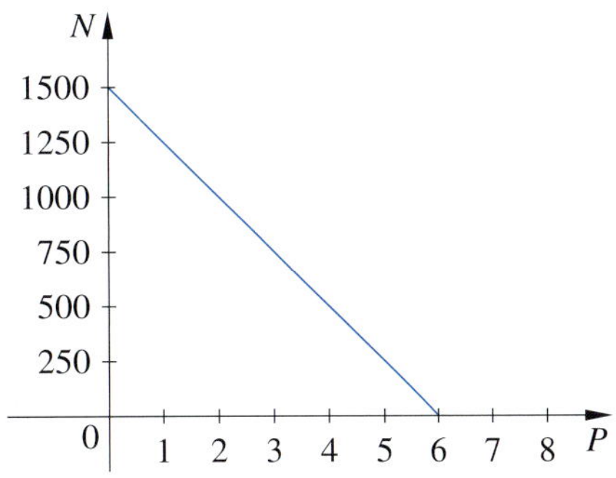

Auch beim Kino „Garbo" nimmt die wöchentliche Besucherzahl gleichmäßig mit dem Eintrittspreis ab. Bei einem Eintrittspreis von 3 € konnte der Kinobesitzer einen wöchentlichen Gewinn von 600 € erzielen, bei 4 € Eintrittspreis betrug der Gewinn nur 500 €. Eine Aktionswoche mit einem Eintrittspreis von nur 1 € führte zu 400 € Verlust.
Formuliere den Term $G(P)$ hier allgemein. Welche Parameter gehen in den Funktionsterm ein? Verwende die angegebenen Informationen, um den Wert dieser Parameter zu bestimmen.
Für welchen Eintrittspreis erzielt der Besitzer des „Garbo" den größten Gewinn, und wie hoch ist dieser?
Innerhalb welcher Grenzen sind die Annahmen dieses einfachen Modells sinnvoll?

Großer Wurf — Auftrag 2

Beim Kugelstoßen (wie auch bei vielen anderen Würfen) kann die Flugbahn der Kugel sehr gut durch eine Parabel beschrieben werden.
Welche Weiten haben die beiden Sportler erreicht? Schätze zunächst und finde dann den Funktionsterm, der die Flugbahn beschreibt, um deine Schätzung durch eine Rechnung zu überprüfen. Wo liegt im rechten Bild der höchste Punkt der Flugbahn? Tipp: Im Fall des rechten Bildes ist es sehr viel einfacher, zunächst mit dem Funktionsterm $ax^2 + bx + c$ zu arbeiten.
Informiere dich über andere Flugbahnen, die sich als Graphen quadratischer Funktionen beschreiben lassen, und auch über die Grenzen dieses Modells.

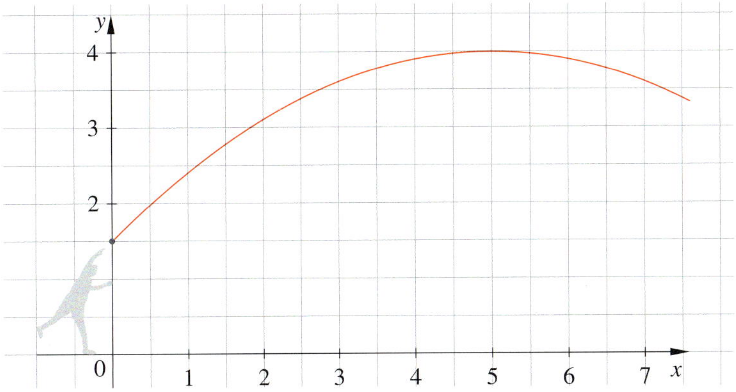

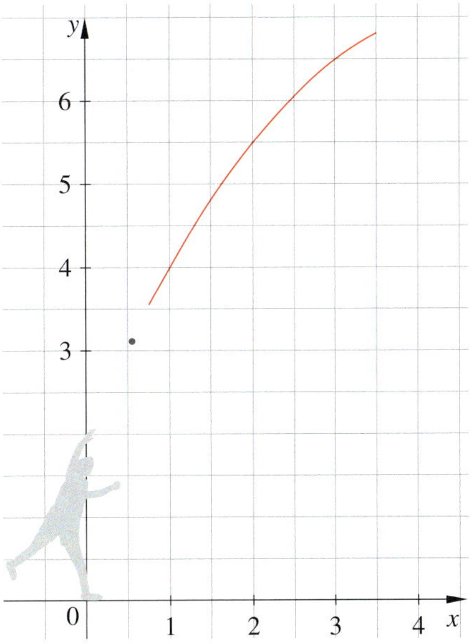

Auftrag 3 **Ungefähr und ganz genau**

Vom Graph einer quadratischen Funktion f mit $f(x) = ax^2 + bx + c$ kennst du die drei Punkte $P(-1|1)$, $Q(2|7)$ und $R(3|7)$. Mache Vorhersagen über den Verlauf dieses Graphen. Finde den Funktionsterm und überprüfe deine Vermutungen.

Löse die gleiche Aufgabe für die drei Punkte $A(-3|3)$, $B(-2|-3{,}5)$ und $C(-1|-7)$ sowie für $S(-1|-2)$, $T(2|5{,}5)$ und $U(3|8)$.

Bearbeitung

Auftrag 1 **Gute Geschäfte**

Tipp

Sinnvoll gewählte Bezeichnungen helfen, den Überblick zu behalten.

Der skizzierte Zusammenhang zwischen der Besucherzahl N und dem Eintrittspreis P (in €) für das „Gloria"-Kino ist eine lineare Funktion. Aus dem Diagramm erhältst du den Funktionsterm $N(P) = -\frac{1500}{6}P + 1500 = -250P + 1500$.
Der wöchentliche Gewinn ist die Differenz zwischen den Einnahmen $N(P) \cdot P$ und den Betriebskosten (in €) $K = 1800$: $G(P) = -250P^2 + 1500P - 1800$.
Um den Eintrittspreis, der den maximalen Gewinn erbringt, zu finden, führst du den quadratischen Funktionsterm $G(P)$ in die Scheitelpunktform über:
$G(P) = -250(P-3)^2 + 450$. Bei einem Eintrittspreis von 3 € erzielt der Besitzer des „Gloria" also den größtmöglichen Gewinn; dieser beträgt 450 € pro Woche. Bis zu diesem Punkt führt ein höherer Eintrittspreis trotz zurückgehender Besucherzahl zu höheren Einnahmen, ab einem Preis von 3 € wiegt der Rückgang an Besuchern schwerer als die Mehreinnahmen pro Eintrittskarte.

Der Gewinn des „Garbo"-Kinos berechnet sich ganz genau so wie beim „Gloria". Hier sind allerdings weder die Betriebskosten K noch die Steigung A und der N-Achsenabschnitt B der linearen Funktion $N(P) = A \cdot P + B$ bekannt. In Abhängigkeit von diesen drei Parametern lautet der Funktionsterm der „Gewinnfunktion" $G(P) = A \cdot P^2 + B \cdot P - K$. Von dieser Funktion kennst du die Werte für drei verschiedene Argumente P. Wenn du die Information $G(3) = 600$ ausnutzt, erhältst du
$A \cdot 3^2 + B \cdot 3 - K = 600$, also die **lineare Gleichung**
(I) $9A + 3B - K = 600$ **für die drei Unbekannten** A, B und K.
Wenn du die weiteren Informationen $G(4) = 500$ und $G(1) = -400$ verwendest, dann erhältst du die weiteren linearen Gleichungen:
(II) $16A + 4B - K = 500$
(III) $A + B - K = -400$

Erinnere dich

Drei Unbekannte – drei Informationen: Das lässt hoffen!

Zur Lösung dieses linearen Gleichungssystems mit drei Unbekannten helfen dir Ideen, die du schon bei Gleichungssystemen mit zwei Unbekannten genutzt hast. Eine einfache Lösungsroutine entsteht aus dem Einsetzverfahren: Wenn du eine der drei Gleichungen nach einer der Unbekannten auflöst – so, dass das Ergebnis ein möglichst einfacher Term wird –, dann kannst du das Ergebnis verwenden, um diese Unbekannte aus den beiden anderen Gleichungen zu eliminieren.
(III) $\Rightarrow$ $K = A + B + 400$ (*)
(*) in (I): $9A + 3B - (A + B + 400) = 600$ ergibt
(I'): $8A + 2B = 1000$
(*) in (II): $16A + 4B - (A + B + 400) = 500$ ergibt
(II'): $15A + 3B = 900$
Das lineare Gleichungssystem mit zwei Unbekannten, (I') und (II'), das du so erhalten hast, kannst du nun wie gewohnt lösen.

Beachte

Eine Gleichung auflösen, das Ergebnis in die beiden anderen Gleichungen einsetzen! Sorgfältige Bezeichnungen sind hier sehr wichtig.

(I'): $\Rightarrow$ $B = -4A + 500$ (**)

(**) in (II'): $15A + 3(-4A + 500) = 900 \Rightarrow 3A + 1500 = 900 \Rightarrow \underline{A = -200}$

Dann ist wegen (**) $\underline{B = -4 \cdot (-200) + 500 = 1300}$, und aus (*) erhältst zu dann $\underline{K = -200 + 1300 + 400 = 1500}$.

Als **Probe** für diese rechnerische Lösung musst du die Ergebnisse für A, B und K in alle Gleichungen des ursprünglichen Gleichungssystems einsetzen. Alternativ kannst du bei dieser Aufgabe auch prüfen, ob der Funktionsterm $G(P)$ mit den gefundenen Parameterwerten die gegebenen $(P|G)$-Wertepaare bestätigt.
Um das Maximum der quadratischen Funktion G zu finden, bringst du den Funktionsterm in die Scheitelpunktform:
$G(P) = -200P^2 + 1300P - 1500 = -200(P - 3{,}25)^2 + 612{,}5$
Bei einem Eintrittspreis von 3,25 € wird also der maximale Gewinn in Höhe von 612,50 € pro Woche erzielt.

Info

Die Lösungsmenge eines solchen Gleichungssystems besteht aus **Zahlentripeln**. Hier wäre die Lösungsmenge anzugeben als $L = \{(-200|1300|1500)\}$ (Werte der Unbekannten, in alphabetischer Reihenfolge).

Das für diese Aufgabe verwendete einfache Modell setzt neben den konstanten Betriebskosten – diese Annahme ist für ein Kino recht gut erfüllt – vor allem einen linearen Zusammenhang zwischen Besucherzahl und Kartenpreis voraus. Für niedrige Preise setzt die maximale Zahl von Sitzplätzen des Kinos eine Grenze. Für hohe Preise ist die Annahme $N(P) = -200P + 1300$ höchstens bis zur Nullstelle bei $P = 6{,}5$ sinnvoll. Wenn das Kino also 1300 Plätze bietet, dann ist der größte sinnvolle Definitionsbereich für P das Intervall $[0; 6{,}5]$. Für ein kleineres Kino verschiebt sich die untere Intervallgrenze entsprechend nach oben.

Beachte

Solche „Proben am Problem" musst du nach der Arbeit an mathematischen Modellen immer bedenken.

Einen Schritt weitergedacht:
Neben den linearen Funktionen, mit denen du in Jahrgangsstufe 8 gearbeitet hast und mit denen sich viele einfache Beziehungen – zumindest näherungsweise – darstellen lassen, gibt es eine Vielzahl von Zusammenhängen, die mithilfe quadratischer Funktionen gut modelliert werden können. Natürlich gibt es aber auch Vorgänge oder Zusammenhänge, die andere Typen von Funktionen zu ihrer Beschreibung erfordern.

Als **Hilfsmittel zum Lösen von Problemen** hat es sich bei diesem Beispiel als nützlich erwiesen, die Größen sinnvoll zu bezeichnen und dir ein klares Bild davon zu machen, wie die vorkommenden Größen zusammenhängen. Dabei war $N(P)$ eine Hilfsgröße, um schließlich zum Term $G(P)$ zu gelangen.
Komplexeren Problemen kannst du dich von zwei Seiten her nähern: Was lässt sich aus den Angaben berechnen („Vorwärtsarbeiten"), und was ist nötig, um das Gesuchte zu ermitteln („Rückwärtsarbeiten"). Vereinfachende Annahmen wie hier die eines linearen Zusammenhangs zwischen N und P sind häufig ein erster Schritt zu einer Lösung.
Lange schon nutzt du Skizzen, Graphen und Tabellen, um dir Situationen klar zu machen. Wäre dir hier z. B. die Art des Zusammenhangs $G(P)$ nicht bekannt gewesen, so wäre eine Skizze der gegebenen Wertepaare $(P|G)$ in einem Koordinatensystem ein probates Mittel gewesen, um über die Art des funktionalen Zusammenhangs eine Vermutung zu finden.

Tipp

Mit einem dynamischen Funktionsplotter, bei dem Werte von Parametern im Funktionsterm variiert werden können, kannst du die Lösung parallel zur Rechnung verfolgen oder vor der genauen Rechnung zu ermitteln versuchen.

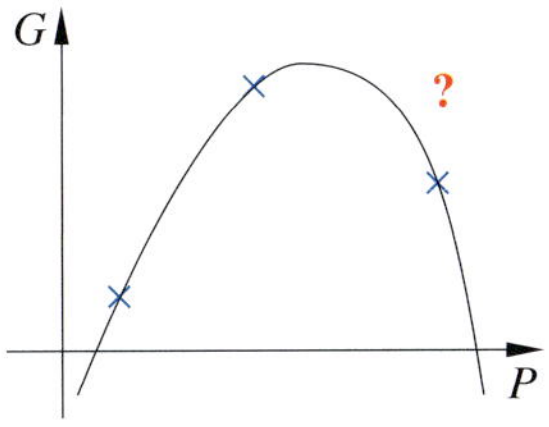

Beim Lösen eines Systems aus drei linearen Gleichungen für drei Unbekannte ergibt sich, wie du es schon von Gleichungssystemen für zwei Unbekannte kennst, nicht immer eine eindeutige Lösung. Bei jedem Einsetzen kannst du eine nicht erfüllbare Gleichung erhalten – dann hat das ganze Gleichungssystem keine Lösung.

Beispiel:

(I) $3x - 2y - 4z = 5$
(II) $3x + y - 2z = 7$
(III) $-2x + 3y + 5z = -1$

(II) $\Rightarrow y = -3x + 2z + 7$ (*)

(*) in (I): $3x - 2(-3x + 2z + 7) - 4z = 5$
(I'): $9x - 8z = 19$
(*) in (III): $-2x + 3(-3x + 2z + 7) + 5z = -1$
(III'): $-11x + 11z = -22$

(III') $\Rightarrow z = x - 2$ (**)

(**) in (I'): $9x - 8(x - 2) = 19 \Rightarrow \underline{\underline{x = 3}}$
in (**) $\Rightarrow \underline{\underline{z}} = 3 - 2 = \underline{\underline{1}}$
in (*) $\Rightarrow \underline{\underline{y}} = -3 \cdot 3 + 2 \cdot 1 + 7 = \underline{\underline{0}}$

Genauso kann sich zeigen, dass zwei (oder drei) Gleichungen – Ausgangsgleichungen oder auch die Gleichungen, die während des Lösungsvorgangs entstehen – äquivalent sind. Dann besitzt das Gleichungssystem unendlich viele Lösungen.

Die Anpassung des Funktionsterms $f(x) = ax^2 + bx + c$ einer quadratischen Funktion an gegebene Wertepaare führt immer zu einem relativ einfachen Gleichungssystem, weil in jeder Gleichung als Faktor vor der Unbekannten c eine Eins steht. Das Einsetzverfahren funktioniert natürlich ebenso auch bei komplexeren Gleichungssystemen wie im nebenstehenden Beispiel. Dabei kann es die Rechnung merklich vereinfachen, wenn du auf einen „geschickten" Weg achtest.

Zusammenfassung

Modellieren mit Funktionen

Anpassen einer quadratischen Funktion $f(x) = ax^2 + bx + c$ an gegebene Wertepaare:
Jedes Wertepaar $(x_i | y_i)$ führt zu einer linearen Gleichung für die drei unbekannten Parameter.

$f(1) = 5 \Rightarrow$ (I) $a + b + c = 5$
$f(4) = 2 \Rightarrow$ (II) $16a + 4b + c = 2$
$f(-2) = -10 \Rightarrow$ (III) $4a - 2b + c = -10$

Lösen eines Systems von linearen Gleichungen mit drei Unbekannten mittels Einsetzverfahren:

① Löse eine der Gleichungen nach einer der Unbekannten auf (Ziel: Einfacher Term!).

(I) $\Rightarrow c = -a - b + 5$ (*)

② Ersetze mit dem Ergebnis diese Unbekannte in den anderen beiden Gleichungen

(*) in (II): $16a + 4b + (-a - b + 5) = 2$
(II'): $15a + 3b = -3$
(*) in (III): $4a - 2b + (-a - b + 5) = -10$
(III'): $3a - 3b = -15$

③ Löse das entstandene lineare Gleichungssystem mit zwei Unbekannten

(III') $\Rightarrow b = a + 5$ (**)
(**) in (II'): $15a + 3(a + 5) = -3 \Rightarrow \underline{\underline{a = -1}}$

④ Bestimme mit dem Ergebnis von Schritt (1) den Wert der dritten Unbekannten.

in (**) $\Rightarrow \underline{\underline{b}} = -1 + 5 = \underline{\underline{4}}$
in (*) $\Rightarrow \underline{\underline{c}} = -(-1) - 4 + 5 = \underline{\underline{2}}$

Überprüfung der Ergebnisse: Die Probe durch Einsetzen in alle Ausgangsgleichungen überprüft die Rechnung zur Lösung des Gleichungssystems. Bei der Anpassung einer quadratischen Funktion an Wertepaare dient das Einsetzen in den gefundenen Funktionsterm als Probe für die gesamte Rechnung.

„Werkzeugkasten" zum Lösen von Anwendungsaufgaben: • Skizzen, Graphen, Tabellen
• Sinnvolle Bezeichnungen • Hilfsgrößen • Vereinfachende Annahmen • eigene, vereinfachte Beispiele
• Planen: Wie hängen die Größen zusammen?
• **Rückwärtsarbeiten**: Was ist nötig zum Finden des Gesuchten?
• **Vorwärtsarbeiten**: Was ist aus dem Bekannten zu ermitteln?

Aufgaben

Verknüpfen
Anwenden
Trainieren

1 Starting nice and easy: Solve the following systems of linear equations. Remember to check your results.

a) (I) $x+z=-1$
(II) $x+y=3$
(III) $x-z=3$

b) (I) $x+y+z=2$
(II) $y+2z=-2$
(III) $2y-z=1$

c) (I) $2x-y=2$
(II) $x+3y=8$
(III) $2x-y-z=0$

d) (I) $-x+2z=6$
(II) $2x+y=-6$
(III) $y+3z=5$

e) (I) $4x-z=5$
(II) $5y+2z=4$
(III) $-2x+2y=3$

f) (I) $2x-z=-4$
(II) $-x+3y+z=8$
(III) $3x+4y=2$

g) (I) $2x+4z=10$
(II) $x-y+z=6$
(III) $x+2y+z=0$

h) (I) $5x+y-2z=-11$
(II) $2y-3z=2$
(III) $3x+2y-4z=-8$

Lösungswort: $z=-3$ (a); $z=4$ (e); $x=2$ (i); $x=1$ (n); $y=0$ (o); $y=-2$ (q); $y=1$ (r); $x=-4$ (t); $z=0$ (u)

2 Still having fun.

a) (I) $2x+y+z=-3$
(II) $-x+3y+z=4$
(III) $x-2y+z=3$

b) (I) $3x+2y+z=-3$
(II) $x-3y+z=17$
(III) $x+y+z=1$

c) (I) $-x+4y+z=1$
(II) $-2x+6y+z=0$
(III) $2x+2y+z=10$

d) (I) $5x+7y+z=-1$
(II) $3x-8y+z=12$
(III) $2x+4y-z=-3$

e) (I) $2x-3y+z=2$
(II) $-3x+8y+z=11$
(III) $4x-5y+z=8$

f) (I) $\frac{1}{2}x-y+z=-9$
(II) $3x+\frac{1}{3}y+z=-7$
(III) $-4x-3y+z=-9$

Lösungswort: $y=1$ (a); $y=-4$ (e); $x=-3$ (m); $z=3$ (r); $z=1$ (s); $z=2$ (s); $x=4$ (t); $y=4$ (y)

3 When the going gets tough …

a) (I) $2x-y+2z=15$
(II) $x+3y-z=13$
(III) $3x+y-2z=5$

b) (I) $4x-2y+2z=6$
(II) $3x+y-z=12$
(III) $2x+2y+z=3$

c) (I) $2x-y+2z=3$
(II) $x-3y+3z=13$
(III) $4x+y+2z=-1$

d) (I) $2x+y+3z=2$
(II) $4x-y-z=\frac{1}{3}$
(III) $x+y+6z=\frac{1}{2}$

e) (I) $\frac{1}{2}x+\frac{1}{2}y+z=-2$
(II) $3x+y+2z=8$
(III) $2x-y+\frac{1}{3}z=1$

f) (I) $x+\frac{3}{2}y+z=-1$
(II) $-2x-y+z=5$
(III) $\frac{5}{3}x+y+z=4$

Lösungswort: $y=8$ (a); $z=-3$ (e); $z=5$ (m); $x=-3$ (o); $x=1$ (r); $y=5$ (r); $y=2$ (s); $y=9$ (t)

4 Hot stuff.

a) (I) $7x-6y-5z=-16$
(II) $-5x+3y+9z=5$
(III) $8x-9y+3z=-29$

b) (I) $-4x+5y+6z=-37$
(II) $3x-12y-9z=18$
(III) $5x+7y+11z=-17$

c) (I) $6x+2y-3z=-25$
(II) $-4x-5y+3z=0$
(III) $-5x+7y-6z=5$

d) (I) $-x+\frac{1}{2}y-\frac{1}{2}z=\frac{5}{6}$
(II) $2x+3y-z=5$
(III) $4x+\frac{5}{6}y+\frac{3}{2}z=-\frac{4}{9}$

Beispiele für Schreibweisen von Lösungsmengen:
$L=\{(x|y|z)\,|\,z=3x-2y\}$ oder
$L=\{(x|y|z)\,|\,x=z-3 \text{ und } y=3z-1\}$.

5 Special care needed.

a) (I) $2x+3y-4z=8$
(II) $4x+3y+2z=6$
(III) $-x-1{,}5y+2z=-4$

b) (I) $-2x+3y+5z=5$
(II) $2x+3y+2z=1$
(III) $-x+y+2z=-4$

c) (I) $2x+y-z=1$
(II) $5x-y-3z=-2$
(III) $-3x+2y+2z=3$

d) (I) $2x+y-z=-1$
(II) $5x-y-3z=-2$
(III) $-3x+2y+2z=3$

e) (I) $2x+y-z=-1$
(II) $5x-y-3z=2$
(III) $3x+2y+2z=3$

f) (I) $\frac{3}{2}x-2y+z=\frac{9}{2}$
(II) $-6x+18y-4z=-18$
(III) $x-\frac{4}{3}y+\frac{2}{3}z=3$

g) (I) $x-2y+3z=4$
(II) $-3x+6y-9z=-12$
(III) $1{,}5x-3y+4{,}5z=8$

6 Finde den Term der quadratischen Funktion, zu deren Graph die angegebenen Punkte gehören. Führe die Probe auf zwei Arten durch.

a) $A(-1|-12)$; $B(-2|-6)$; $C(-5|-12)$
b) $D(-2|33)$; $E\left(-3\left|\frac{7}{2}\right.\right)$; $F(2|11)$
c) $G(2|12)$; $H(-2|4)$
d) $J(-4|-33)$; $K(-2|-11)$; $L\left(1\left|-\frac{1}{2}\right.\right)$; $M(4|-17)$
e) $N\left(1\left|\frac{1}{4}\right.\right)$; $P(-2|10)$; $Q(2|-2)$; $R(3|-4)$
f) $S(1|4)$; $T(3|6)$; $U(3|8)$

7 Bearbeite wie Aufgabe 6 und löse dann die „Bonusaufgaben“.

a) $S(-1|-4)$; $A\left(\frac{1}{2}\middle|-4\right)$; $T\left(\frac{3}{2}\middle|6\right)$.
Bestimme die Nullstellen.

b) $U(1|3)$; $F(3|5)$; $O(5|3)$.
Finde einen einfachen Lösungsweg.

c) $M(-3|-1{,}7)$; $F(-1|0{,}7)$; $G(10|42{,}5)$.
Bestimme den Scheitelpunkt.

d) $H(-5|38)$; $D(-2|5)$; $L(1|-1)$.
Bestimme die Nullstellen und die Symmetrieachse.

e) $L(3|-19)$; $E(5|5)$; $D(8|11)$.
Bestimme den Wertebereich.

f) $E(2|-1)$; $T(4|-8)$; $C(6|-17)$.
Bestimme grafisch, wann die Funktion den Wert 4 annimmt und wann den Wert 7.

8 Finde den Term der quadratischen Funktionen, die sich hinter diesen nur teilweise sichtbaren Graphen verbergen. Vergleiche bei den Graphen zu h und i verschiedene Lösungsmöglichkeiten hinsichtlich ihrer Genauigkeit.

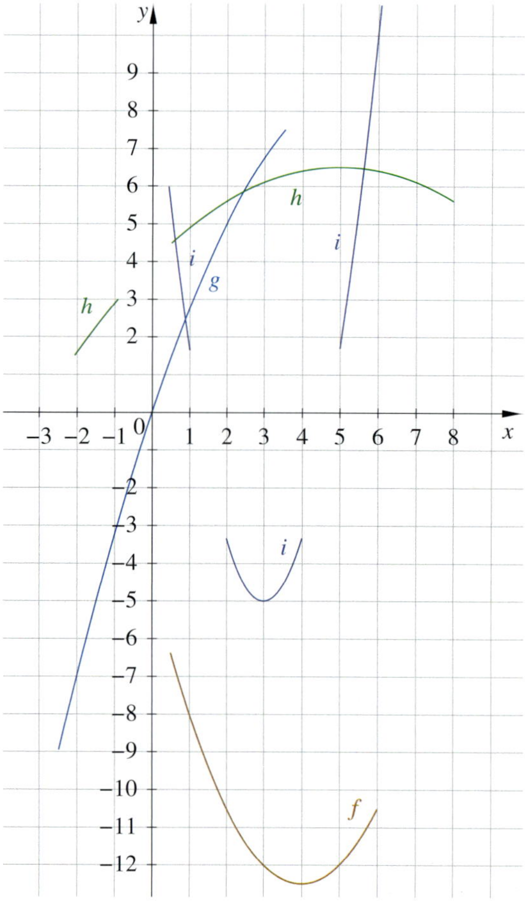

9 **Tabellen und Graphen**

a) Finde unter den folgenden Wertetabellen diejenigen heraus, die zu einer quadratischen Funktion gehören könnten.

①

x	−2	−1	0	1	2
y	9	5,5	3	1,5	1

②

n	−2	−1	0	0,5	2
p	14	11,5	9	7,75	4

③

b	0,5	1	2	4	5
A	4	6	9	9	5,5

④

h	−2	−1,5	−1	1	2
v	6	8	9,5	13	15

⑤

x	−4	−3	−2	−1	0
h	11	8	7	6	3

⑥

t	−2	−1,5	−1	−0,5	0
n	−4	−2	2	7	14

b) Überprüfe deine Vermutungen aus Teilaufgabe a) rechnerisch.

c) Ändere in den Wertetabellen, bei denen sich deine Vermutung in Teilaufgabe b) nicht bestätigt hat, möglichst wenige Einträge ab, sodass sie einer quadratischen Funktion genügen.

Noch fit?

I Fasse so weit wie möglich zusammen.

a) $\left(\frac{2}{3}\right)^{-2}$

b) $7^{13} : 7^{11}$

c) $19^{-5} : 19^{-4}$

d) $9(3x^2)^{-3}$

e) $x^2 y^{-3} : (x^{-3} y^2)$

f) $\frac{(a^{-1} b^2)^3}{(b^3 c^{-1})^2}$

II Finde die Fehler und verbessere.

a) $\frac{(a^3 b^{-3})^{-2}}{b(ab^2)^3} = \frac{a^3 b^6}{bab^5} = a^2$

b) $\frac{s^2 (st^2)^{-2}}{t^{-2} (s^2 t)^3} = \frac{s^2 s^{-2} t^0}{t^{-2} s^6 t^3} = \frac{0 \cdot 0}{s^6 t} = 0$

c) $\frac{(a+b)^2 a^{-3}}{ab} = \frac{a^2 a^{-3} + b^2 a^{-3}}{ab} = \frac{a^{-1} + a^{-3} b^2}{ab} = \frac{1}{a^2 b} + \frac{b}{a^4}$

d) $\frac{x^4 y^6}{x^2 y^2} = x^2 y^3$

Aufgaben

Verknüpfen
Anwenden
Trainieren

10 Finde heraus, wo die abgebildeten Brücken stehen. Kann die Form der Brücken jeweils durch eine quadratische Funktion beschrieben werden? Pause die Fotos ab, wähle ein sinnvolles Koordinatensystem, bestimme einen passenden Funktionsterm und überprüfe.
Vergleiche verschiedene Lösungsmöglichkeiten.

11 Bei einem Experiment zum freien Fall wurden die folgenden Messwerte aufgezeichnet. Berechne daraus den Wert der Fallbeschleunigung.

t in s	0,0	0,2	0,3	0,4
h in m	0,00	0,20	0,44	0,78

Die folgende Tabelle zeigt weitere Messwerte. Beurteile sie und erkläre deine Beobachtungen.

t in s	0,1	0,5	0,6	0,7
h in m	0,04	1,17	1,65	2,22

12 Beschreibt auch eine an zwei Enden aufgehängte Kette (oder eine Schnur) eine Parabel? Überprüfe das zunächst anhand nebenstehenden Bildes. Führe dann den Versuch selbst durch. Spielt es eine Rolle, ob sich die beiden Enden auf der gleichen Höhe befinden?

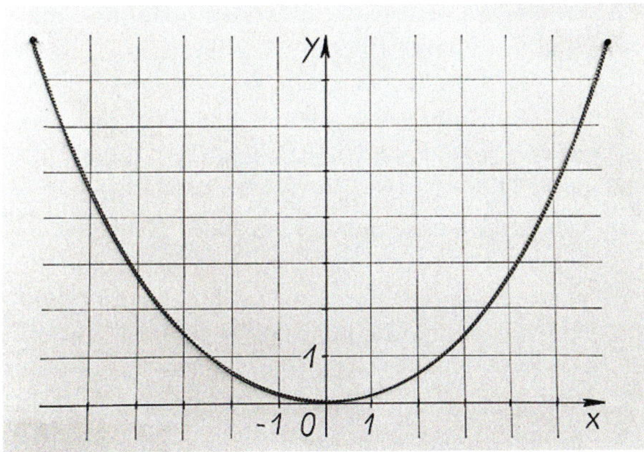

13 Begründe, warum es keine Parabel durch die angegebenen Punkte gibt. Verändere dann möglichst wenig an den Angaben, sodass du die Gleichung einer Parabel mit den entsprechenden Eigenschaften bestimmen kannst.

a) $A(-2|0)$; $B(3|0)$; Scheitel $S(1|6{,}25)$
b) $C(-4|3)$; $D(1|3)$; Scheitel $S(-2|-6)$
c) $E(2|4)$; $F(4|8)$; Scheitel $S(3|6)$

14 Der Besitzer einer Dönerbude geht in einem einfachen wirtschaftlichen Modell davon aus, dass seine tägliche Verkaufszahl mit steigendem Verkaufspreis gleichmäßig abnimmt. Die Herstellung jedes Döners kostet den gleichen, festen Betrag. Experimente mit verschiedenen Verkaufspreisen lieferten das in der Tabelle gezeigte Ergebnis.
Formuliere – ähnlich wie in Auftrag 1 – allgemein einen Term für den täglich erzielten Gewinn. Bestimme dann aus den gegebenen Informationen die in diesem Term enthaltenen Parameter und entscheide zuletzt, für welchen Verkaufspreis der Dönerbudenbesitzer den maximalen Gewinn erzielt.

Verkaufspreis (€)	täglicher Gewinn (€)
2,00	60
3,00	120
4,00	100

15 Bei einer Grippeepidemie in Deutschland waren zwei Tage nach dem Ausbruch 4,1 Millionen Personen erkrankt, weitere zwei Tage später 10,1 Millionen Personen und fünf Tage nach dem Ausbruch 15,3 Millionen Personen.
Die Berechnung von Wertepaaren zwischen diesen bekannten Daten bezeichnet man als **Interpolation**. Interpoliere die Anzahl der Erkrankten am dritten Tag der Epidemie. Vergleiche dabei das Ergebnis einer linearen Interpolation (unter Verwendung der zwei benachbarten Wertepaare) mit dem einer quadratischen Interpolation (unter Verwendung aller Angaben).
Die Berechnung von Wertepaaren jenseits der Bekannten nennt man **Extrapolation**. Verwende eine quadratische Extrapolation, um die Anzahl der Erkrankten acht Tage nach Ausbruch der Epidemie zu berechnen.
Überlege, innerhalb welches Zeitraums dieses quadratische Modell sinnvoll ist. Skizziere dann – ohne einen Funktionsterm anzugeben – einen realistischen Graphen für die gesuchte Funktion.

16 Ist es sinnvoll, den Zusammenhang zwischen dem Bekanntheitsgrad eines Politikers und seinem Wahlerfolg mithilfe einer quadratischen Funktion zu modellieren? Begründe.

17 Der Geldautomat einer Bank gibt 10-€-Scheine, 20-€-Scheine und 50-€-Scheine aus. Er soll für einen täglichen Umsatz von 20000 € vorbereitet werden. Da viele Schüler bei dieser Bank abheben, sollen 40 % der Scheine im Geldautomaten 10-€-Scheine sein. Um andererseits Kunden, die größere Beträge abheben, zufrieden stellen zu können, soll der Gesamtwert aller 50-€-Scheine im Automaten das Zweieinhalbfache des Gesamtwerts der 20-€-Scheine betragen. Wie muss dieser Geldautomat bestückt werden?

18 Die Eltern von Sina, Alex und Vanessa spendieren ihren drei Kindern monatlich insgesamt 100 € Taschengeld. Vanessa: „Ich als Älteste sollte 10 € mehr bekommen, die beiden anderen dafür jeder gleich viel weniger. Dann bekomme ich genauso viel wie die beiden Kleinen zusammen, das wäre schon gerecht!" Alex: „Meiner Meinung nach solltest du 5 € weniger bekommen, die mir zustehen – dann bekämen wir beide nämlich gleich viel!" Wie hoch ist das Taschengeld von jedem der drei momentan?

Aufgaben

Verknüpfen · **Anwenden** · **Trainieren**

19 Das Einsetzverfahren kannst du auch für Gleichungssysteme verwenden, in denen andere als lineare Gleichungen vorkommen. Achte darauf, dass es dabei zu mehreren verschiedenen Lösungen kommen kann.

a) (I) $2x + 2y = 10$ (II) $xy = 6$

b) (I) $\frac{1}{2}(x+y)z = 100$ (II) $z = x - y$ (III) $x = 3y$

c) (I) $x^2 + y^2 = z^2$ (II) $x + y + z = 30$
(III) $x + y = \frac{7}{5}z$

d) Zu welchen Aufgaben könnten die Gleichungssysteme in Teilaufgaben a) bis c) gehören?

e) (I) $x + y + 2z - yz = 2$
(II) $x + 2y + 3z - yz = 6$ (Tipp: Eliminiere
(III) $x + 4y + z - yz = 4$ als ersten Schritt yz.

20 Die allgemeine Gleichung einer Hyperbel lautet $y = \frac{a}{x-b} + c$. Finde jeweils die Gleichung der Hyperbel mit den genannten Eigenschaften.

a) Waagrechte Asymptote $y = -3$; senkrechte Asymptote $x = 5$; der Graph enthält den Punkt $A(3|7)$.

b) Senkechte Asymptote $x = -2$; der Graph enthält die Punkte $A(-5|4)$ und $B(2|6)$.

c) Der Graph verläuft durch die Punkte $A(-1|27)$; $B(1|11)$; $C(2|9)$.
Fertige zunächst eine Skizze an, anhand derer du den ungefähren Verlauf schätzen kannst. Vergleiche für die Rechnung Aufgabe 19 e).

d) Der Graph verläuft durch die Punkte $A(5|-13)$; $B(2|2)$; $C(-2|-6)$. Verfahre wie bei c).

21 Aus der Physik kennst du für die Zeit-Ort-Funktion bei einem Bremsvorgang, der zum Zeitpunkt $t = 0$ beginnt, den Funktionsterm:
$x(t) = -\frac{1}{2}at^2 + v_0 t + x_0$

a) Welche Bedeutung haben die Parameter in diesem Funktionsterm?

b) Frau Schmidt fährt mit $54\,\frac{\text{km}}{\text{h}}$, als 30 m vor ihr eine Ampel auf Rot springt. Die Bremsbeschleunigung ihres Autos bei einer normalen, vorsichtigen „Betriebsbremsung" beträgt $3\,\frac{\text{m}}{\text{s}^2}$. Bei einer Vollbremsung erreicht sie unter optimalen Bedingungen mit ABS eine Bremsbeschleunigung von $8\,\frac{\text{m}}{\text{s}^2}$. Kommt sie mit einer vorsichtigen Bremsung vor der Ampel zum Stehen, oder schafft sie es nur mit einer Vollbremsung?

22 In realen Anwendungen ist jede Messung oder Beobachtung mit einem kleinen Fehler behaftet, deshalb entsprechen erhaltene Wertepaare nicht exakt einer mathematischen Vorschrift. Stellt man eine größere Zahl von Wertepaaren in einem so genannten Streudiagramm dar, lässt sich ein dahinter liegender mathematischer Zusammenhang – wenn es einen gibt – aber erkennen. Untersuche die folgenden Messreihen und finde möglichst einen „passenden" Funktionsterm.

l	f
0,4	13
0,8	15
1,2	17
1,4	17
1,8	18
2,2	20
2,6	21
3,0	22
3,4	24
3,8	26
4,0	26
4,6	28

t	p
2,0	1,2
5,0	0,8
8,0	1,1
10	1,7
13	0,7
14	1,0
17	1,5
20	1,1
21	1,3
22	0,6
25	0,9
27	1,4

v	t
2,2	18
2,5	10
2,6	8,0
2,8	8,0
3,0	7,0
3,2	6,4
3,5	6,2
3,8	5,8
4,0	5,5
4,3	5,4
4,6	5,3
5,0	4,9

p	g
0,3	2,2
0,8	3,9
1,2	4,7
1,5	5,5
1,9	6,0
2,3	6,9
2,7	7,3
3,1	7,5
3,4	7,6
3,8	7,4
4,1	7,2
4,6	6,9

23 Zur Anpassung des Terms einer quadratischen Funktion an gegeben Eigenschaften kannst du unterschiedliche Ansätze verwenden:
$f(x) = ax^2 + bx + c$ oder $f(x) = a(x - x_1)^2 + y_1$ oder $f(x) = a(x - x_1)(x - x_2)$.
Stelle in einer Tabelle zusammen, für welche vorgegebenen Daten jeder dieser Ansätze besonders sinnvoll, für welche unvorteilhaft ist. Entwirf jeweils mindestens ein Aufgabenbeispiel.

24 Finde den Term einer quadratischen Funktion mit den angegebenen Eigenschaften. Erkläre gegebenenfalls, wieso das nicht möglich ist. Lasse in solchem Fall evtl. verschiedene Forderungen weg und vergleiche die Ergebnisse. Wenn zu wenig angegeben ist, dann ergänze die Angaben selbst.

a) Symmetrieachse $x = -4$; der Graph verläuft durch $A(-2|-1)$ und $B(3|1)$.
b) Scheitelpunkt $S(2|6)$; der Graph verläuft durch $C(-1|3)$ und $D(4|2)$.
c) Symmetrieachse $x = 1$; der Graph verläuft durch $E(-2|3)$ und $F(4|3)$.
d) Scheitelpunkt $S(4|-3)$; der Graph verläuft durch $G(-2|-4)$ und $H(6|-2)$.
e) Schnittpunkte mit der x-Achse $N_1(-4|0)$ und $N_2(3|0)$; Scheitelpunkt $S(-1|1)$.

25 Ein Gegenstand, der an einer Schnur festgebunden ist, stellt ein einfaches Pendel dar. Experimentiere mit verschiedenen solcher Pendel und finde heraus, wovon ihre Schwingungsdauer abhängt. Bestimme mithilfe deiner Messergebnisse eine Formel.

26 **Der waagrechte Wurf**

a) Wird ein Gegenstand in der Höhe h_0 mit der Geschwindigkeit v_0 waagrecht abgeworfen, dann wird diese waagrechte Bewegung in x-Richtung, $x(t) = v_0 \cdot t$, überlagert von der Fallbewegung in y-Richtung, $y(t) = h_0 - \frac{1}{2} \cdot g \cdot t^2$. Seine resultierende Bahn entsteht durch die Überlagerung dieser beiden Bewegungen. Zeige, dass seine Flugbahn durch die Gleichung $y = -\frac{g}{2{v_0}^2} \cdot x^2 + h_0$ beschrieben wird.
b) In einem vereinfachten Modell einer Skisprungschanze ist der Schanzentisch waagrecht, die Bewegung des Skispringers entspricht also, wenn man den Luftwiderstand vernachlässigt, einem waagrechten Wurf. Der Aufsprunghügel beginnt 5 Meter unterhalb des Schanzentisches und hat eine Neigung von 60 %. Wie schnell war ein Skispringer beim Absprung, wenn er eine Weite von 80 Metern erreicht hat?
c) Wie hoch muss die Anlaufbahn dafür gewesen sein, wenn du wieder alle Reibung vernachlässigst?
d) Nach 120 Metern beginnt der zunächst gleichmäßig fallende Aufsprunghügel, in die Waagrechte überzugehen. Diesen Punkt nennt man den kritischen Punkt der Sprungschanze – wieso? Wie schnell darf ein Skispringer höchstens am Absprung sein, um bei seiner Landung diesen kritischen Punkt nicht zu überschreiten?
e) Finde einen Term, der die Sprungweite in Abhängigkeit von der Absprunggeschwindigkeit angibt.
f) Informiere dich, wie Skisprunganlagen in der Realität aussehen. Skizziere dann eine reale Flugbahn auf einer solchen Anlage.

Aufgabe der Woche

Versuche, die anderen Lösungsverfahren für lineare Gleichungssysteme, die du aus der 8. Klasse kennst, auf Systeme von drei linearen Gleichungen mit drei Unbekannten zu erweitern.

8.4 Potenzen mit rationalen Exponenten

Auftrag 1 **Zahlenteppich**

		2^{-1} $=\frac{1}{2}$	2^0 $=1$	2^1 $=2$	2^2 $=4$	2^3 $=8$	2^4 $=16$
		$4^{-\frac{1}{2}}$ $=\frac{1}{2}$	4^0 $=1$	$4^{\frac{1}{2}}$ $=2$	$4^{\frac{2}{2}}$	$4^{\frac{3}{2}}$ $=8$	$4^{\frac{4}{2}}$ $=16$
			8^0	$8^{\frac{1}{3}}$ $=2$	$8^{\frac{2}{3}}$ $=4$		
			16^0	$16^{\frac{1}{4}}$ $=2$	$16^{\frac{1}{2}}$ $=4$		
			32^0	$32^{\frac{1}{5}}$ $=2$			
		$64^{-\frac{1}{6}}$	64^0	$64^{\frac{1}{6}}$	$64^{\frac{1}{3}}$ $=4$	$64^{\frac{1}{2}}$	

Jana möchte den obigen Zahlenteppich, von dem nur die Potenzen in den oberen zwei Zeilen vorgegeben waren, mithilfe des Taschenrechners und geeigneter Überlegungen vervollständigen.
Die gelben Felder bereiten ihr keine Schwierigkeiten; sie fängt an, die Ergebnisse in die Felder einzutragen (blaue Schrift).
Brüche im Exponenten einer Potenz sind ihr neu. Sie probiert aus, welche Ergebnisse der Taschenrechner dafür anzeigt.

Um z. B. $4^{\frac{1}{2}}$ zu berechnen, tippt sie [4] [x^y] [(] [1] [÷] [2] [)] [=] und erhält als Ergebnis 2.

Als Jana die Ergebnisse in den grünen Feldern vergleicht, kommt ihr eine Idee. Damit ist ihr auch das Ergebnis im blauen Feld klar.

Übertrage den noch lückenhaften Zahlenteppich (ohne Farben der Felder) in dein Heft und prüfe nach, ob dein Taschenrechner die gleichen Ergebnisse liefert, die Jana notiert hat. Ergänze die noch fehlenden Ergebnisse.

Welche Erklärung für Potenzen der Form $a^{\frac{1}{2}}$ $(a \geq 0)$ würde zu den Ergebnissen in den grünen Feldern, aber auch zu dem im blauen Feld führen?

Überlege dir dazu passend eine Erklärung für die Potenz $4^{\frac{3}{2}}$. Nutze: $4^3 = 64$.
Zeige anhand der übrigen grauen Felder, dass deine Erklärung vernünftig ist.

Suche anhand der orangefarbenen Felder nach einer Erklärung für Potenzen der Form $a^{\frac{1}{n}}$ ($a \geq 0$; $n = 3, 4, 5, 6, \ldots$).

Überlege dir das „Webmuster“ des Teppichs und ergänze danach weitere Felder. Prüfe, ob deine bisherigen Überlegungen auch dafür die Taschenrechnerergebnisse erklären.

Eine Zahl, die jeder Gitarrist begreift — Auftrag 2

Die Stege auf dem Hals einer Gitarre sind so angeordnet, dass alle 12 Halbtöne der Tonleiter „griffbereit“ zur Verfügung stehen.

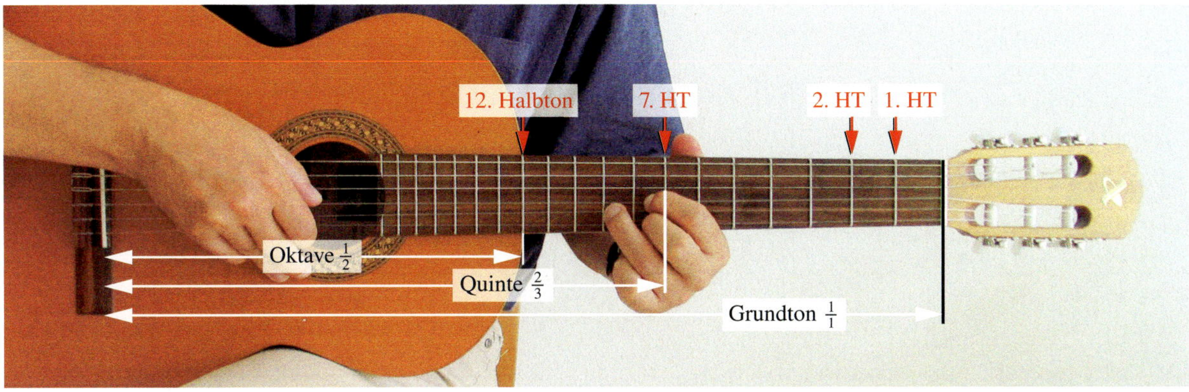

Von einem Halbton zum nächsten Halbton wird die Saitenlänge immer durch dieselbe Zahl x dividiert.
Bei einer 650 mm langen Grundseite liegt der 1. Halbton demnach bei 650 mm : x, der 2. Halbton bei $(650\,\text{mm} : x) : x = 650\,\text{mm} : x^2, \ldots$
Nach siebenmaligem Dividieren durch diese Zahl erhältst du die Quinte und nach zwölfmaligem Dividieren die Oktave.

Bei der Oktave ist die Saitenlänge genau auf die Hälfte verkürzt. Bei einer 650 mm langen Grundsaite muss demnach für die gesuchte Zahl x gelten:

$650\,\text{mm} : x^{12} = 325\,\text{mm} \;\Leftrightarrow\; 2 : x^{12} = 1 \;\Leftrightarrow\; x^{12} = 2$
Die passende Zahl für dieses Problem ist eine irrationale Zahl, deren Wert ungefähr 1,06 beträgt. Ihr exakter Wert kann – wie bei anderen irrationalen Zahlen auch – nur symbolisch dargestellt werden:

$x = \sqrt[12]{2}$ oder in Potenzschreibweise $x = 2^{\frac{1}{12}}$.

Ermittle den Wert, den dein Taschenrechner für die Zahl $\sqrt[12]{2}$ (sprich: „zwölfte Wurzel aus zwei“) bzw. für $2^{\frac{1}{12}}$ anzeigt. Zeige dann, dass zwölfmaliges Dividieren von 650 durch $\sqrt[12]{2}$ tatsächlich 325 ergibt.

Berechne für eine 650 mm lange Grundsaite diejenigen Längen, die zu den Tönen einer Durtonleiter führen.

Vergleiche die mit der Zahl $\sqrt[12]{2}$ ermittelten Längen mit den Saitenlängen, die die Bruchzahlen aus dem Infokasten liefern. Sie sollten in etwa übereinstimmen.

Info

Töne der Durtonleiter über dem Grundton:

	Anteil der Saitenlänge
Prime	$\frac{1}{1}$
Sekunde	$\frac{8}{9}$
Terz	$\frac{4}{5}$
Quarte	$\frac{3}{4}$
Quinte	$\frac{2}{3}$
Sexte	$\frac{3}{5}$
Septime	$\frac{8}{15}$
Oktave	$\frac{1}{2}$

Bearbeitung

Auftrag 1 Zahlenteppich

Erinnere Dich

$a^n = \underbrace{a \cdot a \cdot \ldots \cdot a}_{n \text{ Faktoren}}$

für $a \in \mathbb{Q}$; $n \in \mathbb{N}$

$a^0 = 1$

für $a \in \mathbb{Q}\backslash\{0\}$

$a^{-n} = \frac{1}{a^n}$

für $a \in \mathbb{Q}\backslash\{0\}$; $n \in \mathbb{Z}$

Für Potenzen mit $a, b \in \mathbb{Q}\backslash\{0\}$ und $m, n \in \mathbb{Z}$ gilt:

(1) $a^m \cdot a^n = a^{m+n}$

(2) $a^m : a^n = a^{m-n}$

(3) $(a^m)^n = a^{m \cdot n}$

(4) $a^n \cdot b^n = (a \cdot b)^n$

(5) $a^n : b^n = (a : b)^n$

In den gelben Feldern werden die Definitionen von Potenzen mit natürlichen Exponenten (ungleich 0), von Potenzen mit dem Exponenten 0 sowie mit ganzzahligen negativen Exponenten verwendet.
Die noch fehlenden Ergebnisse sind $8^0 = 1$, $16^0 = 1$, $32^0 = 1$, $64^0 = 1$.

Der Taschenrechner liefert auch Werte für Potenzen, deren Exponenten keine ganzen Zahlen, aber rationale Zahlen sind. Das ist neu für dich, da du bisher nur ganzzahlige Exponenten gewohnt warst.
Wenn du im Exponenten nicht die Bruchtaste verwendest, musst du bei der Eingabe darauf achten, dass der Taschenrechner über die Klammersetzung „erkennt", wo der Exponent beginnen und wo er aufhören soll.
Bei korrektem Umgang mit dem Taschenrechner kommst du zu denselben Ergebnissen wie Jana.

Im noch fehlenden grünen Feld erhältst du als Ergebnis $64^{\frac{1}{2}} = 8$.

Jana erkennt: In den grünen Feldern ist das Ergebnis jeweils die Quadratwurzel aus der Basis der Potenz, wie folgende Beispiele zeigen.

$4^{\frac{1}{2}} = \sqrt{4} = 2$, $16^{\frac{1}{2}} = \sqrt{16} = 4$ und $64^{\frac{1}{2}} = \sqrt{64} = 8$.

Auch wenn du einmal $2^{\frac{1}{2}}$ und einmal $\sqrt{2}$ in den Taschenrechner eingibst, liefert er denselben Näherungswert 1,414213562.

Das Ergebnis im blauen Feld kann Jana nun erklären, wenn sie die Definition von Potenzen mit negativen ganzzahligen Exponenten sinngemäß auf Potenzen mit negativen Bruchexponenten überträgt: $4^{-\frac{1}{2}} = \frac{1}{4^{\frac{1}{2}}} = \frac{1}{\sqrt{4}} = \frac{1}{2}$.

Hier hat Jana ein Prinzip angewandt, das auch bei den weiteren Überlegungen nützlich ist: Potenzen mit rationalen Exponenten sollen so definiert werden, dass alle Gesetze, die bisher für Potenzen mit ganzzahligen Exponenten gültig waren, auch für Potenzen mit rationalen Exponenten gelten.

Im Falle $4^{\frac{3}{2}}$ ist ein Zusammenhang mit $4^{\frac{1}{2}}$ zu vermuten. Dazu wird der Exponent als Produkt mit dem Faktor $\frac{1}{2}$ geschrieben: $4^{\frac{3}{2}} = 4^{3 \cdot \frac{1}{2}}$.
Wenn das Potenzgesetz (3) auch für gebrochene Exponenten gelten soll, führt das unter Verwendung der Definition auf das Taschenrechnerergebnis:

$\sqrt{a} = a^{\frac{1}{2}}$ auf: $4^{\frac{3}{2}} = 4^{3 \cdot \frac{1}{2}} = (4^3)^{\frac{1}{2}} = \sqrt{4^3} = \sqrt{64} = 8$

Das gleiche Ergebnis erhält man auch auf anderem Weg:

$4^{\frac{3}{2}} = 4^{3 \cdot \frac{1}{2}} = 4^{\frac{1}{2} \cdot 3} = \left(4^{\frac{1}{2}}\right)^3 = (\sqrt{4})^3 = 2^3 = 8$.

Wir legen deshalb fest: $a^{\frac{m}{2}} = \sqrt{a^m} = \left(\sqrt{a}\right)^m$ für $m \in \mathbb{N}$ und $a \geq 0$.

Das führt bei den beiden anderen grauen Feldern zu sinnvollen Ergebnissen:

Einerseits sind $4^{\frac{2}{2}} = 4^1 = 4$ und $4^{\frac{4}{2}} = 4^2 = 16$.

Andererseits sind auch $4^{\frac{2}{2}} = \sqrt{4^2} = 4$ und $4^{\frac{4}{2}} = \sqrt{4^4} = \sqrt{256} = 16$.

In den orangefarbenen Feldern ist ein Zusammenhang zwischen Ergebnis und Basis der Potenz mit dem Bruchexponenten zu erkennen:

$8^{\frac{1}{3}} = 2$ und $2^3 = 8$; $16^{\frac{1}{4}} = 2$ und $2^4 = 16$; $32^{\frac{1}{5}} = 2$ und $2^5 = 32$; $64^{\frac{1}{6}} = 2$ und $2^6 = 64$; $64^{\frac{1}{3}} = 4$ und $4^3 = 64$; allgemein $a^{\frac{1}{n}} = x$ und $x^n = a$.

Die Ähnlichkeit zur Definition der Quadratwurzel ist offensichtlich und dementsprechend wird definiert:

Der Ausdruck $a^{\frac{1}{n}}$ hat den Namen „n-te Wurzel aus a" und lässt sich auch schreiben als $\sqrt[n]{a}$. Die n-te Wurzel aus einer Zahl $a \geq 0$ ist die nichtnegative Zahl, deren n-te Potenz a ergibt, bzw. die nichtnegative Lösung der Gleichung $x^n = a$. Beispielsweise ist:

$8^{\frac{1}{3}} = \sqrt[3]{8} = 2$, denn $2^3 = 8$ und $2 > 0$; $64^{\frac{1}{6}} = \sqrt[6]{64} = 2$, denn $2^6 = 64$ und $2 > 0$.

$16^{\frac{1}{3}} = \sqrt[3]{16}$ ist eine irrationale Zahl, für die der Taschenrechner den Näherungswert 2,5198421 anzeigt. Es ist $2{,}5198421^3 \approx 16$.

Beachte

$a^{\frac{1}{n}}$ bzw. $\sqrt[n]{a}$ sind **nicht** für negative reelle Zahlen definiert. Aufgabe 19 auf Seite 201 zeigt, warum das sinnvoll ist.

Die Quadratwurzel kann auch als 2. Wurzel aufgefasst werden: $\sqrt{9} = \sqrt[2]{9} = 3$

Ein ergänzter Zahlenteppich könnte so aussehen:

2^{-3} $=\frac{1}{8}$	2^{-2} $=\frac{1}{4}$	2^{-1} $=\frac{1}{2}$	2^0 $=1$	2^1 $=2$	2^2 $=4$	2^3 $=8$	2^4 $=16$
$4^{-\frac{3}{2}}$ $=\frac{1}{8}$	$4^{-\frac{2}{2}}$ $=\frac{1}{4}$	$4^{-\frac{1}{2}}$ $=\frac{1}{2}$	4^0 $=1$	$4^{\frac{1}{2}}$ $=2$	$4^{\frac{2}{2}}$ $=4$	$4^{\frac{3}{2}}$ $=8$	$4^{\frac{4}{2}}$ $=16$
$8^{-\frac{3}{3}}$ $=\frac{1}{8}$	$8^{-\frac{2}{3}}$ $=\frac{1}{4}$	$8^{-\frac{1}{3}}$ $=\frac{1}{2}$	8^0 $=1$	$8^{\frac{1}{3}}$ $=2$	$8^{\frac{2}{3}}$ $=4$	$8^{\frac{3}{3}}$ $=8$	$8^{\frac{4}{3}}$ $=16$
$16^{-\frac{3}{4}}$ $=\frac{1}{8}$	$16^{-\frac{2}{4}}$ $=\frac{1}{4}$	$16^{-\frac{1}{4}}$ $=\frac{1}{2}$	16^0 $=1$	$16^{\frac{1}{4}}$ $=2$	$16^{\frac{2}{4}}$ $=4$	$16^{\frac{3}{4}}$ $=8$	$16^{\frac{4}{4}}$ $=16$
$32^{-\frac{3}{5}}$ $=\frac{1}{8}$	$32^{-\frac{2}{5}}$ $=\frac{1}{4}$	$32^{-\frac{1}{5}}$ $=\frac{1}{2}$	32^0 $=1$	$32^{\frac{1}{5}}$ $=2$	$32^{\frac{2}{5}}$ $=4$	$32^{\frac{3}{5}}$ $=8$	$32^{\frac{4}{5}}$ $=16$
$64^{-\frac{3}{6}}$ $=\frac{1}{8}$	$64^{-\frac{2}{6}}$ $=\frac{1}{4}$	$64^{-\frac{1}{6}}$ $=\frac{1}{2}$	64^0 $=1$	$64^{\frac{1}{6}}$ $=2$	$64^{\frac{1}{3}}$ $=4$	$64^{\frac{1}{2}}$ $=8$	$64^{\frac{4}{6}}$ $=16$
$128^{-\frac{3}{7}}$ $=\frac{1}{8}$	$128^{-\frac{2}{7}}$ $=\frac{1}{4}$	$128^{-\frac{1}{7}}$ $=\frac{1}{2}$	128^0 $=1$	$128^{\frac{1}{7}}$ $=2$	$128^{\frac{2}{7}}$ $=4$	$128^{\frac{3}{7}}$ $=8$	$128^{\frac{4}{7}}$ $=16$

Um darin alle Ergebnisse erklären zu können, kannst du dir noch überlegen: Für natürliche Zahlen m, n ist $a^{m \cdot \frac{1}{n}} = a^{\frac{1}{n} \cdot m} = a^{\frac{m}{n}}$ und damit: $a^{\frac{m}{n}} = \sqrt[n]{a^m} = \left(\sqrt[n]{a}\right)^m$ $(a \geq 0)$.

Nun lässt sich z. B. begründen:

$8^{\frac{2}{3}} = \sqrt[3]{8^2} = 4$ oder $32^{-\frac{2}{5}} = \frac{1}{32^{\frac{2}{5}}} = \frac{1}{\sqrt[5]{32^2}} = \frac{1}{\sqrt[5]{1024}} = \frac{1}{4}$

Mit diesen Festlegungen bleiben alle bisher bekannten Rechenregeln für Potenzen weiter gültig.

Zusammenfassung

Potenzen mit rationalen Exponenten

D Die ***n*-te Wurzel**[1] ($n \in \mathbb{N}$) aus einer reellen Zahl $a \geq 0$ ist diejenige nichtnegative Zahl, deren n-te Potenz a ergibt.

$\sqrt[3]{8} = 2$, denn $2^3 = 8$ und $2 > 0$

$\sqrt[4]{\frac{1}{10000}} = \frac{1}{10}$, denn $\left(\frac{1}{10}\right)^4 = \frac{1}{10000}$ und $\frac{1}{10} > 0$

Äquivalent dazu:

D Die ***n*-te Wurzel** ($n \in \mathbb{N}$) aus einer reellen Zahl $a \geq 0$ ist die nichtnegative Lösung der Gleichung $x^n = a$.

Schreibweise: $\sqrt[n]{a}$ oder $a^{\frac{1}{n}}$
a heißt **Radikand** der n-ten Wurzel.

$27^{\frac{1}{3}} = \sqrt[3]{27} = 3$

Potenzen mit rationalen Exponenten sind so definiert, dass die von Potenzen mit ganzzahligen Exponenten bekannten Rechengesetze weiterhin gelten. Für $a, b \in \mathbb{R}$ und $x, y \in \mathbb{Q}$ gilt:

(1) $\boldsymbol{a^x \cdot a^y = a^{x+y}}$
Potenzen mit gleicher Basis kann man multiplizieren, indem man die gemeinsame Basis mit der Summe der Exponenten potenziert.

$8^{\frac{1}{3}} \cdot 8^{\frac{5}{3}} = 8^{\frac{1}{3}+\frac{5}{3}} = 8^2$

(2) $\boldsymbol{a^x : a^y = a^{x-y}}$
Potenzen mit gleicher Basis kann man dividieren, indem man die gemeinsame Basis mit der Differenz der Exponenten potenziert.

$0{,}16^2 : 0{,}16^{1{,}5} = 0{,}16^{2-1{,}5} = 0{,}16^{0{,}5} = \sqrt{0{,}16} = 0{,}4$

(3) $\boldsymbol{(a^x)^y = a^{x \cdot y}}$
Eine Potenz kann man potenzieren, indem man die Basis mit dem Produkt der Exponenten potenziert.

$\left(8^{\frac{1}{3}}\right)^6 = 8^{\frac{6}{3}} = 8^2 \quad (32^{1{,}2})^{0{,}25} = 32^{1{,}2 \cdot 0{,}25} = 32^{0{,}3}$

(4) $\boldsymbol{a^x \cdot b^x = (a \cdot b)^x}$
Potenzen mit gleichem Exponenten kann man multiplizieren, indem man das Produkt der Basen mit dem gemeinsamen Exponenten potenziert.

$1{,}6^{0{,}5} \cdot 10^{0{,}5} = (1{,}6 \cdot 10)^{0{,}5} = 16^{0{,}5} = \sqrt{16} = 4$

(5) $\boldsymbol{a^x : b^x = (a : b)^x}$
Potenzen mit gleichem Exponenten kann man dividieren, indem man den Quotienten der Basen mit dem gemeinsamen Exponenten potenziert.

$1{,}6^{0{,}5} : 10^{0{,}5} = (1{,}6 : 10)^{0{,}5} = 0{,}16^{0{,}5} = \sqrt{0{,}16} = 0{,}4$

Die Wurzelschreibweise lässt sich bei der Verwendung rationaler Exponenten vollständig durch die Potenzschreibweise ersetzen:
$\sqrt[n]{a^m} = (a^m)^{\frac{1}{n}} = a^{m \cdot \frac{1}{n}} = a^{\frac{m}{n}}$
für alle reellen Zahlen $a \geq 0$

$\sqrt[5]{32^3} = 32^{\frac{3}{5}} = 8$
$\sqrt[4]{2^5} = 2^{\frac{5}{4}} \approx 2{,}38$

[1] Als Wurzelexponenten n kommen nur natürliche Zahlen 2, 3, 4, … in Frage.

Aufgaben

Verknüpfen
Anwenden
Trainieren

1 Berechne den Wert der Wurzeln ohne Taschenrechner.

a) $\sqrt[3]{8}$
b) $\sqrt[3]{27}$
c) $\sqrt[3]{1000}$
d) $\sqrt[4]{81}$
e) $\sqrt[3]{125}$
f) $\sqrt[3]{8000}$
g) $\sqrt[3]{0{,}008}$
h) $\sqrt[4]{\frac{1}{16}}$
i) $\sqrt[5]{32}$
j) $\sqrt[5]{\frac{1}{32}}$
k) $\sqrt[3]{\frac{8}{27}}$
l) $\sqrt[10]{1024}$
m) $\sqrt[5]{1024}$
n) $\sqrt[5]{32 \cdot 32}$
o) $\sqrt[3]{0{,}125}$
p) $\sqrt[4]{625}$
q) $\sqrt[4]{0{,}0625}$
r) $\sqrt[7]{8 \cdot 8 \cdot 8 \cdot 8 \cdot 8 \cdot 8 \cdot 8}$

2 Berechne den Wert der Potenzen ohne Taschenrechner.

a) $4^{\frac{1}{2}}$
b) $\left(16^{\frac{1}{2}}\right)^3$
c) $16^{\frac{3}{2}}$
d) $16^{-1{,}5}$
e) $8^{\frac{1}{3}}$
f) $8000^{\frac{1}{3}}$
g) $8^{\frac{2}{3}}$
h) $0{,}008^{\frac{2}{3}}$
i) $\left(\frac{1}{8}\right)^{\frac{1}{3}}$
j) $27^{\frac{1}{3}}$
k) $32^{\frac{1}{5}}$
l) $81^{\frac{3}{4}}$
m) $11^{0{,}9} \cdot 11^{1{,}1}$
n) $32^{-0{,}2}$
o) $(32^{-1})^{0{,}2}$
p) $(32^{0{,}2})^4$
q) $32^{\frac{3}{5}}$
r) $(32^4)^{\frac{1}{5}}$
s) $11^{0{,}9} \cdot 11^{1{,}1} \cdot (-1)^{11}$
t) $\left(\frac{900}{16}\right)^{0{,}5}$
u) $\left(\frac{9}{16}\right)^{-\frac{3}{2}}$
v) $\left(\frac{8}{27}\right)^{\frac{4}{3}}$
w) $6^{\frac{1}{5}} \cdot 6^{\frac{1}{3}} \cdot 6^{\frac{4}{5}} \cdot 6^{\frac{1}{3}} \cdot 6^{\frac{1}{3}}$
x) $2^{\frac{3}{2}} \cdot 2^{\frac{3}{2}} \cdot 9^{\frac{3}{2}}$
y) $81^{-0{,}25} \cdot 81^{-0{,}25}$
z) $\pi^0 : 5^0$

3 Stelle sechs verschiedene Potenzterme aus Aufgabe 2 als Wurzelterme mit positiven ganzzahligen Exponenten dar.

Beispiel: d) $16^{-1{,}5} = \frac{1}{16^{1{,}5}} = \frac{1}{16^{\frac{3}{2}}} = \frac{1}{\sqrt{16^3}}$

Würdest du eine der beiden Darstellungen beim Rechnen bevorzugen? Warum?

4 Gib, falls möglich, drei verschiedene Potenzterme an, die den angegebenen Wert haben.

Beispiel: $5 = 25^{\frac{1}{2}} = 125^{\frac{1}{3}} = 625^{\frac{1}{4}}$

a) 2 **d)** 10 **g)** −8 **j)** $\sqrt[3]{2}$
b) 0,5 **e)** 0,1 **h)** −1 **k)** $\sqrt[4]{3}$
c) 3 **f)** 1 **i)** $\sqrt{2}$ **l)** $\sqrt[5]{5}$

5 Fertige analog zu Auftrag 1 von Seite 194 Zahlenteppiche entsprechend den Vorgaben an.
a) Der Zahlenteppich deckt die Dreierpotenzen von 3^{-2} bis 3^3 ab. Der größte Basiswert soll darin den Wert 81 haben.
b) In den unteren Ecken stehen die Potenzterme $625^{-\frac{3}{4}}$ und $625^{+\frac{4}{4}}$.
In der obersten Zeile sollen sich nur Terme mit ganzzahligen Exponenten befinden.

6 Finde jeweils eine Potenzdarstellung mit der Basis 32. Tipp: Verwende in einem Zwischenschritt die Basis 2.
Beispiel: $8 = 2^3 = \left(\sqrt[5]{32}\right)^3 = 32^{\frac{3}{5}}$

a) 2 **d)** 16 **g)** 1024 **j)** $\sqrt[4]{32}$
b) 4 **e)** 0,25 **h)** $\sqrt{32}$ **k)** $\sqrt[4]{8}$
c) $\frac{1}{4}$ **f)** 0,5 **i)** $\sqrt{2}$ **l)** $\sqrt[4]{1024}$

7 Finde, falls möglich, eine Potenzdarstellung mit der Basis 125. Tipp: Verwende in einem Zwischenschritt die Basis 5.

a) 5 **d)** 25 **g)** $\sqrt[4]{25}$ **j)** 0,008
b) $\sqrt{5}$ **e)** 0,25 **h)** 1,25 **k)** 8
c) $\sqrt[5]{5}$ **f)** $\frac{1}{25}$ **i)** 0,2 **l)** 625

8 Erfinde zwölf Potenzterme, die fast alle durch die Basis 81 ausgedrückt werden können. Lasse deine Aufgabe von einem Mitschüler lösen.

9 Gezielte Ermittlungen in $\mathbb{N}$
a) Ermittle alle natürlichen Zahlen zwischen 0 und 300, von denen du ohne Taschenrechner die dritte Wurzel berechnen kannst.
b) Ermittle alle natürlichen Zahlen zwischen 0 und 300, von denen du ohne Taschenrechner die vierte, fünfte oder sechste Wurzel berechnen kannst.
c) Was vermutest du, wie viele Zahlen es zwischen Null und einer Milliarde gibt, deren zehnte Wurzel eine natürliche Zahl ergibt? Schreibe deine Vermutung auf und versuche erst dann mit dem Taschenrechner die ersten zehn dieser Zahlen zu ermitteln. Was fällt dir dabei auf?

10 Berechne – falls nötig mit dem Taschenrechner – die folgenden Potenzwerte und stelle sie in einem geeignet gewählten Stabdiagramm dar.

a) $2^0;\ 2^{\frac{1}{2}};\ 2^1;\ 2^{\frac{3}{2}};\ 2^2;\ 2^{\frac{5}{2}};\ 2^3$

b) $9^0;\ 9^{\frac{1}{4}};\ 9^{\frac{1}{2}};\ 9^{\frac{3}{4}};\ 9^1$

c) $8^0;\ 8^{\frac{1}{6}};\ 8^{\frac{1}{3}};\ 8^{\frac{1}{2}};\ 8^{\frac{2}{3}};\ 8^{\frac{5}{6}};\ 8^1$

11 Ermittle durch gezieltes Probieren mit dem Taschenrechner einen auf Hundertstel genauen Wert für den Exponenten x.

Beispiel: $2^x \approx 17$
x muss etwas größer als 4 sein, denn $2^4 = 16$.
Nach wenigen Versuchen erhält man $2^{4{,}09} \approx 17$.

a) $2^x \approx 7$
b) $2^x \approx 30$
c) $2^x \approx 1{,}4$
d) $2^x \approx 0{,}5$
e) $2^x \approx 0{,}3$
f) $2^x \approx 0{,}25$
g) $2^x \approx 0{,}2$
h) $2^x \approx 100$
i) $2^x \approx 0{,}01$
j) $2^x \approx 0{,}08$
k) $2^x \approx 0{,}016$
l) $2^x \approx 0{,}032$

12 Berechne die Termwerte ohne Taschenrechner.

a) $16^{\frac{1}{3}} : 2^{\frac{1}{3}}$
b) $16^{\frac{2}{3}} \cdot 16^{\frac{4}{3}}$
c) $16^{0{,}5} \cdot 16^{-1}$
d) $1{,}6^{0{,}5} \cdot 0{,}5^{-2} \cdot 10^{0{,}5}$
e) $(4{,}5^{16} : 0{,}5^{16})^{0{,}125}$
f) $12{,}5^{\frac{16}{48}} \cdot 80^{\frac{16}{48}}$
g) $(8 : 16^{0{,}5} + 8)^{-2}$
h) $(8 : 16^{1{,}5} + 0{,}125)^{-2}$

13 Vereinfache den Term so weit wie möglich ohne Taschenrechner und ermittle bei irrationalen Ergebnissen einen sinnvoll gerundeten Näherungswert mit dem Taschenrechner.

a) $\left(\sqrt[3]{1000}\right)^5 - \sqrt[3]{1000^5}$

b) $\left(2^{\frac{1}{12}}\right)^6 + 9\sqrt{2}$

c) $27^{\frac{4}{3}} - \frac{27^4}{27^3}$

d) $\sqrt[3]{1} + \sqrt[3]{8} + \sqrt[3]{27} + \sqrt[3]{64} - \sqrt[3]{1 + 8 + 27 + 64}$

e) $\dfrac{\sqrt[3]{1} + \sqrt[3]{8} + \sqrt[3]{27} + \sqrt[3]{64}}{\sqrt[3]{10 \cdot (1^3 + 2^3 + 3^3 + 4^3)}}$

f) $\dfrac{\sqrt[3]{9} + \sqrt[3]{9} + \sqrt[3]{9}}{\sqrt[3]{9 + 9 + 9}}$

g) $1024^{\frac{11}{10}} - \dfrac{1024^{11}}{1024^{10}}$

h) $1025^{\frac{11}{10}} - \dfrac{1025^{11}}{1025^{10}}$

14 Fasse den Term – falls möglich – zu einer Potenz zusammen.
Berechne danach den Ausgangsterm mit dem Taschenrechner und vergleiche ihn mit dem Taschenrechnerwert des zusammengefassten Terms. Was fällt dir dabei auf?

a) $\sqrt[3]{9} \cdot \sqrt[4]{3}$
b) $\sqrt[5]{27} \cdot 3^{\frac{2}{5}}$
c) $40^{\frac{1}{3}} : 5^{\frac{1}{3}}$
d) $2^{\frac{1}{7}} + 2^{\frac{6}{7}}$
e) $\left(\frac{1}{3}\right)^{\frac{1}{4}} \cdot \left(\frac{1}{4}\right)^{\frac{1}{3}}$
f) $\left(\frac{1}{3}\right)^{-5} \cdot \left(\frac{1}{27}\right)^{\frac{1}{3}}$

15 Die folgenden Terme sind von Eva in der Straßenbahn vereinfacht worden. Kann das Ergebnis stimmen? Korrigiere alle Fehler und erkläre, wie sie entstanden sein könnten.

a) $169^{\frac{1}{3}} \cdot 169^{\frac{3}{2}} = 169^{\frac{1}{2}} = \sqrt[2]{169} = 13$

b) $\dfrac{16^{\frac{5}{2}}}{16^{\frac{1}{2}}} = 16^{\frac{5}{2}:\frac{1}{2}} = 16^5 = 2^{20} = 4^{10} = 10000$

c) $\left(25 \cdot \sqrt{625}\right)^{\frac{1}{4}} = 25^{\frac{1}{4}} \cdot 625^{\frac{1}{8}} = (25 \cdot 625)^{\frac{3}{8}}$
$= (25^3)^{\frac{3}{8}} = \sqrt[8]{25^9} = \sqrt[4]{5^9} = 5^{9-4} = 5$

16 Fasse den Term zu einer Potenz oder Wurzel zusammen. Die Variablen stehen dabei für positive reelle Zahlen.

Beispiel: $\sqrt[3]{27a^5} \cdot \left(a^{\frac{1}{6}}\right)^4 = 3 \cdot a^{\frac{5}{3}} \cdot a^{\frac{2}{3}} = 3a^{\frac{7}{3}} = 3\sqrt[3]{a^7}$

a) $\sqrt[4]{16k^5} \cdot (4k)^{-1}$
b) $\sqrt[3]{b^2} \cdot b^{-\frac{1}{3}} : b^{\frac{1}{4}}$
c) $\sqrt[3]{9m \cdot (9m)^{\frac{1}{2}}}$
d) $\sqrt[5]{\sqrt[3]{a}}$
e) $\sqrt[6]{x^{-3} : (4y)^3}$
f) $\left(w^{-0{,}5} : w^{\frac{1}{3}}\right)^{-12}$
g) $\sqrt[5]{p \cdot \sqrt[3]{\frac{1}{p^2}}}$
h) $\sqrt[5]{e^4} \cdot \sqrt[4]{e^{-5}} \cdot e^{0{,}45}$
i) $\left(\sqrt[3]{8r}\right)^{-2} : (8r)^{-\frac{1}{3}}$
j) $\sqrt{\sqrt[3]{8a} \cdot \sqrt{64a}}$

17 Löse die Gleichungen ($x \in \mathbb{R}^+$)

Beispiel: Zu lösen ist $x^{\frac{2}{3}} = 4$.
Eine andere Schreibweise ist $\sqrt[3]{x^2} = 4$.
Nach Definition der 3. Wurzel muss $x^2 = 4^3 = 64$ sein. Wegen $x > 0$ gibt es nur eine Lösung: $x = 8$.

a) $\sqrt[4]{x} = 5$
b) $\sqrt[3]{x} = \frac{3}{4}$
c) $x^{\frac{1}{4}} = 3$
d) $x^{-\frac{1}{3}} = \frac{1}{3}$
e) $x^{\frac{2}{3}} = 16$
f) $x^{\frac{3}{2}} = 8$
g) $x^{-\frac{2}{3}} = \frac{1}{9}$
h) $\sqrt[3]{x + 1} = 2$
i) $\sqrt[4]{2x} = 5$
j) $(x - 2)^{\frac{1}{3}} = 7$

Aufgaben

Verknüpfen
Anwenden
Trainieren

18 Körperoberflächenbestimmung

Zur Dosierung von Medikamenten in der Krebstherapie ist es lebenswichtig, die Größe der Körperoberfläche des Patienten zu ermitteln. Man hat dazu mathematische Funktionsterme $A(l, m)$ modelliert, mit deren Hilfe die Körperoberfläche (A in m^2) aus der Körpergröße (Länge l in cm) und aus dem Körpergewicht (Masse m in kg) des Patienten berechnet wird.
(Hinweis: In der medizinischen Literatur werden anstelle von A, l, m oft S, L, M verwendet.)
Die folgenden Modellierungen stehen in der medizinischen Praxis zur Auswahl, wobei die Mosteller- und die Haycock-Formel insbesondere zur Bestimmung der Körperoberfläche von Kindern verwendet werden.

Mosteller-Formel: $A = \sqrt{\frac{l \cdot m}{3600}}$

Gehan-George-Formel:
$A = 0{,}0235 \cdot l^{0{,}42246} \cdot m^{0{,}51456}$

Haycock-Formel:
$A = 0{,}024265 \cdot l^{0{,}3964} \cdot m^{0{,}5378}$

Dubois-Formel:
$A = 0{,}007184 \cdot l^{0{,}725} \cdot m^{0{,}425}$

a) Schätze ganz grob, wie viele Quadratzentimeter deine Körperoberfläche enthält, und erläutere, wie du auf diesen Wert gekommen bist.

b) Berechne die Größe deiner Körperoberfläche mit zwei der gegebenen Formeln. Wie kann es sein, dass sich zwei unterschiedliche Werte für deine Körperoberfläche ergeben?

c) Begründe einleuchtend, warum die Ärzte lieber zu diesen Funktionstermen greifen als die Körperoberfläche direkt abzumessen.

d) Konstruiere anhand ausgedachter Personen mit einer der obigen Formeln ein Gegenbeispiel zur folgenden Aussage: „Je größer einer ist, desto größer ist auch seine Körperoberfläche!“
Wie realistisch sind deine ausgedachten Personendaten?

e) Zeichne zu $A_{\text{Haycock}}(l = 165\,\text{cm}; m)$ und $A_{\text{Dubois}}(l = 165\,\text{cm}; m)$ die Graphen im Bereich $0{,}0\,\text{kg} \leq m \leq 200\,\text{kg}$ in ein geeignetes Koordinatensystem. Unterscheide farbig auf der m-Achse den mathematisch möglichen Definitionsbereich vom medizinisch brauchbaren Definitionsbereich.

19 Potenzen mit negativer Basis

Potenzen mit negativer Basis sind in der Schulmathematik nur für ganzzahlige Exponenten definiert. So ist die Schreibweise $(-8)^3$ möglich, und es ist $(-8)^3 = -512$.
Die Schreibweisen $(-8)^{\frac{1}{3}}$ bzw. $\sqrt[3]{-8}$ sind dagegen nicht sinnvoll, denn bei Anwendung der Potenzgesetze würden sich Widersprüche ergeben, z. B.:

$\sqrt[3]{-8} = \sqrt[6]{(-8)^2} = \sqrt[6]{64} = 2$, aber $2^3 \neq -8$.

a) Formuliere das in den Widerspruch führende Zahlenbeispiel in der Exponentialschreibweise.

b) Probiere aus, wie dein Taschenrechner auf die Eingabe des Terms $(-8)^{\frac{1}{3}}$ bzw. $\sqrt[3]{-8}$ antwortet.
Welche Ergebnisse liefert dein Taschenrechner zu den Termen $(-8)^{0{,}3333}$ und $-8^{0{,}3333}$?
Wie kannst du dir die unterschiedlichen Antworten deines Rechners erklären?

c) Formuliere zwei einfache, ebenfalls in einen Widerspruch führende Beispiele mit der vierten und fünften Wurzel und probiere ebenfalls aus, wie dein Taschenrechner auf die Eingabe deiner Wurzelterme reagiert.

20 Potenzen mit positiver Basis

Bestimme die maximale Definitionsmenge der folgenden Terme.

a) $\sqrt{x^2 - 5}$

b) $\sqrt[3]{x - 5}$

c) $\sqrt[3]{(x-5)^2}$

d) $\sqrt[3]{(x-5)^3}$

e) $\sqrt[4]{(x+5)(x-5)}$

f) $\sqrt[5]{(x+5)(x-5)}$

g) $\sqrt[8]{(x-5)^4}$

h) $\sqrt[2]{(x-5)^1}$

i) x^{-5}

j) $(x+3)^{-5}$

k) $(x+3)^{-\frac{1}{5}}$

l) $\sqrt[10]{(x+3)^{-2}}$

21 Formuliere die folgenden Aussagen in mathematischer Symbolsprache und untersuche sie auf ihre Korrektheit.

a) Für jede reelle Zahl ist die n-te Wurzel aus ihrer n-ten Potenz die Zahl selbst.

b) Die n-te Wurzel aus der Summe der n-ten Potenzen zweier positiver reeller Zahlen ist genauso groß wie die Summe dieser Zahlen.

c) Die n-te Wurzel aus dem Produkt zweier positiver reeller Zahlen ist das Produkt aus den n-ten Wurzeln dieser Zahlen.

d) Die n-te Wurzel aus dem Produkt zweier negativer reeller Zahlen ist das Produkt aus den n-ten Wurzeln dieser Zahlen.

22 Für Spezialisten

Ermittle die Lösungsmenge der folgenden Gleichungen ($x \in \mathbb{R}^+$).

a) $\frac{\sqrt[7]{x^{7+7}}}{7} = 1$

b) $\frac{\sqrt[7]{x^{7-7}}}{7} = 1$

c) $\frac{\sqrt[7]{7^{7+7}}}{x} = 1$

d) $\frac{\sqrt[7]{x^{x+x}}}{x} = 1$

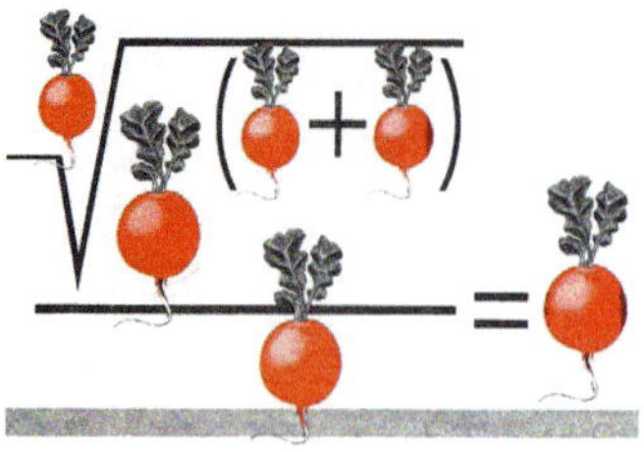

Vor Jahren in einer Zeitung

Aufgaben

Verknüpfen
Anwenden
Trainieren

23 In Jahrgangsstufe 9 kann noch nicht gezeigt werden, wie Potenzen mit irrationalen Exponenten, z. B. $2^{\sqrt{2}}$, definiert sind und dass sie auch reelle Zahlen sind.
Du kannst dir aber überlegen, wie man sinnvoll Näherungswerte für solche Zahlen findet.
Zeichne dazu für Aufgabe 10 a) ein weiteres Diagramm: Stelle die Potenzwerte als Punkte in einem Koordinatensystem dar und verbinde sie sinnvoll durch eine Linie.

a) Entnimm der grafischen Darstellung Näherungswerte für $2^{\sqrt{2}}$, $2^{\sqrt{3}}$ und $2^{\sqrt{5}}$. Vergleiche sie mit den Werten, die dein Taschenrechner liefert.

b) Begründe: $\left(\sqrt[1000]{2}\right)^{1414} < 2^{\sqrt{2}} < \left(\sqrt[1000]{2}\right)^{1415}$.
Grenze auch $2^{\sqrt{3}}$ und $2^{\sqrt{5}}$ mithilfe der tausendsten Wurzel aus 2 ein.

24 Untersuche anhand dreier selbstgewählter Beispiele die Richtigkeit der folgenden Behauptung und berichtige die Aussage gegebenenfalls mit möglichst geringem sprachlichen Aufwand.
„Man kann aus dem Volumen eines Quaders seine Oberfläche ermitteln, indem man zuerst die dritte Wurzel aus dem Volumenwert berechnet, diese dann quadriert und anschließend das Ganze mit 6 multipliziert. Die entsprechende Gleichung lautet: $O(V) = 6 \cdot V^{\frac{2}{3}}$.
Im Ergebnis erhält man die Einheit dm^2, wenn das Volumen in Litern angegeben wurde."

25 Der 0,2-Liter-Würfel

a) Zeichne so genau wie du kannst im Maßstab 1 : 1 das Netz eines Würfels, dessen Rauminhalt $200\,cm^3$ beträgt. Welche Kantenlänge müsste er theoretisch haben?
Lass von jemand anderem messen, welche Kantenlänge er in deiner Zeichnung tatsächlich hat.

b) Ermittle die Oberfläche des 0,2-Liter-Würfels aufgrund der von einem anderen gemessenen Kantenlänge.
Schätze, um wie viele Quadratmillimeter die Fläche deines gezeichneten Netzes vom exakten Oberflächenwert des 0,2-Liter-Würfels abweicht. Überprüfe deine Schätzung durch Rechnung.

c) Untersuche, ob der exakte Rauminhalt von $200\,cm^3$ um mehr als einen Kubikmillimeter verfehlt wird, wenn die Kantenlänge auf zehntel Millimeter genau realisiert werden konnte.

d) Schätze, um wie viel Prozent die Oberfläche des Würfels zunimmt, wenn sein Volumen von zunächst $200\,cm^3$ um 100 % größer wird. Überprüfe deine Schätzung durch Rechnung.

e) Schätze, um wie viel Prozent das Volumen des Würfels zunehmen muss, wenn seine Oberfläche um 100 % größer werden soll. Überprüfe deine Schätzung durch Rechnung.

26 Ein 0,2-Liter-Kunstobjekt

Harry, ein Prinzensohn aus dem Märchen, wünscht sich zum 16. Geburtstag ein von ihm entworfenes Kunstobjekt, das ein Goldschmied ausführen soll. Das Kunstobjekt hat ein Volumen von $200\,cm^3$. Es besteht aus einem Würfel, in dessen 6 Flächen sich jeweils eine würfelförmige Einbuchtung befindet, deren Kantenlängen genau 30 % der Kantenlängen des großen Würfels betragen.
Die Dichte von Gold beträgt $19{,}3\,g\,cm^{-3}$ und der Goldschmied verlangt inklusive seiner Arbeit 12 Euro pro Gramm Gold.

a) Zeichne eine grobe Skizze des Kunstobjekts und berechne, wie viel es kosten wird.

b) Berechne auf Millimeter genau die Kantenlänge des großen Würfels.

c) Harrys Schwester Maude möchte fast das gleiche Kunstobjekt: Es soll auch aus 0,2 Litern Gold bestehen, nur sollen die 6 Einbuchtungen zylinderförmig sein und ein Volumen von jeweils 5 ml haben. Berechne, falls möglich, die große Kantenlänge und die gesamte Oberfläche von Maudes Kunstobjekt.

27 Zinsszenarium
Stell' dir vor, deine Urgroßmutter hätte am 1. 1. 2002 einen Betrag von 1000 € zu einem festen Zinssatz bei einer Bank angelegt, den du nach genau zwölf Jahren (inklusive Zinsen) geschenkt bekommen sollst. Er wird dann 2000 € betragen.

a) Berechne auf zehntel Prozent, wie groß der Jahreszinssatz ist. Vergleiche diesen Wert mit Zinssätzen, die zur Zeit üblich sind.

b) Frage deine Eltern, welche Zinssätze im Jahr 2002 üblich waren, und beurteile dann, wie realistisch die Zinsgeschichte mit der Urgroßmutter konstruiert ist.

c) Lies im Kapitelanfang den Auftrag 2 zum Griffbrett einer Gitarre und erläutere, wie er mathematisch mit dieser Zinsgeschichte zusammenhängt.

d) Berechne, um wie viel Cent das Kapital im Januar 2002 anwächst, und überprüfe, ob das Kapital im Dezember 2013 um doppelt so viel Cent anwächst. Vermute zuerst und berechne dann die genauen Werte.
(Antonia behauptet, sie könnte diese Aufgabe unter Verwendung der Potenzterme $2^{\frac{1}{144}}$ und $2^{\frac{143}{144}}$ in einer Zeile hinschreiben und lösen. Was hältst du davon?)

28 Flügelflächen
In der Doktorarbeit eines Biologen wird der Flügelflächeninhalt F (in cm²) eines Vogels in Abhängigkeit von seiner Masse m (in g) modelliert:

$F(m) = 18\,\text{cm}^2\,\text{g}^{-\frac{2}{3}} \cdot m^{\frac{2}{3}}$

a) Ermittle mit dieser Formel die Flügelfläche eines Pelikans der Masse 2,8 kg und mache eine Aussage über die Genauigkeit des berechneten Wertes.

b) Berechne, wie schwer nach dieser Formel Vögel sein müssten, die eine Flügelfläche von 100 cm², 1000 cm² oder 10 000 cm² haben.

c) Zeichne anhand von fünf berechneten Wertepaaren ein Diagramm, das die modellierten Flächenwerte im Bereich $0{,}0\,\text{kg} < m < 2{,}0\,\text{kg}$ darstellt.

d) Suche (z. B. im Lexikon oder im Internet) Daten von Vögeln, mit denen du die Brauchbarkeit der gegebenen Formel überprüfen kannst.
Äußere dich dazu, wie gut die gefundenen Daten in dein Diagramm passen sollten und wie gut sie tatsächlich hineinpassen.

29 Research has shown that the average number of mammalian species N on an island can be modeled by the equation $N = kA^{\frac{1}{3}}$ where A is the area (in km²) of the island and $k = 2$.

a) Find the expected number of mammals on islands with 125 and 8000 km².

b) If you discovered an island had 32 different species of mammals, then, based on the formula above, approximately how large is the island?

30 Je schwerer ein Lebewesen ist, desto größer ist sein Energieumsatz. Ein Erwachsener setzt in Ruhe ungefähr 80 Joule/Sekunde (= 80 Watt) um, ein Rabe benötigt dagegen nur 4 bis 5 Watt für seinen Grundumsatz. Biologen haben dazu folgenden Zusammenhang modelliert:

$P(m) = 5 \cdot m^{0{,}75}$

(Masse m in kg; Grundumsatz P in Watt)

a) Ermittle den Grundumsatz eines Elefanten (3 t), eines Schwans (9 kg) und eines Raben (0,9 kg).

b) Was kannst du über den Grundumsatz eines Lebewesens aussagen, das 100-mal so schwer ist wie ein anderes Lebewesen?

c) Berechne nach dieser Formel den fiktiven Grundumsatz eines Autos im Leerlauf und informiere dich darüber, wie realistisch dein Wert ist.

Aufgabe der Woche

Kugeln formen und Kugelformeln
Du benötigst eine Brief- oder Haushaltswaage und 250 g Knetmasse.
Forme aus Knetportionen der Massen 2 g, 5 g, 10 g, 20 g, 30 g, 60 g und 90 g Kugeln wie im Bild auf Seite 205 und miss ihre Durchmesser. Halte deine Ergebnisse mittels Tabelle und grafischer Darstellung fest.
Finde heraus, welcher der fünf Funktionsterme $d(m)$ den von dir gemessenen Zusammenhang am besten modelliert: (1) $d(m) = c_1 m^3$; (2) $d(m) = c_2 m^2$; (3) $d(m) = c_3 m$; (4) $d(m) = c_4 m^{\frac{1}{2}}$; (5) $d(m) = c_5 m^{\frac{1}{3}}$.
Du kannst dazu untersuchen, welcher der Quotienten $\frac{d}{m^x}$ annähernd konstant bleibt, wenn du die Masse veränderst.
Gib einen Näherungswert für diesen Quotienten an. Wie lautet die (etwas ungewohnte) Einheit dieses Quotienten?

Zeig, was du kannst!

1 Schnittpunkte

a) Bestimme die Schnittpunkte der Graphen der Funktionen mit den Funktionsgleichungen $y = \frac{3}{2x}$ und $y = x - 2{,}5$ zeichnerisch und rechnerisch.

b) Überprüfe, ob die Parabel mit der Funktionsgleichung $y = x^2 - 6x + 5$ Schnittpunkte mit der x-Achse hat. Gib die Schnittpunkte der Parabel mit der Geraden mit der Gleichung $y = -3$ an.

2 Für den Wasserablauf soll eine rechteckige Rinne gebaut werden. Die Bleche, aus denen die Rinne gebogen wird, sind 1,40 m breit. Wie müssen die Bleche gebogen werden, damit die größtmögliche Menge Wasser hindurchfließen kann?

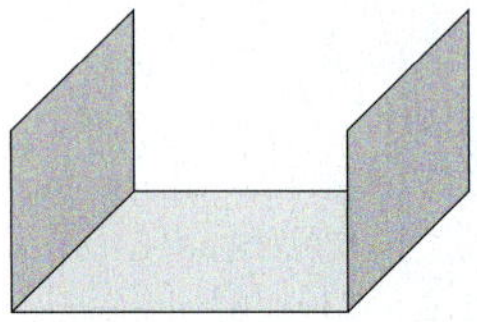

3 Löse die Gleichungssysteme.

a) (I) $6x + 2y + z = 2$
(II) $2y + 3z = 4$
(III) $x - 2z = 5$

b) (I) $2x - 3y + 5z = 10$
(II) $4x - 2y + 6z = 8$
(III) $3x + 2y - 4z = 4$

4 Bestimme den Term der quadratischen Funktion, deren Graph durch die Punkte $A(5|21)$, $B(7|3)$ und $C(11|3)$ verläuft. Bestimme die Koordinaten des Scheitelpunkts ihres Graphen auf zwei verschiedene Weisen.

5 Berechne die Termwerte ohne Taschenrechner.

a) $\sqrt[4]{5000} : \sqrt[4]{8}$ **b)** $\sqrt[3]{4^5} \cdot 2^{-\frac{4}{3}}$

6 In einem einfachen Modell geht man davon aus, dass die Anzahl der Besucher einer Disco am Samstagabend mit steigendem Eintrittspreis gleichmäßig abnimmt. Erkläre, wie aus dieser Annahme folgt, dass sich für einen solchen Abend die Abhängigkeit des Gewinns des Discobesitzers vom Eintrittspreis durch eine quadratische Funktion beschreiben lässt.
Aus der Vergangenheit sind die in der Tabelle zusammengestellten Daten bekannt. Ermittle daraus, für welchen Eintrittspreis der maximale Gewinn erzielt wird. Wie hoch ist dieser, und wie viele Besucher gehen dann in diese Disco? Wie hoch sind die Fixkosten des Besitzers?
Innerhalb welcher Grenzen für den Eintrittspreis ist dieses Modell höchstens sinnvoll?

Eintritts-preis in €	Gewinn in €
4,00	400,00
6,00	700,00
8,00	−200,00

Aufg.-Nr.	Punkte	Lösungshinweis
1	5 P	Beachte Seite 174, Zusammenfassung
2	5 P	Vgl. Seiten 180 f., Auftragsbearbeitung
3	4 P	Beachte Seite 188, Zusammenfassung
4	5 P	Beachte Seite 188, Zusammenfassung
5	4 P	Beachte Seite 198, Zusammenfassung
6	7 P	Vgl. Seiten 186 ff., Auftragsbearbeitung

Lösungen Seite 225

26–30 Punkte
21–25 Punkte
15–20 Punkte

9 Vertiefung und Vernetzung

Die mathematische Modellierung des Zusammenhangs zwischen Durchmesser und Masse von Knetkugeln (Aufgabe der Woche, Seite 203) war bereits ein anspruchsvolles Problem, an dem du deine Kräfte messen konntest. In diesem Kapitel kannst du dich an vielen weiteren mathematischen Problemen erproben und dabei zugleich dein Wissen vertiefen.

9.1 Lösen von Gleichungen

Mindmap: Gleichungen

1 Vervollständige die Mindmap im Heft

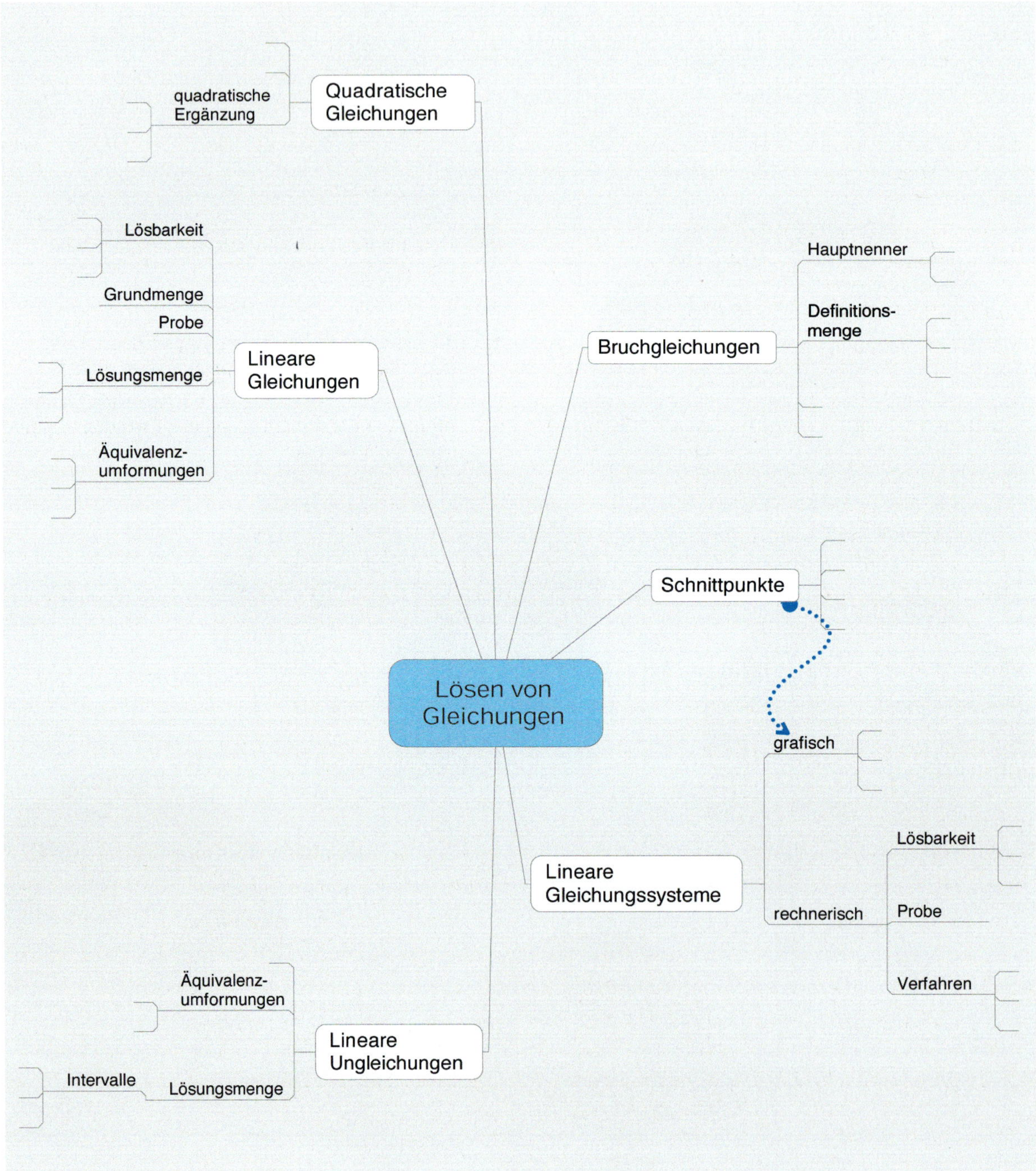

Biquadratische Gleichungen

Als **biquadratische Gleichungen** bezeichnet man alle Gleichungen, die sich in die Form $a x^4 + b x^2 + c = 0$ bringen lassen.

So geht's: Lösen biquadratischer Gleichungen

$2x^4 - 8x^2 + 6 = 0$
Diese Gleichung kannst du auch lesen als:
$2 \cdot (x^2)^2 - 8 \cdot (x^2) + 6 = 0$
Sie ist also eine quadratische Gleichung für x^2 – daher der Name „biquadratisch". Nun kannst du zunächst herausfinden, welche Werte x^2 annehmen muss.
Zur besseren Übersicht führst du für x^2 eine eigene Bezeichnung ein, das nennt man **Substitution**:
$z = x^2$, dann ist $z^2 = x^4$.
Löse nun die Gleichung $2z^2 - 8z + 6 = 0$.
Du erhältst:
$z = 1$ oder $z = 3$, also
$x^2 = 1$ oder $x^2 = 3$.
Den nächsten Schritt nennt man **Rück-Substitution**:
$x^2 = 1$ für $x = 1$ oder $x = -1$
$x^2 = 3$ für $x = \sqrt{3}$ oder $x = -\sqrt{3}$
Überzeuge dich durch eine Probe, dass alle vier Lösungen auch Lösungen der ursprünglichen Gleichung sind. Ihre Lösungsmenge ist $L = \{-\sqrt{3}; -1; 1; \sqrt{3}\}$.

2 Bestimme die Lösungsmengen der Gleichungen.
a) $x^4 = 6561$
b) $x^4 = 0{,}1$
c) $x^4 - 6x^2 + 8 = 0$
d) $x^4 - 2x^2 - 3 = 0$
e) $2x^4 - 14x^2 + 20 = 0$
f) $x^4 + 2x^2 - 4 = 0$
g) $2x^4 - 12x^2 = 0$
h) $(x^2 + 2x - 4)(x^2 - 2x - 4) = -4$
i) $(x^2 - 8)^2 = 49$
j) $x^6 - 2x^4 - 15x^2 = 0$

3 Wie viele Elemente können Lösungsmengen von biquadratischen Gleichungen haben?

4 Ergänze im Heft die Lücken in den folgenden Gleichungen so, dass sie die angegeben Lösungsmengen besitzen.
a) $x^4 - 20x^2 + \ldots = 0$ $\quad L = \{-4; -2; 2; 4\}$
b) $x^4 - 3x^2 + \ldots = 0$ $\quad L = \{0; -\sqrt{3}; \ldots\}$
c) $x^4 + \ldots x^2 + \ldots = 0$ $\quad L = \{-5; 2; \ldots; \ldots\}$

5 Finde jeweils eine biquadratische Gleichung, die die angegebene Lösungsmenge hat.
a) $L = \{-4; -1; 1; 4\}$
b) $L = \{-\sqrt{2}; 0; \sqrt{2}\}$
c) $L = \{-1; 0; 1; 2\}$
d) $L = \{-\sqrt{7}; \sqrt{7}\}$
e) $L = \{1; 2; 3; 4\}$

6 Finde Lösungen der folgenden Gleichungen.
a) $2x^4 + 7x^3 - 4x^2 = 0$
b) $3x^6 - 5x^4 + 2x^2 = 0$
c) $x^6 - 9x^3 + 8 = 0$
d) $2x^8 - 6x^4 + 4 = 0$
e) $a^2 b^2 - 3ab + 2 = 0$

7 Benutze eine Substitution, um die folgenden Gleichungen zu lösen.
a) $\frac{3}{x} + \frac{1}{2x} = 3$ **b)** $\frac{1}{x^2} + \frac{3}{x} = 28$
c) Vergleiche diesen Lösungsweg mit dem in Kapitel 8.1 verwendeten Vorgehensweisen.
d) Beschreibe Formen von Bruchgleichungen, die mithilfe einer Substitution gelöst werden können.

Wurzelgleichungen

Eine **Wurzelgleichung** ist eine Gleichung, bei der die Unbekannte (auch) im Radikanden einer Wurzel vorkommt.

So geht's: Lösen von Wurzelgleichungen

$\sqrt{2x+5} + 3 = 3x$
Wenn du bei dieser Gleichung beide Seiten quadrierst, verschwindet der Wurzelterm dadurch nicht, denn das Quadrat der linken Seite lautet:
$2x + 5 + 6\sqrt{2x+5} + 9$
Willst du durch Quadrieren die Wurzel „beseitigen", musst du zuerst dafür sorgen, dass auf einer Seite der Gleichung nur noch der Wurzelterm alleine steht. Das nennt man den **Wurzelterm isolieren**:
$\sqrt{2x+5} = 3x - 3$
Wenn du nun die beiden Seiten der Gleichung jeweils quadrierst, erhältst du:
$2x + 5 = 9x^2 - 18x + 9$, also $9x^2 - 20x + 4 = 0$.
Die Lösung dieser Gleichung lautet:
$x = \frac{2}{9}$ oder $x = 2$
Überzeuge dich durch eine Probe, dass nur $x = 2$ eine Lösung der Wurzelgleichung ist. Die Lösungsmenge der Wurzelgleichung ist deshalb $L = \{2\}$.

8 Quadrieren beim Umformen von Gleichungen

a) Vergleiche die Lösungsmengen der folgenden beiden Gleichungen.
$2x - 3 = 4$ und $(2x - 3)^2 = 4^2$

b) Erkläre, wie es kam, dass im Bespiel für das Lösen einer Wurzelgleichung auf der vorigen Seite eine der beiden erhaltenen Lösungen keine Lösung der ursprünglichen Wurzelgleichung ist.

Das Quadrieren der beiden Seiten einer Gleichung ist keine Äquivalenzumformung. Die dabei entstehende Gleichung kann mehr Lösungen haben als die ursprüngliche. Darum dient bei dieser Methode zur Lösung von Wurzelgleichungen die Probe nicht nur zur Vermeidung von Rechenfehlern, sondern ist ein unverzichtbarer Teil des Lösungsverfahrens.

9 Gib für die folgenden Wurzelgleichungen die Definitionsmenge und die Lösungsmenge an.

a) $2 - \sqrt{x+2} = 0$

b) $2 + \sqrt{x+2} = 0$

c) $2 - \sqrt{2x-2} = 0$

d) $2x - \sqrt{x+2} = 0$

e) $\sqrt{x} + 2x = 2$

f) $\sqrt{2x-1} + 2 = 4x$

g) $4 - \sqrt{3x+1} = 2x$

h) $\sqrt{-3x+8} + 9x - 24 = 0$

i) $\sqrt{x^2+7x+6} - 4 = -x$

j) $5x - \sqrt{4x^2+24x+36} = 12$

10 Zur Lösung der folgenden Gleichungen musst du das Lösungsverfahren einen Schritt weiter entwickeln.

a) $\sqrt{2x-1} - 12 = \sqrt{x}$

b) $\sqrt{20-3x} = \sqrt{x} + 4$

c) $\sqrt{x} - 7 = \sqrt{2x+5}$

d) $\sqrt{x+1} = \sqrt{1-2x} + 1$

e) $\sqrt{\frac{1}{2}x+11} = \sqrt{5-4x} + 5$

f) $\sqrt{2x-3} + 3 = \sqrt{3x-2}$

g) $\sqrt{-4x+5} - 6 = \sqrt{-6-2x}$

h) $\sqrt{x^2-3x} = \sqrt{2x+23}$

11 Anwendungen

a) Welche reelle Zahl ist genau halb so groß wie ihre Wurzel?

b) Welche reelle Zahl unterscheidet sich um genau den Wert 1 von ihrer Wurzel?

c) Die Längen der beiden Katheten eines rechtwinkligen Dreiecks, dessen Umfang 36 cm beträgt, unterscheiden sich um 3 cm. Berechne die Längen der drei Seiten und den Flächeninhalt. Finde zwei verschiedene Lösungswege, von denen nur einer zu einer Wurzelgleichung führt.

d) Der Umfang eines gleichschenkligen Dreiecks beträgt 26 cm. Seine Höhe ist doppelt so lang wie seine Basis. Berechne die Seitenlängen und den Flächeninhalt.

12 Löse die folgenden Gleichungssysteme.

a) (I) $y + 2 = \sqrt{x^2 - 3}$
(II) $x + 2y = -1$

b) (I) $x + 4 = 8y$
(II) $\sqrt{x} + 4 = 2y$

c) (I) $5y + 2x = 10$
(II) $\sqrt{5y} + 2x = 10$

d) (I) $\sqrt{2x-y} + 1 = x + y$
(II) $x - 2y = 3$

13 Löse die folgenden Wurzelgleichungen durch Substitution. Vergleiche mit der bisherigen Methode.

a) $2x - 3\sqrt{x} = 5$

b) $\sqrt{9x} + 9x = 9$

c) $2\sqrt{x+1} = x - 4$

d) Für welche Formen von Wurzelgleichungen ist die Lösung durch Substitution möglich?

„Auflösen" von Formeln

Formeln in den Naturwissenschaften sind Gleichungen, die den Zusammenhang zwischen mehreren Größen beschreiben. Wenn in einer Formel die Werte aller Größen außer einer bekannt sind, kann die unbekannte Größe berechnet werden. Dazu musst du die Gleichung so umformen, dass die gesuchte Größe alleine auf einer Seite der Gleichung steht und auf der anderen Seite nicht vorkommt. Das nennt man „eine Formel auflösen".

So geht's: Auflösen von Formeln

I Löse $m g h_1 = m g h_2 + \frac{1}{2} m v_2^2$ nach v_2 auf.

Schritt 1: Den Term, der v_2 enthält, isolieren.

$\frac{1}{2} m v_2^2 = m g h_1 - m g h_2$

Schritt 2: Durch die Faktoren vor v_2^2 dividieren.

$v_2^2 = 2 g h_1 - 2 g h_2$

Schritt 3: Wurzel ziehen.

$\underline{\underline{v_2 = \sqrt{2 g (h_1 - h_2)}}}$

II Löse $C(T - T_1) = D(T_2 - T)$ nach T auf.

Schritt 1: Klammern auflösen.

$C T - C T_1 = D T_2 - D T$

Schritt 2: Alle Terme, die T enthalten, auf einer Seite isolieren.

$C T + D T = D T_2 + C T_1$

Schritt 3: Ausklammern und dividieren.

$T(C + D) = D T_2 + C T_1$

$\underline{\underline{T = \frac{D T_2 + C T_1}{C + D}}}$ (für $C + D \neq 0$)

III Löse $\frac{1}{b} + \frac{1}{g} = \frac{1}{f}$ nach g auf.

Schritt 1: Multipliziere mit dem Produkt aller Nenner (bzw. mit dem Hauptnenner).
Beachte das Distributivgesetz!

$\frac{bgf}{b} + \frac{bgf}{g} = \frac{bgf}{f}$

Nun ist es möglich, alle Nenner zu kürzen.

$gf + bf = bg$

Nun kann wie im Beispiel II fortgefahren werden.

$bf = bg - gf$

$bf = g(b - f)$

$\underline{\underline{g = \frac{bf}{b - f}}}$

Beachte: Die Multiplikation mit Null ist genauso wie die Division durch Null keine Äquivalenzumformung.
Die Multiplikation im ersten Schritt beim letzten Beispiels stellt aber kein Problem dar: Alle Werte von Größen, die eine Null in einem Nenner ergeben, sind schon von vornherein in den Definitionsmengen auszuschließen. Ergebnisse, die du erhältst, musst du anhand der Definitionsmengen überprüfen.

14 Löse die folgenden Formeln nach den in eckigen Klammern angegebenen Größen auf.

a) $V = a b c$ $[b]$

b) $V = \pi r^2 h$ $[h]; [r]$

c) $V = \frac{1}{3}\sqrt{2}\, a^3$ $[a]$

d) $V = \frac{1}{3} a^2 h$ $[a]; [h]$

e) $O = 2\pi r h + 2\pi r^2$ $[h]$

f) $d = \sqrt{a^2 + b^2}$ $[b]$

g) $T = 2\pi\sqrt{\frac{m}{D}}$ $[m]; [D]$

h) $2 a x = v^2 - v_0^2$ $[x]; [v_0]$

i) $F_w = \frac{1}{2} c_w \varrho A v^2$ $[c_w]; [v]$

j) $F = G\frac{m_1 m_2}{r^2}$ $[m_2]; [r]$

k) $m g h_2 = \frac{1}{2} D s_1^2$ $[m]; [s_1]$

l) $m g h_1 + \frac{1}{2} D s_1^2 = m g h_2 + \frac{1}{2} m v_2^2$ $[h_2]; [D]; [v_2]$

15 Bei einer Klassenfahrt zum Freizeitpark kostet der Bus pauschal 200 €, der Eintritt pro Schüler 8 €.

a) Gib einen Term an, mithilfe dessen du die Kosten k für einen Schüler berechnen kannst.

b) Gib einen Term an für die Zahl mitfahrender Schüler, die nötig ist, damit die Kosten pro Schüler einen gegebenen Wert k betragen.

16 Löse die folgenden Formeln nach den in eckigen Klammern angegebenen Größen auf. Vergleiche Lösungswege, bei denen du Klammern auflöst, mit solchen, bei denen du das nicht tust. Zeige, dass die Ergebnisse jeweils gleichwertig sind.

a) $F = D(l - l_0)$ $[l]$

b) $A = \frac{1}{2}(a + c)h$ $[h]; [a]$

c) $O = 2(ab + ac + bc)$ $[c]$

d) $L = L_0(1 + \alpha \cdot \Delta T)$ $[\alpha]$

e) $W = c m (T_2 - T_1)$ $[T_2]; [m]$

f) $c_1 m_1 (T' - T_1) = c_2 m_2 (T_2 - T')$ $[c_1]; [T']$

g) $f_k = (2k + 1)\frac{c}{4L}$ $[k]; [L]$

h) $m g (h_1 + s_2) = \frac{1}{2} D s_2^2$ $[D]; [h_1]$

i) $\left(p + \frac{a}{V^2}\right) \cdot (V - b) = n R T$ $[a]$

j) Welche Form haben Formeln, bei denen es unumgänglich ist, Klammern aufzulösen?

17 Achte beim Auflösen der folgenden Formeln besonders darauf, welche Bedingungen erfüllt sein müssen.

a) $s = \frac{a}{1-q}$ [q]; [a]

b) $\frac{p_1 V_1}{T_1} = \frac{p_2 V_2}{T_2}$ [p_2]; [T_2]

c) $\frac{x}{a-x} = \frac{c}{d}$ [x]

d) $\frac{2}{f} = \frac{1}{b} + \frac{1}{g}$ [f]; [b]

e) $z = \frac{1}{x} - \frac{1}{y}$ [y]

f) $\frac{1}{f} = \frac{1}{b} + \frac{1}{D-b}$ [b]; [D]

g) $\varrho = \frac{ab}{a+b+c}$ [a]; [c]

h) $\frac{1}{R} = \frac{1}{R_1+R_2} + \frac{1}{R_3}$ [R]; [R_2]

i) $U = \frac{U_0 R_1}{R_1+R_2}$ [R_1]

j) $f' = \frac{f}{1-\frac{v}{c}}$ [f]; [v]

k) $T = 2\pi\sqrt{\frac{r^3}{GM}}$ [r]; [M]

18 Spezialitäten

a) $x = x_0 + v_0 t + \frac{1}{2} a t^2$ [t]

b) $O = 2\pi r h + 2\pi r^2$ [r]

c) $mg(h_1 + s_2) = \frac{1}{2} D s_2^2$ [s_2]

d) $V = \frac{1}{3} h\left(G + \sqrt{Gg} + g\right)$ [G]

e) $E = \frac{m_0 c^2}{\sqrt{1-\frac{v^2}{c^2}}}$ [v]

19 $\frac{3}{2} + \frac{-12}{4} = \frac{3-12}{2+4}$?

a) Überprüfe diese Behauptung.

b) Welchen Wert musst du für a wählen, damit bei gegebenen Werten für b, c und d die „Formel" $\frac{a}{b} + \frac{c}{d} = \frac{a+c}{b+d}$ stimmt?

20 Finde die Fehler in den folgenden Rechnungen.

a) Löse $O = 2\pi r h + 2\pi r^2$ nach r auf.

$2\pi r^2 = O - 2\pi r h$

$r^2 = \frac{O - 2\pi r h}{2\pi}$

$r = \sqrt{\frac{O-2\pi r h}{2\pi}} = \sqrt{\frac{O}{2\pi} - rh}$

b) Löse $\frac{1}{R} = \frac{1}{R_1} + \frac{1}{R_2}$ nach R_2 auf.

$R = R_1 + R_2$
$R_2 = R - R_1$

Abkürzung zur Lösung quadratischer Gleichungen: Der Satz von Vieta

Hat eine quadratische Gleichung der Form $x^2 + px + q = 0$ zwei Lösungen x_1 und x_2, dann gilt:

$D = p^2 - 4q > 0 \quad x_1 = \frac{-p+\sqrt{D}}{2} \quad x_2 = \frac{-p-\sqrt{D}}{2}$

Daraus folgen:

$\boldsymbol{x_1 + x_2 = -p}$ und $\boldsymbol{x_1 \cdot x_2} = \frac{(-p)^2 - D}{4} = \frac{p^2 - (p^2 - 4q)}{4} \boldsymbol{= q}$

Dieser Zusammenhang zwischen den Koeffizienten und den Lösungen der Gleichung $x^2 + px + q = 0$ wird nach dem französischen Mathematiker Francois Viète (1540–1603) als **Satz von Vieta** bezeichnet.

21 Begründe mithilfe des Satzes von Vieta: Hat eine quadratische Gleichung der Form $x^2 + px + q = 0$ zwei Lösungen x_1 und x_2, dann lässt sie sich in der Form $(x - x_1) \cdot (x - x_2) = 0$ darstellen. (Diese Darstellungsform wird als **Zerlegung** des quadratischen Terms **in Linearfaktoren** bezeichnet.)

22 Wie hängt der Satz des Vieta mit folgendem Lösungsverfahren zusammen?

So geht's: Quadratische Gleichungen einfach lösen mithilfe des Satzes von Vieta

$x^2 - 2x - 15 = 0$

Wenn du zwei Zahlen s und t finden kannst, deren Produkt $s \cdot t = -15$ beträgt und deren Summe $s + t = -2$ ergibt, dann kannst du die Gleichung in der Form $(x+s) \cdot (x+t) = 0$ schreiben.
(Überprüfe dies durch Ausmultiplizieren.)
Ein Produkt ist genau dann Null, wenn wenigstens einer der Faktoren den Wert Null hat. Also ist die Lösung der Gleichung $x = -s$ oder $x = -t$.

Um bei einer allgemeinen quadratischen Gleichung $a x^2 + bx + c = 0$ nach diesem Verfahren nach Lösungen zu suchen, musst du sie erst durch Division durch a in die Form $x^2 + px + q = 0$ bringen.
Wenn du keine solche Zerlegung des quadratischen Terms in Linearfaktoren finden kannst, dann heißt das nicht, dass die Gleichung keine Lösung hat, sondern nur, dass sie nicht „leicht zu finden" ist, also dass sie voraussichtlich nicht aus ganzen Zahlen besteht.
„Heiße Kandidaten" bei der Suche nach den Werten s und t sind (mit positivem oder negativem Vorzeichen) die Teiler von q.

Weiterhin ist die Diskriminante das einzige Mittel, um die Anzahl der Lösungen vorherzusagen. Die Lösungsformel bleibt – bei höherem Rechenaufwand – das universellere Lösungswerkzeug; der hier gezeigte Lösungsweg liefert eine schnelle Lösung in den Fällen, in denen sich die verwendete Zerlegung ohne großen Aufwand erkennen lässt.
Andererseits aber müssen die Lösungen, die du mit der Lösungsformel findest, immer die als Satz von Vieta bezeichneten Beziehungen mit den Parametern der quadratischen Gleichung erfüllen – überprüfe das an einigen Beispielen.

23 Bestimme mithilfe des Satzes von Vieta die Lösungsmengen der folgenden quadratischen Gleichungen.

a) $x^2+5x+6=0$
b) $x^2-3x-4=0$
c) $x^2-3x+2=0$
d) $2x^2+12x+16=0$
e) $x^2-2x-15=0$
f) $-x^2-2x+24=0$
g) $x^2-9x+14=0$
h) $5x^2+55x+150=0$
i) $-2x^2+12x+54=0$
j) $\frac{1}{2}x^2+8x+14=0$

24 Überprüfe die angegebene Lösungsmenge mithilfe des Satzes von Vieta. Verändere, wenn nötig, die Lösungsmenge.

a) $x^2+2x-8=0$ $L=\{-4; 2\}$
b) $x^2+3x-18=0$ $L=\{3; 6\}$
c) $2x^2-16x-18=0$ $L=\{-9; 1\}$
d) $x^2+11x+28=0$ $L=\{-4; -7\}$
e) $x^2+2x-3=0$ $L=\{1; 2\}$
f) $x^2+4x+2=0$ $L=\{-(\sqrt{2}+2); \sqrt{2}-2\}$

25 Gib jeweils eine quadratische Gleichung an, die die vorgegebene Lösungsmenge besitzt.

a) $L=\{2; -9\}$
b) $L=\{-5; -12\}$
c) $L=\{33; 34\}$
d) $L=\{0{,}5; -3{,}2\}$
e) $L=\{-\sqrt{6}; \sqrt{8}\}$
f) $L=\left\{\frac{5}{2}; 4\sqrt{5}\right\}$
g) Gib, wenn möglich, zu einigen der Teilaufgaben weitere quadratische Gleichungen mit der gleichen Lösungsmenge an.

26 Überprüfe die Lösungsmengen der folgenden quadratischen Gleichungen. Verändere, wenn nötig, die Gleichung.

a) $x^2+3x-40=0$ $L=\{-5; 8\}$
b) $x^2-10x-21=0$ $L=\{3; 7\}$
c) $\frac{1}{2}x^2-5x-12=0$ $L=\{2; 12\}$
d) $x^2+20x+9=0$ $L=\{-5; -4\}$
e) $4x^2+12x-40=0$ $L=\{-5; 2\}$
f) $x^2-4x-45=0$ $L=\{-9; 5\}$

27 Löse die folgenden Gleichungen jeweils auf möglichst einfache Weise.

a) $x^2-2x-2=0$
b) $x(3x+5)=0$
c) $x^2-17=0$
d) $x^2-12x+35=0$
e) $8x^2=20x$
f) $13x-8=0$
g) $2x^2-7x=0$
h) $(3x+4)(-2x+9)=0$
i) $x^2+49=0$
j) $-8(2x+11)=0$
k) $x^2+16x+39=0$
l) $x^2+39x+16=0$
m) $(x-2)(2x+8)=1$
n) $2x^2-2x-4=0$
o) $-4x^2+3=0$
p) $2x^2+5x+6=0$

28 Bestimme die unbekannten Parameter in den quadratischen Gleichungen und die vollständigen Lösungsmengen.

a) $x^2+8x+c=0$ $L=\{-6; \dots\}$
b) $x^2+bx-7=0$ $L=\{-1; \dots\}$
c) $2x^2+bx+4=0$ $L=\{5; \dots\}$
d) $x^2+6x+c=0$ $L=\{-3; \dots\}$
e) $x^2-3x+c=0$ $L=\left\{-\frac{1}{2}; \dots\right\}$
f) $ax^2-8x-12=0$ $L=\{-1; \dots\}$

29 Formuliere den Satz von Vieta für den Fall, dass die quadratische Gleichung genau eine Lösung hat.

30 Löse die quadratische Gleichung
$x^2+6x-5=0$
durch Anwendung des Satzes von Vieta – wenn nötig „mit Gewalt“.
Ist diese Methode konkurrenzfähig im Vergleich mit der Lösungsformel? Begründe.

31 Nenne ein Kriterium, mithilfe dessen du an den Koeffizienten p und q erkennen kannst, ob sich der quadratische Term
x^2+px+q
in ein Produkt aus Linearfaktoren zerlegen lässt.

9.2 Verschiedenes

Pythagoreische Zahlentripel

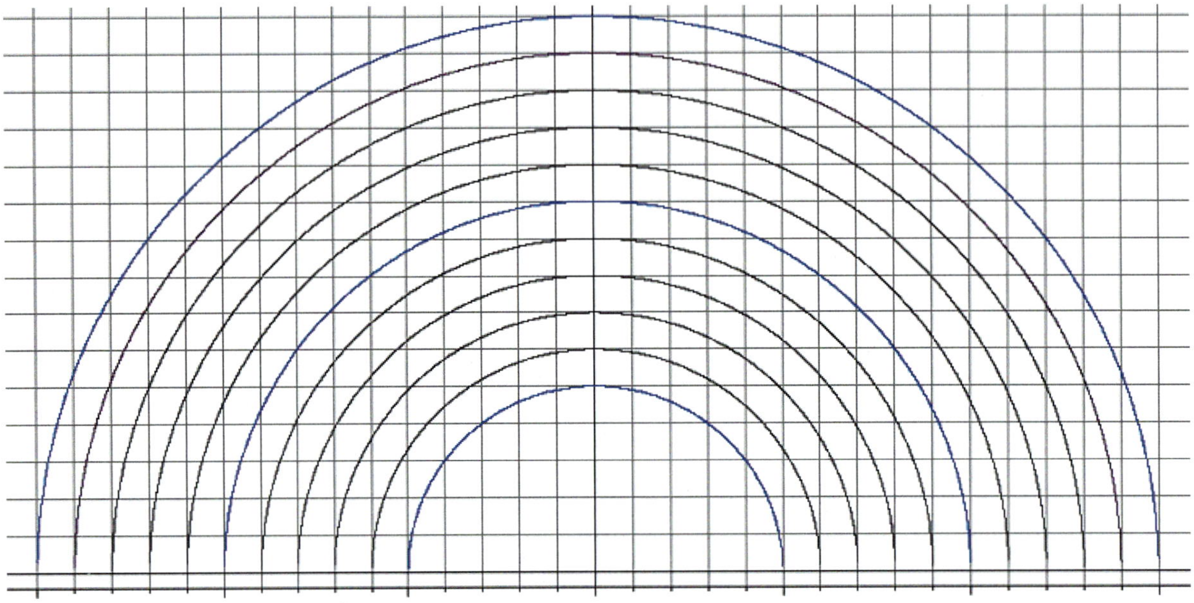

1 Schau' dir die Zeichnung genau an. Sie enthält Kreislinien, die alle zum gleichen Mittelpunkt gehören. Die Halbkreise sind von einem Computer nach der folgenden Formel gezeichnet worden:
$y = \sqrt{k^2 - x^2}$ mit den k-Werten 5 für den kleinsten Halbkreis, 6 für den nächstgrößeren Halbkreis, … bis 15 für den größten Halbkreis.
Bei genauerer Betrachtung sieht es so aus, als ob die Kreislinien außerhalb der Koordinatenachsen noch an weiteren Stellen mit Kreuzungspunkten des Gitters zusammenfallen: Die Punkte $P_1(4|3)$, $P_2(7|4)$, $P_3(8|4)$ und $P_4(8|6)$ könnten solche Stellen sein.

a) Untersuche, ob die (unendlich dünne!) Kreislinie mit ganzzahligem Radius den (unendlich kleinen) Punkt $P_i(x|y)$ mit ganzzahligen Koordinaten genau trifft, oder ob es aufgrund der grafischen Auflösung nur so aussieht.
Benutze dabei als mathematisches Werkzeug den Satz des Pythagoras in der Form $x^2 + y^2 = r^2$. Richtig angewendet dient er hier wie ein Mikroskop.

b) Entnimm der Zeichnung weitere Punkte mit ganzzahligen Koordinaten, die von einer der Kreislinien getroffen zu werden scheinen und überprüfe die Lage der neuen Punkte, indem du sie durch das „Pythagoras-Mikroskop" anschaust.

Beispiel

$u = 2$ und $v = 1$
liefern:
$x(2; 1) = 4 - 1 = 3;$
$y(2; 1) = 2 \cdot 2 \cdot 1 = 4;$
$r(2; 1) = 4 + 1 = 5$
$3^2 + 4^2 = 5^2$

Es ist prinzipiell möglich, neue Punkte dieser Art (mit ganzzahligen Koordinaten, die auf Kreislinien mit ganzzahligen Radien liegen) erfolgreich zu ermitteln, ohne eine Zeichnung als Hilfe zu nehmen. Mathematiker haben nämlich gefunden, dass sich zu jedem Paar ganzer Zahlen, die im Folgenden mit u und v bezeichnet sind, ein Schnittpunkt $P(x|y)$ mit einer der Kreislinien mit ganzzahligen Koordinaten folgendermaßen ermitteln lässt (siehe auch nebenstehendes Beispiel):

$x(u; v) = u^2 - v^2 \qquad y(u; v) = 2uv \qquad r(u; v) = u^2 + v^2$

Diejenigen Dreiergruppen natürlicher Zahlen a, b und c, die die Gleichung $a^2 + b^2 = c^2$ erfüllen, heißen **pythagoreische Zahlentripel**.

2

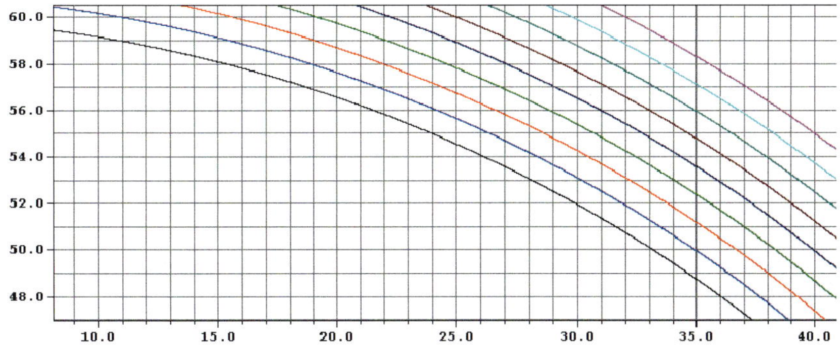

Das Bild stammt von neun Kreisen um den Punkt $M(0|0)$ mit den Radien 60, 61, 62, … bis 68. Entnimm diesem Bild Punkte mit ganzzahligen Koordinaten, die auf einer der Kreislinien zu liegen scheinen und überprüfe, ob sie auf pythagoreische Zahlentripel führen.
Du kannst auch die Liste pythagoreischer Grundtripel verwenden.

3

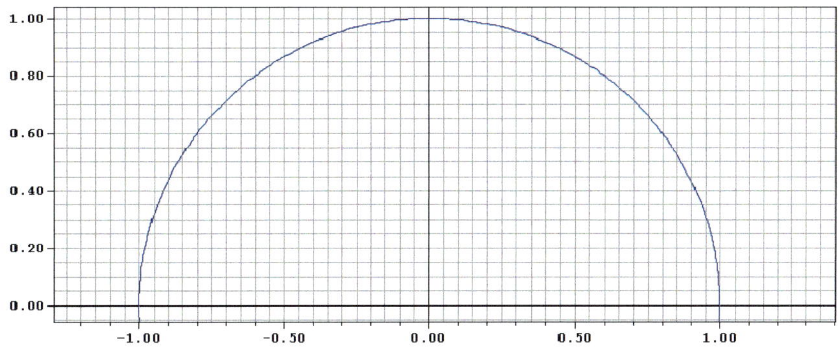

Die Menge der pythagoreischen Zahlentripel lässt sich eindeutig auf die Menge derjenigen Punkte des Einheitskreises abbilden, deren Koordinaten x und y beide rationale Zahlen sind: $a^2 + b^2 = c^2 \quad \Leftrightarrow \quad \left(\frac{a}{c}\right)^2 + \left(\frac{b}{c}\right)^2 = 1$
In der Grafik sieht es so aus, als ob der Einheitskreis bei den rationalzahligen x-Werten 0,3; 0,6; 0,8 und 0,95 auch rationalzahlige y-Werte hätte.

a) Untersuche, welche der Punkte tatsächlich in beiden Koordinaten rationalzahlig sind. Zu welchen pythagoreischen Tripeln gehören sie?

b) Ermittle alle rationalzahligen Punkte des Einheitskreises, deren gekürzter Nenner kleiner als 30 ist. Zeichne einen genügend groß gewählten Einheitskreis (z. B. 1 LE = 10 Kästchen) und trage darauf die ungefähre Lage der rationalzahligen Punkte ein, die du ermittelt hast. Miss alle Winkel ab, die die Ursprungsgeraden durch diese Punkte mit der x-Achse einschließen. Vergleiche die gemessenen Winkelwerte mit den Winkelwerten, die du mithilfe der inversen Tangensfunktion deines Taschenrechners ermitteln kannst. Wie lässt sich der exakte Winkelwert hinschreiben?

c) Ermittle die Koordinatenwerte derjenigen Punkte auf dem Einheitskreis, die bei den Winkeln 30°, 45° und 46° liegen. Welche dieser Koordinaten sind rationale Zahlen?

Info

Ist $(a; b; c)$ ein pythagoreisches Zahlentripel und ist m eine von Null verschiedene natürliche Zahl, dann ist $(m \cdot a; m \cdot b; m \cdot c)$ auch ein pythagoreisches Zahlentripel. (Überlege, warum.)
Ein pythagoreisches Zahlentripel $(a; b; c)$, das keinen echten gemeinsamen Teiler hat, nennt man **pythagoreisches Grundtripel**. Pythagoreische Grundtripel mit Zahlen kleiner als 100 sind:
(3; 4; 5)
(5; 12; 13)
(8; 15; 17)
(7; 24; 25)
(9; 40; 41)
(11; 60; 61)
(12; 35; 37)
(13; 84; 85)
(16; 63; 65)
(20; 21; 29)
(28; 45; 53)
(33; 56; 65)
(36; 77; 85)
(39; 80; 89)
(48; 55; 73)
(65; 72; 97)

Körperschnitte

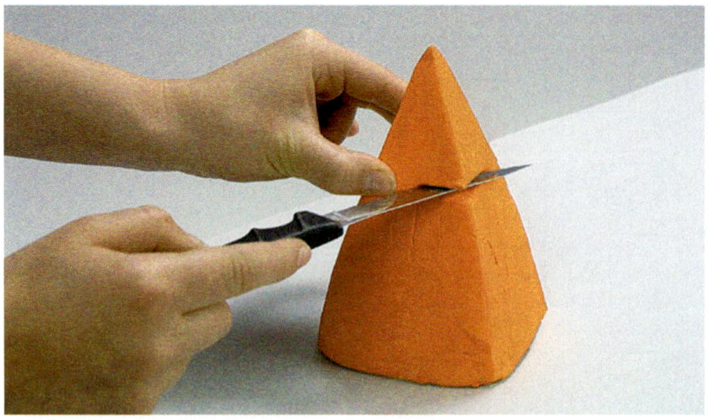

Auf den Seiten 214 und 215 werden ebene Schnitte durch spezielle Prismen, Pyramiden, Zylinder und Kegel betrachtet. Es wird jeweils mit einem Schnitt parallel zur Grundfläche begonnen und die entstehende Schnittfigur betrachtet. Anschließend wird überlegt, wie sich die Schnittfigur verändert, wenn die Schnittebene geneigt und eventuell außerdem noch gedreht wird.

Auf Seite 216 findest du Aufgaben zu dieser Doppelseite.

Schnitte durch ein gerades Prisma mit quadratischer Grundfläche

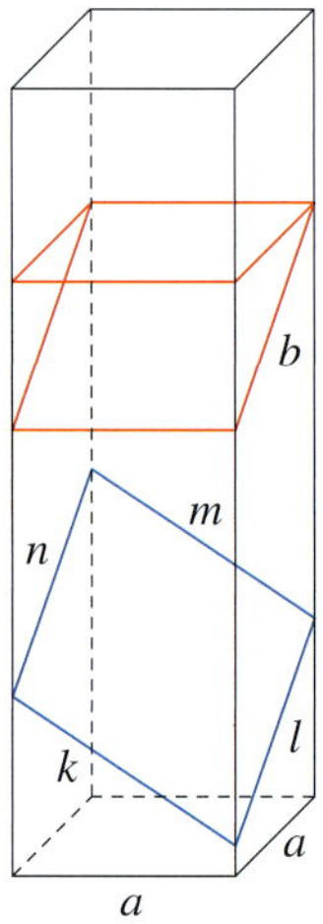

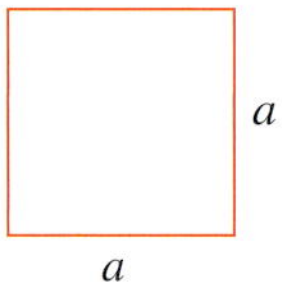

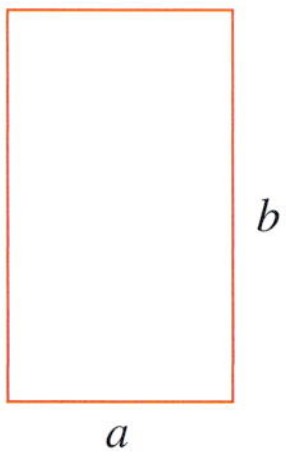

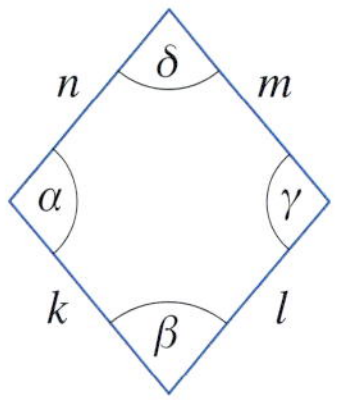

Quadrat
Alle Innenwinkel gleich groß; alle Seiten gleich lang.

Rechteck
Alle Innenwinkel gleich groß; zwei Paare gleich langer Seiten.

Raute
Zwei Paare gleich großer Innenwinkel; alle Seiten gleich lang.

Schnitte durch eine gerade Pyramide mit quadratischer Grundfläche

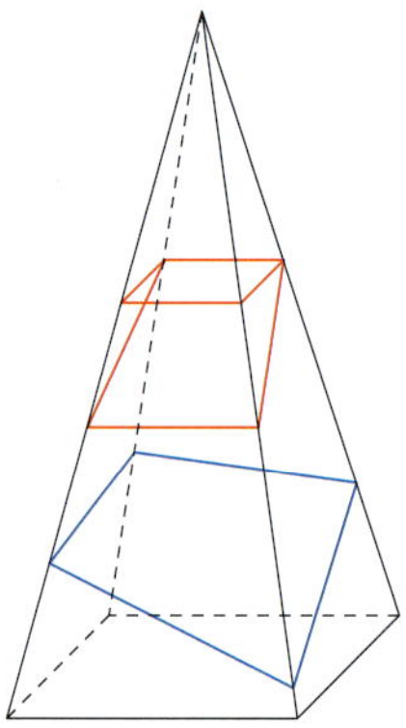

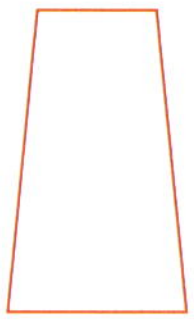

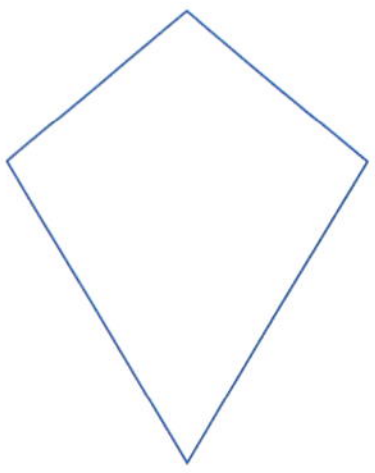

Quadrat
Alle Innenwinkel gleich groß; alle Seiten gleich lang.

gleichschenkliges Trapez
Zwei Paare gleich großer Innenwinkel; ein Paar gleich langer Seiten.

Drachenviereck
Ein Paar gleich großer Innenwinkel; zwei Paare gleich langer Seiten.

Schnitte durch einen geraden Kreiszylinder

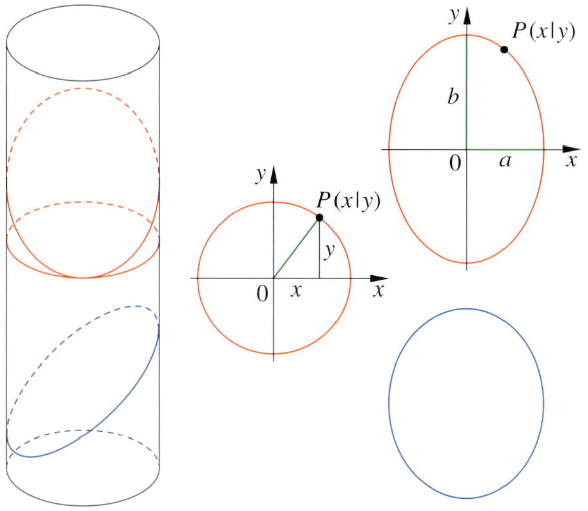

Ein Schnitt parallel zur Grundfläche erzeugt als Schnittfigur einen Kreis. Wird die Schnittebene gegenüber der Grundfläche geneigt (nicht zu stark), so entsteht als neue Schnittfigur – unabhängig davon, ob die Schnittebene auch noch gedreht wird, – eine Ellipse. In einer Ellipse nennt man a und b **Halbachsen**. Die Länge der Halbachse a (hier die kürzere Halbachse) bleibt beim Neigen der Schnittebene unverändert; sie ist so lang wie der Zylinderradius r.

Kreis	**Ellipsen**
Radius r	Halbachsen $a = r$ und b

Die Ellipsen entstehen aus dem Kreis durch Streckung in y-Richtung mit dem Faktor $\frac{b}{a}$.

Bezogen auf das in nebenstehendem Bild eingezeichnete Koordinatensystem lassen sich Kreis und Ellipse durch Gleichungen beschreiben:

Kreis
Der Satz des Pythagoras liefert:

$$y^2 = r^2 - x^2 \quad (1)$$

$$y = \sqrt{r^2 - x^2} \quad \text{oder}$$

$$y = -\sqrt{r^2 - x^2}$$

Ellipse
Unter Berücksichtigung der Streckung in y-Richtung und mit $r = a$ ist:

$$y^2 = \frac{b^2}{a^2} \cdot (a^2 - x^2) \quad (2)$$

$$y = \sqrt{b^2 - \frac{b^2}{a^2}x^2} \quad \text{oder}$$

$$y = -\sqrt{b^2 - \frac{b^2}{a^2}x^2}$$

Es ist auch üblich, die Gleichungen (1) bzw. (2) wie folgt umzuformen:

$$x^2 + y^2 = r^2 \qquad \frac{b^2x^2}{a^2} + y^2 = b^2$$

$$\frac{x^2}{r^2} + \frac{y^2}{r^2} = 1 \qquad \frac{x^2}{a^2} + \frac{y^2}{b^2} = 1$$

Schnitte durch einen geraden Kreiskegel

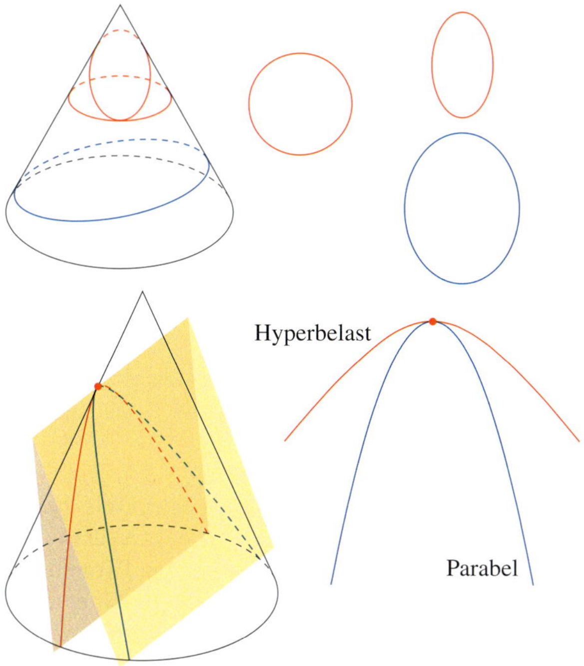

Ein Schnitt parallel zur Grundfläche erzeugt auch beim geraden Kreiskegel als Schnittfigur einen Kreis. Wird die Schnittebene gegenüber der Grundfläche geneigt (nicht zu stark), so entsteht ebenfalls eine Ellipse als Schnittfigur – unabhängig von einer zusätzlichen Drehung der Ebene.

Denkst du dir einen geraden Kreiskegel von unendlicher Ausdehnung, dann kann die Schnittebene unter jedem Winkel gekippt werden, ohne dass du beachten musst, ob der Schnitt durch die Grundfläche geht. Verläuft die Schnittebene parallel zu einer Mantellinie, dann ergibt sich als Schnittfigur eine Parabel. Wird die Schnittebene noch mehr gekippt, dann ergibt sich als Schnittfigur ein Hyperbelast.

Kreis, Ellipse, Parabel und Hyperbel (bestehend aus zwei zueinander symmetrischen Hyperbelästen) bezeichnet man in der Mathematik als **Kegelschnitte**, weil sie als Schnittfiguren am geraden Kreiskegel auftreten.

4 Erläutere, unter welchen Bedingungen bei einem Schnitt durch ein gerades Prisma mit quadratischer Grundfläche Quadrat, Rechteck oder Raute und bei einem Schnitt durch eine gerade Pyramide mit quadratischer Grundfläche Quadrat, gleichschenkliges Trapez oder Drachenviereck als Schnittfiguren entstehen. Beschreibe jeweils die Lage der Schnittebene möglichst genau.

5 Ebene Schnitte an Kreiszylinder und Kreiskegel

a) An Zylinder und Kreiskegel können als Schnittfiguren Kreis und Ellipse auftreten. Es gibt zwischen Zylinder und Kegel aber auch Unterschiede hinsichtlich dieser beiden Schnittfiguren. Worin bestehen sie?

b) Überlege, ob auf Seite 215 bereits alle möglichen Schnittfiguren an einem Kegel aufgeführt sind. Findest du noch weitere?

6 Ein Prisma mit quadratischer Grundfläche von 5 cm Kantenlänge und ein gerader Kreiszylinder mit einem Radius von 3 cm werden, wie auf den Seiten 214 und 215 gezeigt, einmal von einer Ebene mit dem Neigungswinkel 60° und einmal mit dem Neigungswinkel 45° gegenüber der Grundfläche geschnitten (weder Grund- noch Deckfläche werden dabei geschnitten).
Gib jeweils die Maße der Schnittfiguren an (z. B. Seitenlängen, Größe der Innenwinkel, Halbachsenlängen). Gib für die Schnittfiguren Kreis und Ellipse auch Gleichungen an.

7 Zeichne die Ellipse mit den Halbachsen der Längen 4 cm und 6 cm in ein Koordinatensystem. Erstelle dazu eine Wertetabelle für die Koordinaten von 24 Punkten. Nutze die Symmetrieeigenschaften der Ellipse, um den Rechenaufwand gering zu halten. Verbinde die Punkte so glatt wie möglich.
Lies aus deiner Zeichnung die Koordinaten von drei Ellipsenpunkten ab, die nicht in deiner Wertetabelle enthalten sind. Entscheide auf rechnerischem Weg, welcher der drei Punkte der idealen Ellipse am nächsten kommt.

8 Die folgenden Gleichungen beschreiben „Kegelschnitte“. Entscheide zuerst – ohne zu zeichnen –, um welchen Kegelschnitt es sich handelt. Skizziere dann diese Kegelschnitte möglichst ohne Verwendung einer Wertetabelle.

a) $x^2 + y^2 = 9$ **c)** $y = \frac{1}{x-3} - 2$ **e)** $\frac{x^2}{4} - y = 0$ **g)** $\frac{x^2}{4} + \frac{y^2}{6{,}25} = 1$

b) $y = -\frac{3}{4}(x+2)^2$ **d)** $\frac{x^2}{16} + \frac{y^2}{9} = 1$ **f)** $\frac{x^2}{9} + \frac{y^2}{9} = 1$ **h)** $y = \frac{-2}{x+1}$

9 Die Schnur als mathematisches Werkzeug („Gärtnerkonstruktion“).

a) Zeichne mithilfe zweier Reißnägel, einer dünnen Schnur, eines dicken Kartons und zweier darauf gewählter Punkte F_1 und F_2 eine Ellipse, für die gilt: $\overline{F_1P} + \overline{PF_2} = 12\,\text{cm}$.

b) Beschreibe ein praktisches Verfahren, wie du im Schulhof mit Kreide eine große Ellipse zeichnen kannst und teste deine „Gebrauchsanweisung“ im praktischen Versuch auf ihre Tauglichkeit.

10 Wie du auf den Seiten 214 und 215 sehen kannst, entspricht jeder kreis- bzw. ellipsenförmigen Schnittfigur am Kegel ein Viereck beim Schnitt an der Pyramide. Erläutere anhand einer Skizze welche Schnittfiguren an der Pyramide der Parabel und der Hyperbel am Kegel entsprechen und finde jeweils einen eigenen passenden Namen dafür. Lege deinen Überlegungen eine Pyramide mit unendlicher Ausdehnung zugrunde.

Info

Für die Parabel kennst du bereits ihre Ortslinieneigenschaft (siehe Seiten 43 und 93). Ellipse und Hyperbel lassen sich ebenfalls über ihre Ortslinieneigenschaft definieren.

Ellipse

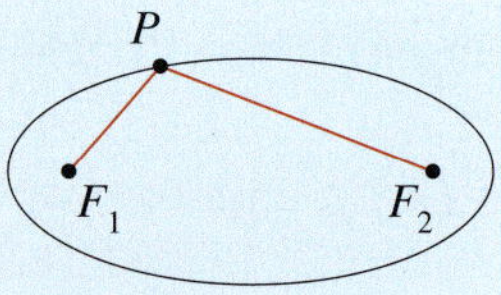

Für alle Punkte P einer Ellipse ist die Summe der Abstände von zwei festen Punkten F_1 und F_2 konstant.
$\overline{F_1P} + \overline{PF_2} = \text{konst}$

Hyperbelast

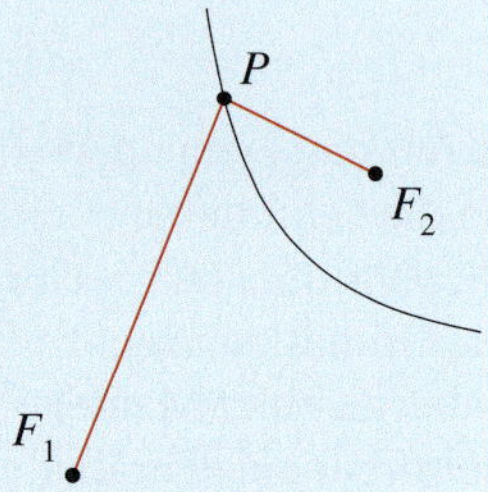

Für alle Punkte P eines Hyperbelasts ist die Differenz der Abstände von zwei festen Punkten F_1 und F_2 konstant.
$\overline{F_1P} - \overline{PF_2} = \text{konst}$

Landeswettbewerb Mathematik Bayern

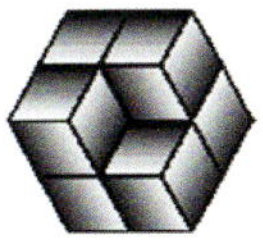

Seit 1998 gibt es in Bayern und Baden-Württemberg den Landeswettbewerb Mathematik, an dem Schüler bis zur 10. Jahrgangsstufe teilnehmen können.
Bei den folgenden Aufgaben aus den vergangenen Jahren[1] helfen dir die Kenntnisse und Fähigkeiten, die du in diesem Schuljahr neu erworben hast.

11 Für welche natürlichen Zahlen n gibt es genau zwei verschiedene Primzahlen, die $n^3 - n$ teilen?

12 Eine Azteken-Pyramide hat die Form eines Pyramidenstumpfes mit quadratischer Grund- und Deckfläche. Die Grundfläche besitzt eine Kantenlänge von 81 m, die Deckfläche eine Kantenlänge von 16 m. Die Seitenkanten sind 65 m lang.
Eine Außentreppe für Touristen führt zur Deckfläche des Pyramidenstumpfes. Sie beginnt an einer Ecke der Grundfläche und überquert jede Seitenfläche genau einmal, bevor sie an einer Ecke der Deckfläche endet. Dabei ist ihre Steigung überall gleich.
Welche Entfernungen haben die Punkte, an denen die Treppe die Kanten trifft, von den zugehörigen Eckpunkten der Grundfläche?

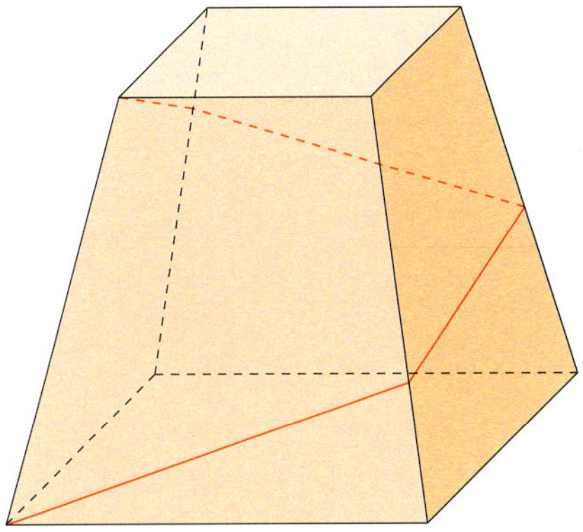

13 Zeige: Ist eine Zahl $n \in \mathbb{N}$ die Summe zweier verschiedener positiver Quadratzahlen, so hat auch jede Potenz n^k ($k \in \mathbb{N}$, $k > 0$) diese Eigenschaft.

14 Ein Quader mit quadratischer Grundfläche ist aus Würfeln der Kantenlänge 1 cm aufgebaut. Die Anzahl dieser Würfel ist so groß, wie die Anzahl der außen liegenden Würfelflächen.
Welche Kantenlängen kann der Quader haben?

15 Ein Stück Papier wird in 7 oder 10 Stücke zerschnitten. Nun wird eines der vorhandenen Stücke wieder wahlweise in 7 oder 10 Stücke zerschnitten; dieser Vorgang wird mehrmals wiederholt.
Kann man auf diese Weise 2006 Papierstücke erhalten?

[1] Informationen zum Landeswettbewerb Mathematik Bayern findest du unter www 217 – 1.
Über diese Seite gelangst du auch zu den Aufgaben früherer Wettbewerbe.

Mathematik-Olympiade

Aufgaben der ersten beiden Runden der 46. Mathematik-Olympiade für die Jahrgangsstufe 9/10 bzw. 9 (in Klammern die Original-Aufgabennummern)

Schulrunde

16 (461011)

a) Zeige, dass $1 \cdot 15 + 1$, $11 \cdot 105 + 1$ und $111 \cdot 1005 + 1$ Quadratzahlen sind.

b) Es sei n eine natürliche Zahl mit $n > 0$. Des Weiteren seien
$a = 11\ldots1$ die Zahl, deren Ziffernfolge aus n Einsen besteht,
und $b = 10\ldots05$ die Zahl, deren Ziffernfolge aus einer Eins, $n - 1$ Nullen und einer Fünf besteht.
Beweise, dass unter diesen Voraussetzungen $a \cdot b + 1$ eine Quadratzahl ist.

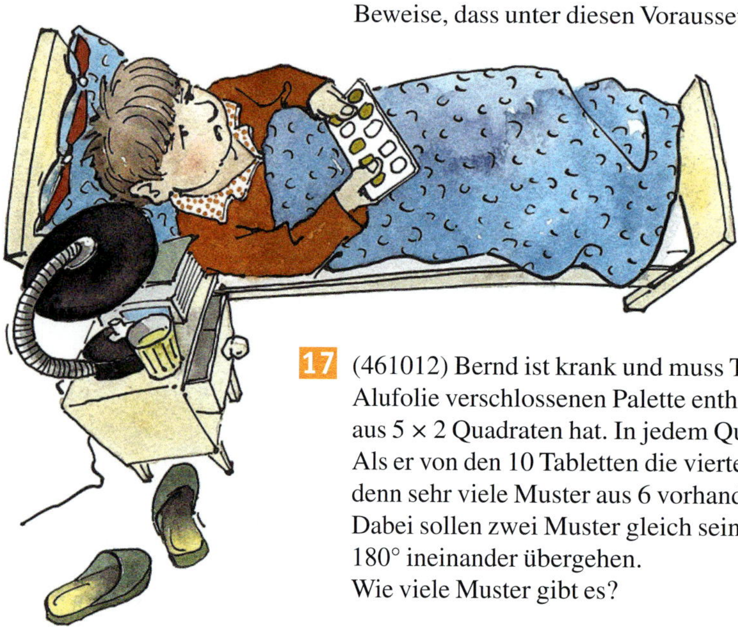

17 (461012) Bernd ist krank und muss Tabletten nehmen. Diese sind in einer mit Alufolie verschlossenen Palette enthalten, welche die Form eines Rechteckes aus 5×2 Quadraten hat. In jedem Quadrat befindet sich eine Tablette.
Als er von den 10 Tabletten die vierte entnommen hat, überlegt er sich, ob es denn sehr viele Muster aus 6 vorhandenen und 4 fehlenden Tabletten gibt.
Dabei sollen zwei Muster gleich sein, wenn sie durch Drehen der Palette um $180°$ ineinander übergehen.
Wie viele Muster gibt es?

18 (461013) Im gleichschenkligen Trapez $ABCD$ mit $AB \parallel DC$, $AD \nparallel BC$ und $\overline{AD} = \overline{BC}$ sei O der Diagonalenschnittpunkt.
Ferner seien $\sphericalangle BAC = 60°$ sowie X, Y, Z die Mittelpunkte der Strecken $[OA]$, $[OD]$ bzw. $[BC]$.
Zeige, dass dann das Dreieck XYZ gleichseitig ist.

19 (461014) Bestimme alle reellen Lösungen der Gleichung

$$x^6 + 2x^5 - x^4 - 4x^3 - x^2 + 2x + 1 = 0.$$

Info

Ein Viereck $ABCD$ heißt **konvex**, falls die Diagonalen $[AC]$ und $[BD]$ im Inneren des Vierecks $ABCD$ liegen.

20 (461015) Es sei $ABCD$ ein konvexes Viereck.
Der Punkt P sei im Inneren der Strecke $[AB]$ derart gewählt, dass

$$\overline{AP} : \overline{PB} = \overline{AD} : \overline{DC}$$

für die zugehörigen Streckenlängen gilt.
Weiterhin soll gelten, dass die Geraden $\overline{PD}$ und $\overline{BC}$ parallel sind.
Beweise: $\sphericalangle ADP = \sphericalangle PDC$.

21 (461016) Zeige, dass es nur endlich viele Primzahlen p gibt, für welche die Dezimaldarstellung von $\frac{1}{p}$ periodisch mit einer Periodenlänge 5 ist.
Hinweis:
Bei periodischen Dezimalbrüchen wiederholt sich ständig ein Block von Ziffern. Zum Beispiel werden bei 4,3075151515151…51… Blöcke der Ziffern 51 ständig aneinander gereiht. Man schreibt $4{,}307\overline{51}$ mit der Periodenlänge 2, weil sich ein Block von zwei Ziffern ständig wiederholt.

Regionalrunde

22 (460921) Die Läuferinnen Karla, Lili und Momo sind bekannt dafür, dass sie als Schlussläuferinnen ihrer (3 × 1000 m)-Staffeln mit der Gleichmäßigkeit eines Uhrwerks ihre Runden drehen.
Beim letzten Staffelrennen gewann Momo auf jeweils 50 m ihrer Laufstrecke 5 m gegen Lili und hatte im Ziel 20 m Vorsprung vor dieser.
Karla holte auf jeweils 200 m ihrer Laufstrecke 15 m zu Lili auf, doch rettete diese einen knappen Vorsprung von 1 m vor Karla ins Ziel.
Welche Läuferin ging als letzte auf ihre 1000-m-Strecke und wie groß waren zu diesem Zeitpunkt ihre Rückstände auf die beiden Konkurrentinnen?

23 (460922) Es seien 400 Präzisionskugeln so auf vier Schalen A, B, C und D verteilt, dass gilt:

- In jeder Schale sind genau 100 Kugeln.
- In einer Schale sind 100 Kugeln à 99 g.
- In einer Schale sind 100 Kugeln à 99,5 g.
- In einer Schale sind 100 Kugeln à 100 g.
- In einer Schale sind 100 Kugeln à 100,5 g.

Jede Kugel hat eine Gewichtstoleranz von maximal 5 mg.
Zur Verfügung stehe eine Waage, welche die aufgelegte Masse mit einer maximalen Abweichung von 0,2 g anzeigt.
Finde die kleinste Anzahl von Wägungen, die genügt um festzustellen, welche Kugeln in welcher Schale sind.

24 (460923) Zeige: Berühren sich je zwei von drei Kreisen von außen, so bilden die Berührpunkte ein spitzwinkliges Dreieck.

25 (460924) Bestimme alle Folgen $F = (n_0, n_1, \dots, n_7)$ von acht ganzen Zahlen mit folgender Eigenschaft:
Für $i = 0, 1, \dots, 7$ gibt die Zahl n_i die Häufigkeit des Vorkommens der Zahl i in der Folge $(n_0, n_1, \dots, n_7)$ an.
(So gibt beispielsweise n_3 an, wie viele der Zahlen aus der Folge $(n_0, n_1, \dots, n_7)$ gleich 3 sind.)

Tipp

Zur Aufgabe 25:
In der Zahlenfolge (3, 2, 0, 0, 4, 0, 1, 1) ist $n_0 = 3$. Und tatsächlich kommt die 0 dreimal vor. Auch $n_1 = 2$, würde noch die Bedingung der Aufgabe 20 erfüllen. Jedoch $n_2 = 0$ genügt nicht mehr dieser Bedingung, denn die 2 kommt in der Folge einmal vor.

Lösungen: Zeig, was du kannst!

Kapitel 1 • Seite 30

1 je zwei richtig ausgefüllte Felder 1 P

Gleichung	Lösungsmenge in der Menge der		
	ration. Zahlen	irration. Zahlen	reellen Zahlen
$(\sqrt{x})^2 = 9$	$\{9\}$	$\{\ \}$	$\{9\}$
$\sqrt{x^2} = 5$	$\{-5; 5\}$	$\{\ \}$	$\{-5; 5\}$
$x^2 = 5$	$\{\ \}$	$\{-\sqrt{5}; \sqrt{5}\}$	$\{-\sqrt{5}; \sqrt{5}\}$
$2x^2 + 50 = 0$	$\{\ \}$	$\{\ \}$	$\{\ \}$
$4x^2 - 12 = 0$	$\{\ \}$	$\{-\sqrt{3}; \sqrt{3}\}$	$\{-\sqrt{3}; \sqrt{3}\}$
$\sqrt{x^2} = -x$	Menge aller nicht positiven Zahlen der jeweiligen Zahlenmenge		

2 6 P

$$\sqrt{\tfrac{50}{9}} + 3\sqrt{147} - \sqrt{18} - 2\sqrt{108}$$
$$= \tfrac{1}{3}\sqrt{2 \cdot 25} + 3\sqrt{3 \cdot 49} - \sqrt{2 \cdot 9} - 2\sqrt{3 \cdot 36}$$
$$= \tfrac{5}{3}\sqrt{2} + 21\sqrt{3} - 3\sqrt{2} - 12\sqrt{3}$$
$$= -\tfrac{4}{3}\sqrt{2} + 9\sqrt{3}$$

3 Näherungswerte 4 P; Fehler 2 P

$x_1 = 10{,}5$
$x_2 \approx 9{,}535\,714\,285\,714\,28$
$x_3 \approx 9{,}486\,958\,266\,452\,65$
$x_4 \approx 9{,}486\,832\,981\,332\,41$
$x_5 \approx 9{,}486\,832\,980\,505\,14$ (stabiler Wert)
Der Fehler von x_3 ist kleiner als:
$$x_3 - \frac{90}{x_3} \approx 0{,}000\,250\,570\,240\,48 = 0{,}0003$$
(Der Fehler muss sogar kleiner als die Hälfte dieser Differenz sein, also kleiner als etwa 0,0002.)

4 a), b), e), f), g) je 1 P, c), d) je 2 P

a) richtig
b) Die Gleichung ist nur für a > 0 richtig.
Soll sie für alle reellen Zahlen richtig sein, muss rechts vom Gleichheitszeichen $|a|$ stehen.
c) Dass die Ungleichung falsch ist, zeigt ein Gegenbeispiel:
Für $a = 0{,}09$ ist $\sqrt{a} = 0{,}3$, also $\sqrt{a} > a$.
$\sqrt{a} < a$ gilt nur für $a > 1$.
d) Die Gleichung ist nur dann richtig, wenn ab nicht negativ ist, also wenn $a = b = 0$ oder wenn a und b dasselbe Vorzeichen haben.
Die Gleichung wäre für alle reellen Zahlen a, b richtig, wenn rechts des Gleichheitszeichens $|ab|$ stünde.
e) richtig
f) Die Gleichung ist falsch (sie wäre nur für $a = b$ richtig), und es gibt auch keine naheliegende Korrektur. Eine „ähnliche, aber richtige Gleichung" wäre:
$\sqrt{(a-b)^2} = a - b$ für $a > b$.
g) Die Gleichung ist richtig. Sie ist sogar noch in anderen Fällen als für $a, b, c \in \mathbb{R}^+$ richtig:
b kann eine beliebige reelle Zahl sein, und a und c müssen dasselbe Vorzeichen haben.

Kapitel 2 • Seite 52

1 1 P

$b^2 + c^2 = 79{,}21\,\text{cm}^2$ $\quad a^2 = 79{,}21\,\text{cm}^2$
Es ist $b^2 + c^2 = a^2$. Das Dreieck ABC hat demnach bei A einen rechten Winkel (Kehrsatz zum Satz des Pythagoras).

2 je Seitenlänge 2 P

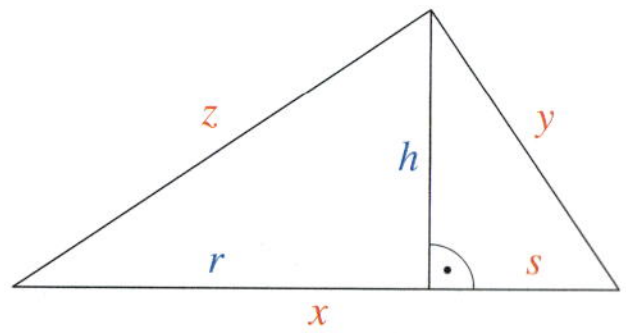

$h^2 = rs$
$\Rightarrow s = 2{,}5\,\text{cm}$
$x = r + s$
$\Rightarrow x = 8{,}9\,\text{cm}$
$y^2 = xs$
$\Rightarrow y^2 = 22{,}25\,\text{cm}^2, \; y \approx 4{,}7\,\text{cm}$
$y^2 + z^2 = x^2 \Leftrightarrow z^2 = x^2 - y^2$
$\Rightarrow z^2 = 56{,}96\,\text{cm}^2, \; z \approx 7{,}5\,\text{cm}$

3 3 P

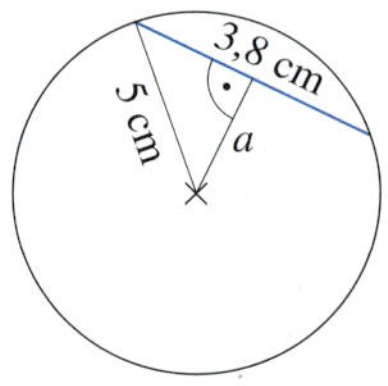

$a^2 = (5^2 - 1{,}9^2)\,\text{cm}^2$
$= 21{,}39\,\text{cm}^2$
$a \approx 4{,}6\,\text{cm}$

4 4 P

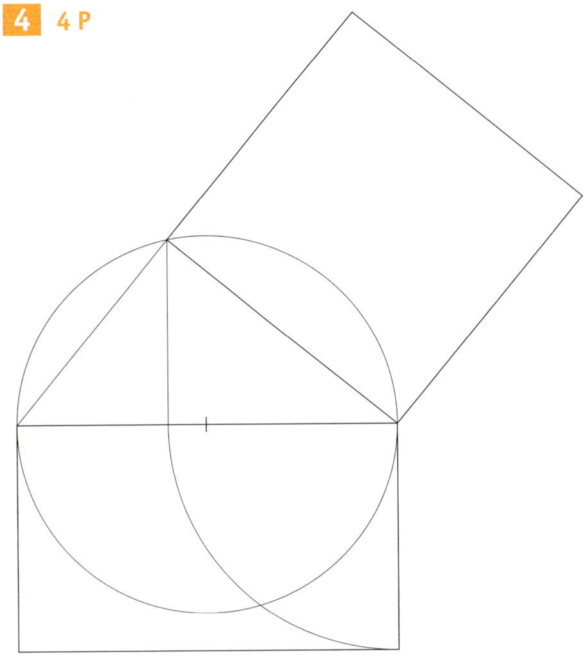

5 Seitenlängen 5 P, Flächeninhalt 1 P

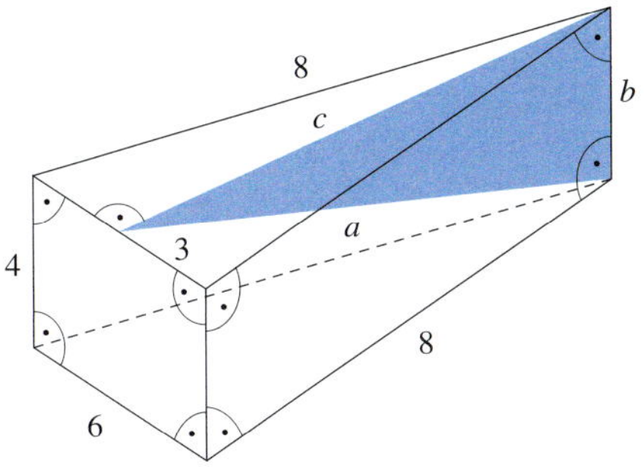

$b = 4$ (cm)
c ist die Höhe im Deckflächendreieck.
$c^2 = 8^2 - 3^2 = 55, \; c \approx 7{,}4$ (cm)
$a^2 = b^2 + c^2 = 71, \; a \approx 8{,}4$ (cm)
$A_{\text{blau}} = \frac{bc}{2} = \frac{4 \cdot \sqrt{55}}{2} \approx 14{,}8$ (cm^2)

6 Berechnungen 3 P, Argumentation 4 P

Berechnet man die Länge der Raumdiagonale der Kiste aus den gegebenen Werten, ergibt sich rund 129,3 cm. Die verwendeten Messwerte sind aber vermutlich fehlerbehaftet – bis ±0,5 cm.
Rechnet man einmal mit den kürzesten und einmal mit den größten möglichen Längen, ergibt sich eine Abschätzung für die wahre Länge d der Raumdiagonalen: $128\,\text{cm} < d < 130\,\text{cm}$.
Da man den genauen Wert von d nicht kennt, haben sowohl Frank als auch Susi Recht.

Kapitel 3 • Seite 70

1 8 P

Gegeben: $d = 9\,\text{cm}$, $h = 15\,\text{cm}$, $s = 20\,\text{cm}$
Sie benötigt Papier für die Grundfläche und den Mantel der zylindrischen Dose.

$A_{\text{Papier}} = \pi r^2 + 2\pi r h$
$= \pi \cdot (4{,}5\,\text{cm})^2 + 2\pi \cdot 4{,}5\,\text{cm} \cdot 15\,\text{cm}$
$\approx 487{,}5\,\text{cm}^2$

Ein quadratischer Bogen Papier hat folgenden Flächeninhalt: $A_{\text{Bogen}} = s^2 = (20\,\text{cm})^2 = 400\,\text{cm}^2$
Zwei Bogen Papier reichen also.
Schnittvorschlag:

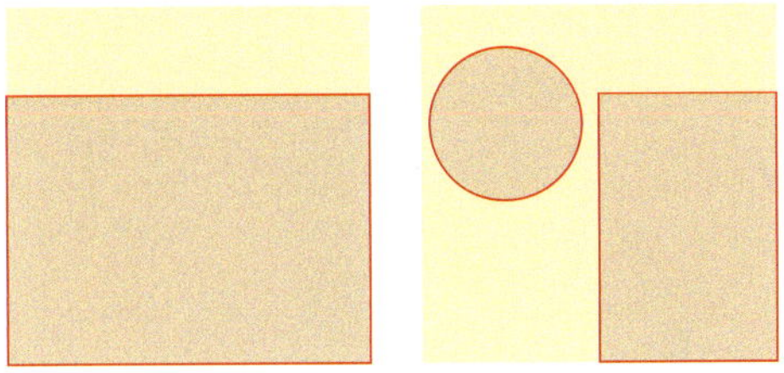

Die beiden 15 cm hohen Rechtecke bilden zusammen mit knapp einem Zentimeter Überlappung den Mantel.

2 a) 2 P, b) 3 P

a) Ein mögliches Netz:

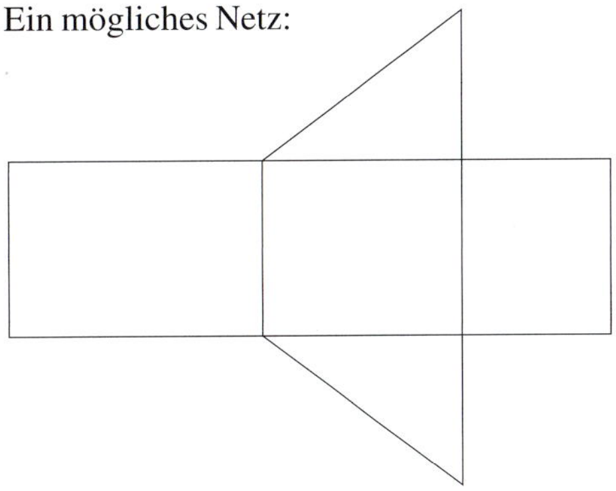

b) $O_{\text{Prisma}} = 2A_{\text{Dreieck}} + M$
$= 2 \cdot \frac{1}{2} \cdot 4\,\text{cm} \cdot 3\,\text{cm}$
$+ (4\,\text{cm} + 3\,\text{cm} + 5\,\text{cm}) \cdot 3{,}5\,\text{cm}$
$= 54\,\text{cm}^2$

3 6 P

Die Oberfläche des Prismas besteht aus zwei regelmäßigen Sechsecken mit Seitenlänge a und sechs Rechtecken mit den Seitenlängen a und $2a$. Die Oberfläche der Pyramide besteht aus einem regelmäßigen Sechseck mit Seitenlänge a und sechs Dreiecken mit der Grundseite a und der Höhe h_a.

Tims Behauptung wäre richtig, wenn eine Dreiecksfläche der Pyramide ungefähr halb so groß wäre, wie eine Rechtecksfläche des Prismas. Dazu müsste die Höhe h_a des Dreiecks ungefähr gleich der Höhe $2a$ des Rechtecks sein. Die Höhe h_a ist aber etwas größer als $2a$:

$$h_a = \sqrt{(2a)^2 + \left(\tfrac{1}{2}\sqrt{3}\,a\right)^2} = \sqrt{4{,}75}\,a \approx 2{,}18\,a$$

Tims Behauptung kann als eine grobe Näherung aufgefasst werden.
Es können auch beide Oberflächeninhalte berechnet und verglichen werden.

4 **a) 6 P, b) 3 P**

a)

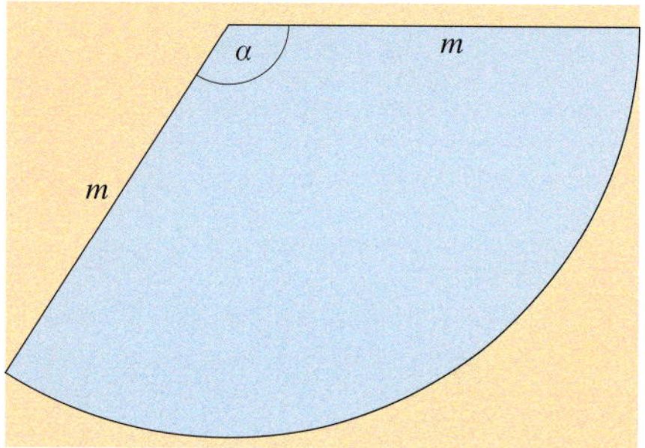

Ein DIN-A4-Blatt hat die Maße 29,7 cm mal 21,0 cm und einen Flächeninhalt von 623,7 cm². Beim Kegel soll $h = 2r$ sein. Für die Länge der Mantellinie gilt dann:
$m = \sqrt{r^2 + (2r)^2} = \sqrt{5}\,r$
Für den Mittelpunktswinkel folgt daraus:

$$\alpha = \frac{r}{m} \cdot 360° = \frac{360°}{\sqrt{5}} \approx 160°$$

Durch Konstruieren kann sich Basti davon überzeugen, dass ein Kreissektor mit $\alpha = 160°$ und einem Radius von 15 cm noch auf das DIN-A4-Blatt passt, während er bei einem Radius von 16 cm nicht mehr auf das Blatt passt.

b) Für $m = 15$ cm beträgt der prozentuale Abfall:

$$\frac{A_{\text{Blatt}} - A_{\text{Sektor}}}{A_{\text{Blatt}}} \approx \frac{623{,}7\,\text{cm}^2 - \frac{160°}{360°} \cdot \pi \cdot (15\,\text{cm})^2}{623{,}7\,\text{cm}^2} \approx 0{,}50$$

Der Verschnitt beträgt also etwa 50 %.

Kapitel 4 • Seite 106

1 **a), b), c) je 2 P (einschl. Zeichnungen)**

a) Nach oben geöffnete Parabel, die zur Normalparabel kongruent ist; der Scheitel $S(2{,}5|4)$ ist der tiefste Punkt; keine Schnittpunkte mit der x-Achse; Gerade $x = 2{,}5$ als Symmetrieachse.

b) Nach unten geöffnete Parabel, die zur Normalparabel kongruent ist;
der Scheitel $S(-2{,}5|2)$ ist der höchste Punkt;
zwei Schnittpunkte mit der x-Achse;
Gerade $x = -2{,}5$ als Symmetrieachse.

c) Nach oben geöffnete Parabel;
sie ist weiter als die Normalparabel – sie ist kongruent zu einer Parabel, die aus der Normalparabel entsteht, wenn alle Funktionswerte mit dem Faktor 0,25 multipliziert werden;
der Scheitel $S(2{,}5|0)$ liegt auf der x-Achse und ist der tiefste Punkt – die Parabel berührt also die x-Achse in genau einem Punkt; Gerade $x = 2{,}5$ als Symmetrieachse.

2 **a), b), c) je 1 P**

a) $f(x) = x^2 + 3$

b) $g(x) = 0{,}5\,(x-2)^2 - 4$

c) $g(x) = -3\,(x+1)^2 + 5$

3 **a) 3 P, b) 2 P**

a) x-Achse: durch die Zaununterkante
y-Achse: durch die mittlere Zaunlatte
Einheit des Koordinatensystems:
entspricht einem Meter
Scheitel: $S(0|0{,}88)$
weiterer Punkt: $P(0{,}8|1)$ (nicht $P(0{,}85|1)$!)
Daraus folgt:
$y = \frac{3}{16}x^2 + 0{,}88$ bzw. $y = 0{,}1875\,x^2 + 0{,}88$

b) Bei 11 Latten wie im Bild gibt es neben der 0,88 m langen Latte und den beiden 1 m langen Latten noch je zwei Latten mit den Längen von rund 0,88 m, 0,90 m, 0,92 m, 0,96 m.

4 **a), b) je 1 P, c) 2 P**

a) $x^2 - 50x + 625 = (x-25)^2$

b) $0{,}04 - \frac{x^2}{4} = \left(0{,}2 - \frac{x}{2}\right)\left(0{,}2 + \frac{x}{2}\right)$

c) $p^6q^8 - 4p^5q^5 + 4p^4q^2 = p^4q^2(p^2q^6 - 4pq^3 + 4)$

5 **a), b) je 1 P**

a) $y = x^2 - 6x + 13 = (x-3)^2 + 4$

b) $y = 2x^2 + 24x + 68 = 2(x+6)^2 - 4$

6 a), b) je 3 P

a) (I) $5 - x^2 = 3 \Leftrightarrow x^2 = 2 \Leftrightarrow x = \sqrt{2}$ oder $x = -\sqrt{2}$
(1 Punkt Abzug, falls mithilfe von Lösungsformel oder quadratischer Ergänzung gelöst.)
(II) $2x - x^2 - 1 = 1 \;\Leftrightarrow\; x^2 - 2x + 2 = 0$
$D = (-2)^2 - 4 \cdot 1 \cdot 2 = -4$, also keine Lösung
Oder: $(x - 1)^2 = -1$ hat keine Lösung.

b) Ermittlung des Scheitels der entsprechenden Parabel:
$y = x^2 - 6x + 4$
$= x^2 - 6x + 9 - 9 + 4$
$= (x - 3)^2 - 5$
$S(3|-5)$

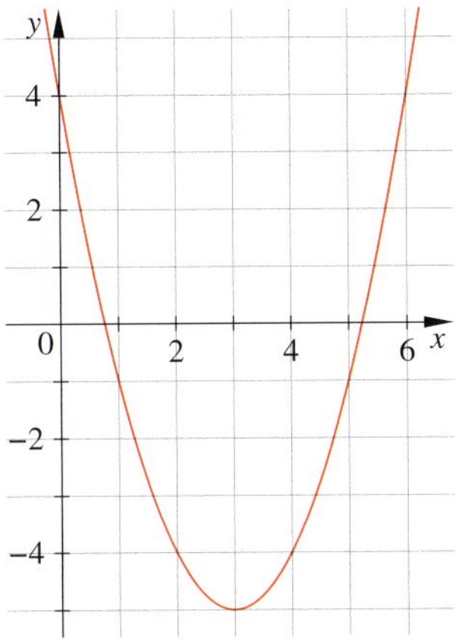

Abgelesen:
$x \approx 0{,}8$ (evtl. auch $x \approx 0{,}7$) oder
$x \approx 5{,}2$ (evtl. auch $x \approx 5{,}3$)
Berechnet:
$x = 3 - \sqrt{5} \approx 0{,}76$
$x = 3 + \sqrt{5} \approx 5{,}24$
Andere Lösungsmöglichkeit:
Schnittpunkte der Parabel mit $y = x^2$ und der Geraden mit $y = 6x - 4$ ablesen.

7 4 P

Skizze:

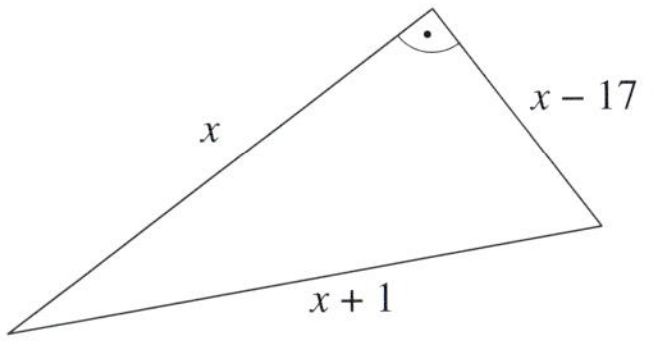

x: Länge der längeren Kathete in cm
Ansatz: $x^2 + (x - 17)^2 = (x + 1)^2$
Äquivalentes Umformen führt auf:
$x^2 - 36x + 288 = 0$
$x = 24$ (oder $x = 12$, aber geometrisch irrelevant, da sonst $x - 17 < 0$)
Seitenlängen: 7 cm, 24 cm, 25 cm

Kapitel 5 • Seite 128

1 a), b), c) je 2 P

a) Geeignetes Baumdiagramm
$P(\{\text{zuerst w}\}) = \frac{2}{5} = 0{,}4$

b) Für das Ereignis „zwei weiße Kugeln und eine schwarze Kugel" sind die Ziehungen wws, wsw und sww günstig.
$P(\{2\,\text{w}, 1\,\text{s}\}) = \frac{2}{5} \cdot \frac{1}{4} \cdot 1 + \frac{2}{5} \cdot \frac{3}{4} \cdot \frac{1}{3} + \frac{3}{5} \cdot \frac{2}{4} \cdot \frac{1}{3}$
$= \frac{1}{10} + \frac{1}{10} + \frac{1}{10} = \frac{3}{10} = 0{,}3$

c) Für das Ereignis „zweite Kugel weiß" sind die Ziehungen ww und sw günstig.
$P(\{2.\ \text{Kugel w}\}) = \frac{2}{5} \cdot \frac{1}{4} + \frac{3}{5} \cdot \frac{1}{2} = \frac{1}{10} + \frac{3}{10} = \frac{2}{5} = 0{,}4$

2 a), b) je 2 P

Geeignetes Baumdiagramm

a) Für das Ereignis „zwei weiße und eine schwarze Kugel" sind die Ziehungen wws, wsw und sww günstig.
$P(\{2\ \text{w und } 1\ \text{s}\}) = 3 \cdot \frac{2}{5} \cdot \frac{2}{5} \cdot \frac{3}{5} = 0{,}288$

b) Für das Ereignis „zweite Kugel weiß" sind die Ziehungen ww und sw günstig.
$P(\{2.\ \text{Kugel w}\}) = \frac{2}{5} \cdot \frac{2}{5} + \frac{3}{5} \cdot \frac{2}{5} = 0{,}4$

3 a), b) je 4 P

a) Rot die Werte, die unter den Klecksen stehen müssen:

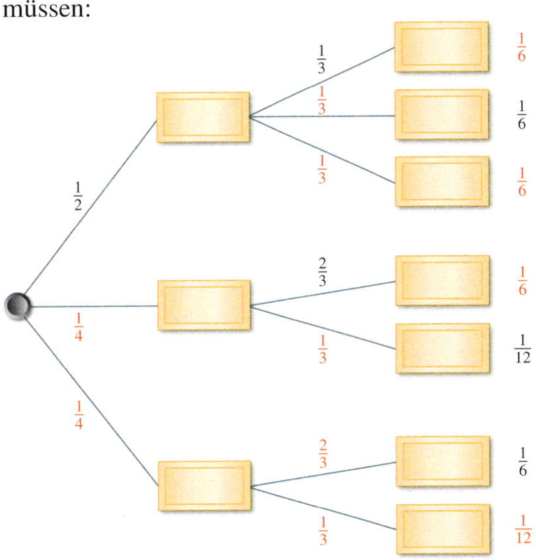

b) Ein passendes Urnenexperiment wäre z. B.:
Aus einer Urne mit zwei roten, einer blauen und einer gelben Kugel werden nacheinander zwei Kugeln ohne Zurücklegen gezogen.

4 6 P

Beispielsweise wird festgelegt:
K gerade Zahl; Z ungerade Zahl
Die Simulation ergibt dann:
KKK, KZZ, KKK, ZKZ, ZKZ, ZKK, ZKK, KZZ, KZZ, KKK, KKK, KZZ, ZZZ, KKZ, ZKZ, KZK, ZZZ, ZKZ, ZKZ, KZZ
$P(\{\text{KKK}\}) = \frac{4}{20} = \frac{1}{5} = 20\,\%$

5 6 P

Beispielsweise kannst du aus einem Skatspiel mit Eichel 7, 8, 9 10, Bube, Dame die 6 Kuverts und mit Herz 7, 8, 9 10, Bube, Dame die 6 Briefe simulieren.
Zuerst legst du die 6 Eichel-Karten verdeckt auf den Tisch, dann verteilst du die 6 Herz-Karten verdeckt auf die 6 Eichel-Karten.
Dann drehst du die Kartenpaare um. Dem Fall, dass kein Brief im passenden Kuvert ist, entspricht dem Fall, dass kein Paar mit gleichen Werten (Eichel 6 – Herz 6, Eichel 7 – Herz 7, …) vorkommt.
Nun werden die Eichel- und die Herzkarten jeweils für sich gemischt, und es wird wieder wie vorher ausgelegt. …
Dieses Vorgehen wiederholst du immer wieder – z. B. 20-mal.

Kapitel 6 • Seite 148

1 a), b) je 3 P

a) $\sin\beta = \frac{b}{a}$

$b = a \cdot \sin\beta$

$b = 4\,\text{cm} \cdot 0{,}5 = 2\,\text{cm}$

b) $\cos\beta = \frac{c}{a}$

$a = \frac{c}{\cos\beta}$

$a = \frac{6{,}2\,\text{cm}}{\cos 40°} \approx 8{,}1\,\text{cm}$

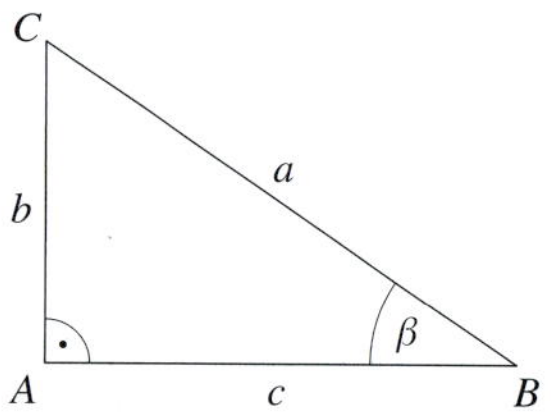

2 je 2 P

$\sin\alpha = \sqrt{1-\cos^2\alpha} = \sqrt{1-\left(\frac{15}{17}\right)^2} = \frac{8}{17}$

$\tan\alpha = \frac{\sin\alpha}{\cos\alpha} = \frac{\frac{8}{17}}{\frac{15}{17}} = \frac{8}{15}$

$\sin(90° - \alpha) = \cos\alpha = \frac{15}{17}$

$\cos(90° - \alpha) = \sin\alpha = \frac{8}{17}$

3 5 P

$x = \frac{a-c}{2}$

$= \frac{7{,}2\,\text{cm} - 4{,}3\,\text{cm}}{2}$

$= 1{,}45\,\text{cm}$

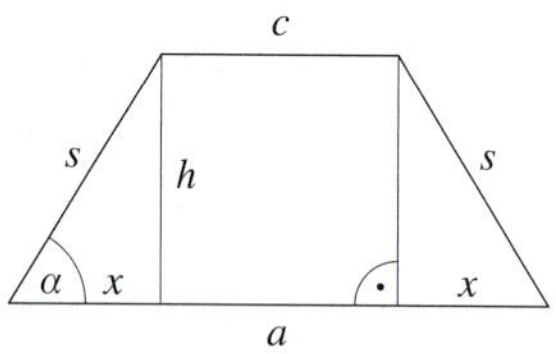

$\tan\alpha = \frac{h}{x} = \frac{3{,}5\,\text{cm}}{1{,}45\,\text{cm}} \approx 2{,}4138 \Rightarrow \alpha \approx 67{,}5°$

$\sin\alpha = \frac{h}{s}$ bzw. $s = \frac{h}{\sin\alpha} \Rightarrow s \approx 3{,}8\,\text{cm}$

4 5 P

Entsprechend der Zeichnung ist: $\sin\frac{\varphi}{2} = \frac{\frac{s}{2}}{r}$

Daraus folgen $\frac{s}{2} = r\sin\frac{\varphi}{2}$ bzw. $s = 2r\sin\frac{\varphi}{2}$.

5 6 P

Mit $s = 7{,}2\,\text{m}$ und $a = 4{,}6\,\text{m}$ gilt:

$\left(\frac{d}{2}\right)^2 = 2\cdot\left(\frac{a}{2}\right)^2 = \frac{a^2}{2}$

$h = \sqrt{s^2 - \left(\frac{d}{2}\right)^2}$

$= \sqrt{s^2 - \frac{a^2}{2}}$

$\approx 6{,}4\,\text{cm}$

$\tan\alpha = \frac{h}{\frac{a}{2}} = \frac{2h}{a}$

$\approx 2{,}7928$

$\alpha \approx 70{,}3°$

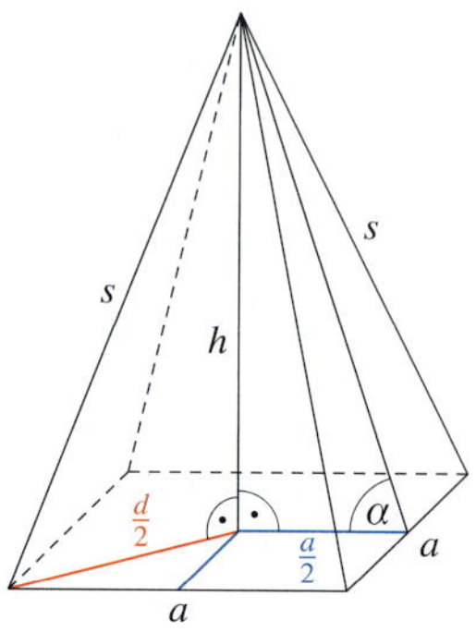

Kapitel 7 • Seite 168

1 a) 5 P, b) 7 P, c) 2 P

$G = \frac{1}{2} \cdot 4\,\text{cm} \cdot 3\,\text{cm} = 6\,\text{cm}^2$

a) $V_{\text{Prisma}} = G \cdot h = 48\,\text{cm}^3$

$O_{\text{Prisma}} = 2G + M = 108\,\text{cm}^3$

b) $V_{\text{Pyramide}} = \frac{1}{3} \cdot G \cdot h = 16\,\text{cm}^3$

$h_b : 4\,\text{cm} = 3\,\text{cm} : 5\,\text{cm}$

$h_b = 2{,}4\,\text{cm}$

$h^{*2} = h_b^2 + 64\,\text{cm}^2$

$h^* \approx 8{,}35\,\text{cm}$

$O_{\text{Pyramide}} = G + M$

$M \approx 16\,\text{cm}^2 + 12\,\text{cm}^2 + 20{,}9\,\text{cm}^2 = 48{,}9\,\text{cm}^2$

$O_{\text{Pyramide}} \approx 55\,\text{cm}^2$

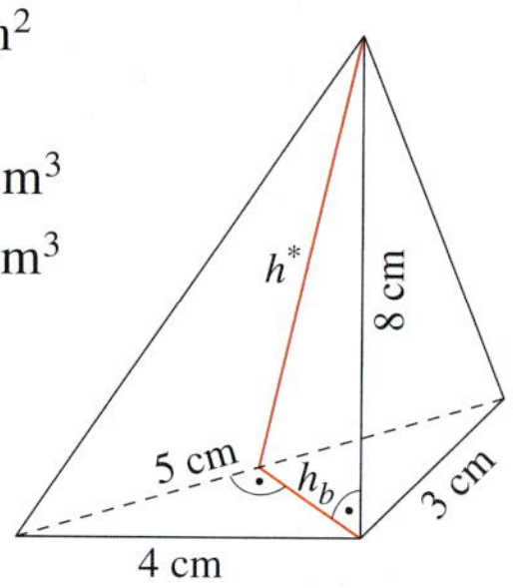

c) $V_{\text{Pyramide}} = \frac{1}{3} V_{\text{Prisma}}$, da sich die beiden Volumenformeln um den Faktor $\frac{1}{3}$ unterscheiden.
Der relative Unterschied zwischen den Oberflächeninhalten ist nicht so groß wie der zwischen den Volumina: $O_{\text{Pyramide}} \approx \frac{1}{2} O_{\text{Prisma}}$.

2 a) 3 P, b) 2 P

a) $V_1 = V_{\text{Zylinder}} + V_{\text{Kegel}}$

$= \pi \cdot \overline{AB}^2 \cdot \left[\overline{BC} + \frac{1}{3}(\overline{AD} - \overline{BC})\right] \approx 84\,\text{cm}^3$

b) $V_2 = V_{\text{Zylinder}} - V_{\text{Kegel oben}}$

$= \pi \cdot \overline{AB}^2 \cdot \left[\overline{AD} - \frac{1}{3}(\overline{AD} - \overline{BC})\right] \approx 117\,\text{cm}^3$

3 7 P

Ist s die Seitenlänge des gleichseitigen Dreiecks, dann ist sein Flächeninhalt $A = \frac{\sqrt{3}}{4}s^2$.
Aus $s^2 = \frac{4A}{\sqrt{3}}$ folgt für das gleichseitigen Dreieck von $20\,cm^2$ Flächeninhalt $s \approx 6{,}80\,cm$.
Ist s die Kantenlänge des Tetraeders, dann ergibt sich für dessen Körperhöhe $h = \sqrt{\frac{2}{3}} \cdot s$.
Für das Volumen des Tetraeders folgt daraus:
$V = \frac{1}{3} \cdot A \cdot h = \frac{1}{3} \cdot \frac{\sqrt{3}}{4}s^2 \cdot \sqrt{\frac{2}{3}} \cdot s = \frac{\sqrt{2}}{12} \cdot s^3$
Für $A = 20\,cm^3$ und damit $s \approx 6{,}80\,cm$ ergibt sich als Tetraedervolumen $V \approx 37\,cm^3$.
Wird die Kantenlänge verdoppelt, so folgt aus $A = \frac{\sqrt{3}}{4}s^2$ und $V = \frac{\sqrt{2}}{12} \cdot s^3$, dass sich der Oberflächeninhalt vervierfacht (2^2) und das Volumen verachtfacht (2^3).

4 4 P

Die Flasche setzt sich näherungsweise aus einem zylindrischen Teil (unten) und einem Kegel(stumpf) (oben) zusammen.
Durchmesser der Flasche: $d_1 \approx 8\,cm$ (unten) bzw. $d_2 = 4\,cm$ (an der Oberfläche des Saftes)
Höhe $h_1 \approx 14{,}5\,cm$ (unten); $h_2 \approx 9{,}0\,cm$ (oben)
$V = \pi r_1^2 h_1 + \frac{1}{3}\left(\pi r_1^2 h^* - \pi r_2^2 (h^* - h_2)\right) \approx 993\,cm^3$
mit $h^* : h_2 = r_1 : r_2$; $h^* = 18\,cm$
angegebener Wert: $V = 1\,l = 1000\,cm^3$
Abweichung: $7\,cm^3$, also 0,7 %

Kapitel 8 • Seite 204

1 a) 2 P, b) 3 P

a) $S_1(-0{,}5|-3)$, $S_2(3|0{,}5)$
b) Beispielsweise aus der Scheitelpunktform $y = (x-3)^2 - 4$ ist zu erkennen, dass die Parabel zwei Schnittpunkte mit der x-Achse hat.
Die Schnittpunkt mit der Geraden $y = -3$ sind $S_1(4|-3)$, $S_2(2|-3)$.

2 5 P

Ist x die Breite der Rinne in cm und A ihre Querschnittsfläche in cm^2, dann gilt:
$A(x) = x \cdot \frac{140 - x}{2} = -\frac{1}{2}x^2 + 70x$
In Scheitelpunktform:
$A(x) = -\frac{1}{2}(x-70)^2 + 2450$
Im Scheitel wird der größtmögliche Wert erreicht. Die Rinne muss demnach 70 cm breit werden. Dazu sind die Bleche jeweils 35 cm von außen hochzubiegen.

3 a), b) je 2 P

a) $x = -1{,}4$; $y = 6{,}8$; $z = -3{,}2$
b) $x = 2{,}2$; $y = -4{,}7$; $z = -1{,}7$

4 Funktionsterm 3 P, Scheitel 2 P

$f(x) = -2x^2 + 36x - 151 = -2(x-9)^2 + 11$
$S(9|11)$ lässt sich auch aus den gegebenen Punkten B und C erkennen: Wegen $y_B = y_C$ ist die Mittelsenkrechte zu $[BC]$, also die Gerade mit der Gleichung $x = 9$, die Symmetrieachse der Parabel. Aus $x_S = 9$ folgt $y_S = f(x_S) = f(9) = 11$.

5 a), b) je 2 P

a) $\sqrt[4]{5000} : \sqrt[4]{8} = \sqrt[4]{5000 : 8} = \sqrt[4]{625} = 5$ oder z. B.
$\sqrt[4]{5000} : \sqrt[4]{8} = 5000^{\frac{1}{4}} : 8^{\frac{1}{4}} = (5000 : 8)^{\frac{1}{4}} = 625^{\frac{1}{4}}$
$= (5^4)^{\frac{1}{4}} = 5^1 = 5$

b) $\sqrt[3]{4^5} \cdot 2^{-\frac{4}{3}} = 4^{\frac{5}{3}} \cdot 2^{-\frac{4}{3}} = (2^2)^{\frac{5}{3}} \cdot 2^{-\frac{4}{3}} = 2^{\frac{10}{3}} \cdot 2^{-\frac{4}{3}}$
$= 2^{\frac{10}{3} - \frac{4}{3}} = 2^2 = 4$

6 7 P

Die gleichmäßige Abnahme Besucherzahl N in Abhängigkeit vom Eintrittspreis P wird durch eine lineare Funktion $N(P) = A \cdot P + B$ (mit $A < 0$) beschrieben. Bei festen Kosten K beträgt der Gewinn
$G(P) = N(P) \cdot P - K = A \cdot P^2 + B \cdot P - K$.
Aus den gegebenen Daten folgt:
$G(4) = 400 \quad \Rightarrow \quad$ (I) $16A + 4B - K = 400$
$G(6) = 700 \quad \Rightarrow \quad$ (II) $36A + 6B - K = 700$
$G(8) = -200 \quad \Rightarrow \quad$ (III) $64A + 8B - K = -200$
Daraus ergibt sich:
$G(P) = -150P^2 + 1650P - 3800$
Aus der Scheitelpunktform
$G(P) = -150(P - 5{,}5)^2 + 737{,}5$ ist zu erkennen:
Der maximale Gewinn beträgt 737,50 € und wird bei einem Eintrittspreis von 5,50 € erreicht.
Dabei beträgt die Besucherzahl in diesem Falle:
$N(5{,}5) = -150 \cdot 5{,}5 + 160 = 825$.
Die Fixkosten belaufen sich auf 3800 €.
Natürliche Grenzen des Modells: $P > 0$ (oder ein geeigneter Mindestwert, der durch die maximal mögliche Besucherzahl bestimmt wird) und $P < 11$ (Nullstelle von $N(P)$).

Grundwissen – Überblick

Reelle Zahlen, Wurzeln und Potenzen

Die **Menge $\mathbb{R}$ der reellen Zahlen** besteht aus der Menge der rationalen Zahlen und der **Menge der irrationalen Zahlen**. Die rationalen Zahlen sind die endlichen und unendlichen, periodischen Dezimalzahlen, die irrationalen Zahlen sind die **unendlichen, nichtperiodischen Dezimalzahlen**.

Rationale Zahlen sind z. B.:
$0;\ 1;\ -7;\ 0{,}8771;\ \frac{4}{5};\ -1{,}3\overline{42};\ \sqrt{36}$

Irrationale Zahlen sind z. B.:
$\pi;\ \sqrt{3};\ -\sqrt[4]{100};\ 1{,}491625364964\ldots$

D Die ***n*-te Wurzel** ($n \in \mathbb{N}$) aus einer reellen Zahl $a \geq 0$ ist diejenige nichtnegative Zahl, deren n-te Potenz a ergibt.

$\sqrt[3]{125} = 5 \quad \Leftrightarrow \quad 5^3 = 125$ und $5 > 0$

$\sqrt[7]{0{,}3} \approx 0{,}842 \quad \Leftrightarrow \quad 0{,}842^7 \approx 0{,}3$ und $0{,}842 > 0$

Äquivalent dazu:

D Die ***n*-te Wurzel** ($n \in \mathbb{N}$) aus einer reellen Zahl $a \geq 0$ ist die nichtnegative Lösung der Gleichung $x^n = a$.

$x^4 = 100 \quad \Leftrightarrow \quad x = \sqrt[4]{100} \approx 3{,}16$ oder $x = -\sqrt[4]{100} \approx -3{,}16$

a heißt **Radikand** der n-ten Wurzel.

Die 2. Wurzel aus einer reellen Zahl $a \geq 0$ heißt **Quadratwurzel**.

Statt $\sqrt[2]{a}$ wird kurz $\sqrt{a}$ geschrieben.

Für alle reellen Zahlen $a \geq 0$ können Wurzeln ($n, m \in \mathbb{N}$) auch als Potenzen geschrieben werden:

$\sqrt[n]{a} = a^{\frac{1}{n}}$ bzw. $\sqrt[n]{a^m} = (a^m)^{\frac{1}{n}} = a^{m \cdot \frac{1}{n}} = a^{\frac{m}{n}}$

$\sqrt[6]{0{,}09^3} = 0{,}09^{\frac{3}{6}} = 0{,}09^{\frac{1}{2}} = \sqrt{0{,}09} = 0{,}3$

Für das **Rechnen mit Quadratwurzeln** gilt u. a.:

$\sqrt{a} \cdot \sqrt{b} = \sqrt{a \cdot b} \qquad (a, b \geq 0)$

$\frac{\sqrt{a}}{\sqrt{b}} = \sqrt{\frac{a}{b}} \qquad (a \geq 0, b > 0)$

$\sqrt{12} \cdot \sqrt{3} = \sqrt{12 \cdot 3} = \sqrt{36} = 6$

$\frac{\sqrt{0{,}8}}{\sqrt{5}} = \sqrt{\frac{0{,}8}{5}} = \sqrt{0{,}16} = 0{,}4$

Summen und Differenzen von Quadratwurzeln kann man nur dann zusammenfassen, wenn die Radikanden gleich sind.

$2 \cdot \sqrt{7} + 4 \cdot \sqrt{5} - 3 \cdot \sqrt{7} = 4 \cdot \sqrt{5} - \sqrt{7}$

Lässt sich der Radikand so faktorisieren, dass ein Faktor eine Quadratzahl ist, dann kann die Wurzel teilweise radiziert werden. Umgekehrt lässt sich ein positiver Faktor vor einer Quadratwurzel durch Quadrieren unter die Wurzel ziehen.

$\sqrt{8} = \sqrt{4 \cdot 2} = 2 \cdot \sqrt{2}$

$7 \cdot \sqrt{2} = \sqrt{7^2 \cdot 2} = \sqrt{98}$

Für das **Rechnen mit Potenzen** gelten die folgenden in Kurzform aufgeführten Regeln. Die Exponenten x, y können dabei beliebige Zahlen sein.
Diese Regeln gelten allerdings nur für solche reellen Zahlen a, b, für die die vorkommenden Terme alle definiert sind.

(1) $a^x \cdot a^y = a^{x+y}$ — $3^{-4} \cdot 3^4 = 3^{-4+4} = 3^0 = 1$

(2) $a^x : a^y = a^{x-y}$ — $0{,}4 : 0{,}4^{\frac{1}{2}} = 0{,}4^{1-\frac{1}{2}} = 0{,}4^{\frac{1}{2}} = \sqrt{0{,}4}$

(3) $(a^x)^y = a^{x \cdot y}$ — $(5^4)^{\frac{1}{2}} = 5^{4 \cdot \frac{1}{2}} = 5^2 = 25$

(4) $a^x \cdot b^x = (a \cdot b)^x$ — $3^{\frac{1}{3}} \cdot 9^{\frac{1}{3}} = (3 \cdot 9)^{\frac{1}{3}} = 27^{\frac{1}{3}} = \sqrt[3]{27} = 3$

(5) $a^x : b^x = (a : b)^x$ — $\left(\frac{1}{5}\right)^4 : \left(\frac{1}{10}\right)^4 = \left(\frac{1}{5} : \frac{1}{10}\right)^4 = 2^4 = 16$

Die Satzgruppe des Pythagoras und einige Folgerungen daraus

S Satz des Pythagoras

Wenn ein Dreieck rechtwinklig ist, dann ist die Summe der Quadrate der Kathetenlängen gleich dem Quadrat der Hypotenusenlänge.
Kurz: $\boldsymbol{a^2 + b^2 = c^2}$

Im rechtwinkligen Dreieck hat das Hypotenusenquadrat denselben Flächeninhalt (c^2) wie die Summe der Kathetenquadrate ($a^2 + b^2$).

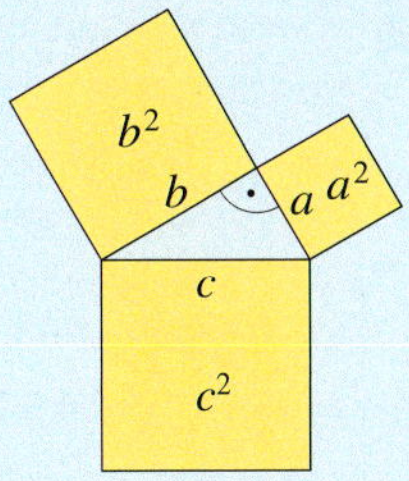

S Kehrsatz zum Satz des Pythagoras

Wenn in einem Dreieck das Quadrat einer Seitenlänge gleich der Summe der Quadrate der beiden anderen Seitenlängen ist, dann ist das Dreieck rechtwinklig.

S Kathetensatz

Im rechtwinkligen Dreieck ist das Quadrat einer Kathetenlänge gleich dem Produkt aus der Hypotenusenlänge und der Länge des anliegenden Hypotenusenabschnitts.
Kurz: $\boldsymbol{a^2 = c \cdot p}$ bzw. $\boldsymbol{b^2 = c \cdot q}$

Im rechtwinkligen Dreieck hat das Quadrat über einer Kathete denselben Flächeninhalt wie ein Rechteck, dessen Seiten so lang wie die Hypotenuse und der an der Kathete anliegende Hypotenusenabschnitt sind.

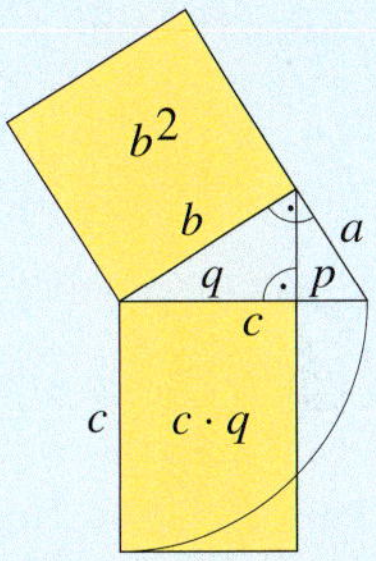

S Höhensatz

Im rechtwinkligen Dreieck ist das Quadrat der Hypotenusenhöhe gleich dem Produkt aus den Längen der beiden Hypotenusenabschnitte.
Kurz: $\boldsymbol{h^2 = p \cdot q}$

Im rechtwinkligen Dreieck hat das Quadrat über der Höhe auf der Hypotenuse denselben Flächeninhalt wie ein Rechteck, dessen Seiten so lang wie die beiden Hypotenusenabschnitte sind.

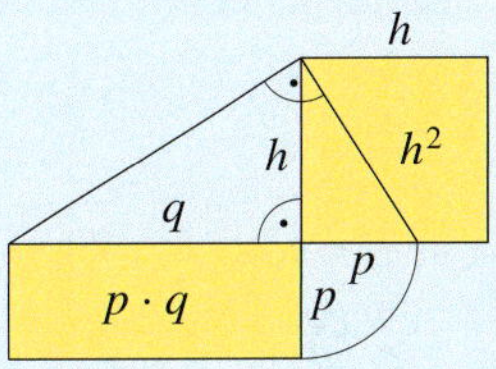

Einige Anwendungen des Satzes des Pythagoras auf ebene und räumliche Figuren

Quadrat

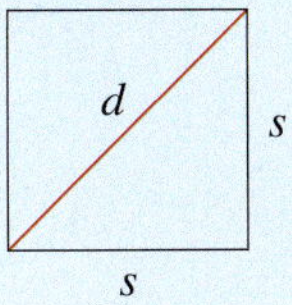

$d = \sqrt{2}\, s$

Rechteck

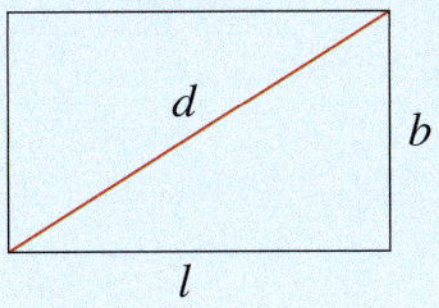

$d = \sqrt{l^2 + b^2}$

gleichschenkliges Dreieck

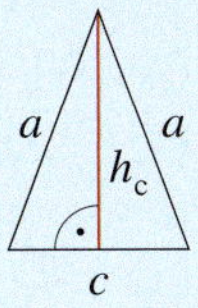

$h_c = \sqrt{a^2 - \frac{1}{4}c^2}$

gleichseitiges Dreieck

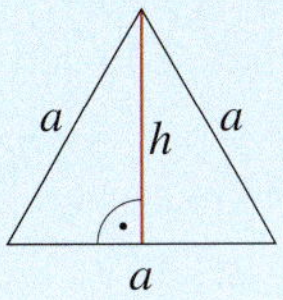

$h = \frac{1}{2}\sqrt{3}\, a$

Würfel

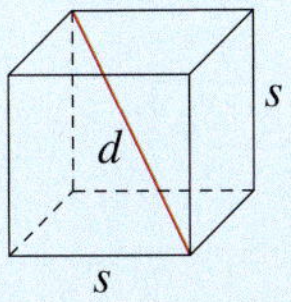

$d = \sqrt{3}\, s$

Quader

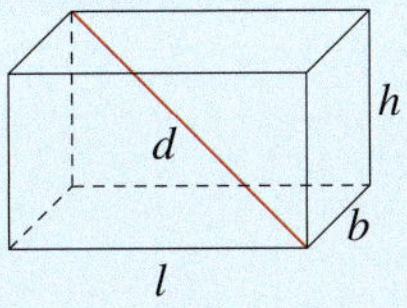

$d = \sqrt{l^2 + b^2 + h^2}$

Tetraeder

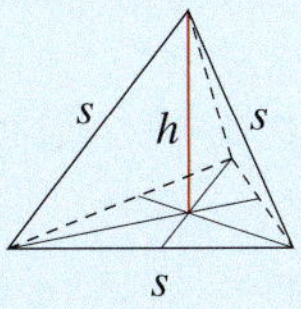

$h = \frac{1}{3}\sqrt{6}\, s$

Siehe auch auf Seite 228 die Zusammenhänge in den „Stützdreiecken“ von quadratischer Pyramide und Kreiskegel.

Trigonometrische Beziehungen im rechtwinligen Dreieck

D Jedem spitzen Winkel im rechtwinkligen Dreieck wird ein Seitenverhältnis zugeordnet, welches mit **Sinus**, **Kosinus** bzw. **Tangens** bezeichnet wird:

$\sin\alpha = \frac{\text{Gegenkathete}}{\text{Hypotenuse}}$ $\cos\alpha = \frac{\text{Ankathete}}{\text{Hypotenuse}}$ $\tan\alpha = \frac{\text{Gegenkathete}}{\text{Ankathete}}$

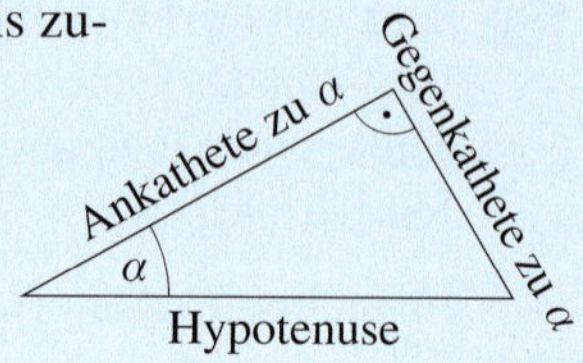

Beziehungen zwischen Sinus, Kosinus und Tangens:

$\tan\alpha = \frac{\sin\alpha}{\cos\alpha}$ $(\alpha \neq 90°)$

$(\cos\alpha)^2 + (\sin\alpha)^2 = 1$ („Trigonometrischer Pythagoras“)

$\sin\alpha = \cos(90° - \alpha)$ bzw. $\cos\alpha = \sin(90° - \alpha)$ („Komplementbeziehungen“)

Oberflächeninhalt und Volumen von Prisma, Zylinder, Pyramide und Kegel

Gerades Prisma

Sind u_n der Umfang des n-Ecks und h die Höhe des Prismas, dann ist der Mantelflächeninhalt: $\boldsymbol{M_P = u_n \cdot h}$

Für den Oberflächeninhalt gilt: $\boldsymbol{O_P = 2 \cdot G_P + M_P}$

Für das Volumen gilt: $\boldsymbol{V_P = G_P \cdot h}$

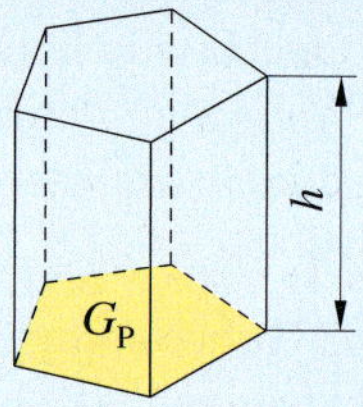

Gerader Kreiszylinder

Sind r der Radius des Kreises und h die Höhe des Zylinders, dann ist der Mantelflächeninhalt: $\boldsymbol{M_Z = 2\pi r \cdot h}$

Für den Oberflächeninhalt gilt:
$\boldsymbol{O_Z = 2 \cdot G_Z + M_Z}$ bzw. $\boldsymbol{O_Z = 2 \cdot \pi r^2 + 2\pi r \cdot h}$ bzw. $\boldsymbol{O_Z = 2\pi r \cdot (r + h)}$

Für das Volumen gilt: $\boldsymbol{V_Z = G_Z \cdot h}$ bzw. $\boldsymbol{V_Z = \pi r^2 \cdot h}$

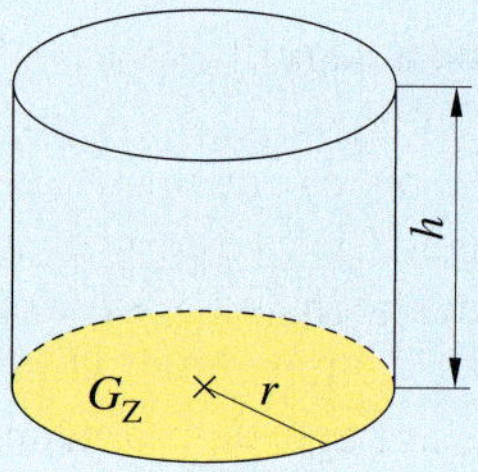

Pyramide

Für den Oberflächeninhalt gilt: $\boldsymbol{O_{Py} = G_{Py} + M_{Py}}$

Für das Volumen einer Pyramide mit der Höhe h gilt: $\boldsymbol{V_{Py} = \frac{1}{3} \cdot G_{Py} \cdot h}$

Zusammenhänge in den „Stützdreiecken“ einer quadratischen Pyramide:

$\boldsymbol{h_a^2 = h^2 + \left(\frac{a}{2}\right)^2}$ $\boldsymbol{h_a^2 = s^2 - \left(\frac{a}{2}\right)^2}$ $\boldsymbol{s^2 = \frac{a^2}{2} + h^2}$

$\boldsymbol{\sin\alpha = \frac{h}{h_a}}$ $\boldsymbol{\tan\alpha = \frac{2h}{a}}$ $\boldsymbol{\sin\beta = \frac{h}{s}}$

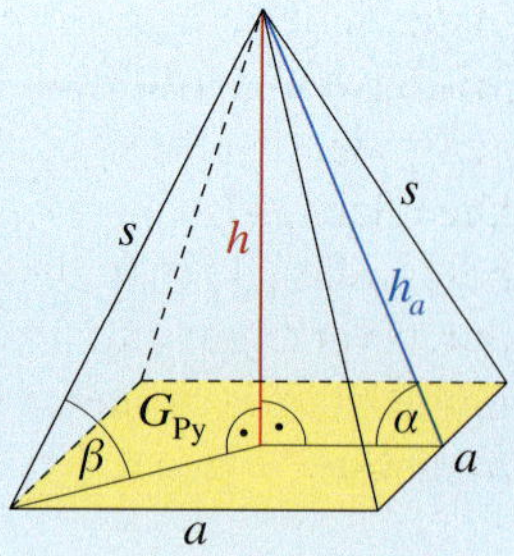

Gerader Kreiskegel

Sind r der Radius des Kreises und m die Länge einer Mantellinie, dann ist der Mantelflächeninhalt: $\boldsymbol{M_K = \pi \cdot r \cdot m}$

Zusammenhänge im „Stützdreieck“: $\boldsymbol{m^2 = r^2 + h^2}$ $\boldsymbol{\sin\alpha = \frac{h}{m}}$ $\boldsymbol{\tan\alpha = \frac{h}{r}}$

Für den Oberflächeninhalt gilt:
$\boldsymbol{O_K = G_K + M_K}$ bzw. $\boldsymbol{O_K = \pi \cdot r^2 + \pi \cdot r \cdot m = \pi r \cdot (r + m)}$

Für das Volumen gilt: $\boldsymbol{V_K = \frac{1}{3} \cdot G_K \cdot h}$ bzw. $\boldsymbol{V_K = \frac{1}{3} \cdot \pi r^2 \cdot h}$

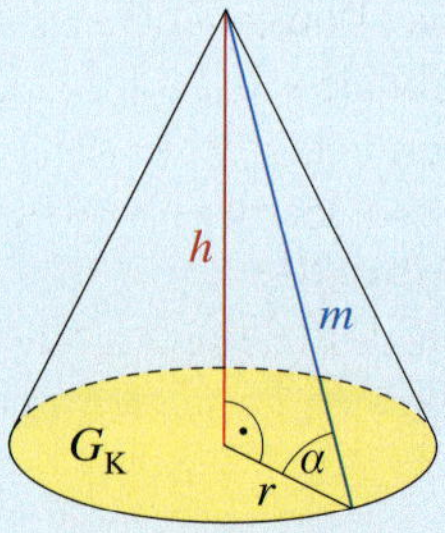

Quadratische Funktionen

Eine Funktion mit einem Term der Form
$f(x) = ax^2 + bx + c$
mit reellen Zahlen a, b und c sowie $a \neq 0$ heißt **quadratische Funktion**. Ihr Graph ist eine Parabel.

Der Graph der Funktion f mit $f(x) = x^2$ heißt **Normalparabel**. Sie ist symmetrisch zur y-Achse. Der Schnittpunkt $S(0|0)$ der Parabel mit der Symmetrieachse, der **Scheitel** der Parabel, ist ihr tiefster Punkt.
$\boldsymbol{y = ax^2}$ ($a \in \mathbb{R}$; $a \neq 0$) ist die Gleichung einer Parabel mit Scheitel $\boldsymbol{S(0|0)}$, die wie folgt aus der Normalparabel entsteht:

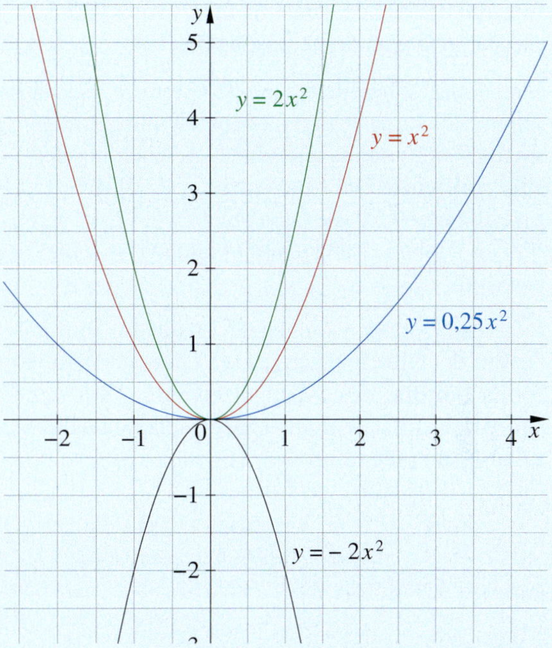

$\boldsymbol{a > 1}$**:** Die Parabel ist enger als die Normalparabel. Die y-Werte aller Punkte der Normalparabel werden mit dem Faktor a multipliziert, also vergrößert.

$\boldsymbol{0 < a < 1}$**:** Die Parabel ist weiter als die Normalparabel. Die y-Werte aller Punkte der Normalparabel werden mit dem Faktor a multipliziert, also verkleinert.

Ist **a negativ**, so wird die Form der Parabel gemäß dem (positiven!) Öffnungsfaktor $|a|$ verändert (siehe oben) und anschließend an der x-Achse gespiegelt. Sie ist also nach unten geöffnet. Ihr Scheitel ist der höchste Punkt der Parabel.

Um Lage und Form der Parabel mit der Gleichung $y = ax^2 + bx + c$ zu bestimmen, kann die Gleichung in die **Scheitelpunktform** $y = a(x-d)^2 + e$ gebracht werden (z. B. mittels quadratischer Ergänzung, siehe Seite 88).
Die Gleichung $y = a(x-d)^2 + e$ ($a, d, e \in \mathbb{R}$; $a \neq 0$) beschreibt eine Parabel, die aus der Parabel $y = ax^2$ durch Verschiebung um d in x-Richtung und um e in y-Richtung entsteht. Sie besitzt die Symmetrieachse $\boldsymbol{x = d}$ und den Scheitel $\boldsymbol{S(d|e)}$.

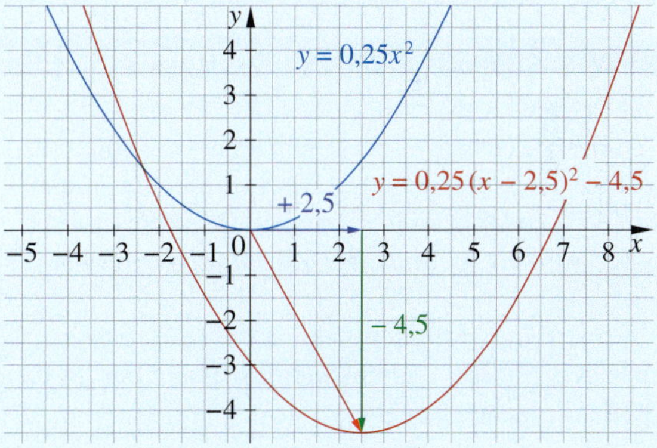

Eine Parabel schneidet die x-Achse entweder in zwei Punkten oder sie berührt sie in einem Punkt oder sie schneidet sie gar nicht.
Dementsprechend hat eine quadratische Funktion entweder zwei Nullstellen, eine oder gar keine Nullstelle.
Die Nullstellen der quadratischen Funktion f mit $f(x) = ax^2 + bx + c$ sind die Lösungen der Gleichung $ax^2 + bx + c = 0$.

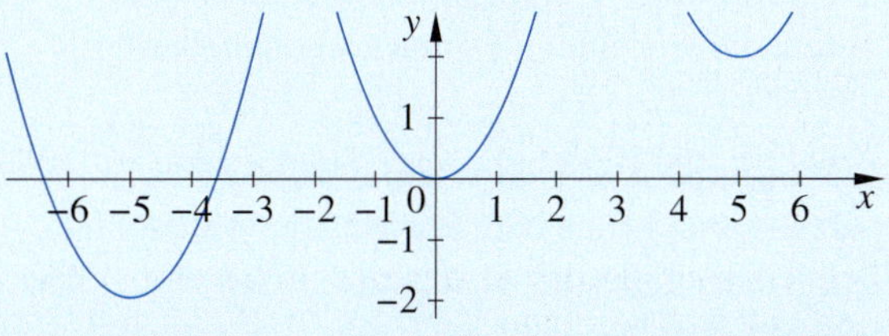

zwei Nullstellen	eine Nullstelle	keine Nullstelle
$x \approx -3{,}6$ oder $x \approx -6{,}4$	$x \approx 0$	keine Lösung

Quadratische Gleichungen

Eine Gleichung, die sich durch Äquivalenzumformungen in die Form $ax^2 + bx + c = 0$ mit reellen Koeffizienten a, b, c und $a \neq 0$ überführen lässt, heißt **quadratische Gleichung**.

Eine quadratische Gleichung kann zwei Lösungen, eine Lösung oder keine Lösung besitzen.

Manchmal ist bereits aus der Struktur der quadratischen Gleichung zu erkennen, wie viele Lösungen sie hat. Anderenfalls hilft eine Untersuchung der **Diskriminante** $D = b^2 - 4ac$:
Im Falle $D > 0$ hat die Gleichung zwei Lösungen, für $D = 0$ eine Lösung und im Falle $D < 0$ keine Lösung.

In einfachen Fällen können die Lösungen unmittelbar aus der Gleichung abgelesen oder nach äquivalenten Umformungen gefunden werden. Nur wenn kein solch einfacher Fall vorliegt, solltest du die **Lösungsformel** nutzen:
Für $D > 0$ sind die zwei Lösungen:

$x = \frac{-b + \sqrt{D}}{2a}$ oder $x = \frac{-b - \sqrt{D}}{2a}$,

kurz $x_{1/2} = \frac{-b \pm \sqrt{D}}{2a}$.

Für $D = 0$ ist die eine Lösung: $x = \frac{-b}{2a}$.

Quadratische Gleichungen sind beispielsweise $(7x + 4)^2 = -3$; $2x^2 + 5x - 3 = 0$; $3x^2 - 15 = 0$; $(x - 0{,}3)(x + 1{,}5) = 0$ oder $30x^2 + 20x = 5x^2 - 4$.

Keine quadratischen Gleichungen sind dagegen $2x + 3 = 0$ oder $x^2 + \frac{3}{x} - 4 = 0$ oder $x^2 - 3x = x^2$.

Dass die Gleichung $(7x + 4)^2 = -3$ keine Lösung hat, ist offensichtlich. Ebenso ist sofort zu sehen, dass $(x - 0{,}3)(x + 1{,}5) = 0$ zwei Lösungen hat, nämlich $x = 0{,}3$ oder $x = -1{,}5$.

Bei der Gleichung $3x^2 - 15 = 0$ ist nach äquivalenter Umformung in $x^2 = 5$ zu erkennen, dass sie zwei Lösungen hat: $x = \sqrt{5}$ oder $x = -\sqrt{5}$.

Die Diskriminante zu $2x^2 + 5x - 3 = 0$ ist $D = 5^2 - 4 \cdot 2 \cdot (-3) = 49$; diese Gleichung hat also zwei Lösungen.

$x = \frac{-5 + \sqrt{49}}{2 \cdot 2} = 0{,}5$ oder $x = \frac{-5 - \sqrt{49}}{2 \cdot 2} = -3$

$30x^2 + 20x = 5x^2 - 4$ ist äquivalent zu $25x^2 + 20x + 4 = 0$. Die Diskriminante dazu ist $D = 400 - 4 \cdot 25 \cdot 4 = 0$; die Gleichung hat demnach eine Lösung.

$x = -\frac{20}{2 \cdot 25} = -0{,}4$

Zusammengesetzte Zufallsexperimente

Zufallsexperimente, bei denen mehrere Teilexperimente nacheinander ausgeführt werden, bezeichnet man als **zusammengesetzte Zufallsexperimente** oder auch als **mehrstufige Zufallsexperimente**.

In einem Baumdiagramm kann man die zugehörigen Wahrscheinlichkeiten antragen. Für diese gelten folgende Regeln:

Die Summe der Wahrscheinlichkeiten an den Ästen, die von einem Knoten ausgehen, beträgt immer 1.

1. Pfadregel: Die Wahrscheinlichkeit eines Ergebnisses ist gleich dem Produkt der Wahrscheinlichkeiten auf dem Pfad, der zu dem Ergebnis führt („Pfadwahrscheinlichkeit“).

2. Pfadregel: Die Wahrscheinlichkeit eines Ereignisses ist gleich der Summe der Pfadwahrscheinlichkeiten, die zu diesem Ereignis gehören.

Beispiel: In Urne 1 befinden sich gleich viele weiße und schwarze Kugeln, in Urne 2 doppelt so viele weiße wie schwarze Kugeln. Wie groß ist bei zufälliger Wahl einer der beiden Urnen die Wahrscheinlichkeit für das Ziehen einer weißen Kugel?

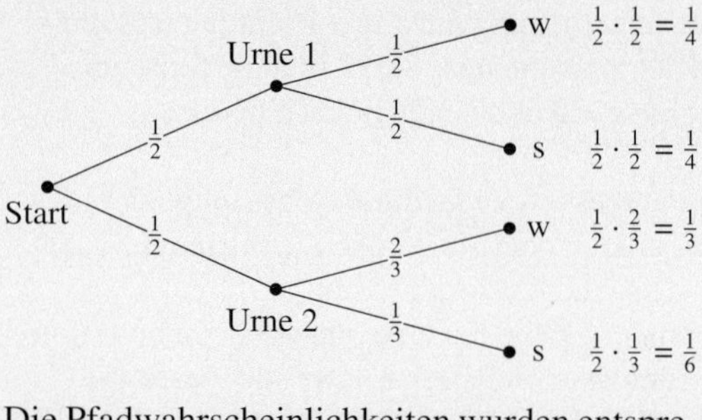

Die Pfadwahrscheinlichkeiten wurden entsprechend der 1. Pfadregel berechnet.
Nach der zweiten Pfadregel ergibt sich als Wahrscheinlichkeit für das Ziehen einer weißen Kugel:
$\frac{1}{4} + \frac{1}{3} = \frac{7}{12} \approx 0{,}583 = 58{,}3\,\%$

Stichworte

Bildnachweis: A 1 PIX/KTP: 178. akg-images, Berlin: 5, 16, 23, 31/2, 34, 170/1. artur, Essen: 149. artur, Köln: Einband. Astrofoto Bildagentur GmbH, Sörth: 54. Bayerische Zugspitzbahn AG: 129/1. Dr. Peter Birnbaum, Berlin: 191/3. Martin Böhm, Berlin: 31/1. CORBIS/Robert Marien: 107. Cornelsen Verlag/Peter Hartmann: 167. Cornelsen Verlagsarchiv: 20, 21, 145, 170/2, 191/2. Cornelsen Verlagsarchiv/let's make a deal, Los Angeles: 121. DER SPIEGEL, Hamburg: 108. Volker Döring, Hohen-Neuendorf: 55, 61/4, 69, 85, 101, 110, 127, 205, 214. GNU-Wikipedia: 124. Alexander Grobe, Berlin: 109/1, 118, 168. Andreas Herz, Kempten: 71/1, 2, 72/1–4, 73/1, 82. Fritz Kammermeyer, Nürnberg: 66/2. Heinrich Kilian, Würzburg: 150/2, 3, 152/1, 3, 153/1–3, 154, 165/2, 166/1, 2, 4. Marko Klüber, Würzburg: 150/1. picture-alliance/dpa/epa/AFP/Anne Zieminski: 7. picture-alliance/Bildagentur Huber/Picture-Finders: 147/1. picture-alliance/dpa/DB/Franz Smets: 152/2. picture-alliance/dpa/Gambarini: 73/4. picture-alliance/dpa/Korall: 73/5. picture-alliance/dpa/Seeger: 60. picture-alliance/dpa/RTL/Gregorowius: 115. picture-alliance/HB-Verlag/Fischer: 53/1. picture-alliance/dpa/Landov: 171. picture-alliance/KPA/HIP/Ann Ronan Picture library: 170/3. picture-alliance/Helga Lade/Bergmann: 147/2. picture-alliance/ZB/Kumm: 160. Ristorante Cacciatori Colle Valcolla (CH): 148. Brigitte Schmitt, Immenstaad: 130/3, 131/2. Travelstock44.de/Jürgen Held: 191/1. Horst Welke, Speyer: 67. Werner Wildermuth, Dachau: 52/2, 129/2, 130/2, 131/1, 151, 195. www.immobilieurs.de/Sauer: 166/3. www.Isf-graz.at/Landesnervenklinik Sigmund Freud, Graz: 158. Zentrum für Nachrichtenwesen der Bundeswehr/Andreas Freude, Hauptfeldwebel: 130/1. © Zirkuszeltverleih Pietzsch, Dresden: 165/1.